电力电子变流设备
设计与应用调试实例

李宏 等 编著

中国电力出版社
CHINA ELECTRIC POWER PRESS

内 容 提 要

本书在介绍常用电力电子器件的基本结构、工作原理和驱动技术基础上，分析了电力电子变流设备保护的有关问题，对电力电子变流设备设计的方法和步骤进行了较为深入的讨论。给出了 23 种作者研制和调试的，并且投入工程实际中应用多年且证明十分成熟可靠的，以整流管、晶闸管、MOSFET、IGBT 为主功率器件的典型电力电子变流设备的设计和应用实例。本书对这些实例的电路原理、工作波形、保护措施、运行效果进行了较为细致的阐述，对其中个别电力电子变流设备给出了设计计算、结构方案和调试过程，给出了结论与启迪。

本书是一本理论和实际紧密结合的实用技术书籍，其内容丰富，取材面广，富有代表性，图文并茂，通俗易懂，是从事电力电子变流设备及特种电源设计、调试、安装和制造及研究开发的技术人员不可多得的实用参考书，也可供高等院校和职业院校从事电力电子行业及相近专业的广大师生参考使用。

图书在版编目（CIP）数据

电力电子变流设备设计与应用调试实例 / 李宏等编著. —北京：中国电力出版社，2021.8
ISBN 978-7-5198-4528-5

Ⅰ. ①电… Ⅱ. ①李… Ⅲ. ①电力电子学–变流器–设计②电力电子学–变流器–调试
Ⅳ. ①TM46

中国版本图书馆 CIP 数据核字（2020）第 052279 号

出版发行：中国电力出版社
地　　址：北京市东城区北京站西街 19 号（邮政编码 100005）
网　　址：http://www.cepp.sgcc.com.cn
策划编辑：周　娟
责任编辑：杨淑玲（010-63412602）
责任校对：黄　蓓　李　楠
装帧设计：王红柳
责任印制：杨晓东

印　　刷：北京天宇星印刷厂
版　　次：2021 年 8 月第一版
印　　次：2021 年 8 月北京第一次印刷
开　　本：787 毫米×1092 毫米　16 开本
印　　张：24.5
字　　数：607 千字
定　　价：108.00 元

主要作者简介

李宏，男，1960年5月生于陕西乾县，西安石油大学教授，博士生导师。中国电工技术学会电力电子学会常务理事、中国电工技术学会电气节能专业委员会常务理事、中国电源学会特种电源专业委员会常务委员、中国电源学会无线电能传输技术及装置专业委员会委员、中国电工技术学会电力电子学会学术工作委员会委员、陕西省电源学会副理事长、陕西省电源学会特种电源分会理事长、陕西省自动化学会电气自动化专业委员会委员、西安市电力电子学会副理事长。主要研究方向为电力电子技术、电气传动技术、特种电源技术及专用集成电路的开发和应用技术，荣获中国人民解放军空军科技进步奖。独著和参与编写的著作有《电力电子技术》《现代电子技术》《电源技术应用》《电力电子设备设计和应用手册》《电机工程手册》等22部，发表学术及工程技术性论文300多篇，主持设计与电力电子技术有关的工程项目近400个，研制开发的电力电子成套装置近2000台套，运行于国内电力、冶金、化工、石油、机械、电子、核工业、航天及军工等行业，并出口到芬兰、冰岛、越南和巴西等国家，开发的晶闸管、GTR、IGBT、MOSFET专用驱动控制板累计在全国销售35 000多块，编写实用电力电子技术资料（内部使用）25种，受到广大行业技术人员的一致好评。

前 言

电力电子技术是电工技术领域的重要分支,是当今世界各发达国家竞争的一个高科技领域。由于采用电力电子技术可以达到广泛的节能效果,实现生存环境及电网的绿色化,越来越受到各国政府的高度重视,越来越与人们的日常生活交织相融密不可分。

虽然电力电子技术的专业术语对于许多非此专业的人来说有些陌生,但电力电子变换在人类的生活中可以说无处不在,无时不用,已深入到工业、农业、交通运输、国防、环境保护、空间技术、海洋探秘和社会生活的各个方面。典型的应用领域包括电化学、直流牵引、直流调速、交流传动、电机励磁、电火花加工、电镀、电冶、电磁合闸、充电、中频及高频感应加热、交流及直流不间断电源、开关电源、稳压电源、电力电子开关、高压静电除尘、直流输电、无功补偿、风力发电、环境保护、家用电器、储能电站、航空器控制、感应电能传输、空间探测、遥测遥感、交通运输、火灾预防、医疗卫生、防盗报警等诸多方面。尽管应用领域千差万别,但总体上可将其变换分为交流到直流、直流到交流、直流到直流、交流到交流四大类。应当看到,应用电力电子器件在一定的控制手段下,实现某一特定功能的电力电子变换是根据最终使用者的应用需求指标,经过设计、装配、调试后交付最终用户使用,在应用过程中,总有电流(大小、交直流种类)的变化,因而通常将这类电力电子变换装置又称为电力电子变流设备。

在国内从事电力电子变流设备研究和生产的企事业单位有数千家,电力电子变流设备的用户几乎遍布全国各工业领域及民用企事业单位。许多单位的设计、装配、调试人员急需得到有关电力电子器件原理、驱动及保护以及设计调试的系统实用技术资料。为了给电力电子变流设备设计、装配和调试人员提供一本实用的有价值的参考书,根据自己多年从事电力电子变流设备研究、设计、调试和维修的经验教训和总结,撰写了本书,以期对下列人员有所补益:

(1)电力电子变流设备设计、制造企业的设计人员及现场调试人员。

(2)电力电子变流设备使用单位从事设备运行管理、维护的人员。

(3)上述两种单位的操作及装配人员。

(4)高等院校的教师、研究生、本科生以及职业院校的师生。

(5)各种职业培训学校的教师及学员。

本人从西安交通大学毕业,分配到我国电力电子行业的归口研究所——西安电力电子技术研究所(原西安整流器研究所)工作10年后调入大学,至今已近40年,从事过变频器、开关电源、感应加热用中频电源、交流调压、交流调功、电化学、环境保护、有色冶金、核物理实验、空间飞行器电热模拟、飞行器用精密部件铸造等类型的电力电子变流设备的科研及设计、调试工作。亲自设计或主持设计的电力电子变流设备种类达40多个品种,已投入国内有色冶金、化工、钢铁、煤矿、核工业、国防、航天、航空等行业使用并出口到多个国家的总计近 2000 台（套）。本人亦曾主持了近 50 多种电力电子变流设备控制板的研制及改进定型工作，这些控制板累计在国内使用达 35 000 多块，更为有幸的是主编或参编电力电子技术方面的实用技术图书 25 种，其中已公开出版 22 种，这些经历为本书的完成打下了坚实的基础。

考虑到电力电子变流设备的种类繁多，内部结构千差万别，所用电力电子器件不尽相同，使用领域多种多样，功率容量有大有小，要逐个归纳总结全面系统地介绍设计与应用实例将是十分困难的，更是无法实现的。如何在众多的电力电子变流设备中提炼总结，写出真正可以解决读者工作中实际问题的实用资料，是本书的真正困难所在。本书力求以国内工农业生产中使用量大面广的电力电子变流设备为主线进行介绍，对近几年新出现的电力电子器件，以及以这些器件为主开关器件处于研发阶段的电力电子变流设备，或在国民经济中使用量较少的电力电子变流设备，本书没有涉猎，希望读者能理解这一良苦用心。

各种电力电子器件的正确选择使用，是电力电子变流设备成功设计的基础，本书的第 1 章对电力电子器件的结构和工作原理进行了介绍。第 2 章分析了电力电子器件对驱动电路的要求，针对第 1 章介绍的电力电子器件，给出了典型的驱动电路。第 3 章对电力电子器件和电力电子变流设备常用保护器件、保护电路的分类、常用保护电路的设计原理进行了介绍，给出设计的几种典型保护电路。第 4 章对电力电子变流设备设计的概念、分类、要求、步骤和方法进行了介绍。第 5 章探讨了整流管串联应用的均压问题及并联应用的均流问题，给出了 4 种典型的整流管电力电子变流设备的设计与应用实例。第 6 章首先分析了晶闸管并联均流及串联均压两个应用共性问题，给出了 12 种极为典型的晶闸管类电力电子变流设备设计和应用实例；并以 15MW 热工实验用 36 脉波晶闸管直流电力电子变流设备和 12 500kVA 矿热炉用三相低频电力电子变流设备为例，详细介绍了其设计参数计算和选用。第 7 章探讨了MOSFET 的保护技术，给出了 3 种主功率器件为 MOSFET 的电力电子变流设备的设计和应用实例。第 7.5 节以 6kW 8×45° 多相位可变频交流输出电力电子变流设备为例，在给出设计结果的同时，详细讨论了该电力电子变流设备的调试方法和调试结果。在第 8 章中不但讨论了 IGBT 的保护问题，而且给出了 4 种以 IGBT 为主功率器件的电力电子变流设备的设计与应用实例。

为便于读者直接选用，本书附录中介绍了经众多单位使用成熟的，由陕西高科电力电子有限责任公司研制并已批量供国内使用的电力电子变流设备和控制板的主要性能和参数。同时给出了国内几家有名的霍尔电流传感器、快速熔断器、晶闸管、整流管的生产厂家主要产品。本书中介绍的 23 种电力电子变流设备正是选用了这些性能可靠的控制板、传感器、晶闸管、整流管才得以稳定可靠运行，希望能为读者选型提供参考。

本书在写作过程中，承蒙陕西高科电力电子有限责任公司提供了许多十分珍贵的参考资料和难得的应用实例，以 2000 多台（套）电力电子变流设备设计、制造、调试与可靠运行的经验及教训作为铺垫，提供了书中的许多经过实际运行考验以及在多台电力电子变流设备中使用证明鲁棒性及可靠性都很好、可直接应用的原理插图及电路参数，文中参考和使用了书末参考文献中所列作者的研究和试验成果。中国电力出版社的周娟编审、杨淑玲副编审对本书出版付出了许多辛勤的工作；陕西高科电力电子有限责任公司的王文英、赵正富、陈莉、刘艳丽、曹科、李梁对本书的电路及程序进行了实用检验，提出了有益的建议；我的研究生刘永鸽、吕鹏、谢广超、杨脱颖、史栋毅、孙亚、王辉、丁培培、郑列、万英英、李培培、刘磊、闫泽宇、朱昕、李辉、王致远参与了书稿的整理、部分电路的实验及电路图的校正工作，在此一并感谢！

在本书出版之际，我还应感谢我贤惠的妻子梁萍的支持，多年来她理解、无私支持我的研究、设计及调试工作，在生活等方面提供了很多帮助，对本书的出版做了间接的、有益的工作。

本书作为高科实用电力电子技术丛书的第 6 本（另外 5 本在 2013 年前已由科学出版社出版），由李宏设计撰写提纲，吉林吉恩镍业股份公司的苏畅高工、延安职业技术学院的张仰维老师参加了撰写，最终由李宏负责修改、统稿和定稿工作，因查阅资料受限，加之写作时间仓促，更受限于自身的学术修养及技术水平，书中难免有纰漏，恳请读者和国内电力电子行业的专家、学者及同仁们提出宝贵意见，指正意见与建议请寄西安市经济技术开发区草滩园区尚苑路 4815 号陕西高科电力电子有限责任公司转李宏收，亦可发电子邮件（m18966712268@163.com）直言相告，若对书中介绍的电力电子变流设备实例电路有新的改进方案或更好的建议，亦可直接与陕西高科电力电子有限责任公司（网址：http://www.sgk.com.cn，E-mail：sgkdldz@163.com）技术部（电话：029－62382230）或销售部（电话：029－62383930，传真：029－85213405）联系进行交流与探讨。

2021 年 7 月于西安

目　　录

第1章　电力电子变流设备常用器件的结构和工作原理

1.1　概述

1955 年美国 GE 公司发明了整流二极管，标志着电力电子技术的诞生。经过 60 多年的发展，电力电子技术已发展成长为三个重要的分支：一是电力电子器件；二是电力电子变换技术；三是电力电子变换的控制技术。在三个分支中，电力电子器件是重要基础。没有电力电子器件的不断进步，难以想象电力电子变换技术的日新月异，如今电力电子器件已从 1955 年发明 5A 的整流二极管，发展形成了有近 50 个品种的庞大家族，且单只器件的容量覆盖了从 5~13 000A 的所有电流范围，其额定电压也已覆盖了从 10~8500V 的全范围，器件本身的工作频率可以从低频到兆赫级，为电力电子技术中的电能变换和控制提供了强有力的器件保证，电力电子行业才可以得心应手地选用不同的电力电子器件，实现高效的电能变换，向用户提供高效可靠的电力电子变流设备。

由于电力电子变换技术对电力电子器件不断提出新要求，其发展的方向是更大电流、更高耐压、更高频率、更低通态压降和更小体积，能承受更高的工作结温。以碳化硅为基础材料的电力电子器件的工业化应用，使电力电子器件的技术水平上了一个新的台阶。碳化硅器件可承受 260℃ 的工作结温，使其散热器尺寸及器件本身体积成倍数缩小，在航天、航空及兵器领域中应用的电力电子变流设备时可以做到体积更小、可靠性更高。

本章将主要介绍常用电力电子器件的结构、工作原理和主要参数，并举例说明。

1.2　整流管

整流管的发明实现了人类固态变流器的梦想，在极短的时间内结束了人类用水银整流器和旋转直流电动机获得大功率直流电源的时代。经过 60 多年的发展，整流管已成为功率最大的电力电子器件，但因不可控性，限制了其应用于交流–直流变换类电力电子变流设备中作为主流器件。

1.2.1　整流管的结构

在电力电子技术领域，整流管专指额定电流大于 5A 的一种用于将交流电转变为直流电的电力电子器件。它与二极管具有相同的特性，其最重要的特性就是单方向导电性。在电路中，电流只能从整流管的阳极流入，阴极流出。它包含一个 PN 结，图 1.2–1 所示为整流管的内部结构。

1

1.2.2 整流管的工作原理

整流管是一个两端器件，对外引出两个电极，一个称为
阳极 A（Anode），另一个称为阴极 K（Knode）。其工作原理
为：当在整流管的阳阴极间加反向电压时，便在构成整流管
的两个极之间的结合部（称为 PN 结）两端形成一个阻挡电

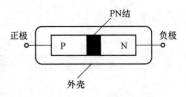

图 1.2－1　整流管的内部结构

流流过的势垒，此时整流管呈现出一个高阻特性，阳阴极间仅有很小的反向漏电流流过；
而当阳阴极间施加正向电压时，构成 PN 结势垒中的电子快速向外加电源正极移动，而空
穴则向外加电源的负极移动；当外加到 PN 结两端电压大于一定值（对硅整流管通常为
0.7V，对锗整流管一般为 0.3V）时，整流管便导通，从而有一个由整个电路回路中阻抗
所决定的电流流过整流管，这便是整流管的工作原理。图 1.2－2 所示为整流管的图形符
号，图 1.2－3 所示为整流管的伏安特性曲线。

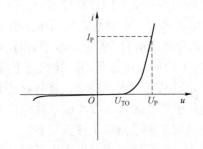

图 1.2－2　整流管的图形符号　　　　　图 1.2－3　整流管的伏安特性曲线

1.2.3 整流管的外形与参数范围

整流管的常见封装外形有四种：

1. 塑封型

塑封整流管一般的封装形式有两种，即圆柱型封装和 TO 型封装。

（1）圆柱型封装的塑封整流管，它用把阴极涂深颜色的办法来标记，其反向电压 U_{RRM}
范围为 50～1600V，电流容量范围为 5～10A。

（2）TO 型封装的整流管外壳为阴极，这种封装形式的整流管，其反向电压 U_{RRM} 为 50～
1600V，电流范围为 5～30A。

2. 螺栓型

螺栓型的整流管又可分为两种，即正烧和反烧的螺栓型整流管。

（1）正烧的螺栓型整流管螺栓为阳极，而辫子线或用螺钉对外引出线的那端为阴极。

（2）反烧的螺栓型整流管阳极与阴极的标识正好与正烧的相反。

螺栓型整流管的参数范围：反向重复峰值电压 U_{RRM} 为 50～4500V，正向平均电流电流
范围 I_F 为 5～300A。

3. 平板型

平板型封装的整流管有凸台和凹台之分，凸台封装的整流管大直径台面为阴极，小直径

台面为阳极。凹台封装的整流管在陶瓷外壳的厚度方向有一个金属圈（该金属圈用于封装），离该金属圈距离近的那个台面为阴极，离该金属圈距离远的那个台面为阳极。平板型封装的整流管产品的反向阻断电压范围 U_{RRM} 为 600～8500V，产品电流范围为正向平均电流 200～13 000A。

4. 模块型

模块型封装的整流管有单整流管、双整流管、三个整流管、四个整流管、六个整流管一体封装的几种类型。其参数范围：反向重复峰值电压 U_{RRM} 范围为 400～2500V，正向平均电流范围 I_F 为 15～600A。图 1.2－4 所示为整流管的常见封装外形图。

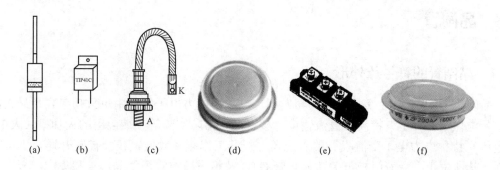

(a)　　　(b)　　　(c)　　　(d)　　　(e)　　　(f)

图 1.2－4　整流管的常见封装外形

（a）塑封圆柱型；（b）塑封 TO 型；（c）螺栓型；（d）平板凸台型；（e）模块型；（f）平板凹台型

整流管按反向恢复时间的长短可分为普通整流管、中速整流管及快速整流管和高速整流管。普通整流管的反向恢复时间一般为几百微秒，中速整流管的反向恢复时间一般为几十微秒，快速整流管的反向恢复时间一般为几百纳秒至几微秒，而高速整流管的反向恢复时间为几十纳秒至几百纳秒。

1.2.4　整流管的主要参数

整流管的主要参数有反向重复峰值电压 U_{RRM}、通态正向峰值电压 U_{FM}、额定工作结温 T_{jm}、额定工作壳温 T_C、反向重复电流、反向恢复电荷、门槛电压、斜率电阻、正向不重复电涌电流、电流二次方时间积等。表 1.2－1 给出了湖北台基股份有限公司生产的 ZP2000－5500V 型整流管主要参数。

表 1.2－1　　　　　　　　　　　ZP2000－5500V 整流管主要参数

序号	参数名称	代表符号	数值	测试条件
1	正向平均电流	$I_{F(AV)}$	2000A	工频半波，电阻性负载，$T_c=100℃$
2	反向重复峰值电压	U_{RRM}	5500V	$T_c=150℃$
3	正向不重复电涌电流	I_{FSM}	32kA	10ms 正弦半波，$T_c=150℃$，$U_R=0$
4	电流二次方时间积	I^2t	$5.12 \times 10^6 A^2 \cdot s$	10ms 正弦波
5	正向峰值电压	U_{FM}	1.80V	$T_c=25℃$，$I_{FM}=3000A$

续表

序号	参数名称	代表符号	数值	测试条件
6	反向重复峰值电流	I_{RRM}	250mA	$T_c=150℃$，U_{RRM}
7	门槛电压	U_{FO}	1.1V	$T_c=150℃$
8	斜率电阻	r_F	0.19mΩ	$T_c=150℃$
9	反向恢复电荷	Q_{ff}	4000mC	$T_c=25℃$

1.3 晶闸管

1.3.1 晶闸管的符号及外形

晶闸管于 1957 年由美国 GE 公司发明，已成为电力电子器件中单只功率容量最大的器件，是电化学、冶金、特高压直流输电、核电厂、国防实验等领域应用的大功率（大电流、高电压）特种电力电子变流设备的首选器件，其工作频率较低，仅能控制开通，不可控制关断，其地位正经受着门极可关断晶闸管 GTO 及绝缘栅控双极型晶体管和集成门极换向晶闸管的挑战。国内普通晶闸管统一型号为 KP 型，晶闸管有三个电极，即阳极 A、阴极 K 及门极 G。现在所使用的晶闸管按外形来分，可分为螺栓型、平板凸台型、塑封型、集成封装型和模块型五种，如图 1.3－1 所示。

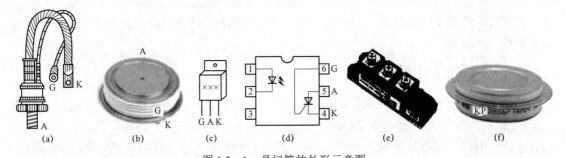

图 1.3－1　晶闸管的外形示意图
（a）螺栓型；（b）平板凸台型；（c）塑封型；（d）集成封装型；（e）模块型；（f）平板凹台型

1. 螺栓型

（1）对于正烧工艺的螺栓型晶闸管（电流容量在 300A 以内）来说，螺栓是阳极 A，粗辫子线是阴极 K。

（2）为使用方便，有时专门把螺栓型晶闸管加工成反烧型，此时螺栓是阴极 K，粗辫子线是阳极 A，细辫子线是门极 G。

2. 平板型

这类晶闸管的电流容量大于或等于 200A，分为凸台和凹台两种外形。

（1）凸台封装的平板型晶闸管大台面为阴极 K，小台面为阳极 A，中间引出的细线为门极 G。

（2）凹台外形封装的晶闸管夹在两台面中间并与两台面平行的一圈金属为门极 G，距离门极近的一个台面为阴极 K，另一个台面为阳极 A，现在凹台外形封装的晶闸管已很少使用。

3. 塑封型

塑封型晶闸管的电流额定一般在几十安培以内，其三个电极的排列多为正对着塑封晶闸管型号标记处看去，左边的引脚为门极 G，中间引脚为阳极 A，右边的引脚为阴极 K。

4. 集成封装型

采用这种形式封装的晶闸管引出管脚各公司有所不同，可查相关的产品使用手册。

5. 模块型

模块型封装的晶闸管有一个晶闸管、两个晶闸管、三个晶闸管、四个晶闸管、六个晶闸管封装在一个外壳中的多种结构，其底板一般是与内部导电部分绝缘、导热的金属板或陶瓷基板，其上部为三个或多个电极（交流输入、直流输出正与负），靠近模块一边为控制用门极 G 和阴极 K。模块型的电流与电压范围为 15～800A/600～2400V。模块型也有混合封装的，即按使用需要将一个晶闸管与一个整流管（半控桥臂模块）、两个晶闸管与两个整流管（半控桥式模块）、三个晶闸管与三个整流管（三相半控桥模块），四个晶闸管与一个整流管（单相全控桥带续流二极管模块）、六个晶闸管（三相全控桥模块）封装在一个外壳中，晶闸管是四层（PNPN）、三端（A、G、K）器件。

晶闸管的电路图形符号如图 1.3－2 所示。晶闸管的结构示意图如图 1.3－3 所示。

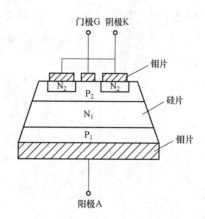

图 1.3－2　晶闸管的电路图形符号　　　　图 1.3－3　晶闸管的结构示意图

1.3.2　晶闸管的工作原理

晶闸管在工作过程中，它的阳极 A 和阴极 K 与电源和负载相连组成晶闸管的主电路，晶闸管的门极 G 和阴极 K 与控制晶闸管的控制电路部分相连，组成晶闸管的触发控制回路。晶闸管的内部有 J_1、J_2 和 J_3 三个 PN 结，如图 1.3－4a 所示，其等效结构和等效电路如图 1.3－4b、c 所示。

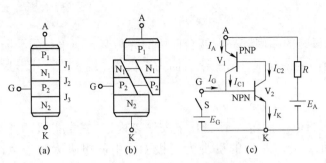

图 1.3－4　晶闸管的工作原理

（a）基本结构；（b）等效结构；（c）等效电路

当晶闸管承受正向阳极电压时，为使晶闸管导通，必须使承受反向电压的 PN 结 J_2 失去阻挡作用。图 1.3－4c 清楚表明，每个晶体管的集电极电流同时也是另一个晶体管的基极电流。因此，当两个背靠背互相复合的晶体管电路有足够的门极电流 I_G 流入时，就会形成强烈的正反馈，造成两晶体管饱和导通，即晶闸管导通。

设 PNP 晶体管和 NPN 晶体管的集电极电流相应为 I_{C1} 和 I_{C2}，发射极电流相应为 I_A 和 I_K，电流放大系数相应为 $\alpha_1=I_{C1}/I_A$ 和 $\alpha_2=I_{C2}/I_K$。设流过晶体管 J_2 结的反向漏电流为 I_{C0}，则晶闸管的阳极电流等于两晶体管的集电极电流和晶体管 J_2 结反向漏电流的总和：

$$I_A=I_{C1}+I_{C2}+I_{C0} \tag{1.3－1}$$

或
$$I_A=\alpha_1 I_A+\alpha_2 I_K+I_{C0} \tag{1.3－2}$$

如果门极电流为 I_G，则晶闸管的阴极电流为：

$$I_K=I_A+I_G \tag{1.3－3}$$

由式（1.3－2）和式（1.3－3），可以得出晶闸管的阳极电流为：

$$I_A=[I_{C0}+\alpha_2 I_G]/[1-(\alpha_1+\alpha_2)] \tag{1.3－4}$$

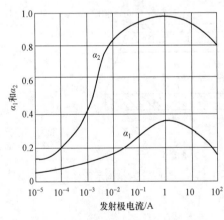

图 1.3－5　两个晶体管的电流放大系数与发射极电流的关系

PNP 晶体管和 NPN 晶体管相应的电流放大系数 α_1 和 α_2 随其发射极电流改变而急剧变化，其关系如图 1.3－5 所示。

当晶闸管阳阴极之间承受正向电压，而门阴极之间未施加电压的情况下，式（1.3－4）中 $I_G=0$，$(\alpha_1+\alpha_2)$ 很小，故晶闸管的阳极电流 $I_A\approx I_{C0}$，晶闸管处于正向阻断状态。

当晶闸管在正向阳极电压下，从门极 G 流入电流 I_G，由于足够大的 I_G 流经 NPN 晶体管的发射极，从而提高其电流放大系数 α_2，产生足够大的集电极电流 I_C 流过 PNP 晶体管的发射极，并提高 PNP 晶体管的电流放大系数 α_1，产生更大的集电极电流 I_{C1} 流经 NPN 晶体管的发射极，这样强烈的正反馈过程迅速进行。由图可见，当 α_1 和 α_2 随发射极电流增加而$(\alpha_1+\alpha_2)\approx 1$ 时，式（1.3－4）的分母 $1-(\alpha_1+\alpha_2)\approx 0$，因此大大地提高了晶闸管的阳极电流 I_A。这时，流过晶闸管的电流完全由主回路的电源电压和回路电阻所决定，晶闸管处于正向导通状态。

由式（1.3 − 4）可见，在晶闸管导通后，$1 - (\alpha_1 + \alpha_2) \approx 0$，即使此时门极电流 $I_G = 0$，晶闸管仍能保持原来的阳极电流 I_A 而继续导通。晶闸管在导通后，门极便失去控制作用。

在晶闸管导通后，如果不断地减小电源电压或增大回路电阻，使阳极电流 I_A 减小到维持电流 I_H（数十毫安）以下时，由于 α_1 和 α_2 迅速下降，由式（1.3 − 4）可知，当 $1 - (\alpha_1 + \alpha_2) \approx 1$ 时，晶闸管恢复阻断状态，这就是晶闸管导通和关断的物理过程。

1.3.3　晶闸管的主要参数及合理选用

晶闸管的主要参数包括静态参数和动态参数，而静态参数又分电压参数、电流参数、门极参数几种，这些参数是衡量晶闸管性能优劣的标志，也是使用中合理选择的依据。

1. 电压参数

电压参数主要有断态不重复峰值电压 U_{DSM}、断态转折电压 U_{DBO}、断态重复峰值电压 U_{DRM}、反向重复峰值电压 U_{RRM}、通态压降（分为平均压降 U_T 和峰值压降 U_{TM}）几种，对电力电子变流设备设计者来说，重点关注的是断态重复峰值电压 U_{DRM}、反向重复峰值电压 U_{RRM}、通态压降 U_{TM}，前者代表了晶闸管不导通时可承受的最高电压能力，而后者决定着晶闸管导通后的损耗与发热状况，也就是晶闸管的通流能力。

（1）断态不重复峰值电压 U_{DSM} 与反向不重复峰值电压 U_{RSM}。这两个电压是晶闸管出厂测试时用到的电压，在电力电子变流设备设计中，由于使用时晶闸管阳阴极两端电压远远低于这个电压，所以很少用到这两个参数，自然他们应分别低于正向转折电压 U_{DBO} 与反向击穿电压 U_{RBO}。

（2）断态重复峰值电压 U_{DRM}。U_{DRM} 是在门极断路而晶闸管的结温为额定值（$T_{jmax} = 125℃$）时，不超过设定的阳、阴极最大正向漏电流 I_{DRM} 条件下，允许重复加在晶闸管阳阴极之间的正向峰值电压，我国国家标准规定断态重复峰值电压 U_{DRM} 在晶闸管的额定电压低于 3000V 时，为断态不重复峰值电压（即断态最大瞬时电压）U_{DSM} 的 90%，在晶闸管的额定电压不小于 3000V 时，为断态不重复峰值电压（即断态最大瞬时电压）U_{DSM} 减去 100V，显然断态重复峰值电压 U_{DSM} 与断态不重复峰值电压及转折电压 U_{DBO} 之间有关系为

$$U_{DRM} < U_{DSM} < U_{DBO} \tag{1.3 − 5}$$

（3）反向重复峰值电压 U_{RRM}。U_{RRM} 是在晶闸管的结温为额定值（$T_{jmax} = 125℃$）时，设定的阳阴极最大反向漏电流 I_{RRM} 条件下，允许重复加在晶闸管阳阴极之间的反向峰值电压。我国国家标准规定，反向重复峰值电压 U_{RRM} 在晶闸管的额定电压低于 3000V 时，为反向不重复峰值电压（即反向最大瞬时电压）U_{RSM} 的 90%，在晶闸管的额定电压大于或等于 3000V 时，为反向不重复峰值电压（即反向最大瞬时电压）U_{RSM} 减去 100V。显然反向重复峰值电压 U_{RRM} 与反向不重复峰值电压 U_{RSM} 之间的关系为

$$U_{RRM} < U_{RSM} < U_{RBO} \tag{1.3 − 6}$$

（4）额定电压 U_N。U_N 是衡量晶闸管正常承受耐压能力的参数，由于工艺和材料等因素的影响，一般来讲，晶闸管的正向断态重复峰值电压 U_{DRM} 与反向重复峰值电压 U_{RRM} 是不会相同的，因而对一个已有的晶闸管，定义 U_N 为

$$U_N = \min(U_{RRM}, U_{DRM}) \qquad (1.3-7)$$

由于晶闸管的价格与 U_N 高低密切相关,在设计晶闸管电力电子变流设备时,为保证可靠合理的情况下不造成浪费且选择晶闸管器件,通常设计选用晶闸管的 U_{RRM} 与 U_{DRM} 中最小者,为使用晶闸管的电力电子变流设备主电路中晶闸管阳阴极实际承受电压峰值 U_M 的 $2 \sim 3$ 倍,现在大多选择为 3 倍;如使用晶闸管的电力电子变流设备中电流有经常突变且负载电感比较大,可以选择为 $4 \sim 5$ 倍,式(1.3-8)与式(1.3-9)分别给出了这种关系。并不是电压安全裕量越高越好,其原因在于耐压高的晶闸管通常管芯厚度厚,压降自然高,工作时损耗就大。

$$\min(U_{RRM}, U_{DRM}) = (2 \sim 3)U_N \qquad (1.3-8)$$

$$\min(U_{RRM}, U_{DRM}) = (4 \sim 5)U_N \qquad (1.3-9)$$

晶闸管的阳阴极伏安特性如图 1.3-6 所示,从该图可以明确地看出这些参数的含义和数值关系。

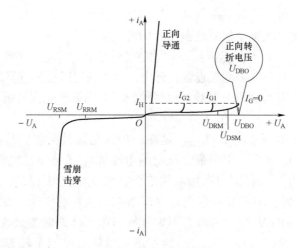

图 1.3-6　晶闸管的阳阴极伏安特性($I_{G2} > I_{G1} > I_G$)

(5)通态(峰值)电压 U_{TM}。晶闸管的通态电压有通态平均电压 U_T 与通态峰值电压 U_{TM} 两种,通态平均电压 U_T 指晶闸管触发导通后,阳极电流为通态平均电流时的阳阴极导通压降;而通态峰值电压 U_{TM} 指晶闸管触发导通后,阳极电流为通态平均电流的某一规定倍数时测得的阳阴极导通电压。在我国基本沿用:当晶闸管的通态平均电流小于 3000A/3.14、结温 T_{jmax} 为 125℃时,使得晶闸管触发导通,其阳极通过 3.14 倍通态平均电流值的阳阴极导通压降;而当晶闸管的通态平均电流大于 3000A/3.14 时,均以 3000A 电流值对晶闸管测试的值作为通态峰值压降 U_{TM} 的值。按 U_{TM} 的值的大小不同,标记晶闸管的通态平均电流,如 4in 的晶闸管,在通过 3000A 电流时测得的 U_{TM} 值为 1.0V 时,该晶闸管的通态平均电流标称为 6000A;同样测试条件下,测得的 U_{TM} 值为 1.05V 时,晶闸管的通态平均电流标称为 5500A。

不论是 U_{TM} 还是 U_T,都是表征晶闸管通过一定电流时的压降大小,所以使用中在同样电流之下,应选用其值尽可能小的晶闸管器件。在设计电力电子变流设备时,通常按计算选用晶闸管的通态平均电流值,按测试得到的 U_{TM} 值来标称晶闸管的额定参数 $I_{T(AV)}$。

2. 电流参数

晶闸管的电流参数，表征了晶闸管可通过电流能力的大小、维持导通的最小电流，以及不触发导通时，阳阴极承受重复电压时漏电流的大小。主要的电流参数有通态平均电流 $I_{T(AV)}$、平均电流 I_{dT}、方均根电流 I_T、正向峰值漏电流 I_{DRM}、反向峰值漏电流 I_{RRM}、维持电流 I_H、擎住电流 I_L 等。

（1）通态平均电流 $I_{T(AV)}$。国家标准规定通态平均电流 $I_{T(AV)}$ 为晶闸管在环境温度为 40℃ 和规定的冷却状态下，稳定结温不超过额定结温时，所允许流过的最大工频正弦半波电流在正弦波一个周期中的平均值，图 1.3-7 给出了 $I_{T(AV)}$ 的图示定义，由此可见晶闸管的通态平均电流实质就是晶闸管以整流管方式工作（导通角度为 180℃）时的正向电流平均值。$I_{T(AV)}$ 也就是晶闸管的额定电流参数，使用中当已有一个晶闸管时，实际通常使用电流为其额定值的 1/（1.5～3），见式（1.3-10）。

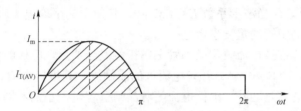

图 1.3-7　晶闸管通态平均电流 $I_{T(AV)}$ 的定义

$$I_{A(AV)} = I_N/(1.5\sim3) \tag{1.3-10}$$

在设计晶闸管电力电子变流设备时，如果需要按实际电路中晶闸管通过的真正电流值 $I_{A(AV)}$ 选用晶闸管器件，则应选用额定电流为

$$I_N = (1.5\sim3)I_{A(AV)} \tag{1.3-11}$$

举例来说，额定电流为 1500A 的晶闸管，用于电路中工作时，正确的设计应使得其通过的电流为 1000～500A 范围，对某个电路经计算需要晶闸管通过 1000A 的平均电流时，正确设计应选用通态平均（额定）电流为 1500～3000A 的晶闸管。

由于现在晶闸管的工艺极为成熟，成品率很高，价格不贵，因而工程应用中，式（1.3-10）与式（1.3-11）中的系数，通常选上限 3。

（2）方均根电流 I_T。由于晶闸管设计的初衷，就是要通过触发脉冲的移相，来改变晶闸管阳极通过电流的大小，所以不可能把晶闸管当整流管使用，由于使用中随着晶闸管导通角度的不同，可以得到不同的阳极电流波形，这个波形其实就是将正弦半波切下了一段，自然晶闸管导通角度越小，其阳极电流的波形越偏离正弦波；导通角度 θ 越小，获得同样的平均电流，需要的电流波形幅值就越大。为衡量这一情况，提出了方均根的概念，其计算公式为

$$I_T = \sqrt{\frac{1}{2\pi}\int_a^{a+\theta}(I_m\sin\omega t)^2\,\mathrm{d}(\omega t)} \tag{1.3-12}$$

对照该式与通态平均电流的计算公式可以看出，方均根电流是衡量晶闸管在流过不同正向电流时的发热情况，显然导通角 θ 不同时，其有效值发热是不同的。由于晶闸管制造完成后，其管芯尺寸和压降就是个定值，所以允许的有效值是个定值，但导通角度越小，平均电

流值就越低，式（1.3-13）给出了流过晶闸管的平均电流计算公式

$$I_{dT} = \frac{1}{2\pi}\int_{a}^{a+\theta} I_m \sin\omega t d(\omega t) \qquad (1.3-13)$$

为保证晶闸管使用中，一方面不能因导通角度太小，而导致有效值电流超过其运行允许的有效值电流；另一方面在晶闸管导通角度较大时，其有效值等效发热小于晶闸管允许的有效值电流。由此提出了波形系数的概念，波形系数 K 定义用式（1.3-14）表示

$$K = I_T / I_{dT} \qquad (1.3-14)$$

可以看出，K 越大，说明晶闸管的导通角度越小，此时晶闸管要降额使用，当导通角度较宽时，晶闸管使用电流可以大于其额定电流，两个典型的情况是，当晶闸管用在输入为正旋的交流电路中，用作整流器件，运行导通角度为 180° 时，波形系统 $K=1.57$，平均电流 $I_{dT}=I_{T(AV)}$，所以对通态平均电流为 100A 的晶闸管。当波形系数 $K>1.57$ 时，其使用的平均电流应小于 100A；反之，当波形系数 $K<1.57$ 时，其使用的平均电流应大于 100A。因此，波形系数是正确选用晶闸管的重要参考之一。

（3）维持电流 I_H。维持电流表示晶闸管在门极触发导通后，门极触发脉冲去除，其能够继续导通的最小电流，单位为 mA。额定电流大的晶闸管，其维持电流 I_H 也较大；额定电流小的晶闸管，其维持电流 I_H 也小。维持电流随着晶闸管容量大小的不同，一般为几十毫安至几百毫安。由于温度越高，载流子流动速度越快，自然结温越高，晶闸管的维持电流 I_H 越小，因而设计时应选 I_H 较小的器件。

（4）擎住电流 I_L。擎住电流表示晶闸管被门极信号触发由断态转入通态时，移除触发信号，晶闸管不转入关断而继续导通，所需要的最小阳极电流，单位为 mA。额定电流大的晶闸管，自然其擎住电流 I_L 也较大；额定电流小的晶闸管，其擎住电流 I_L 也小。擎住电流 I_L 随着晶闸管容量大小的不同，一般为几十毫安至几百毫安。由于温度越高，载流子流动速度越快，自然结温越高，晶闸管的擎住电流 I_L 越小，擎住电流 I_L 要远大于维持电流 I_H，它与维持电流 I_H 有式（1.3-15）所示的关系，设计选用应选 I_L 较小的器件。

$$I_L = (2\sim 4)I_H \qquad (1.3-15)$$

（5）正向断态最大重复电流 I_{DRM} 与反向最大重复电流 I_{RRM}。这两个参数表示了晶闸管分别在承受断态重复峰值电压 U_{DRM} 与反向重复峰值电压 U_{RRM} 时，流过阳极的漏电流，单位为 mA，是在最高结温为 $T_{jmax}=125℃$ 时测得的。I_{DRM} 与 I_{RRM} 表征了晶闸管阳阴极伏安特性的软硬，同时可以近似代表一定的阳阴极电压条件下，晶闸管不导通时的静态损耗。在使用多个晶闸管串联工作的场合，这个参数是有参考价值的，单位为 mA。晶闸管额定电流越大，这个值也越大，如 4in（1in=2.54cm）晶闸管的 I_{DRM} 与 I_{RRM} 通常为 150mA 左右，2in 晶闸管的 I_{DRM} 与 I_{RRM} 通常有 50mA 左右。相同管芯直径的晶闸管，自然晶闸管的额定电压越高，则 I_{DRM} 与 I_{RRM} 相应也就越大。对没有并联或串联使用晶闸管的应用，设计时应选用 I_{DRM} 与 I_{RRM} 较小的器件，以减少静态损耗；对有并联或串联使用晶闸管的应用，设计时应选用 I_{DRM} 与 I_{RRM} 尽可能一致的晶闸管器件并联或串联为一组，以提高均流或均压效果。

3. 动态参数

晶闸管的动态参数主要有开通时间 t_{gt}、关断时间 t_q、断态电压临界上升率 du/dt、通态电流临界上升率 di/dt。

（1）开通时间 t_{gt}、关断时间 t_q。开通时间 t_{gt} 和关断时间 t_q 对晶闸管的非并联或非串联应用关系不太，但当电力电子变流设备容量较大，或者使用电压较高，不得不使用多个晶闸管串联或并联时，晶闸管的同时导通和同时关断，对串联或并联阀组的均流或均压至关重要，所以这时应认真考虑其开通时间 t_{gt} 与关断时间 t_q，单位为 μs，一般普通晶闸管的开通时间为 200μs，而关断时间通常为 100μs 之内。对做普通整流使用的单向运行整流系统，如晶闸管不串联和并联使用，可以不关注其开通时间 t_{gt}、关断时间 t_q，但对多个晶闸管串联或并联使用的场合，或者有正反向可逆运行的变流系统，如本书第 6 章讲到的低频电源等应用，设计选用晶闸管应对同一个串并联组中的晶闸管开通与关断时间的差别提出要求，并使得误差尽可能地小。

（2）断态电压临界上升率 du/dt。该参数表征了在额定结温和门极开路的情况下，不导致晶闸管发生从断态到通态转换的外加电压最大上升率，单位为 V/μs。其表征了晶闸管从导通转为阻断，阳阴极电压上升到原来导通前的值允许的最短时间。使用中为防止电压上升率过大，导致晶闸管误导通的非正常情况出现，需要在晶闸管阳阴极并联缓冲电路。du/dt 值越大，缓冲电路中的电容就可以选择越小的值，设计选用时，在不增加很大成本的条件下，应尽可能选用 du/dt 较大的晶闸管。

（3）通态电流临界上升率 di/dt。由于晶闸管通常都是放射型门极结构，晶闸管的门极触发信号线是采用点焊或其他措施引自晶闸管管芯的中心，晶闸管在触发导通过程中，最先是靠近门极的圆形区域先行导通，然后再逐渐向外扩展，最终全部导通，因而在晶闸管电路的工作电压与负载一定时，导通的初始段，刚导通的这个小区域要流过晶闸管整个管芯全导通后的全部电流，所以 di/dt 表征了晶闸管不致损坏，单位时间内阳极电流增加的最大允许值，超过此值将导致晶闸管管芯靠近门极的区域烧坏，因而此参数测试时是一个破坏性参数，如果晶闸管不能承受要求的 di/dt 值，则晶闸管在测试过程中肯定损坏；如果电路中晶闸管的负载为容性负载或电流上升率非常高，则应采取串联电感等措施来抑制电流上升率。设计选用时，应在性能价格比最优的条件下，尽可能选用 di/dt 较大的晶闸管。

4. 门极参数

晶闸管的工作原理决定了只有其阳阴极承受正向电压时，在门阴极之间施加触发脉冲，才能导通。设计门极触发电压电流参数的依据是晶闸管的门阴极伏安特性，而门阴极伏安特性中最重要的参数就是晶闸管的两个门极参数，一是门极触发电压 U_{GT}，二是门极触发电流 I_{GT}。

（1）门极触发电压 U_{GT}。晶闸管的门极触发电压，是指在常温状态，在阳阴极施加一定电压，阳极回路阻抗使得晶闸管导通后，阳极电流大于擎住电流 I_L 条件下，晶闸管触发导通的最低电压，单位为 V。

（2）门极触发电流 I_{GT}。晶闸管的门极触发电流，是指在常温状态，在阳阴极施加一定电压，阳极回路阻抗使得晶闸管导通后，阳极电流大于擎住电流 I_L 条件下，晶闸管触发导通的最小电流，单位为 mA。

由于晶闸管的门极触发电压 U_{GT} 和门极触发电流 I_{GT} 与晶闸管工作的环境温度密切相关，环境温度高，它们会相应降低；环境温度降低，它们会增大。考虑到晶闸管的门阴极伏安特性为区域特性，可以分为以下四个区域：

1）不触发区。晶闸管触发电路产生的触发电压太低、触发电流太小，晶闸管不能触发的区域。

2）临界触发区。晶闸管触发电路产生的触发电压与触发电流，使得晶闸管有时能触发，有时不能触发，处于触发与不触发的临界状态的区域。

3）可靠触发区。晶闸管触发电路产生的触发电压与触发电流，使得晶闸管一定触发的区域。

4）过触发区。晶闸管触发电路产生的触发电压与触发电流，幅值太大，虽然可以保证晶闸管的可靠触发，但长期使用会降低晶闸管门阴极寿命的区域。

因而设计晶闸管的门极触发电路时，应使得门极触发电路输出的门极触发电压和门极触发电流值，位于门阴极伏安特性中的可靠触发区，而不会进入过触发区或临界触发区。通常为降低门极触发脉冲产生电路的损耗，将门极触发电压 U_{GT} 和门极触发电流 I_{GT} 设计为脉冲型，其幅值为晶闸管出厂时测试参数，门极触发电压 U_{GT} 和门极触发电流 I_{GT} 的数倍。通常还设计有强触发措施，对并联或串联使用晶闸管的场合，还要保证同一组多个晶闸管的门极触发电压和门极触发电流的上升率要大，且彼此前沿时间误差不应大于 0.2μs。

5. 其他参数

衡量晶闸管性能的还有其他参数，这里不再详细介绍。表 1.3－1 以中车株洲电力半导体有限公司生产的 KPc4500A/3000V 型晶闸管的主要参数为例。

表 1.3－1　　　　　　　　　　KPc4500A/3000V 型晶闸管的主要参数

符号	参数名称	条　件	最小	典型	最大	单位
$I_{T(AV)}$	通态平均电流	正弦半波，$T_C=70℃$	—	—	4540	A
$I_{T(RMS)}$	通态方均根电流	$T_C=70℃$	—	—	7130	A
I_{TMS}	通态不重复电涌电流	$T_C=125℃$，正弦半波，底宽 10ms，$U_R=0$	—	—	84	kA
I^2t	电流平方时间积	正弦波，10ms	—	—	3530	$10^4A^2·s$
U_{DRM}	断态重复峰值电压	$T_{jmax}=125℃$，门极断路，$t_p=10ms$，$I_{DRM}=500mA$	—	—	3000	V
U_{RRM}	反向重复峰值电压	$T_{jmax}=125℃$，门极断路，$t_p=10ms$，$I_{RRM}=500mA$	—	—	3000	V
U_{DSM}	断态不重复峰值电压		—	—	3100	V
U_{RSM}	反向不重复峰值电压		—	—	3100	V
U_{TM}	通态峰值电压	$T_C=25℃$，$I_{TM}=6000A$	—	—	1.45	V
I_{DRM}	断态重复峰值电流	$T_C=25℃$，125℃，U_{DRM}/U_{RRM}，门极断路	—	—	500	mA
I_{RRM}	反向重复峰值电流		—	—	500	mA
U_{TO}	门槛电压	$T=125℃$	—	—	0.96	V
r_T	斜率电阻	$T_C=125℃$	—	—	0.059	mΩ
I_H	维持电流	$T_C=25℃$，$I_G=400mA$，$I_{TM}=50A$，$U_D=12V$	—	—	600	mA
I_L	擎住电流	$T_C=25℃$，$I_G=400mA$，$U_D=12V$	—	—	3000	mA
du/dt	断态电压临界上升率	$T_C=125℃$，门极断路电压线性上升到 $67\%V_{DRM}$	—	—	300	V/μs
di/dt	通态电流临界上升率	$T_C=125℃$，$U_{DM}=2/3V_{DRM}$，$f=50Hz$，$t=5s$，$I_{TM}=(2\sim3)I_{T(AV)}$，$I_{FG}=1.0A$，$t_r=0.5ms$	—	—	200	A/μs
t_q	关断时间	$T_C=125℃$，$t_p=1000μs$，$U_{DM}=67\%V_{DRM}$，$f=1Hz$，$du/dt=30V/μs$，$U_R≥50V$，$-di/dt=50A/μs$，$I_T=250A$	—	150	—	μs

符号	参数名称	条　件	最小	典型	最大	单位
Q_{rr}	反向恢复电荷	$T_C=25℃$，$-di/dt=5A/\mu s$，$t_p=700\mu s$，$I_T=500A$，$U_R=50V$，梯形波	—	3000	—	μC
I_{GT}	门极触发电流	$T_C=25℃$，$U_D=12V$，$R_L=6\Omega$	30	—	200	mA
U_{GT}	门极触发电压	$T_C=25℃$，$U_D=12V$，$R_L=6\Omega$	—	—	3	V
U_{GD}	门极不触发电压	$T_C=125℃$，$U_D=U_{DRM}$	0.2	—	—	V
U_{FGM}	门极正向峰值电压	$T_C=125℃$，方波，$t=3s$，阳、阴极断路	—	—	16	V
U_{RGM}	门极反向峰值电压	$T_C=125℃$，工频正弦，$t=3s$，阳、阴极断路	—	—	5	V
I_{FGM}	门极正向峰值电流	$T_C=125℃$，方波，$t=3s$，阳、阴极断路	—	—	5	A
P_{GM}	门极峰值功率	$T_C=125℃$，方波，$t=3s$，阳、阴极断路	—	—	16	W
$P_{G(AV)}$	门极平均功率	$T_C=125℃$，方波，$t=3s$，阳、阴极断路	—	—	4	W

1.4　电力场效应晶体管

电力场效应晶体管（MOSFET），因为是电压驱动器件，所以具有驱动功率极小，而工作频率很高的特性。自从诞生以来，便因优良的性能深受电力电子行业的工程师推崇，并成为开关电源等小功率电力电子变流设备的首选器件，然而因材料和工艺水平的限制，直到今天人类仍然无法制造出同时兼有高电压和大电流特性的 MOSFET。

1.4.1　结构与工作原理

为了说明电力 MOSFET 的结构特点与工作原理，首先要说明场效应晶体管的基本原理。图 1.4-1 是 N 沟道 MOSFET 的基本结构示意图。由于输出电流是由栅极 G 通过金属 M－氧化膜 O－半导体 S 系统进行控制的，所以这种结构称作 MOS 结构。在 MOSFET 中只有一种载流子（N 沟道时是电子，P 沟道时是空穴）从源极 S 出发经漏极 D 流出，由此决定了 MOSFET 有很高的工作频率，且为电压控制型器件。

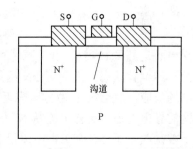

图 1.4-1　N 沟道 MOSFET 的基本结构示意图

图 1.4-2 给出了 MOSFET 的模拟结构，在栅源极电压为零（$U_{GS}=0$）时，漏极与源极间的 PN 结状态和普通二极管一样，为反向偏置状态，此时即使在漏源极之间施加电压也不会造成 P 区内载流子的移动，即器件保持关断状态。把这种正常关断型的 MOSFET 称为增强型 MOSFET，如图 1.4-2a 所示。

如果在栅极 G 与源极 S 之间加正向电压（$U_{GS}>0$）就会在栅极下面的硅表面上开始出现耗尽区，接着就出现负电荷（电子），硅的表面从 P 型反型成 N 型，如图 1.4-2b 所示，此时电子从源极移动到漏极形成漏极电流 I_D。把导电的反型层称为沟道。如果在栅极上加反向电压（$U_{GS}<0$）则与上述情况相反，在栅极下面的硅表面上因感应产生空穴，故没有 I_D 电流流过，如图 1.4−2c 所示。

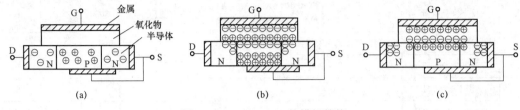

图 1.4−2　MOSFET 的模拟结构

(a) $U_{GS}=0$ 时；(b) $U_{GS}>0$ 时；(c) $U_{GS}<0$ 时

从图 1.4−1 中可以看出，传统的 MOSFET 结构是把源极、栅极及漏极安装在硅片的同一侧面上，因而 MOSFET 中的电流是横向流动的，电流容量不可能太大。要想获得大的功率处理能力，必须有很高的沟道宽长比（W/L），而沟道长度 L 受制版和光刻工艺的限制不可能做得很小，因而只好增加管芯面积，这显然是不经济的，甚至是难以实现的，正是基于此，促使了垂直沟道型 MOSFET 的形成，这就是 VMOSFET。

根据结构形式的不同，VMOSFET 又分为 VVMOSFET 和 VDMOSFET 两种基本类型。

1. VVMOSFET

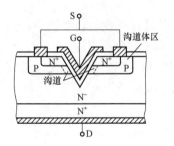

图 1.4−3　VVMOSFET 的结构示意图

VVMOSFET 结构是美国雷达半导体公司 1975 年首先提出的，其结构示意图如图 1.4−3 所示。它是在 N^+ 型高掺杂浓度的硅片衬底上外延生长 N^- 型漂移区，在 N^- 区高阻漂移区内选择地扩散出 P 型沟道体区，再在 P 型沟道体区内选择地扩散 N^+ 源区。利用各向异性腐蚀技术刻蚀出 V 形槽，槽底贯穿过 P 型体区。在 V 形槽的槽壁处形成金属–氧化膜–半导体系统。N^+ 型区和 N^- 型区共同组成器件的漏区，漏区与体区的交界面是漏区 PN 结，体区与源区的交界面是源区 PN 结。由于源区和体区总是被短路在一起由源极引线引出，因此源区 PN 结是处于零偏置状态；而漏区 PN 结处于反向偏置状态。当栅极上加以适当的电压时，由于表面电场效应，就会在 P 型体区靠近 V 形槽壁的表面附近形成 N 型反型层，成为沟通源区和漏区的导电沟道。这样电流从 N^+ 区源极出发，经过沟道流到 N^- 漂移区，然后垂直地流到漏极，首次改变了 MOSFET 电流沿表面水平方向流动的传统概念，实现了垂直导电。这一从横到纵、从水平到垂直的改变，是 MOSFET 的重大突破，为解决大电流技术难题奠定了基础。从结构上说，由于漏极是装在硅片衬底上，因此不仅充分利用了硅片面积，而且实现了垂直传导电流，可以制造出大的电流容量。在器件中间设置的 N^- 型高阻漂移区，不仅提高了耐压，还减小了栅电容。双重扩散技术精确地控制了短沟道，从而使沟道电阻值降低，使 VVMOSFET 的工作频率和开关速度大大提高。在芯片背面安装漏极可以做到高度集成化。但是 V 形槽沟道的底部容易引起电场集中，故继续提高耐压能力有困难，为此又将槽底改为平的，这种结构则称为 U 形槽 MOSFET。

2. VDMOSFET

垂直导电的双扩散 MOSFET 称为 VDMOSFET，其典型结构如图 1.4−4 所示。沟道部分是由同一扩散窗,利用两次扩散形成的 P 型体区和 N^+ 型源区的扩散深度差形成的,沟道长度可以精确控制。电流在沟道内沿表面流动,然后垂直地被漏极吸收。由于漏极也是从硅片底部引出,所以可以高度集成化。漏源间施加电压后,由于耗尽层的扩散使栅极下的 MOSFET 部分几乎保持在一定的电压下,可使耐压提高。在这种结构的基础上,VDMOSFET 在高集成度、高耐压、低反馈电容和高速性能方面不断改进提高,出现了诸如 TMOS、HEXFET、SIP-MOS、π-MOS 等一大批结构各异的新器件。它们采用新的结构图形把成千上万个单元 MOSFET 并联连接,实现了大电流化。

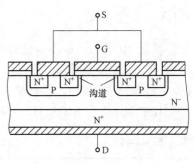

图 1.4-4　VDMOSFET 的典型结构

1.4.2　电力 MOSFET 的分类

根据载流子的性质,MOSFET 可分为 N 沟道和 P 沟道两种类型,它们的图形符号如

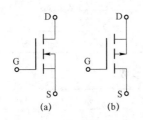

图 1.4-5　N 沟道和 P 沟道 MOSFET 的
图形符号

(a) N 沟道;(b) P 沟道

图 1.4-5 所示,图中箭头表示载流子移动的方向。图 1.4-5a 表示 N 沟道,电子流出源极;图 1.4-5b 表示 P 沟道,空穴流出源极。

电力 MOSFET 研发的主要技术难题是解决 MOSFET 的大电流、高电压问题,以提高其功率处理能力。对比研究 MOSFET 与 GTR 的结构发现,GTR 首先在功率领域获得突破的原因主要有四点:

(1) 发射极和集电极是安装在基区的两侧,电流是流过面积很大而厚度较薄的基区,因而 GTR 实际上是一种垂直导电结构,电流容量可以很大。

(2) 为了提高耐压,在集电区中加入了一个轻掺杂的 N^- 型区,使器件耐压能力大为改善。

(3) 基区宽度的控制是靠双重扩散技术实现的,严格准确,可以满足各种功率设计的要求。

(4) 由于集电极安装在硅片的底部,设计方便,封装密度高,耐压特性好,可以在较小体积下输出较大功率。电力 MOSFET 既要保持 MOSFET 场控的优点,又要吸收 GTR 的长处,因此其关键是如何既保留沟道又要能实现垂直导电。

由垂直导电结构组成的场控晶体管称为 VMOSFET,VMOSFET 在传统的 MOSFET 基础上做了下述三项重大改进:

(1) 垂直安装漏极,实现了垂直传导电流,将 MOSFET 结构中与源极和栅极同时水平安装于硅片顶部的漏极改装在硅片的底面上,这样充分利用了硅片面积,基本上实现了垂直传导漏源电流,降低了串联电阻值,为获得大电流容量提供了前提条件。

(2) 模仿 GTR 设置了高电阻率的 N^- 型漂移区,不仅提高了器件的耐压容量,而且降低了结电容,并且使沟道长度稳定。

(3) 采用双重扩散技术代替光刻工艺控制沟道长度,可以实现精确的短沟道,降低沟道电阻值,提高工作速度,并使输出特性具有良好的线性。

1.4.3 主要参数

表征 MOSFET 器件容量大小与性能优劣的主要参数有栅源极驱动电压 U_{GS}、漏源极额定电压 U_{DS}、漏源极通态电阻 $R_{DS(on)}$、栅源极输入电容 C_{GS}、栅漏极电容 C_{GD}、漏源栅结电容 C_{DS}、最大开关频率 f、最高结温 T_{jmax} 等。表 1.4-1 和表 1.4-2 给出了西安龙腾公司生产的 LNG10R100W3 型 MOSFET 主要参数和高压超级结 LSH04N70A 型 MOSFET 主要参数。

表 1.4-1　　　　　　　　　LNG10R100W3 型 MOSFET 主要参数

序号	参数名称	代表符号	数值	测试条件	备注
1	漏源极最大阻断电压	U_{DS}	100V	$T_c = 25℃$	
2	漏极电流	I_D	100A	$T_c = 25℃$	
3	额定功耗	P_{DM}	150W	$T_c = 25℃$	
4	漏源极通态电阻典型值	$R_{DS(on)}$	6.4mΩ	$U_{GS} = 10V$	
5	漏源极通态电阻最大值	$R_{DS(on)M}$	10mΩ	$U_{GS} = 10V$	
6	漏源极反向恢复电荷典型值	Q_{rr}	82nC	$U_{GS} = 10V$	
7	栅源极最大允许电压	U_{GS}	±20V	$T_c = 25℃$	
8	栅源极门槛电压	C_{iGc}	3.0V	$T_c = 25℃$	

表 1.4-2　　　　　　　高压超级结 LSH04N70A 型 MOSFET 主要参数

序号	参数名称	代表符号	数值	测试条件	备注
1	漏源极最大阻断电压	U_{DS}	700V	$T_c = 25℃$	
2	漏极电流	I_D	4A	$T_c = 25℃$	
3	额定功耗	P_{DM}	50W	$T_c = 25℃$	
4	漏源极通态电阻典型值	$R_{DS(on)}$	0.83Ω	$U_{GS} = 10V$	
5	漏源极通态电阻最大值	$R_{DS(on)M}$	0.96Ω	$U_{GS} = 10V$	
6	漏源极反向恢复电荷典型值	Q_{rr}	11nC	$U_{GS} = 10V$	
7	栅源极最大允许电压	U_{GS}	±30V	$T_c = 25℃$	
8	栅源极门槛电压	C_{iGc}	3.5V	$T_c = 25℃$	

1.5　绝缘栅控双极型晶体管

20 世纪 80 年代，受限于材料和工艺技术限制，尽管电力电子器件工程技术人员做了很多努力，但仍然未能将电力 MOSFET 的功率容量做得很大，直至今天 MOSFET 都难以实现同时具有高电压和大电流特性，且随着电力电子变流设备单机容量的不断扩大，具有较低导通压降的 GTR，因无法解决开关特性较差，开关频率通常仅能做到 1kHz 左右，若进行多于三级达林顿以上的复合，将严重影响频率特性的问题，使得 GTR 的最大放大倍数也仅在 100 左右。因此更大电流容量的 GTR，工作时需要的基极驱动电流较大，驱动控制功率需求也大，为解决这些矛盾，将 GTR 与 MOSFET 结合在一起，发明并成功研制了应用 MOSFET 控制的 GTR，从而突破了电压控制电压或电流控制电流的单机理器件限制，实现了电压控制电流的双机理复合器件，发明了场控晶闸管 MCT 及绝缘栅控双极型晶体管 IGBT。到今 IGBT 的单管容量最大已达 4500A/3500V，并在不断扩大，IGBT 已进入了所有类型的电力电子变流设备中批量使用，成为最有发展前途的电力电子器件之一。

1.5.1　基本结构

IGBT 的结构剖面图如图 1.5－1 所示。由图可知，在 VDMOS 中引入电导调制结构，对 N^- 区的导通电阻进行适度调制，以降低通态电阻，提高了工作电流密度，打破了通态电阻的制约，使其向高电压方向迈进。IGBT 是在 VDMOS 的栅极侧引入一个 P−N 结，即在适当厚度的 N^+ 层下增添一个 P^+ 层发射极，形成 PN 结 J_1，并由此引出漏极，其栅极和源极则完全相同。为表示 IGBT 输出极具有 GTR 的特性，一般把 IGBT 的漏源极称为集电极和发射极，所以 IGBT 也为三端四层的电力电子器件。

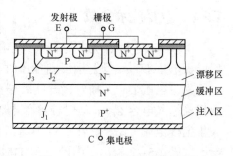

图 1.5－1　IGBT 的结构剖面图

1.5.2　分类

有 N^+ 缓冲器的 IGBT 称为非对称 IGBT，其反向阻断能力弱，但正向压降低，关断时间短，关断时尾部电流小。无 N^+ 缓冲区的 IGBT 称为对称 IGBT，它具有正反向阻断能力，但其他特性却不及非对称 IGBT。

1.5.3　工作原理

从结构图可以看出，IGBT 相当于一个由 MOSFET 驱动的厚基区 GTR，其简化等效电路如图 1.5－2 所示。图中，电阻 R_N 是 PNP 晶体管基区内的调制电阻。IGBT 是以 GTR 为主导器件、MOSFET 为驱动器件的达林顿结构器件。图 1.5－2 所示器件为 N 沟道 IGBT，MOSFET 为 N 沟道型，GTR 为 PNP 型。

IGBT 的图形符号如图 1.5－3 所示。对于 P 沟道 IGBT，图形符号中的箭头方向恰好相反。P 沟道 IGBT 在我国电力电子行业应用量相对较少。

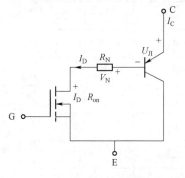

图 1.5－2　N−IGBT 的简化等效电路图

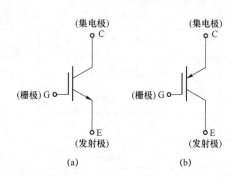

图 1.5－3　IGBT 的图形符号
（a）N 沟道；（b）P 沟道

IGBT 的开通和关断是由栅射极电压来控制的。栅射极间施以正向电压时，MOSFET 内形成沟道，并为 PNP 晶体管提供基极电流，从而使 IGBT 导通。此时，从 P^+ 区注入到 N^- 区的空穴（少子）对 N^- 区进行电导调制，减小 N^- 区的电阻 R_N，使高耐压的 IGBT 也具有低的通态压降。栅射极间施以负向电压时，MOSFET 内的沟道消失，PNP 晶体管的基极电流被切断，IGBT 关断。

1.5.4　主要技术参数

衡量 IGBT 性能优劣与容量大小的主要参数有栅射极开路集射极电压 U_{CEO}、栅射极短路集射极电压 U_{CES}、栅射极反向偏压时集射极电压 U_{CER}；栅射极驱动电压 U_{GE}、栅射极反偏压时栅集极电压 U_{GCR}、栅射极开路时栅集极电压 U_{GCO}，通态压降 $U_{CE(sat)}$；栅射极输入电容 C_{GE}、栅集极输入电容 C_{GC}、集射极输入电容 C_{CE}；开通时间 t_{on}、关断时间 t_{off}、最高结温 T_{jmax}。最大集电极电流 I_{CM} 等。表 1.5 – 1 给出了日本三菱高频 IGBT 模块 CM600DU – 24NFH 的主要参数，表 1.5 – 2 给出了中国中车 TIM200PHM33 – F 型碳化硅 IGBT 主要参数。

表 1.5 – 1　　　　日本三菱高频 IGBT 模块 CM600DU – 24NFH 主要参数

序号	参数名称	代表符号	数值	测试条件	备注
1	栅射极短路时最大集射极阻断电压	U_{CES}	1200V	$T_c = 25℃$	
2	集电极电流	I_C	600A	$T_c = 25℃$	
3	饱和压降典型值	$U_{CE(sat)}$	5.0V	$T_c = 25℃$	
4	饱和压降最大值	$U_{CE(sat)M}$	6.5V	$T_c = 25℃$	
5	结壳热阻最大值	R_{thjc}	0.083K/W	$T_c = 125℃$	
6	栅集结输入电容最大值	C_{iGC}	95nF	$T_c = 125℃$	IGBT 部分
7	栅射结传输电容最大值	C_{iGE}	8.0nF	$T_c = 125℃$	
8	集射结输入电容最大值	C_{iCE}	1.8nF	$T_c = 125℃$	
9	最大开通延迟时间	$t_{d(on)}$	400ns	$T_c = 125℃$	
10	最大开通上升时间	t_r	120ns	$T_c = 125℃$	
11	最大关断延迟时间	$t_{d(off)}$	700ns	$T_c = 125℃$	
12	最大关断下降时间	t_f	150ns	$T_c = 125℃$	
13	典型正向压降	U_F	3.5V	$T_c = 125℃$	
14	典型反向恢复电荷	Q_{rr}	28μC	$T_c = 125℃$	续流二极管部分
15	最大反向恢复时间	t_{rr}	250ns	$T_c = 125℃$	
16	结壳热阻最大值	R_{thjc}	0.15k/W	$T_c = 125℃$	
17	外壳对散热器热阻典型值	R_{thcf}	0.02k/W	$T_c = 125℃$	共同部分

表 1.5-2　　　　　　　中国中车 TIM200PHM33-F 型碳化硅 IGBT 主要参数

序号	参数名称	代表符号	数值	测试条件	备注
1	集电极电流	I_C	200A	T_c	
2	集电极峰值电流	$I_{C(PK)}$	400A		
3	饱和压降	$U_{CE(sat)}$	2.5V	$T_c = 25℃$	
4	总功耗	E_{sw}	655mJ	$T_c = 125℃$	
5	结壳热阻	R_{thjc}	48℃/W		
6	基板尺寸	$L \times W$	140mm×73mm		
7	基板材料		AlSiC		
8	类型		低功耗		
9	壳温	T_c	90℃		

第 2 章　电力电子器件的驱动技术

2.1　概述

电力电子器件只有在可靠正确的驱动电路驱动下，才能正常的导通和关断，完成电力电子变换系统的变流工作，所以电力电子器件的驱动电路是其正常与可靠工作的关键因素之一，驱动电路性能的好坏直接关系着电力电子变流设备运行可靠性与稳定性的好坏。自从电力电子器件诞生以来，伴随着电力电子器件的不断开发与新型电力电子器件的出现，有关电力电子器件的驱动控制电路的研究从未停止。本章仅给出书中用到的晶闸管触发器集成电路和几种全控型电力电子器件的驱动电路。

2.2　晶闸管的触发电路

晶闸管触发器分为模拟式晶闸管触发器与数字式晶闸管触发器两大类。有关国内常用的晶闸管触发器集成电路的详细介绍可参见参考文献。表 2.2－1 简要列出本书后续设计与实例中应用到的几种模拟式与准数字式触发器集成电路的主要性能和参数，后续将详细介绍其引脚排列、内部结构、工作原理、使用方法及参数限制和应用举例等内容。

表 2.2－1　　几种模拟式与准数字式晶闸管触发器集成电路的主要性能和参数

分类	型号	主要特点及性能	极限参数	供货商家
模拟式晶闸管触发器集成电路	KJ004 KJ009	双列直插式 16 引脚封装，正、负双电源工作，移相范围大于 170°，可输出两路相位互差 180°的移相脉冲。适合于在单相、三相电力电子变流设备中作晶闸管的移相触发脉冲产生使用	工作电源电压：±15V 同步电压：可为任意值 脉冲宽度：400μs～2ms 负载能力：15mA	陕西高科电力电子有限责任公司
	TCA785	单片晶闸管移相触发器集成电路，输出两路相位互差 180°的触发脉冲，输出脉冲可在 0～180°之间移相，可用来控制晶闸管或晶体管	工作电源电压：（−0.5～+18）V 最大脉冲负载电流：400mA 输出脉冲宽度：3μs～180°−α 同步输入电流：500μA	
	TC787	采用先进的 IC 工艺设计制作，可单电源亦可双电源工作，适用于三相晶闸管的移相触发，是 TCA785 及 KJ 系列触发电路的换代产品，其一片电路可取代三片 TCA785 与一片 KJ041、一片 KJ042 或五片 KJ 系列电路组合才具有的功能	工作电源电压 U_{DD}：+6～+18V 或±3～±9V 输入端电压：−0.5V～U_{DD} 最大脉冲负载能力：20mA 同步信号频率：10～100Hz	
	KJ041	6 路双脉冲形成器，具有双脉冲形成和电子开关控制封锁功能，使用两只电子开关控制的 KJ041 电路完成逻辑控制，适用于电动机正、反转控制系统	工作电源电压：+15V 脉冲输出负载能力：20mA 控制端正向电流：3mA	

分类	型号	主要特点及性能	极限参数	供货商家
准数字式晶闸管触发器集成电路	KJ042	双列直插式 14 引脚封装，输出脉冲调节范围宽，脉冲占空比可调，可用作方波发生器。适用于在三相或单相晶闸管可控电路中做脉冲列调制源	工作电源电压：+15V 输入端正向电流：2mA 最大输出负载能力：12mA 调制脉冲频率：5～10kHz	
	SGK198	4 列直插式 44 引脚双电源供电晶闸管 CPLD 准数字触发器集成电路。可用于大电流输出的晶闸管可控整流或有源逆变类电力电子变流设备中做晶闸管的触发控制用。具有交、直流侧过电流，外部故障，电源欠电压，输入缺相等故障保护功能。有相位自适应功能	工作电源电压 U_{DD1}、U_{DD2}：+5V	

2.2.1　晶闸管对触发电路的要求

晶闸管触发电路的作用是产生满足使晶闸管可靠触发要求的门阴极触发脉冲，以确保晶闸管在需要的时刻由阻断转为导通。信号触发可以是交流形式，也可以是直流形式，但它们对于门极 – 阴极必须是正极性的。同时，由于晶闸管所组成的电路工作方式不尽相同，所以对触发电路的要求也有所差异。晶闸管触发导通后，门极便失去控制作用，为了减少门极的损坏及降低触发电路的功率，触发信号通常采用脉冲形式，晶闸管对触发电路的基本要求如下：

（1）触发信号应有足够大的功率。由于晶闸管器件门极参数的分散性及其触发电压、电流随温度变化的特性，为使晶闸管可靠触发，触发电路提供的触发电压和电流必须大于晶闸管产品参数表中提供的门极触发电压和触发电流值，即必须保证具有足够大的触发功率。但触发信号不允许超过门极电压、电流和功率最大允许值，以免损坏晶闸管的门阴极。

（2）触发脉冲的同步及移相范围。在以晶闸管为主功率器件构成的可控整流、有源逆变及交流调压的触发电路中，为了保持电路的品质及可靠性，要求同一移相控制电压作用下，在每个周期晶闸管阳阴极承受电压的同一相位上被触发。因此，晶闸管触发脉冲必须与被触发晶闸管的阳阴极电压保持某种固定的相位关系，即实现同步。同时，为了使触发电路能在给定移相控制电压范围内正常工作，必须保持触发脉冲有足够的移相范围。

（3）触发脉冲信号应有足够的宽度和幅度，且前沿要陡。为使被触发的晶闸管可靠触发，且在触发脉冲消失后能保持在导通状态，晶闸管的阳极电流必须在触发脉冲消失前达到擎住电流，因此要求触发脉冲具有一定的宽度，不能过窄。特别是当负载为电感性或电容性负载时，由于电感性负载中电流不能突变，电容性负载只有回路电压大于加在晶闸管阳阴极两端的等效电压时晶闸管才能触发导通，因此这两种负载都需要晶闸管的触发脉冲有足够的宽度。

（4）为使并联晶闸管能同时导通，触发电路应能产生强触发脉冲。在大功率电力电子变流设备系统中，常需要多个晶闸管串联或并联使用，这种场合要求串联或并联的晶闸管器件应尽可能在同一时刻导通，使各元件的 di/dt 或承受的阳阴极电压值都在允许的范围内。但是由于晶闸管器件特性的分散性，会使先导通晶闸管器件的 di/dt 值或后导通晶闸管的阴阳极承受电压超过允许值而损坏。这两种应用场合宜采取强制措施，使晶闸管能够在相同时刻内导

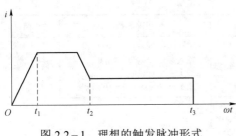

图 2.2－1　理想的触发脉冲形式

通，为此可以考虑采用如图 2.2－1 所示的理想触发脉冲形式。其中，强触发电流幅值为正常触发电流的 3～5 倍，脉冲前沿的陡度通常取 2～6A/μs；对工频整流电路应用来讲，脉冲宽度（t_2-t_1）对应时间应大于 30μs 且小于 100μs，持续时间（t_3-t_2）应大于 550μs 且小于 3.3ms。对中频及高频整流或逆变电路应用来讲，因被触发晶闸管为快速晶闸管或高频晶闸管，其脉冲宽度（t_2-t_1）对应时间折算为电角度应大于 5° 且小于 10°，持续时间（t_3-t_2）应大于 10° 且小于 30°。

（5）触发脉冲产生电路应有良好的抗干扰性、温度稳定性及与主电路电气隔离。触发脉冲产生电路通常采用单独的低压电源供应，因此为了避免彼此之间的干扰，应与主电路进行电气隔离，通常采用的方法是在触发电路与主电路之间连接脉冲变压器、光耦合器或采用光纤传感器，如果用脉冲变压器则需要进行专门的设计。同时，为避免来自主电路的干扰进入触发电路，可采用静电屏蔽、串联二极管以及并联电容等抗干扰措施。

（6）良好的保护性能。触发脉冲产生电路应具有在故障时快速封锁触发脉冲的环节，确保故障时封锁触发脉冲，进行快速保护。

2.2.2　KJ004 晶闸管移相触发器集成电路

KJ004 是国内在 1980 年前后开发生产的双列直插式晶闸管移相触发器集成电路。它的出现可以认为是国内晶闸管触发集成电路历史上一个重要的里程碑，由此开始了国内晶闸管触发器由分立器件向集成电路的过渡，也促进了晶闸管整流设备由模拟器件构成的多板触发系统（一般 7 块或 11 块线路板）向单控制板的进步。该集成电路至今仍在使用。它为晶闸管类电力电子变流设备控制技术的进步及现在批量使用的 TC787 等集成电路的出现奠定了坚实的基础。该电路适用于在单相、三相晶闸管电力电子变流设备中用于晶闸管的双路触发脉冲产生单元。它与国产的 KJ009 及 KC09 和 KC04 晶闸管集成移相触发器引脚及性能完全互换，是目前国内晶闸管控制系统中广泛使用的触发器集成电路之一。

1. 各引脚的排列、名称、功能及用法

KJ004 为标准双列直插式 16 引脚（DIP－16）集成电路。它的引脚排列如图 2.2－2 所示，各引脚的名称、功能及用法见表 2.2－2。

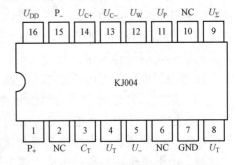

图 2.2－2　KJ004 的引脚排列（引脚向下）

表 2.2－2　　　　　　　　　　　KJ004 引脚的名称、功能及用法

引脚号	符号	引脚名称	功能及用法
1	P_+	同相脉冲输出端	接对应同步电压正半周导通晶闸管的脉冲功率放大器及脉冲变压器输入级
2	NC	空脚	使用中悬空

续表

引脚号	符号	引脚名称	功能及用法
3	C_T	锯齿波电容连接端	通过电容接引脚4
4	U_T	同步锯齿波电压输出端	通过电阻接移相综合端引脚9
5	U_-	工作负电源输入端	接用户系统负电源，负电源电压通常为（−15～−6）V
6	NC	空脚	使用中悬空
7	GND	地端	使用中接用户的控制电源地端，为整个电路的工作提供一参考地
8	U_T	同步电源信号输入端	应用中接用户同步变压器的二次侧，同步电压典型值为30V
9	U_Σ	移相、偏置及同步信号综合端	使用中分别通过三个合适电阻接锯齿波、偏置电压及移相电压
10	NC	空脚	使用中悬空
11	U_P	方波脉冲输出端	使用中通过一个电容接引脚12，该端的输出信号反映了移相脉冲的相位
12	U_W	输出触发脉冲宽度设置端	使用中分别通过一个电阻和电容接正电源与引脚11，该端与引脚11所接电容的大小决定了输出脉冲的宽度
13	U_{C-}	负脉冲调制及封锁控制端	使用中接调制脉冲源输出或保护电路输出，通过该端输入信号的不同，可对负输出脉冲进行调制或封锁
14	U_{C+}	正脉冲调制及封锁控制端	使用中接调制脉冲源输出或保护电路输出，通过该端输入信号的不同，可对正输出脉冲进行调制或封锁
15	P_-	反向脉冲输出端	接对应同步电压负半周应导通晶闸管的脉冲功率放大器及脉冲变压器
16	U_{DD}	系统工作正电源输入端	使用中，接控制电路电源，控制电源电压通常为（+9～+15）V

2. 内部结构及工作原理

KJ004 的内部结构和工作原理电路如图 2.2−3 所示。该电路由同步检测电路、锯齿波形成电路、偏移电路、移相电压及锯齿波电压综合比较放大电路和脉冲功率放大电路组成。其工作原理为：在引脚 8 输入的同步电压正半周，V_2 截止，V_1 饱和导通，晶体管 V_4 截止，V_{10} 导通，V_{11}、V_{12} 截止，引脚 3 与 4 之间外接的锯齿波电容充电，形成锯齿波的上升段；在同步电压的负半周，V_1 截止，V_2 导通，V_3 截止，V_4 导通，V_{10} 截止，V_{11}、V_{12} 导通，引脚 3

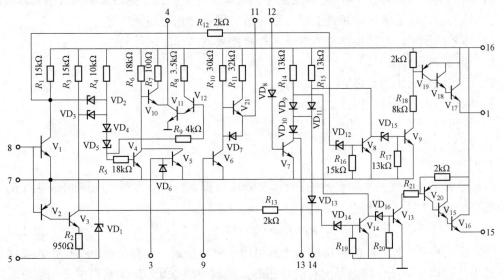

图 2.2−3　KJ004 的内部结构和工作原理图

与 4 所接锯齿波电容放电，形成锯齿波的下降段，该锯齿波与外接偏置电压 U_p 及移相电压 u_k（见图 2.2-4）在引脚 9 综合叠加，当该综合叠加电压大于 0.7V 时，V_6 导通，引脚 12 与 11 之间的脉宽电容放电，使该电容接引脚 11 的一端电位从接近 $+U_{DD}$ 下跳变到接近 0V。由于电容两端电压不可以突变，该电容接引脚 12 的一端从 1.4V 跳变为 $-U_{DD}+1.4V$，导致原导通的晶体管 V_7 截止，V_9 与 V_{13} 具备导通条件之一，但是 V_9 与 V_{13} 究竟谁导通取决于 V_1 与 V_2 哪个导通。当 V_1 导通时，V_8 截止，此时 V_9 导通，V_{19}、V_{18}、V_{17} 导通，从引脚 1 输出对应于正半周的触发脉冲；当 V_2 导通时，V_3 导通，V_{14} 截止，此时 V_{13} 导通，V_{20}、V_{15}、V_{16} 导通，引脚 15 输出对应于同步信号负半周的触发脉冲。一旦引脚 13 输入一个负电平，则强行将 V_7 集电极电压降为负电压，使 V_{13} 与 V_9 快速截止，停止引脚 15 与引脚 1 输出的触发脉冲。同样，从引脚 14 输入一负脉冲，也可达到停止输出触发脉冲的效果。

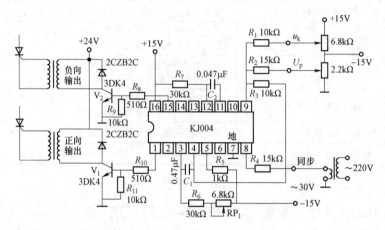

图 2.2-4　KJ004 的典型应用原理图

3. 主要设计特点和参数限制

（1）主要设计特点。

1）输出两路相位互差 180° 的移相脉冲，可以方便地构成全控桥式晶闸管触发器线路。

2）输出负载能力大，移相性能好，正、负半周脉冲相位均衡性好。

3）移相范围宽，对同步电压要求低，有脉冲列调制输出端等功能。

（2）主要参数和限制。

1）工作电源电压为 ±15V。

2）同步输入允许最大电流值为 6mA。

3）输出脉宽为 400μs～2ms。

4）最大负载能力为 100mA。

4. 应用技术

（1）推荐工作条件及主要参数的选取。KJ004 引脚 8 与同步电源之间串联的电阻 R_4（Ω）的阻值可按式（2.2-1）计算。

$$R_4 = U_T / (2\sim3) \times 10^3 \qquad (2.2-1)$$

（2）应用举例。KJ004 的独特结构使其可用于单相桥式、三相全桥或半控桥式晶闸管整流及三相交流调压系统中作为晶闸管的移相触发集成电路。图 2.2-5 给出了三相全桥式电路

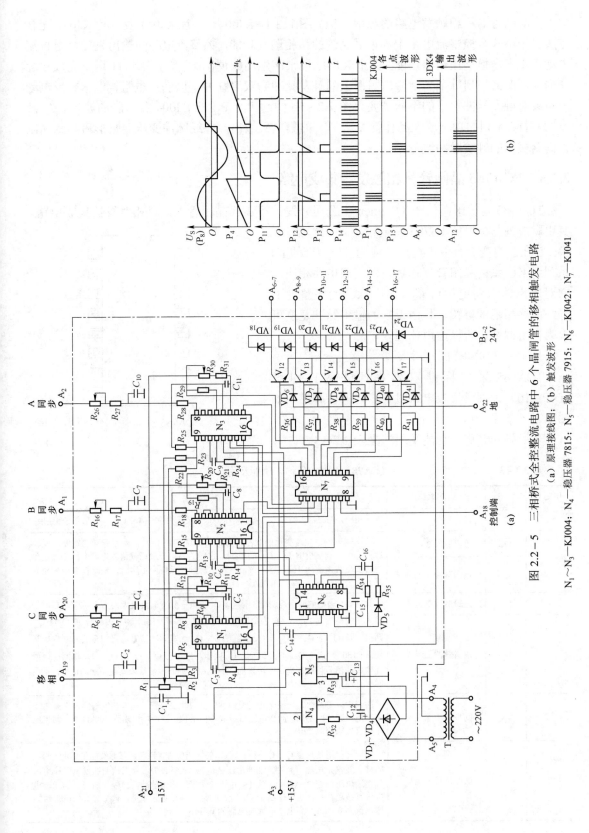

图 2.2－5 三相桥式全控整流电路中 6 个晶闸管的移相触发电路
(a) 原理接线图；(b) 触发波形

$N_1 \sim N_3$—KJ004；N_4—稳压器 7815；N_5—稳压器 7915；N_6—KJ042；N_7—KJ041

中 6 个晶闸管的移相触发电路的应用实例。图中 3 片 KJ004、一片 KJ041 及一片 KJ042 配合完成三相桥式全控整流电路中 6 个晶闸管的移相触发功能，该整流电路的输出直接供给直流电动机实现电枢调压调速功能。图中 KJ042 用来产生高频调制脉冲，而 KJ041 用来完成双脉冲形成，保证加到每个晶闸管门阴极上的触发脉冲为双窄脉冲，以满足电阻、电感或反电动势负载对触发脉冲宽度的不同需要。图 2.2－5b 中的 $P_1 \sim P_{15}$ 是 KJ004 各引脚的波形。A_6 及 A_{12} 为对应 A 相的功率放大晶体管 V_{12}、V_{15} 的集电极输出，并经脉冲变压器整形后加到晶闸管门阴极上的触发脉冲波形。

2.2.3 TCA785 晶闸管移相触发器集成电路

TCA785 是德国西门子（Siemens）公司开发的第 3 代晶闸管单片移相触发器集成电路。其引脚排列与国产的 KJ785 完全相同，因此可以互换。它在国内变流行业中已广泛应用。与国产的 KJ 系列或 KC 系列晶闸管移相触发器集成电路相比，它对零点的识别更加可靠，输出脉冲的齐整度更好，而移相范围更宽，且由于它的输出脉冲宽度可人为自由调节，所以适用范围较广。

1. 各引脚的排列、名称、功能及用法

TCA785 采用标准双列直插式的 16 引脚（DIP－16）大规模集成电路封装。它的引脚排列如图 2.2－6 所示。

各引脚的名称、功能及用法见表 2.2－3。

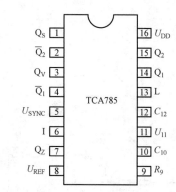

图 2.2－6　TCA785 的引脚排列（引脚向下）

表 2.2－3　　　　　　　　　　TCA785 引脚的名称、功能及用法

引脚号	符号	引脚名称	功能及用法
1	O_S	接地端	应用中，与直流电源 U_{DD}、同步电压 U_{SYNC} 及移相控制信号 U_{11} 的参考地端相连接
2	$\overline{Q}_2$	输出脉冲 2 的非端	该两端可输出宽度变化的脉冲信号，其相位互差 180°，两路脉冲的宽度均受非脉冲宽度控制端引脚 13（L）的控制。它们的高电平最高幅值为电源电压 U_{DD}，允许最大负载电流为 10mA。若该两端输出脉冲在系统中不用时，电路自身结构允许其开路
3	$\overline{Q}_1$	输出脉冲 1 的非端	
4	Q_V	逻辑脉冲信号端	TCA785 输出的两个逻辑脉冲信号，其高电平脉冲幅值最大为 $U_{DD}-2V$，高电平最大负载能力为 10mA。Q_Z 为窄脉冲信号，它的频率为输出脉冲 Q_2 与 Q_1 或 $\overline{Q}_1$ 与 $\overline{Q}_2$ 两倍，是 Q_1 与 Q_2 或 $\overline{Q}_1$ 与 $\overline{Q}_2$ 的或信号。Q_V 为宽脉冲信号，它的宽度为移相控制角 $\varphi+180°$，它与 Q_1、Q_2 或 $\overline{Q}_1$、$\overline{Q}_2$ 同步，频率与 Q_1、Q_2 或 $\overline{Q}_1$、$\overline{Q}_2$ 相同，该两逻辑脉冲信号可用来提供给用户的控制电路作为同步信号或其他用途的信号，不用时可开路
7	Q_Z	逻辑脉冲信号端	
5	U_{SYNC}	同步电压输入端	应用中，需对地端接两个正、反向并联的限幅二极管。随着该端与同步电源之间所接电阻阻值的不同，同步电压可以取不同的值。当所接电阻为 200kΩ 时，同步电压可直接取交流 220V
6	I	脉冲信号禁止端	该端的作用是封锁 Q_1、Q_2 及 $\overline{Q}_1$、$\overline{Q}_2$ 的输出脉冲，该端通常通过阻值 10kΩ 的电阻接地或接正电源，允许施加的电压范围为 $-0.5V \sim U_{DD}$，当该端通过电阻接地，且该端电压低于 2.5V 时，则封锁功能起作用，输出脉冲被封锁。而当该端通过电阻接正电源，且该端电压高于 4V 时，则封锁功能不起作用。该端允许低电平最大灌电流为 0.2mA，高电平最大拉电流为 0.8mA

引脚号	符号	引脚名称	功能及用法
8	U_{REF}	自身输出的高稳定基准电压端	负载能力为驱动 10 块 CMOS 集成电路，随着 TCA785 应用的工作电源电压 U_{DD} 及其输出脉冲频率的不同，U_{REF} 的变化范围为 2.8～3.4V，当 TCA785 应用的工作电源电压为 15V、输出脉冲频率为 50Hz 时，U_{REF} 的典型值为 3.1V。如用户电路中不需要应用 U_{REF}，则该端可以开路
9	R_9	锯齿波电阻连接端	该端的电阻 R_9 决定着 C_{10} 的充电电流，其充电电流 I_{10} 可按式（2.2-2）计算$$I_{10} = U_{REF}K/R_9 \qquad (2.2-2)$$连接于引脚 9 的电阻亦决定了引脚 10 锯齿波电压幅度的高低，锯齿波幅值 U_{10} 高低可按式（2.2-3）计算$$U_{10} = U_{REF}Kt/(R_9C_{10}) \qquad (2.2-3)$$
10	C_{10}	外接锯齿波电容连接端	C_{10} 的取值范围为 500pF～1μF。该电容的最小充电电流为 10μA，最大充电电流为 1mA，它的大小受连接于引脚 9 的电阻 R_9 控制，两端锯齿波的最高峰值为 $U_{DD}-2V$，其典型后沿下降时间为 80μs
11	U_{11}	输出脉冲 Q_1、Q_2 或 $\overline{Q}_1$、$\overline{Q}_2$ 移相控制直流电压输入端	通过输入电阻接用户控制电路输出，当 TCA785 工作于 50Hz，且自身工作电源电压 U_{DD} 为 15V 时，则该电阻的典型值为 15kΩ，移相控制电压 U_{11} 的有效范围为 0.2V～U_S-2V，当其在此范围内连续变化时，输出脉冲 Q_1、Q_2 及 $\overline{Q}_1$、$\overline{Q}_2$ 的相位便在整个移相范围内变化，其触发脉冲出现的时刻可按式（2.2-4）计算$$t_{rr} = (U_{11}R_9C_{10})/(U_{REF}K) \qquad (2.2-4)$$式中　R_9、C_{10}、U_{REF}——分别为连接到 TCA785 引脚 9 的电阻、引脚 10 的电容及引脚 8 输出的基准电压 　　　　K——常数 为降低干扰，引脚 11 通过 0.1μF 的电容接地，通过 2.2μF 的电容接正电源
12	C_{12}	输出 Q_1、Q_2 脉宽控制端	通过一个电容接地，电容 C_{12} 的取值电容量范围为 150～1000pF，当 C_{12} 在 150～1000pF 范围内变化时，Q_1、Q_2 输出脉冲的宽度亦在变化，这两端输出窄脉冲的最窄宽度为 100μs，而输出宽脉冲的最宽宽度为 2000μs
13	L	非输出脉冲宽度控制端	该端允许施加电平的范围为 -0.5V～U_{DD}，当该端接地时，$\overline{Q}_1$、$\overline{Q}_2$ 为最宽脉冲输出；而当该端接电源电压 U_{DD} 时，$\overline{Q}_1$、$\overline{Q}_2$ 为最窄脉冲输出
14	Q_1	输出脉冲 1 端	该两端也可输出宽度变化的脉冲，相位同样互差 180°，脉冲宽度受它们的脉宽控制端（引脚 12）的控制。两路脉冲输出高电平的最高幅值为 U_{DD}
15	Q_2	输出脉冲 2 端	
16	U_{DD}	电源端	直接接用户为该集成电路提供的工作电源正端

2. 内部结构及工作原理

TCA785 的内部结构原理框图如图 2.2-7 所示。它由零点鉴别器 ZD、同步寄存器 SR、恒流源 SC、控制比较器 CC、放电晶体管 V、放电监控器 DM、电平转换及稳压电路 PC、锯齿波发生器 RG 及输出逻辑网络 LN 等 9 个单元组成。它的工作过程为：来自同步电压源的同步电压经高阻值的电阻后送给电源零点鉴别器 ZD，经 ZD 检测出其过零点后送同步寄存器 SR 寄存。同步寄存器 SR 中的零点寄存信号控制锯齿波发生器 RG，锯齿波发生器 RG 的电容 C_{10} 由电阻 R_9 决定的恒流源 SC 充电，当电容 C_{10} 两端的锯齿波电压 U_{10} 大于移相控制电压 U_{11} 时，便产生一个脉冲信号送到输出逻辑单元 LN。由此可见，触发脉冲的移相是受移相控制电压 U_{11} 的大小控制，因而触发脉冲可在 0°～180° 范围内移相。对每一个半周，在输出端 Q_1 和 Q_2 出现大约 30μs 宽度的脉冲，该脉冲宽度可由引脚 12 的电容 C_{12} 扩展到 180°，如果引脚 12 接地，则 Q_1、Q_2 输出宽度为 180° 的宽脉冲。图 2.2-8 给出了 TCA785 各主要引脚的输入、输出电压波形。

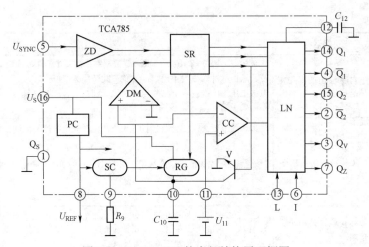

图 2.2－7　TCA785 的内部结构原理框图

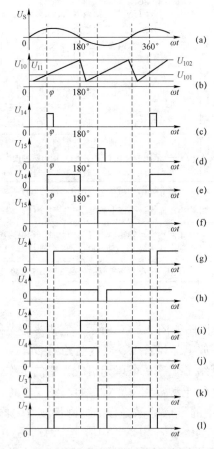

图 2.2－8　TCA785 各主要引脚的输入、输出电压波形

（a）同步电压 U_S；（b）锯齿波电压 U_{10} 及移相控制电压 U_{11}（U_{101} 为最小锯齿波电压，U_{102} 为最大锯齿波电压）；
（c）引脚 14 输出的脉冲波形（引脚 12 接电容）；（d）引脚 15 输出的脉冲波形（引脚 12 接电容）；
（e）引脚 14 输出的脉冲波形（引脚 12 接地）；（f）引脚 15 输出的脉冲波形（引脚 12 接地）；
（g）引脚 2 输出的脉冲波形（引脚 13 接地）；（h）引脚 4 输出的脉冲波形（引脚 13 接地）；
（i）引脚 2 输出的脉冲波形（引脚 13 接 U_S）；（j）引脚 4 输出的脉冲波形（引脚 13 接 U_S）；
（k）引脚 3 输出的脉冲波形；（l）引脚 7 输出的脉冲波形

3. 主要设计特点和极限参数

（1）主要设计特点。TCA785 的主要设计特点有：能可靠地对同步交流电源的过零点进行识别，因而可方便地用作过零触发而构成零点开关；具有宽的应用范围，可用来触发普通晶闸管、快速晶闸管、双向晶闸管及作为电力晶体管的控制脉冲，故可用于由这些电力电子器件组成的单管斩波、单相半波、半控桥、全控桥或三相半控、全控整流电路及单相或三相有源逆变系统或其他拓扑结构电路的变流系统；它的输入、输出与 CMOS 及 TTL 电平兼容，具有较宽的应用电压范围和较大的负载驱动能力，每路可直接输出 250mA 的驱动电流；电路结构决定了自身锯齿波电压的范围较宽；对环境温度的适应性较强，可应用于较宽的环境温度范围（$-25\sim+85℃$）和工作电源电压范围（$-0.5\sim+18\text{V}$）。

（2）极限参数。

1）电源电压：（$+8\sim+18$）V 或（$\pm4\sim\pm9$）V。

2）移相控制电压范围：$0.2\text{V}\sim U_S-2\text{V}$。

3）输出脉冲最大宽度：$180°$。

4）最高工作频率：$10\sim500\text{Hz}$。

5）高电平脉冲负载电流：400mA。

6）低电平允许最大灌电流：250mA。

7）输出脉冲高、低电平幅值：U_{DD}，0.3V。

8）同步电压随限流电阻的不同可为任意值。

9）工作温度范围 T_A：军品为（$-55\sim+125$）℃，工业品为（$-25\sim+85$）℃，民品为 $0\sim+70$℃。

4. 典型应用举例

由于 TCA785 自身的优良性能，决定了它可以方便地用于主电路为单相半波、单相半控桥式、单相全控桥式和三相半波、三相半控桥式，以及三相全控桥式整流电路中及其他主电路结构形式的电力电子变流设备中作为触发晶闸管的触发脉冲形成电路，进而实现用户需要的控温、调压、直流调速、交流调速及直流输电等目的。使用中，应当注意 TCA785 的工作为负逻辑，即接于引脚 11 的控制电压 U_{11} 增加，输出脉冲的 α 增大，相当于晶闸管的导通角减小。

由于 TCA785 可输出两路相位互差 $180°$ 的脉冲信号，所以可方便地用于单相全控、单相半控或全控桥式整流电路中。三个 TCA785 可用于三相半波、三相全控桥式或半控桥式整流电路中。图 2.2-9 以一个 TCA785 用于单相半控整流电路为例给出了 TCA785 的这种应用示图。为简化电路，图中仅用了一个脉冲变压器。

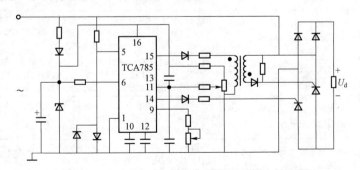

图 2.2-9　TCA785 在单相半控整流系统中的应用

2.2.4 高性能晶闸管三相移相触发器集成电路 TC787

TC787 是采用独有的先进 IC 工艺技术设计的单片集成电路。它可单电源工作，亦可双电源工作，主要适用于三相晶闸管移相触发电路，以构成多种晶闸管变流设备。它是 TCA785 及 KJ（或 KC）系列移相触发集成电路的换代产品，与 TCA785 及 KJ（或 KC）系列集成电路相比，具有功耗小、功能强、输入阻抗高、抗干扰性能好、移相范围宽、外接元件少等优点，只需一片这样的集成电路，就可完成 3 片 TCA785 与 1 片 KJ041、1 片 KJ042 或 5 片 KJ（3 片 KJ004、1 片 KJ041、1 片 KJ042）（或 KC）系列器件组合才能具有的三相移相触发功能。被广泛应用于三相半控、三相全控、三相过零等电力电子、机电一体化产品的移相触发系统，从而取代 TCA785、KJ004、KJ009、KJ041、KJ042 等同类电路，为提高整机寿命、缩小体积、降低成本提供了一种新的、更加有效的途径。

1. 各引脚的排列、名称、功能和用法

TC787 是采用标准双列直插式 18 引脚（DIP - 18）封装的集成电路。它的引脚排列如图 2.2 - 10 所示，各引脚的名称、功能及用法见表 2.2 - 4。

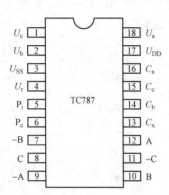

图 2.2 - 10 TC787 的引脚排列（引脚向下）

表 2.2 - 4　　　　　　　　　TC787 引脚的名称、功能及用法

引脚号	符号	引脚名称	功能及用法
1	U_c	三相同步电压输入连接端	应用中分别接经输入滤波后的同步电压，同步电压的峰 - 峰值应不超过 TC787 的工作电源电压 $U_{DD} - U_{ss}$
2	U_b		
18	U_a		
3	U_{SS}	正、负电源端	TC787 可单电源工作，亦可双电源工作。单电源工作时引脚 3（U_{SS}）接地，而引脚 17（U_{DD}）允许施加的电压为 6～18V。双电源工作时，引脚 3（U_{SS}）接负电源，其允许施加的电压幅值为 - 3～ - 9V，引脚 17（U_{DD}）接正电源，允许施加的电压为 + 3～ + 9V
17	U_{DD}		
4	U_r	移相控制电压输入端	该端输入电压的高低，直接决定着 TC787 输出脉冲的移相范围，应用中接给定环节输出，其电压幅值最大为 TC787 的工作电源电压 $U_{DD} - U_{ss}$
5	P_i	输出脉冲禁止端	该端用来进行故障状态下封锁 TC787 的输出，高电平有效，应用中接保护电路的输出
6	P_c	工作方式设置端	当该端接高电平时，TC787 输出双脉冲列；而当该端接低电平时，输出单脉冲列，应用中按使用需要直接接 U_{DD} 或通过一个电阻接引脚 3
7	- B	三相同步电压 B 相负半周对应的反相触发脉冲输出端	引脚 7 为与三相同步电压中 B 相电压负半周及 A 相电压正半周对应的两个脉冲输出端。应用中接脉冲功率放大环节的输入或驱动脉冲变压器的开关管、晶体管或 MOSFET 的控制极
8	C	三相同步电压 C 相正半周对应的同相触发脉冲输出端	当 TC787 被设置为全控双窄脉冲工作方式时，引脚 8 为与三相同步电压中 C 相正半周及 B 相负半周对应的两个脉冲输出端。应用中接脉冲功率放大环节的输入或驱动脉冲变压器的开关管、晶体管或 MOSFET 的控制极
9	- A	三相同步电压 A 相负半周对应的同相触发脉冲输出端	引脚 9 为与三相同步电压中 A 相同步电压负半周及 C 相电压正半周对应的两个脉冲输出端。应用中接脉冲功率放大环节的输入或驱动脉冲变压器的开关管、晶体管或 MOSFET 的控制极
10	B	三相同步电压 B 相正半周对应的同相触发脉冲输出端	引脚 10 为与三相同步电压中 B 相正半周及 A 相负半周对应的两个脉冲输出端。应用中接脉冲功率放大环节的输入或驱动脉冲变压器的开关管、晶体管或 MOSFET 的控制极

续表

引脚号	符号	引脚名称	功能及用法
11	−C	三相同步电压 C 相负半周对应的同相触发脉冲输出端	引脚 11 为与三相同步电压中 C 相负半周及 B 相正半周对应的两个脉冲输出端。应用中接脉冲功率放大环节的输入或驱动脉冲变压器的开关管、晶体管或 MOSFET 的控制极
12	A	三相同步电压 A 相正半周对应的同相触发脉冲输出端	引脚 12 为与三相同步电压中 A 相正半周及 C 相负半周对应的两个脉冲输出端。应用中接脉冲功率放大环节的输入或驱动脉冲变压器的开关管、晶体管或 MOSFET 的控制极
13	C_x	控制端	该端连接的电容 C_x 的容量大小决定着 TC787 输出触发脉冲的宽度，电容的容量越大，则触发脉冲宽度越宽
14	C_b	对应三相同步电压 B 相的锯齿波电容连接端	该端连接的电容值大小决定了移相锯齿波的斜率和幅值，应用中分别通过一个相同容量的电容接地，通常该三个电容取值为 0.1μF 且电容误差尽可能地小
15	C_c	对应三相同步电压 C 相的锯齿波电容连接端	
16	C_a	对应三相同步电压 A 相的锯齿波电容连接端	

2. 内部结构及工作原理

TC787 的内部结构及工作原理框图如图 2.2−11 所示。由图可知，在它们内部集成有三个过零和极性检测单元、三个锯齿波形成单元、三个比较器、一个脉冲发生器、一个抗干扰锁定电路、一个脉冲形成电路、一个脉冲分配及驱动电路。它的工作原理可简述为：经滤波后的三相同步电压，经过零和极性检测单元检测出零点和极性后，成为内部三个恒流源的控制信号。三个恒流源输出的恒值电流给三只等效电容 C_a、C_b、C_c 恒流充电，形成线性度良好的等斜率锯齿波。该三路锯齿波与移相控制电压 U_r 比较后取得交相点，交相点经集成电路内部的抗干扰锁定电路锁定，保证交相唯一而稳定，使交相点以后的锯齿波或移相电压的波动不影响输出。该交相信号与脉冲发生器输出的脉冲（对 TC787 为调制脉冲）信号经脉冲形成电路处理后，变为与三相输入同步信号相位对应，且与移相电压大小适应的脉冲信号，送到脉冲分配及驱动电路。假设系统未发生过电流、过电压或其他非正常情况，在引脚 5 输出禁止端的信号为无效低电平时，此时脉冲分配电路根据用户在引脚 6 设定的状态完成双脉冲（引脚 6 为高电平）或单脉冲（引脚 6 为低电平）的分配功能，并经输出驱动电路功率放大后输出，一旦系统发生过电流、过电压或其他非正常情况，则引脚 5 禁止信号为有效高电平，脉冲分配和驱动电路内部的逻辑电路动作，封锁脉冲输出，确保集成电路的 6 个引脚 12、11、10、9、8、7 输出全为低电平。

3. 主要设计特点和电参数限制

（1）主要设计特点。

1）适用于主功率器件是晶闸管的三相全控桥或其他电路拓扑结构的系统中，作为晶闸管的移相触发电路，可同时产生 6 路相位互差 60° 的调制脉冲输出。

2）单、双电源均可工作，适用工作电源的电压范围较宽，输出三相触发脉冲的触发控制角可在 0°～180° 范围内连续同步改变。对零点的识别非常可靠，可方便地用作晶闸管过零开关的控制，同时器件内部设计有移相控制电压与同步锯齿波电压交点（交相）的锁定电路，使抗干扰能力极强。电路自身具有输出禁止端，用户可在被控电力电子变流设备发生过电流、过电压时进行保护，保证系统安全。

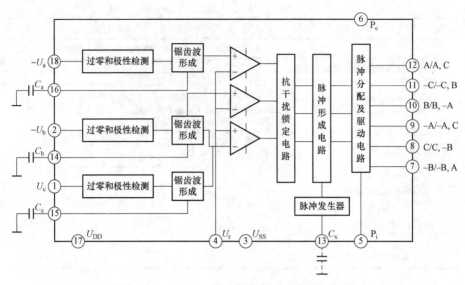

图 2.2－11 TC787 的内部结构及工作原理框图

3）具有 A 型和 B 型器件，使用户可方便地根据自己应用系统所需要的工作频率（简称工频）来选择（工频时选 A 型器件，中频 100～400Hz 时选 B 型器件）。同时，输出为脉冲列，适用于触发晶闸管及用于感性或容性负载。

4）可方便地通过改变引脚 6 的电平高低，来设置其输出为双脉冲列还是单脉冲列。

（2）主要电参数和限制。

1）工作电源电压 U_{DD}：6～18V 或 ±3V～±9V。

2）输入同步电压有效值：$\leqslant U_{DD}/2\sqrt{2}$。

3）输入控制信号电压范围：0～U_{DD}。

4）输出脉冲电流最大值：20mA。

5）锯齿波电容取值范围：0.1～0.15μF。

6）脉宽电容取值范围：3300pF～0.01μF。

7）移相角度范围：0°～177°。

8）工作温度范围 T_A：0～+55℃。

4. 应用举例

TC787 独特而巧妙的设计，使它可方便地用于主功率器件为普通晶闸管、双向晶闸管、门极可关断晶闸管、非对称晶闸管的电力电子变流设备中作移相触发脉冲的形成电路。

（1）单电源工作时的典型接线。图 2.2－12 给出了需同步电平移位网络的单电源使用方法。这种使用方法需要加较多辅助元件，图 2.2－12 中电容 C_1～C_3 为隔直耦合电容，而 C_4～C_6 为滤波电容，它与 RP_1～RP_3 构成滤去同步电压中毛刺的环节。另一方面，随 RP_1～RP_3 三个电位器等效电阻调节的不同，可实现 0°～60° 的移相，从而适应不同主变压器连接时晶闸管阳阴极电压与门阴极触发脉冲同步的需要。图 2.2－13 给出了应用简化电平匹配网络单电源使用方法。图 2.2－13 中直接将同步变压器的中点接到 1/2 电源电压上，使所用元件个数减少，电路得以简化。

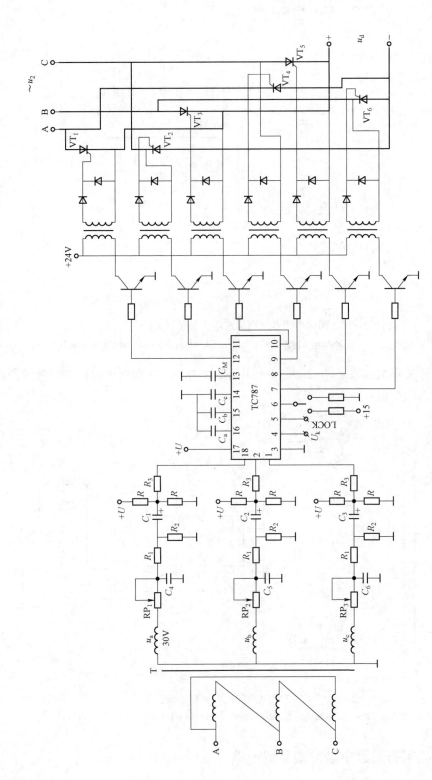

图 2.2-12　需同步电平移位网络的单电源使用方法

图中：$RP_1 \sim RP_3$：10kΩ 1/4W，R：20kΩ 1/4W，R_2：15kΩ 1/4W，R_3：200kΩ；C_1、C_2、C_3：10μF/25V，C_4、C_5、C_6：1μF

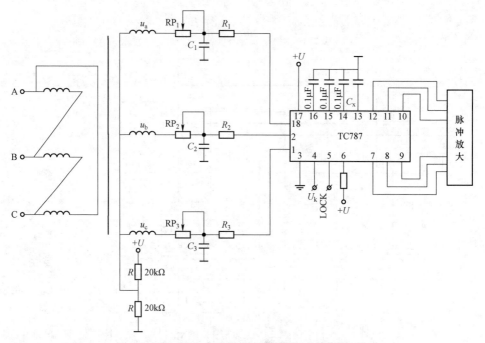

图 2.2 – 13　简化电平匹配网络的单电源使用方法

图中：RP$_1$~RP$_3$：10kΩ；R_1、R_2、R_3：200kΩ；C_1、C_2、C_3：1μF；同步电压有效值：u_a、u_b、u_c 的幅值 $U_T \leqslant U/\sqrt{2}$

（2）双电源工作的典型接线。图 2.2 – 14 给出了 TC787 双电源应用时的典型接线图，LOCK 来自保护电路的输出。

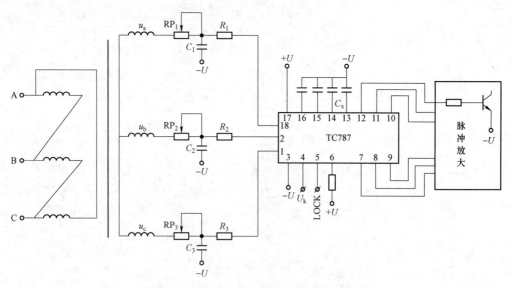

图 2.2 – 14　TC787 双电源使用的典型接线图

图中：RP$_1$~RP$_3$ 为 10kΩ；R_1~R_3 为 200kΩ；C_1~C_3 为 1μF；同步电压有效值 $U_T = +U/\sqrt{2}$，$+U = |-U|$

2.2.5　SGK198 晶闸管准数字触发器集成电路

　　SGK198 晶闸管准数字触发器集成电路是陕西高科电力电子有限责任公司应用 CPLD 芯

片，通过巧妙的软件编程而开发的。在它的内部通过对输入脉冲的计数，而产生相对同步电压相位变化的触发脉冲。触发脉冲的移相是通过改变外加时钟频率来调节的。具有相位自适应、保护功能完善等优良性能。

1. 引脚的排列、名称、功能及用法

SGK198 采用 4 列直插式 44 引脚 PLCC 标准封装，它的引脚排列如图 2.2-15 所示，各引脚的名称、功能及用法见表 2.2-5。

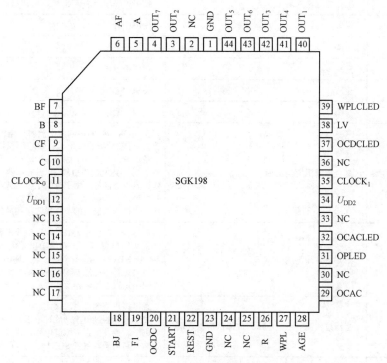

图 2.2-15　SGK198 的引脚排列（引脚朝下）

表 2.2-5　　　　　　　　　　　SGK198 各引脚的名称、功能及用法

引脚号	符号	名　　称	功能及用法
1	GND	工作参考地端	接用户为该集成电路提供电源的参考地端
2	NC	空脚	使用中悬空
3	OUT_2	对应同步电压 C 相负半周触发脉冲输出端	接对应同步电压 C 相负半周触发脉冲功率放大电路输入端
4	OUT_7	MK 方波输出端	输出 MK 方波信号到脉冲宽度设定环节控制端，接脉冲设定电路输入
5	A	对应 A 相正半周同步信号输入端	接对应 A 相正半周同步信号形成电路输出
6	AF	对应 A 相负半周同步信号输入端	接对应 A 相负半周同步信号形成电路输出
7	BF	对应 B 相负半周同步信号输入端	接对应 B 相负半周同步信号形成电路输出
8	B	对应 B 相正半周同步信号输入端	接对应 B 相正半周同步信号形成电路输出
9	CF	对应 C 相负半周同步信号输入端	接对应 C 相负半周同步信号形成电路输出
10	C	对应 C 相正半周同步信号输入端	接对应 C 相正半周同步信号形成电路输出

引脚号	符号	名　称	功能及用法
11	CLOCK$_0$	决定脉冲触发角 α 的计数频率输入端	接 u/f 变换环节输出端。将 u/f 环节输出的脉冲频率信号接入 SGK198 内，采用对此频率计数的方法来决定输出触发脉冲的时间。当 SGK198 内的计数器计满时便输出触发脉冲，因此决定了输出触发脉冲的触发角 α 的大小
12	U_{DD1}	工作电源输入端 1	使用中接用户为该芯片工作提供的 +5V 供电电源
13	NC	空脚	使用中悬空
14	NC	空脚	使用中悬空
15	NC	空脚	使用中悬空
16	NC	空脚	使用中悬空
17	NC	空脚	使用中悬空
18	BJ	综合故障报警输出端	在 SGK198 的内部将交流侧过电流（或直流侧过电流）、外部故障、欠电压、缺相等保护的报警信号进行了逻辑或，而实现了综合保护输出。只要发生任一种故障，则 SGK198 的引脚 18 都输出高电平，发出报警信号。该报警信号可用于分断主电路或给出综合报警，同时可接发光二极管，发光二极管发光指示有故障发生。使用中按用户选用的工作模式接相应的电路
19	F1	给定置零控制端	在 START 信号无效时，该端输出一个高电平信号，使外接给定置零，比较器输出零电平，将给定信号置零，在 START 信号有效时，该端输出一个低电平信号，外接给定置零比较器输出跟随用户给定变化，使用中接外配给定置零比较器反相端
20	OCDC	直流过电流（或过电压）故障保护输入端	直接接直流侧过电流（或过电压）保护电路输出。当不发生直流侧过电流（或过电压）故障时，该输入为低电平。当发生直流侧过电流（或过电压）故障时，该端输入高电平，封锁 SGK198 的 6 路输出触发脉冲
21	START	启动端	该端接低电平，SGK198 无脉冲输出。当该端接高电平时，输出触发脉冲。使用中接用户的运行或禁止输出触发脉冲控制选择端
22	REST	复位端	接用户提供的复位信号，控制 SGK198 复位工作
23	GND	接地端	接用户提供的参考地端
24	NC	空脚	使用中悬空
25	NC	空脚	使用中悬空
26	R	触发脉冲宽度设定端	对应每一个触发脉冲的 6 路脉冲列，该脉冲与 SGK198 内部的脉冲相与，决定了输出 6 路脉冲的宽度
27	WPL	外部故障保护信号输入端	接外部故障保护环节输出。当未发生外部故障时，该端输入为低电平，不封锁 6 路脉冲输出。当发生外部故障时，该端输入为高电平，封锁 6 路脉冲输出
28	AGE	接地端	接用户提供的参考地端
29	OCAC	交流过电流（或过电压）故障保护输入端	直接接交流侧过电流（或过电压）保护电路输出。当不发生交流侧过电流故障时，该端输入为低电平。当发生交流侧过电流故障时，该端输入为高电平，封锁 SGK198 的 6 路输出触发脉冲
30	NC	空脚	使用中悬空

引脚号	符号	名　称	功能及用法
31	OPLED	缺相保护报警输出端	接缺相故障报警指示发光二极管阴极，发光二极管阳极接 +5V 电源
32	OCACLED	交流侧过电流（或过电压）保护报警输出端	接交流过电流（或过电压）故障报警指示发光二极管阴极，发光二极管阳极接 +5V 电源
33	NC	空脚	使用中悬空
34	U_{DD2}	工作电源输入端 2	使用中接用户为该芯片工作提供的 +5V 供电电源
35	$CLOCK_1$	自然换相点对准信号	输入同步脉冲 A 相正端，确保触发脉冲产生的时间对准自然换向点
36	NC	空脚	使用中悬空
37	OCDCLED	直流侧过电流（或过电压）报警端	接直流过电流（或过电压）故障报警指示发光二极管阴极，发光二极管阳极接 +5V 电源
38	LV	工作电源欠电压保护信号输入端	接欠电压保护电路输出。正常工作输入高电平，SGK198 内部的触发器不翻转，其输出触发脉冲不被封锁，一旦发生电源欠电压，输入低电平，封锁 SGK198 输出的触发脉冲
39	WPLCLED	外部故障报警输出端	接外部故障报警指示发光二极管阴极，发光二极管阳极接 +5V 电源
40	OUT_1	对应同步电压 A 相正半周触发脉冲输出端	接对应同步电压 A 相正半周触发脉冲功率放大电路输入端
41	OUT_4	对应同步电压 A 相负半周触发脉冲输出端	接对应同步电压 A 相负半周触发脉冲功率放大电路输入端
42	OUT_3	对应同步电压 B 相正半周触发脉冲输出端	接对应同步电压 B 相正半周触发脉冲功率放大电路输入端
43	OUT_6	对应同步电压 B 相负半周触发脉冲输出端	接对应同步电压 B 相负半周触发脉冲功率放大电路输入端
44	OUT_5	对应同步电压 C 相正半周触发脉冲输出端	接对应同步电压 C 相正半周触发脉冲功率放大电路输入端

2. 内部结构及工作原理简析

SGK198 的内部结构及工作原理框图如图 2.2－16 所示。由图可知，在它的内部包含 1 个触发脉冲形成环节、1 个缺相保护判断实现逻辑电路、1 个故障保护逻辑或电路、1 个输出驱动环节、1 个计数器、1 个方波发生器、1 个非门、1 个与门共 8 个功能单元，这些功能单元有的是纯硬件结构，有的则由数字化程序实现。

SGK198 的工作原理可简析为：来自三相电网或同步变压器的三相电压，经过外部的同步电压整形环节变为方波信号后接入该触发器的 6 路同步信号输入端。在 SGK198 内通过对输入的 6 路同步电压方波的上升沿及下降沿的检测，由内部缺相保护检测逻辑电路判断是否缺相，若缺相则停止触发脉冲输出，并使 6 个输出引脚同时变为低电平，输出报警信号。由 A 相同步脉冲下降沿作为换相点识别标志 $\alpha=0°$ 的位置，并送给 SGK198 内部的计数器，作为开始计数的信号。这样就确保了触发脉冲形成环节的输出对准换相点，进而输出调制脉冲。由外部 u/f 变换器电路提供的频率控制信号 $CLOCK_0$，通过 SGK198 内部的计数器计数，输出对应触发控制角 α 的信号。所以，当 u/f 变换器输出频率增高时，

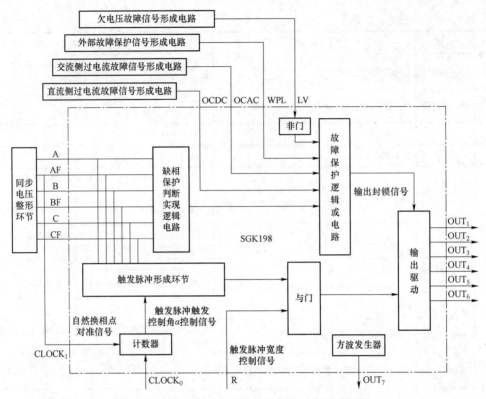

图 2.2 – 16 SGK198 的内部结构及工作原理框图

相当于输出触发脉冲左移（对应 α 角度减小）；当 u/f 变换器输出频率降低时，相当于输出触发脉冲右移（对应触发控制角 α 增大）。u/f 变换器输出最高与最低脉冲频率值便决定了使用中的最大触发控制角 α_{max} 与最小触发控制角 α_{min}。集成于 SGK198 内部的方波发生器，产生方波信号送往外部电路的脉冲宽度设定环节，经过处理输出对应每一个触发脉冲的 6 路脉冲列，该脉冲列与 SGK198 内部的 6 路触发脉冲相与，从而决定了输出 6 路脉冲的宽度。

为防止欠电压、外部故障和交、直流侧过电流故障对电路产生破坏，当发生上述故障时，由外部故障判断电路形成故障信号，输入到 SGK198 内部的故障保护逻辑或电路，由该环节输出封锁信号，封锁 6 路脉冲的输出。同时各个故障信号从 SGK198 的对应引脚输出，使连接在对应引脚的发光二极管发光，发出相应的故障报警信号。

3. 主要设计特点及电参数和限制

（1）主要设计特点：

1）内部全数字式运算，控制精度高。

2）调制式脉冲输出。

3）有独立封锁端，方便保护。

4）对同步波形要求低。

5）因为是 CPLD 软件一次编程烧结形成的纯硬件结构，不存在软件执行中的程序跑飞问题，所以抗干扰能力很强。

（2）主要电参数和限制：

1）工作电源电压：5V。

2）输入移相频率范围：100～25kHz。

3）同步信号：高电平 5V，低电平 0V。

4）封锁高电平信号：5V。

5）封锁低电平信号：0V。

6）复位信号：0V。

7）同步信号频率 f：50Hz。

8）最佳工作温度范围 T_A：0～40℃。

4. 应用技术及实用电路举例

SGK198 的巧妙设计，使其可方便地应用于主功率器件为晶闸管的电力电子变流系统中。图 2.2-17 给出了以 SGK198 为核心制作的开环触发脉冲形成电路原理图，其构成电路可分为 u/f 变换器、脉冲宽度设定和 6 路相位互差 60° 的触发脉冲形成三个环节，图 2.2-17 中差分运算放大器 IC2A 与比较器 IC2B 及 IC4C 构成了 u/f 变换器，它们用来把闭环调节器输出的电压变为与其相适应的频率信号。工作过程为：当电容 C_{45} 两端的电压低于 IC4C 引脚 9 的电压时，比较器 IC4C 输出高电平，二极管 VD_{27} 截止，电容 C_{45} 经电源电压 +15V 与电阻 R_{69}、R_{68}、R_{67} 进行充电；当其两端电压充到高于比较器 IC4C 引脚 9 端给定的电压时，比较器 IC4C 输出低电平，电容 C_{45} 经 R_{67}、VD_{27}、IC4C 引脚 14 放电；当放电放到 C_{45} 两端电压又低于 IC4C 引脚 9 端的电压时，比较器 IC4C 又输出高电平，电容 C_{45} 的放电结束，C_{45} 又重新充电。如此周而复始将闭环调节器输出的电压转换为与此电压成正比的频率信号。同时可以看出，当闭环调节器输出电压高时，电容 C_{45} 充电到大于该值的时间就长，所以 u/f 环节输出的频率就低，反之输出频率就高。在 SGK198 内采用对此频率计数的方法来决定输出触发脉冲的时间，当 SGK198 内的计数器计满时便输出触发脉冲，在 u/f 输出频率高时，计数历时时间便短，由于何时开始计数取决于 SGK198 引脚 5～10 输入的三相 6 路同步方波信号的下降沿的时刻，因在同步电压形成环节中通过匹配电阻电容（R_{1A}、R_{2A}、C_{56}；R_{1B}、R_{2B}、C_{53}；R_{1C}、R_{2C}、C_{50}）已保证了起始计数时刻刚好对准相电压交点的自然换相点，所以当 u/f 输出频率增高时，相当于输出触发脉冲左移（对应 α 角度减小）；当 u/f 输出频率降低时，相当于输出触发脉冲右移（对应触发控制角 α 增大）。u/f 变换单元输出最高与最低脉冲频率值便决定了使用中的最大触发控制角 α_{max} 与最小触发控制角 α_{min}。

图 2.2-17 中比较器 IC3A 与 IC3B 及外围元器件一起构成脉冲宽度设定环节，自然可以看到，也是一个压控振荡器。图中来自 SGK198 引脚 4 输出的方波信号 MK 与比较器 IC3A 引脚 4 输入的门槛电压比较，输出一同频率的方波脉冲信号，该脉冲信号决定了微分电容 C_{25} 和上拉电阻 R_{35} 设定的脉冲上升与下跳沿的微分脉冲宽度；此微分脉冲与 IC3B 引脚 6 的门槛比较，从而在其引脚 1 输出对应每一个触发脉冲的 6 路脉冲列，该脉冲与 SGK198 内部的脉冲相与，从而决定了输出 6 路脉冲的宽度。

从图 2.2-17 可知，该触发电路中未应用 SGK198 内部的欠电压、过电压、过电流及外部故障保护功能进行保护，所以这些保护的输入置为无效而删除了保护功能。START 与 REST 为接于控制面板上的启动与复位开关。

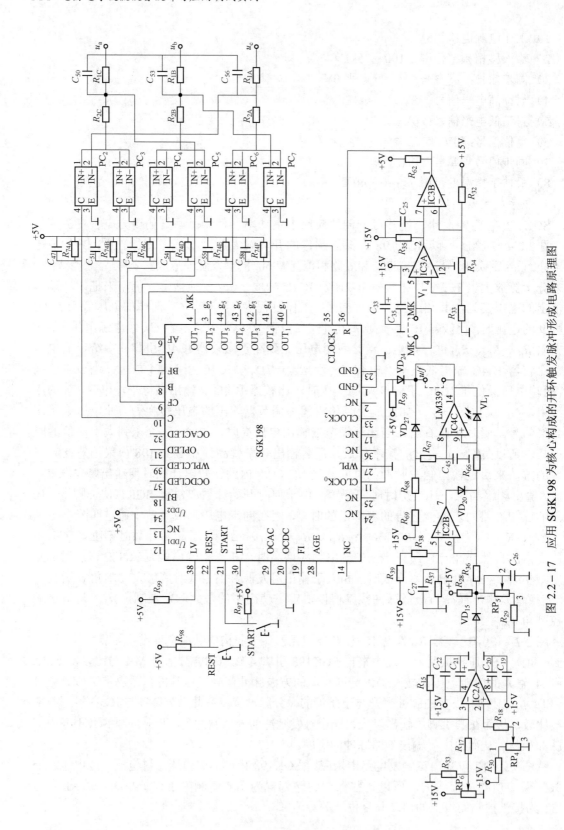

图 2.2 − 17　应用 SGK198 为核心构成的开环触发脉冲形成电路原理图

2.2.6　KJ041 6 路双脉冲形成器集成电路

KJ041 6 路双脉冲形成器集成电路是三相全控桥式触发线路中常用的电路，它具有双脉冲形成和电子开关控制封锁双脉冲形成功能。使用两个有电子开关控制的 KJ041 电路组成逻辑控制，适用于正、反组可逆晶闸管电力电子变流设备中（如正、反组逻辑无环流直流调速的 12 相晶闸管整流设备）。

1. 各引脚的排列、名称、功能及用法

KJ041 是双列直插式的 16 引脚封装集成电路，它的引脚排列如图 2.2-18 所示。各引脚的名称、功能及用法见表 2.2-6。

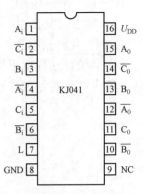

图 2.2-18　KJ041 的引脚排列（引脚向下）

表 2.2-6　　　　　　　　　　　KJ041 各引脚的名称、功能及用法

引脚号	符号	引脚名称	功能及用法
1	A_i	触发脉冲输入端	对应于电网 A 相正半周的触发脉冲输入端
2	$\overline{C}_i$	触发脉冲输入端	对应于电网 C 相负半周的触发脉冲输入端
3	B_i	触发脉冲输入端	对应于电网 B 相正半周的触发脉冲输入端
4	$\overline{A}_i$	触发脉冲输入端	对应于电网 A 相负半周的触发脉冲输入端
5	C_i	触发脉冲输入端	对应于电网 C 相正半周的触发脉冲输入端
6	$\overline{B}_i$	触发脉冲输入端	对应于电网 B 相负半周的触发脉冲输入端
7	L	输出脉冲封锁端	该端高电平封锁输出。KJ041 的输出引脚在 L 端为高电平时均变为低电平；而在 L 端为低电平时，KJ041 的输出引脚按输入引脚的状态和 KJ041 的工作机理正常输出脉冲。使用中该端接保护电路的输出
8	GND	工作参考地端	使用中接用户系统供电电源的地端
9	NC	空脚	使用中悬空
10	$\overline{B}_0$	对应 B_i 与 A_i 的"或"输出端	使用中接触发 B 相负半周晶闸管的功率放大单元输入端
11	C_0	对应 C_i 与 B_i 的"或"输出端	使用中接触发 C 相正半周晶闸管的功率放大单元输入端
12	$\overline{A}_0$	对应 A_i 与 C_i 的"或"输出端	使用中接触发 A 相负半周晶闸管的功率放大单元输入端
13	B_0	对应 B_i 与 A_i 的"或"输出端	使用中接触发 B 相正半周晶闸管的功率放大单元输入端
14	$\overline{C}_0$	对应 B_i 与 C_i 的"或"输出端	使用中接触发 C 相负半周晶闸管的功率放大单元输入端
15	A_0	对应 A_i 与 C_i 的"或"输出端	使用中接触发 A 相正半周晶闸管的功率放大单元输入端
16	U_{DD}	系统工作正电源输入端	工作电源电压范围为 3~18V，使用中一般接 +15V 电源

2. 内部结构及工作原理

KJ041 的内部电路结构及工作原理示意图如图 2.2-19 所示。它的工作原理可简析为：当把移相触发器的触发脉冲输入到 KJ041 的引脚 1~6 时，由输入二极管完成"或"功能形

成补脉冲，再由 $V_1 \sim V_6$ 进行电流放大后分 6 路输出。补脉冲按 $\overline{C}_i \rightarrow A_i$、$B_i \rightarrow \overline{C}_i$、$\overline{A}_i \rightarrow B_i$、$C_i \rightarrow \overline{A}_i$、$\overline{B}_i \rightarrow C_i$、$A_i \rightarrow \overline{B}_i$ 顺序排列组合。V_7 是电子开关，当控制端（引脚 7）接低电平时 V_7 截止，各路输出触发脉冲；当控制端（引脚 7）接高电平时 V_7 导通，各路无输出脉冲。使用两只 KJ041 并将相应输入端并联，两个控制端分别作为正反组控制输入端，输出接 12 个功率放大晶体管，这样就可组成一个 12 脉冲正、反组控制可逆系统，控制端逻辑"0"有效。KJ041 集成电路的各点波形如图 2.2-20 所示。

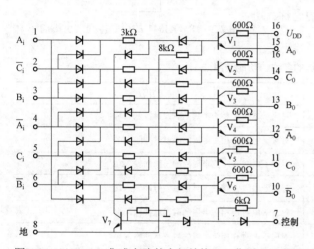

图 2.2-19　KJ041 集成电路的内部结构及工作原理示意图

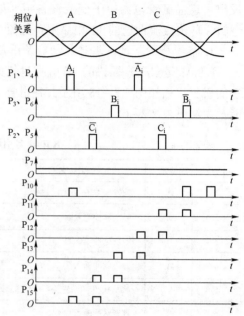

图 2.2-20　KJ041 集成电路的各引脚信号波形图

3. 主要设计特点和电参数限制

（1）主要设计特点：

1）输入信号与 CMOS 电平兼容。

2）可取代多只二极管构成 6 路或门。

3）对输入脉冲适应性强。

4）有独立封锁端，方便了应用。

（2）主要参数和限制：

1）电源电压：DC−15V±10%。

2）电源电流：≤20mA。

3）输出脉冲最大负载电流：≤20mA。

4）输出脉冲幅值：≥1V（负载为 50Ω 时）。

5）输入端二极管最高承受反压：≥30V。

6）控制端正向电流：≤3mA。

7）允许使用环境温度：

① 军品（Ⅰ类品）为（−55～+125）℃。

② 准军品（Ⅰ$_A$ 类品）为（−55～+85）℃。

③ 工业品（Ⅱ类品）为（−40～＋85）℃。

④ 民品（Ⅲ类品）为（−10～＋70）℃。

4. 应用举例

图 2.2−21 给出了 KJ041 用于三相全控桥触发系统的原理图。图中，来自三个 TCA785 的输出脉冲经 KJ041 双脉冲形成器后，再由 6 个晶体管（2SC2073）放大，供给晶闸管触发末级板内的 6 个脉冲变压器，由脉冲变压器隔离及后续电路整形后输出触发三相桥式整流电路中的 6 只晶闸管。

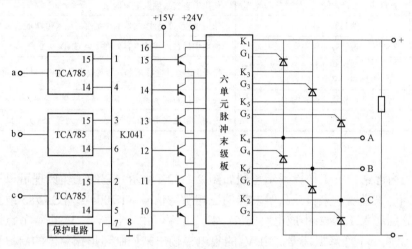

图 2.2−21　KJ041 用于三相全控桥触发系统的原理图

2.2.7　KJ042 脉冲列调制形成器集成电路

KJ042 脉冲列调制形成器集成电路，主要用作晶闸管三相桥式全控整流电路的脉冲列调制源，同样也适用于三相半控、单相半控、单相全控线路中作脉冲列调制源。电路具有脉冲占空比可调性好、频率调节范围宽、触发脉冲上升沿可与同步调制信号同步等优点，还可作为可控制的方波发生器用于其他电路拓扑的电力电子变流设备中。

1. 各引脚的排列、名称、功能及用法

KJ042 的引脚排列如图 2.2−22 所示。它采用标准双列直插式 14 引脚（DIP−14）封装。各引脚的名称、功能及用法见表 2.2−7。

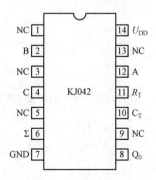

图 2.2−22　KJ042 的引脚排列（引脚向下）

表 2.2 - 7　　　　　　　　　　KJ042 的引脚名称、功能及用法

引脚号	符号	引脚名称	功能及用法
1、3、5、9、13	NC	空脚	使用中悬空
2	B	B 相脉冲输入端	使用中接对应 B 相正半周晶闸管触发的脉冲形成环节输出端
4	C	C 相脉冲输入端	使用中接对应 C 相正半周晶闸管触发的脉冲形成环节输出端
6	Σ	振荡反馈端	使用中通过一决定脉宽的电容接引脚 10，并通过一个电阻与二极管和电阻串联的并联网络接引脚 11
7	GND	参考地端	使用中直接接供电电源地端
8	Q_0	调制脉冲输出端	使用中接双脉冲形成器的控制端（如 KJ041 的引脚 7）
10	C_T	调制脉冲频率电容连接端	使用中通过两等效电容分别接至 GND 及 Σ 端
11	R_T	调制脉冲频率及脉宽电阻连接端（又称反馈端）	使用中通过一电阻 R_2 和二极管先串联后再与电阻 R_1 并联网络接 Σ 端
12	A	A 相脉冲输入端	使用中接对应 A 相正半周晶闸管触发的脉冲形成环节输出端
14	U_{DD}	电源端	使用中直接与用户的正电源端（一般接 15V）相接

2. 内部结构及工作原理

KJ042 的内部结构及工作原理示意图如图 2.2 - 23 所示。它的工作原理可以三相全控桥式整流电路为例来说明。来自三只触发器的三相脉冲信号（KJ004 或 TCA785 或其他线路产生的脉冲）分别送入 KJ042 集成电路的 2、4、12 端，由 V_1、V_2、V_3 进行节点逻辑组合。V_5、V_6、V_8 组成一个环形振荡器，由 V_4 的集电极输出来控制环形振荡器的启振和停振。当没有输入脉冲时，V_4 导通，振荡器停振；反之，V_4 截止，振荡器启振。V_6 集电极输出是一系列与来自三相 6 个触发脉冲的前沿同步且间隔 60° 的脉冲，经 V_7 倒相放大后分别输入三只触发器的对应引脚（KJ004 的引脚 14 或 TCA785 的引脚 6）。此时从 KJ004 集成电路的引脚 1 和 15 输出的是调制后的脉冲列触发脉冲（对 TCA785 为引脚 15 和 14）。调制脉冲的频率由外接电容 C_2 和 R_1、R_2 决定，其频率可按式（2.2 - 5）～式（2.2 - 7）计算

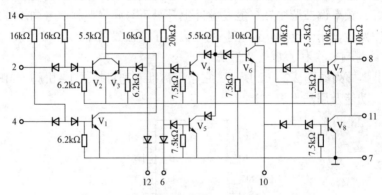

图 2.2 - 23　KJ042 的内部结构和工作原理示意图

$$f = 1/(T_1 + T_2) \tag{2.2-5}$$

其中
$$T_1 = 0.693 R_1 R_2 \tag{2.2-6}$$

$$T_2 = 0.693 C_2 [R_1 R_2/(R_1 + R_2)] \tag{2.2-7}$$

式中，T_1、T_2 为导通半周和截止半周的时间。由式中可知，改变 R_1、R_2 的阻值可以得到满意

的调制脉冲占空比。如将 KJ042 集成电路用于单相整流电路中,则三个输入端引脚 2、4、12 只需要一个,其他两个接参考地电位。

3. 主要设计特点及电参数限制

(1)主要设计特点:

1)输出脉冲可调范围宽,外围元器件少。

2)输出为 CMOS 电平。

(2)电参数限制:

1)电源电压:DC−15V±10%。

2)电源电流:≤20mA。

3)输入二极管反压:≥30V。

4)输入端允许最大正向电流:≤2mA。

5)输入脉冲幅值:≥13V。

6)输出脉冲最大负载能力:≤12mA。

7)通过改变 C_2、R_1、R_2 可获得调制脉冲频率:5～10kHz。

8)允许使用环境温度 T_A:

① 军品(Ⅰ类品)为(−55～+125)℃。

② 准军品(Ⅰ$_A$类品)为(−55～+85)℃。

③ 工业品(Ⅱ类品)为(−40～+85)℃。

④ 民品(Ⅲ类品)为(−10～+70)℃。

4. 应用技术

(1)用于三相系统的典型接线。图2.2−24a 给出了 KJ042 用于三相系统的原理电路图,图中 A 相输入、B 相输入、C 相输入分别接对应三相同步电压正半周(或负半周)的触发脉冲;图2.2−24b 给出了这种应用条件下 KJ042 各点的正常工作波形。

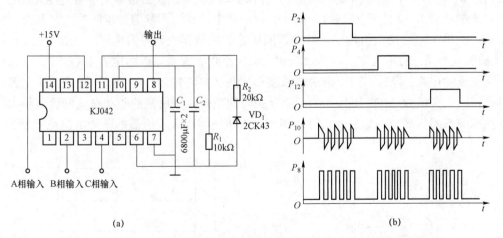

图 2.2−24 KJ042 用于三相整流或逆变系统的典型接线图及正常工作波形

(a)典型接线图;(b)各引脚输入或输出电压的正常工作波形

(2)用于单相系统。图2.2−25a 给出了 KJ042 用于单相系统的原理电路图,其典型的工作波形如图2.2−25b 所示。

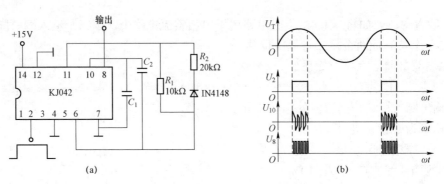

图 2.2 - 25　KJ042 用于单相整流或逆变系统的典型接线和各引脚的正常工作波形

（a）典型接线；（b）各引脚波形示意图

2.3　电力 MOSFET 的栅极驱动电路

2.3.1　电力 MOSFET 驱动电路的共性问题及对驱动电路的要求

1. 电力 MOSFET 驱动电路的共性问题

（1）驱动电路应简单可靠。电力 MOSFET 的栅极驱动需要考虑保护、隔离等问题。由于电力 MOSFET 输入阻抗极高的缘故，使得其栅极驱动电路比 GTR 的基极驱动电路简单得多。

（2）驱动电路的负载为容性负载。电力 MOSFET 的极间电容较大，驱动电力 MOSFET 的栅极相当于驱动一个容抗网络，器件电容、驱动源阻抗都直接影响开关速度。如果与驱动电路配合不当，则难以发挥其优点。一般驱动电路的设计就是围绕着如何充分发挥电力 MOSFET 的优点，并使电路简单、快速且具有保护功能。理想的栅极驱动等效电路如图 2.3 - 1 所示。图中开关 S_1 接通充电路径，开关 S_2 控制放电过程。不管等效电阻的大小和充电的速率如何，C_{in} 和 $U_{GS(on)}$ 的数值决定了开通期间传输的能量和关断时的损耗，也就是说，损耗在 R_{on} 上的能量与 R_{on} 的阻值大小、栅极驱动电流大小均无关系。因而电力 MOSFET 导通后即不再需要驱动电流。理想的栅极驱动电流波形如图 2.3 - 2 所示。由于工作速度与驱动源内阻抗有关，同一个电力 MOSFET 如果希望开关时间越短，则所需的驱动电流峰值就越大，要求驱动源的内阻抗越小；如果开关时间相同，寄生电容越大，所需的驱动电流也就越大。

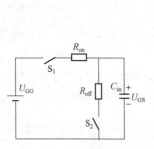

图 2.3 - 1　理想的栅极驱动等效电路

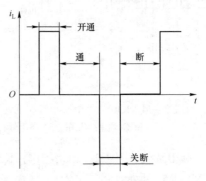

图 2.3 - 2　理想的栅极驱动电流波形

（3）驱动电路形式多样化。栅极驱动电路的形式各种各样，按驱动电路与栅极的连接方式可分为直接驱动与隔离驱动两类。

2．电力 MOSFET 对栅极驱动电路的要求

（1）能向被驱动电力 MOSFET 栅极提供需要的栅源极驱动电压，以保证被驱动电力 MOSFET 可靠开通和关断，驱动电路输出的驱动脉冲要具有足够快的上升和下降速度，即脉冲前、后沿要陡峭。

（2）因 MOSFET 输入阻抗较高，相对 GTR 更容易受到干扰，所以驱动电路的输出低阻抗特性有着极为重要的意义和作用。驱动电路的输出电阻要尽可能地小，以提高栅源极结电容的充、放电速度，开通时以低电阻对栅极电容充电，关断时为栅极电荷提供低电阻放电回路，以提高电力 MOSFET 的开关速度。

（3）驱动电路输出的驱动电压脉冲幅值，在满足不超过 MOSFET 栅源极承受电压极限的条件下应足够高。为了使电力 MOSFET 可靠驱动导通，驱动电路输出的驱动脉冲幅值应高于被驱动 MOSFET 的开启电压。为了防止误导通，在电力 MOSFET 截止时，最好能提供负的栅源极电压。

（4）电力 MOSFET 开关时所需的驱动电流为栅极电容的充、放电电流。电力 MOSFET 的极间电容越大，在开关驱动中所需的驱动电流也越大。为了使开关波形具有足够的上升和下降陡度，驱动电流要具有较大的数值。

（5）驱动电路要满足 MOSFET 快速转换通断状态对高峰值电流的要求，以克服密勒效应，减小开关转换时间和开关损耗，但 di/dt 和 du/dt 不应造成电力 MOSFET 器件误导通和损耗过大。

（6）驱动电路应具备良好的电气隔离性能，以实现主电路与控制电路之间的隔离，使之具有较强的抗干扰能力，避免功率级电路对控制信号造成干扰。由于电力 MOSFET 的工作频率及输入阻抗高，容易被干扰，这就对栅极驱动电路的布线和排列提出了极高的要求。

（7）驱动电路应有负电源来加快 MOSFET 的关断速度，保证 MOSFET 可靠关断，提高驱动电路的抗干扰能力。避免因 MOSFET 的开启电压随时间下降，以及 MOSFET 关断时过高的电压应力引起 MOSFEET 误导通。

（8）驱动电路的传输延迟时间应尽可能小，以减小开关死区时间，提高驱动的控制精度和效率。为了有较快的响应速度，当要求被驱动的 MOSFET 有 1MHz 的开关频率时，则驱动电路的传输延迟时间应小于 10ns，此时可选取高速光耦合器隔离。如果选用脉冲变压器传递信号，应尽量提高载波频率和减小变压器尺寸。

（9）同桥臂电力 MOSFET 的驱动电路传输延迟时间差应尽可能地小。如果传输延迟差较大，有可能使得同桥臂的两个电力 MOSFET 发生直通。比如说，t_{PHL} 是同桥臂上 MOSFET 关断的延迟时间，t_{PLH} 是同桥臂下 MOSFET 导通的延迟时间。如果 t_{PHL} 非常大，而 t_{PLH} 很小，那么在上 MOSFET 尚未可靠关断前，下 MOSFET 即导通，就会造成直通现象。驱动电路的传输延迟时间依赖于电源电压、电力 MOSFET 器件的开关特性及驱动方案等。

（10）驱动电路应能提供适当的保护功能，使得被驱动电力 MOSFET 可靠工作。如低压锁存保护、MOSFET 过电流保护、过热保护及驱动电压钳位保护等。

（11）为防止被驱动电力 MOSFET 关断过程中漏源极电压的振荡及尽可能降低通态压降，应合理选择栅极回路串联的栅极电阻。虽然驱动电路的输出阻抗小，可以加快开关速度，

但是驱动电阻可起阻尼作用,抑制驱动电压尖峰,且避免 MOSFET 承受过快的 di/dt 和 du/dt, 因此应折中选取。

(12)驱动电源必须并联旁路电容,它不仅滤除噪声,也用于给负载提供瞬时电流,加快 MOSFET 的开关速度。

(13)驱动电路应简单可靠、体积小,且成本低。

2.3.2 实用栅极驱动电路举例

1. 正反馈型驱动电路

图 2.3-3 为正反馈型驱动电路。正反馈信号的获得是通过二次绕组 W_3 实现的。当输入信号为高电平时,反相器 II 输出为高电平。在该驱动信号作用下出现漏极电流,此时一次绕组 W_1 中感应出"●"端为正的反电动势,在二次绕组 W_3 中也感应出相应极性的电动势,并通过 R_1 向 VF_1 的输入电容充电,随着 VF_1 的导通,不断地给栅极施以正反馈,加速了 VF_1 的开通过程,缩短了开通时间。当输入信号为低电平时,使 VF_1 关断,反相器 I 输出高电平,并使辅助 MOSFET 的 VF_2 开通,从而将 VF_1 栅极接地,迫使其输入电容迅速放电,加速 VF_1 的关断。可见这种电路是一种高速开关电路。

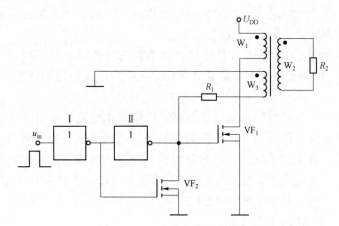

图 2.3-3 正反馈型驱动电路

2. 窄脉冲自保护驱动电路

图 2.3-4 为一种具有过载和短路保护功能的窄脉冲驱动电路。当输入信号 u_{in} 由低电平变高电平时,晶体管 V_1 导通,脉冲变压器一次绕组上的电压为电源电压 U_{DD1} 通过电阻 R_2、R_3 分压在 R_3 上取得的分压值。由于脉冲变压器做得很小,故在很短时间内就会饱和,耦合到其二次绕组的电压是一个正向尖脉冲,该尖脉冲使 V_2 导通,V_2、V_3 组成两级正反馈互锁电路,由于互锁作用,V_2、V_3 将保持导通,因而 V_4 导通,使电力 MOSFET 导通。当 u_{in} 由高电平变为低电平时,脉冲变压器二次绕组中感应出一个负向尖脉冲,使 V_2 截止,从而使 V_3、V_4 截止,V_5 瞬时导通,关断电力 MOSFET。在该电路中 R_6、VD_3、VD_4 构成自保护驱动。参考点 A 的电位由电阻 R_4、R_5 分压获得,在正常工作时,电力 MOSFET 的 U_{DS} 上升,当 $U_D = U_A$ 时,二极管 VD_4 导通,R_6 和 R_8 的分压使 A 点电位升高,由 V_2、V_3 构成的互锁电路翻转,使 V_5 瞬时导通,关断电力 MOSFET,使之得到有效的保护。

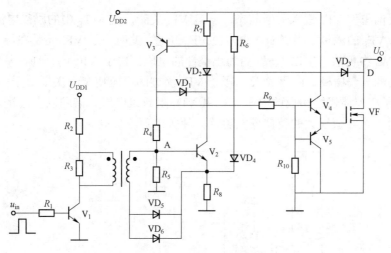

图 2.3 - 4　窄脉冲驱动电路

3. 窄脉冲 MOS 化驱动电路

可以利用互锁电路的保持功能，实现用窄脉冲驱动电力 MOSFET，栅源极交叉连接组成如图 2.3 - 5 所示。组成的一个无源双稳态电路，C_1、C_2、C 是储能元件，它们可以是外接电容器，也可以是 VF_1、VF_2、VF 的寄生电容。在输入信号 u_{in} 的上升沿，脉冲变压器的二次侧产生一个正向尖脉冲，使 C_1 充电，VF_1 开通，C_2 通过 VF_1 放电，使 VF_2 关断，C 由窄脉冲通过 R_G 充电使 VF 导通；反之，在输入信号 u_{in} 的下降沿，脉冲变压器的二次侧产生一个负向尖脉冲，使 C_2 充电，VF_2 导通，C_1 和 C 通过 VF_2 放电，最终使 VF_1 和 VF 关断。增大 C_1、C_2 或改变 R_G 还可以对导通和关断时间进行调整。当电路开始接电时，VF_1、VF_2、VF 均处于关断状态，由于电力 MOSFET 的栅极都处于高阻抗状态，极易因干扰或噪声而使 C_1 和 C_2 充电，造成 VF 误导通。为此设置了电阻 R_d、C_2，通过 R_d 自动充电保证电力 MOSFET VF_2 处于导通，VF 处于关断状态。

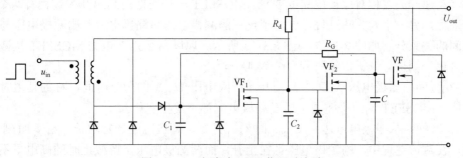

图 2.3 - 5　窄脉冲 MOS 化驱动电路

4. 高速关断电路

为了提高电力 MOSFET 的关断速度，在关断时要求能提供高峰值的控制电流，图 2.3 - 6 为一种高速关断电路。该电路由主开关 VF_E、辅助开关 VF_B、控制开关 VF_S、输出变压器 T_M 和控制变压器 T_B 组成。当控制开关 VF_S 开通时，经过控制变压器 T_B 二次侧感生电动势，使主开关 VF_E 开通，流过漏极电流。在输出变压器的绕组 W_1、W_3 中感应出 "●" 端为正极性的电压。因为供给 VF_E 的栅极电流流过二极管 VD_2，在辅助开关 VF_B 的栅源极间由 VD_2 电压降引起的反偏压使 VF_B 进入关断状态。一旦 VF_S 关断，流入 T_B 中的励磁电流通过 VF_B 的栅极、源极和 VF_E 的源极、栅极而放电，使 VF_B 开通。此时由于 VF_E 还是在导通状态，所以在绕组 W_1、W_3 中仍然产生以"●"端为正极性的电压。由于 VF_B 的开通，从绕组 W_3 通过 VF_B 和 VF_E 的源极、栅极、电阻 R 及二极管 VD_1 流过的电流使 VF_E 关断。于是在绕组 W_1、W_3 中就产生了与前述极性相反的电压，并由 VD_1 阻断该电压。借助以上过程，就能从主电路给 VF_E 流过一个峰值很大的反向栅极电流，使关断速度提高。

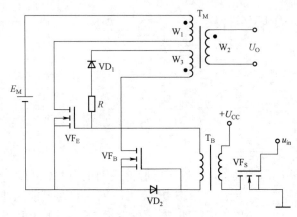

图 2.3 - 6　高速关断电路

5. 高速 MOSFET 驱动器设计中应考虑的问题

电力 MOSFET 的工作频率越来越高，国外发达国家的实用频率已接近或超过 1MHz，我国目前实用频率为 50～800kHz，为缩小与发达国家的差距，提高工作频率显得尤为重要。MOSFET 驱动电路的设计对提高 MOSFET 的工作频率具有举足轻重的作用，在兆赫级频率范围，高速工作的 MOSFET 开关过程成为其高频正确应用的关键技术问题，这对应用 MOSFET 作为主开关器件，构成电力电子变流设备的效率、可靠性、寿命都有重要的影响。

（1）高速开关过程对驱动电路的要求。MOSFET 一个周期的高速开关过程有两个，一个为导通过程，另一个为关断过程。这两个过程的漏极电压与漏极电流、栅源极电压与电流和时间之间的关系分别如图 2.3 - 7 与图 2.3 - 8 所示。现以图 2.3 - 7 电力 MOSFET 从截止向导通转换过程为例进行分析，该过程可分为 4 个阶段。

$t_0 \sim t_1$ 区间：栅极电压从 O 上升到开通门限电压 $U_{GS(th)}$ 的历时时间，称为延迟时间，在这一区间，MOSFET 漏源极间的电压及漏极电流都不发生变化。

$t_1 \sim t_2$ 区间：从栅极电压达到 $U_{GS(th)}$ 时刻 t_1 开始，漏极电流开始增长，至 t_2 时刻 i_D 达到最大值，在这一过程中，栅源极电压也在上升，而漏源极电压保持截止时的高电平不变，在这一过程中，由于电压与电流重叠，MOSFET 功耗最大。

$t_2 \sim t_3$ 区间：从 t_2 时刻开始，漏源极电压开始下降，引起从漏极到栅极的密勒电容 C_{GD} 效应，使得栅源极电压不能上升而出现平台，从 t_2 到 t_3 时刻电荷量等于 Q_{GD}，在 t_3 时刻漏源极电压下降到最小值。

$t_3 \sim t_4$ 区间：在这一区间栅源极电压从平台上升到最后的驱动电压。上升的栅源极电压使漏源极通态电阻 $R_{DS(on)}$ 减少，t_4 以后，MOS 管进入导通状态，然而当栅源极电压上升到 10～20V 之后，继续升高其电压对减少 $R_{DS(on)}$ 效果很小。

图 2.3－8 给出了电力 MOSFET 从导通向截止转换过程的工作波形图，从该图可见变化过程，与图 2.3－7 转换过程波形相同，但时间顺序相反，变化过程基本相同。

图 2.3－7 和图 2.3－8 虽然给出的是转换过程波形，其实也已包含了导通和截止（t_0 以后）的波形。工作在兆赫频率数量级的电力 MOSFET 开关对高速驱动器的要求如下：

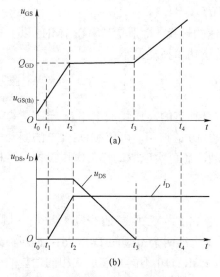

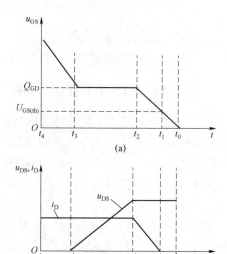

图 2.3－7　截止—导通转换过程波形　　　　图 2.3－8　　导通—截止转换过程的工作波形
（a）栅源极电压；（b）漏源极电压及漏极电流　　（a）栅源极电压；（b）漏源极电压及漏极电流

1）驱动电路延迟时间 t_d 要小。若开关频率高达兆赫频率数量级，则从输入到输出的传输延迟时间 t_d 要小于 15ns。

2）驱动电路峰值电流 I_{max} 要大。大的 I_{max} 可大大缩短密勒电容的充放电时间，从而缩短图 2.3－7 与图 2.3－8 所示平台 $t_2 \sim t_3$ 或 $t_3 \sim t_2$ 的持续时间。

3）栅极电压变化率 du/dt 要大。du/dt 大，可缩短栅源极电压上升时间（$t_0 - t_2$）或下降时间（$t_2 \sim t_0$）。工作在兆赫频率数量级的 MOSFET 开关，其典型上升和下降时间应为 35ns 左右。

理想的 MOSFET 驱动器是高速开关和高峰值电流能力两者的完美结合。在导通波形的 $t_0 \sim t_2$ 段及关断波形的 $t_2 \sim t_0$ 段，需要电压高速变化，所需电流很小；在平台区注入的电荷或放掉的电荷要能迅速克服 MOSFET 的密勒效应，故驱动器要有足够大的负载能力，在此阶段，电流负载能力不能用到极限。在此之后，驱动器电流迅速跳变到最大值 I_{max}，所以在 $t_3 \sim t_4$ 或 $t_4 \sim t_3$ 阶段，需要高转换速率和大电流来完成栅极驱动循环。

（2）MOSFET 开关过程的功率损耗。从图 2.3－7 与图 2.3－8 可以看出，功率损耗主要发生在图 2.3－7 与图 2.3－8 所示的 $t_1 \sim t_3$ 之间，把 t_2 作为波形上升或下降的转换点，功率损耗方程式可以分成两个没有联系的方程式。为了简便起见，把线性变化部分作为三角波，不变部分作为常量处理，并设 $t_0 \sim t_4$ 为转换周期 T，则 $t_1 \sim t_3$ 之间的功耗可近似按式（2.3－1）与式（2.3－2）计算。

$$Ps_1 = 0.5 I_{on} U_{ds(off)}(t_2 - t_1)/T \qquad (2.3-1)$$
$$Ps_2 = 0.5 I_{on} U_{ds(off)}(t_3 - t_2)/T \qquad (2.3-2)$$

将 t_1 到 t_2 的区间定义为净转换时间 T_1，并将上述两方程相加得转换过程总损耗

$$P_{Ls} = 0.5U_{ds(off)}I_{on}T_1/T \qquad (2.3-3)$$

上述损耗在每个周期发生两次，先是开通，然后是关断，所以一个周期的开关功耗应为 P_{Ls} 表达式的 2 倍，可用式（2.3-4）计算。

$$P_L = U_{ds(off)}I_{on}T_1/T \qquad (2.3-4)$$

这个关系式是表示在任何开关频率上都需要快速的转换，特别是频率在 1MHz 以上更有意义，使用大电流的驱动电路可以使 MOSFET 的转换功率损耗最小。

2.3.3 IR2110 MOSFET 栅极驱动器集成电路

IR2110 是原美国国际整流器（IR）公司利用自身独有的高压集成电路及无闩锁 CMOS 技术开发的电力 MOSFET 专用驱动器集成电路。IR2110 的使用，可使 MOSFET 的驱动电路设计大为简化，它不但可以完成对 MOSFET 的驱动，还可实现驱动级欠电压保护，可极大地提高驱动电路的可靠性，并极大地缩小驱动单元的尺寸。

1. 各引脚的排列、名称、功能和用法

IR2110 共有标准双列直插式 14 引脚（DIP-14）、双列直插少引出一个引脚的 DIPw/o-14、标准双列直插的 DIP-16 和双列直插少引出两个引脚的 DIPw/o-16 四种封装外形，共引脚排列如图 2.3-9 所示。表 2.3-1 给出了 IR2110 不同封装形式相同功能的引脚对照表。现以 DIP-14 封装为例说明各引脚的名称、功能及用法，见表 2.3-2。

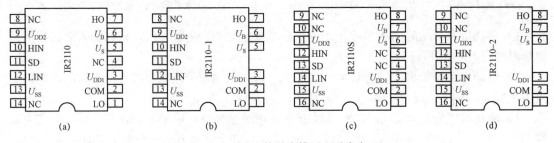

图 2.3-9 IR2110 的引脚排列（引脚向下）

（a）DIP-14；（b）DIPw/o-14；（c）DIP-16；（d）DIPw/o-16

表 2.3-1 IR2110 不同封装形式相同功能的引脚对照表

引脚符号	不同封装的引脚号			
	DIP-14	DIPw/o-14	DIP-16	DIPw/o-16
LO	1	1	1	1
COM	2	2	2	2
U_{DD1}	3	3	3	3
NC	4、8、14	8、14	4、5、9、10、16	9、10、16
U_S	5	5	6	6
U_B	6	6	7	7
HO	7	7	8	8
U_{DD2}	9	9	11	11
HIN	10	10	12	12
SD	11	11	13	13
LIN	12	12	14	14
U_{SS}	13	13	15	15

表 2.3 - 2　　　　　　　　　　**IR2110 DIP - 14 封装形式的引脚名称、功能及用法**

引脚号	引脚符号	引脚名称	功能及用法
1	LO	对应引脚 12 的驱动信号输出端	使用中分别通过一个电阻接主电路中同桥臂下上通道电力 MOSFET 的栅极，为防止干扰，通常分别在引脚 1 与引脚 2 及引脚 7 与引脚 5 之间并接一个 $10\text{k}\Omega$ 的电阻
7	HO	对应引脚 10 的驱动信号输出端	
2	COM	下通道电力 MOSFEET 驱动输出参考地端	使用中与引脚 13（U_{SS}）直接相连，同时接主电路桥臂中下通道电力 MOSFET 的源极
3	U_{DD1}	下通道互锁输出级电源输入端	应用中引脚 3 直接接用户提供的输出级电源正极，且通过一个较高品质的电容接引脚 2，而引脚 6 通过一个阴极连接到该端、阳极连接到引脚 3 的高反压快恢复二极管，与用户提供的输出级电源相连，对 U_{DD1} 的参数要求为大于 -0.5V，而小于或等于 $+20\text{V}$
6	U_{B}	上通道互锁输出级电源输入端	
4，8，14	NC	芯片制造工艺中的空脚	使用中悬空
5	U_{S}	上通道电力 MOSFET 驱动信号输出参考地端	使用中与主电路中上通道被驱动电力 MOSFET 的源极相连
9	U_{DD2}	芯片输入级工作电源端	使用中接用户为该芯片工作提供的高性能电源，为抗干扰，该端应通过一高性能去耦网络接地，该端可与引脚 3（U_{DD}）使用同一电源，也可分开使用两个独立的电源
10	HIN	驱动逆变桥中同桥臂上电力 MOS 器件的驱动脉冲信号输入端	应用中接用户脉冲形成部分的对应两路输出，对此两个信号的限制为 $U_{SS}-0.5\text{V}\sim U_{DD2}+0.5\text{V}$，这里 U_{DD2} 与 U_{SS} 分别为连接到 IR2110 的引脚 13（U_{SS}）与引脚 9（U_{DD2}）端的电压值
11	SD	保护信号输入端	当该脚接高电平时，IR2110 的输出信号全被封锁，其对应输出端恒为低电平，而当该端接低电平时，则 IR2110 的输出跟随引脚 10 与 12 而变化，应用中，该端接用户故障（过电流、过电压）保护电路的输出。对该端信号的限制同 LIN 及 HIN 端
12	LIN	驱动逆变桥中同桥臂下电力 MOS 器件的驱动脉冲信号输入端	
13	U_{SS}	芯片工作参考地端	使用中直接与本芯片工作供电电源地端相连，所有去耦电容的一端应接该端，同时与引脚 2 直接相连

2. 内部结构和工作原理

（1）内部结构。IR2110 的内部结构和工作原理框图如图 2.3 - 10 所示。从图可知，其内部集成有一个逻辑信号输入级及两个独立的以高压、低压参考地为基准的输出通道（上

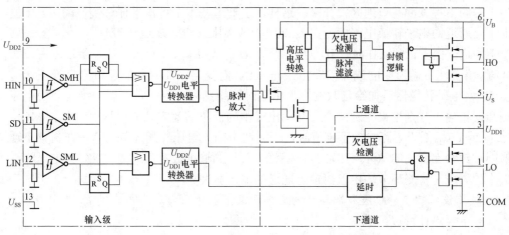

图 2.3 - 10　IR2110 的内部结构及工作原理框图

通道与下通道），它的主要构成有三个电阻、三个独立的施密特触发器、两个 RS 触发器、两个或非门、两个 U_{DD2}/U_{DD1} 电平转换器、一个脉冲放大环节、一个脉冲滤波环节、两个欠电压检测单元、一个封锁逻辑、一个高压电平转换网络、四个 MOS 场效应晶体管组成的两路互补的功放输出级、一个具有反相输出的与非门、一个反向器和一个延时环节，共计 25 个单元电路。

（2）工作原理分析。IR2110 的工作原理可简述如下：两个输出通道（上通道及下通道）的控制脉冲通过逻辑电路与输入信号相对应，当保护信号输入端为低电平时，同相输出的施密特触发器 SM 输出为低电平，两个 RS 触发器的置位信号无效，则两或非门的输出跟随 HIN 及 LIN 变化，控制输入信号有效；而当 SD 端输入高电平时，因 SM 输出高电平，两个 RS 触发器置位，两个或非门输出恒为低电平，控制输入信号无效，此时即使 SD 变为低电平，但由于 RS 触发器由 Q 端维持高电平，所以两个或非门输出将保持低电平，直到施密特触发器 SMH 和 SML 输出脉冲的上升沿到来，两个或非门因 RS 触发器翻转为低电平而跟随 HIN 及 LIN 变化。由于逻辑输入级中的施密特触发器具有 $0.1U_{DD2}$ 的滞后带，因而整个逻辑输入级具有良好的抗干扰能力，并可接受上升时间较长的输入信号。逻辑电路以其自身的逻辑电源为基准，这就决定了逻辑电源可用比输出工作电源电压低得多的电源电压。为了将逻辑信号电平转变为输出驱动信号电平，应用了两个抗干扰性能很好的 U_{DD2}/U_{DD1} 电平转换电路，该电路的逻辑地电位（U_{SS}）和功率电路地电位（COM）之间允许有 ±5V 的额定偏差，因此决定了逻辑电路不受由于输出驱动开关动作而产生的耦合干扰的影响。集成于片内下通道内的延时网络实现了两个通道间的传输延时，此种结构简化了对控制电路时间上的要求；两个通道分别应用了两个相同的、交替导通的、推挽式连接的低阻场效应晶体管，该两个场效应晶体管分别由两个 N 沟道的电力 MOSFET 驱动，因而其输出的峰值电流可达 2A 以上。由于这种推挽式结构，所以驱动容性负载时上升时间比下降时间长，对于上通道，很窄的开通和关断脉冲由脉冲发生器产生，并分别由 HIN 的上升和下降沿触发，脉冲发生器产生的两路脉冲用以驱动两个高压 DMOS 电平转换器，这两个转换器接着又对工作于悬浮电位上的 RS 触发器进行置位或复位，这便是以地电位为基准的 HIN 信号电平转换为悬浮电位的过程。由于每个高压 DMOS 电平转换器仅在 RS 触发器置位或复位时开通一段很短的开关脉冲时间，因而使功耗达到最小。U_S 端快速 du/dt 瞬变造成的 RS 触发器的误触发，可通过一个鉴别电路与正常的下拉脉冲有效地区别开来。这样，上通道基本上可承受任意幅值的 du/dt 值，并保证了上通道的电平转换电路即使在 U_S 端电压降到比 COM 端还低 4V 时，仍能正常工作。对于下通道，由于正常工作时，SD 为低电平，U_{DD1} 与 U_{DD2} 没有欠电压，所以施密特触发器 SML 的输出使下通道中的或非门输出跟随 LIN 而变化，此变化的逻辑信号经下通道中的 U_{DD2}/U_{DD1} 电平转换器后加给延时网络，由延时网络延时一定的时间后加到与非门电路，其同相和反相输出分别用来控制两个互补输出级中的低阻场效应晶体管驱动级中的 MOS 管。当 U_{DD2} 或 U_{DD1} 低于电路内部整定值时，下通道中的欠电压检测环节动作，在封锁下通道输出的同时封锁上通道的脉冲产生环节，使整个芯片的输出被封锁；而当 U_B 欠电压时，则上通道中的欠电压检测环节输出仅封锁上通道的输出脉冲。

3. 主要设计特点、极限参数和限制及推荐工作条件

（1）主要设计特点：

1）IR2110 内部应用自举技术来实现同一集成电路，可同时输出两个驱动逆变桥中高端

与低端 MOS 器件的通道信号，它的内部为自举操作设计了悬浮电源，悬浮电压保证了 IR2110 直接可用于母线电压为（−4～＋500）V 的系统中来驱动电力 MOSFET。同时器件本身允许驱动信号的电压上升率达±50V/ns，故保证了芯片自身有整形功能，实现了不论其输入信号前后沿的陡度如何，都可保证加到被驱动 MOSFET 栅极上的驱动信号前后沿很陡，因而可极大地减少被驱动电力 MOSFET 器件的开关时间，降低了开关损耗。

2）IR2110 的功耗很小，故可极大地减小应用它来驱动电力 MOSFET 时栅极驱动电路的电源容量，从而可减小栅极驱动电路的体积和尺寸。当其工作电源电压为 15V 时，其功耗仅为 1.6mW。

3）IR2110 的合理设计，使其输入级电源与输出级电源可应用不同的电压值，因而保证了其输入与 CMOS 或 TTL 电平兼容，而输出具有较宽的驱动电压范围，它允许的工作电压范围为 5～20V。同时，允许逻辑地与工作地之间有（−5～＋5）V 的电位差。

4）在 IR2110 内部，不但集成有独立的逻辑电源与逻辑信号相连接来实现与用户脉冲形成部分的匹配，而且还集成有滞后和下拉特性的施密特触发器的输入级，以及对每个周期都有上升沿或下降沿触发的关断逻辑和两个通道上的延时及欠电压封锁单元，这就保证了当驱动电路电压不足时封锁驱动信号，防止被驱动电力 MOSFET 退出饱和区，进入放大区而损坏。

5）IR2110 完善的设计，使它自身可对输入的两个通道信号之间产生合适的延时，保证了用来驱动逆变桥中同桥臂上的两个电力 MOSFET 时，提供的驱动信号之间有一互锁时间间隔，因而防止了被驱动的逆变桥中同桥臂的两个电力 MOSFET 同时导通，发生直流电源直通短路的危险。

6）由于 IR2110 是应用无闩锁 CMOS 技术制作的，因而决定了其输入输出可承受大于 2A 的反向电流。它的最高工作频率高，内部对信号的延时极小。对两个通道来说，其典型开通延时为 120ns，而关断延时为 94ns，且两个通道之间的延时误差不超过±10ns，因而决定了 IR2110 可用来实现最高工作频率大于 1MHz 的栅极驱动。

7）IR2110 的输出级采用推挽结构来驱动所需驱动的电力 MOSFET，因而它可输出最大为 2A 的驱动电流，且开关速度较快，当所驱动电力 MOSFET 的栅源极等效电容为 1000pF 时，该开关时间的典型值为 25ns。

（2）极限参数和限制：

1）最大上通道驱动输出级工作电源电压范围 U_B：−0.3～525V。

2）栅极驱动输出脉冲电流最大值 I_{omax}：2A。

3）最高工作频率 f_{max}：1MHz。

4）工作电源电压取值范围 U_{DD1}：（−0.3～25）V。

5）存储温度取值范围 T_{stg}：（−55～＋150）℃。

6）工作温度范围 T_A：（−40～＋125）℃。

7）允许最高结温 T_{jmax}：150℃。

8）逻辑电源电压取值范围 U_{DD2}：−0.3V～U_{SS}＋25V。

9）允许参考电压 U_S 临界上升率 du_S/dt：50 000V/μs。

10）上通道驱动输出级悬浮电源参考电压取值范围 U_S：U_B−25V～U_B＋0.3V。

11）上通道驱动输出级悬浮电压取值范围 U_{HO}：U_S−0.3V～U_B＋0.3V。

12）逻辑输入电压取值范围 U_{IN}：U_{SS}−0.3V～U_{DD}＋0.3V。

13）逻辑输入参考电压取值范围 U_{SS}：$U_{DD2}-25V\sim U_{DD2}+0.3V$。

14）下通道驱动输出电压取值范围 U_{LO}：$-0.3V\sim U_{DD1}+0.3V$。

15）功耗 P_D：DIP-14 封装为 1.6W；DIP-16 封装为 1.6W。

（3）推荐工作条件：

1）上通道驱动输出级悬浮电源绝对值电压取值范围 U_B：$U_S+10V\sim U_S+20V$。

2）上通道驱动输出级悬浮电源参考电压 U_S：500V。

3）下通道驱动输出电压取值范围 U_{LO}：$0\sim U_{DD2}$。

4）下通道工作电源电压取值范围 U_{DD1}：$10\sim 20V$。

5）逻辑电源电压取值范围 U_{DD2}：$U_{SS}+5V\sim U_{SS}+20V$。

6）逻辑输入参考电压取值范围 U_{SS}：$(-5\sim+5)V$。

7）逻辑输入电压取值范围 U_{IN}：$U_{SS}\sim U_{DD2}$。

8）允许存储环境温度范围 T_A：$(-40\sim+125)℃$。

4. 应用技术

（1）应用注意事项。IR2110 独特的结构决定了它通常可用来驱动单管斩波和单相半桥、单相全桥、三相全桥逆变器或其他电路结构中的两个相串联或以其他方式连接的高压 N 沟道电力 MOSFET，其下通道的输出直接用来驱动逆变器（或以其他方式连接的电路）中的低端电力 MOSFET，而上通道输出则用来驱动需要高电位栅极驱动的高端电力 MOSFET，在应用中需注意下述问题：

1）IR2110 的典型应用连接如图 2.3-11 所示。通常，它的输出级工作电源是一悬浮电源，这是通过一种自举技术由固定的电源得来的。充电二极管 VD 的耐压能力必须大于高压母线的峰值电压，为了减小功耗，推荐采用一个超快恢复的二极管。自举电容 C 的取值依赖于开关频率、占空比和电力 MOSFET 栅源极间电容的充电需要，应注意的是，自举技术要保证自举电容 C 两端的电压不低于欠电压封锁临界值，否则将产生保护性关断。对于 5kHz以上的开关应用，通常采用不小于 $0.1\mu F$ 的电容是合适的。

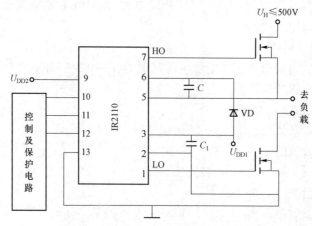

图 2.3-11　IR2110 的典型应用连接图

2）为了向被驱动的 MOSFET 栅源极输入电容（等效为容性负载）提供瞬态电流，应用中应在 U_{DD1} 和 COM 间、U_{DD2} 和 U_{SS} 间连接两个旁路电容，这两个电容及 U_B 和 U_S 间的储能电容都要与器件就近连接。建议 U_{DD2} 与 COM 之间的旁路电容用一个 $0.1\mu F$ 的陶瓷电容和一个 $1\mu F$ 的钽电容并联，而逻辑电源 U_{DD2} 与 U_{SS} 间并联有一个 $0.1\mu F$ 的陶瓷电容就足够了。

3）大电流的电力 MOSFET 相对需要较大的栅极驱动能力，IR2110 的输出即使对这些器件也可进行快速的驱动。为了尽量减小栅极驱动电路中的电感，每个 MOSFET 应分别连接到 IR2110 的引脚 2 和引脚 5 作为栅极驱动信号的参考地。对于较小功率的 MOSFET，可在输出处串联一个栅极电阻，栅极电阻的值取决于电磁兼容（EMI）的需要、开关损耗及最人允许 du/dt 值。

4）IR2110 的总功耗是高压母线电压、U_{DD2} 电压值、开关频率、占空比、传输栅极驱动电量、工作结温的函数，总功耗可分为高压开关损耗和低压损耗两部分，高压开关损耗可用式（2.3-5）计算

$$P_{D(HV)} = U_H I_{LK} d + (U_{BON} + U_{BOFF}) Q_P \qquad (2.3-5)$$

式中　　　U_H——高压母线电压；

　　　　　I_{LK}——U_B 到地的漏电流；

　　　　　d——上通道被驱动开关通断的占空比；

　　　　　Q_P——高压电平转换脉冲的平均电荷量；

U_{BON} 及 U_{BOFF}——开通脉冲及关断脉冲的平均电压。

显见，$U_H I_{LK} d$ 为静态高压开关损耗，而（$U_{BON} + U_{BOFF}$）Q_P 为动态高压开关损耗。由于电平转换损耗通常比漏电损耗要大得多，因而静态损耗通常可忽略。实验证明，当 U_B 为定值时，对容性负载来说，在一定的工作温度下，随着被驱动的 MOSFET 工作开关频率的提高，在固定的高压母线电压 U_H 下，P_D 值将线性增大，并且随着被驱动 MOSFET 工作电路中高压母线电压的提高，P_D 值亦增大，而实际上，在电平转换期间，U_S 是变化的。

低压功耗可用式（2.3-6）计算

$$P_{D(LV)} = U_B I_{Qtot} + 2U_{bias} Q_G f + U_{bias} Q_{cmos} f \qquad (2.3-6)$$

式中　U_{bias}——低压偏压，假设 $U_{DD2} = U_{BS}$，U_{BS} 为 IR2110 上通道输出功率放大级的工作电源电压，U_{bias} 为图 2.3-11 中电容 C 两端的电压；

　　　I_{Qtot}——总静态电流；

　　　　f——开关频率；

　　　Q_G——每次驱动 MOSFET 传输的栅极电荷量；

　　Q_{cmos}——与内部 CMOS 电路有关的开关损耗电荷量。

显见，式中 $U_B I_{Qtot}$ 为静态低压损耗，而 $2U_{bias} Q_{Gf} + U_{bias} Q_{cmos} f$ 为动态低压开关损耗。由于此时静态损耗通常比动态损耗小得多，因而可忽略静态损耗。实验证明，在 $U_{DD2} = U_{BS}$ 条件下，对一定的容性负载来说，随着开关频率的提高，$P_{D(LV)}$ 值线性增大，并且随着容性负载电容值的增大，$P_{D(LV)}$ 亦增大。

5）功率输出驱动级的电源 U_B 可与逻辑输入部分的电源 U_{DD2} 使用同一电源，通过自举技术来产生，此时接于 U_{DD2} 与 U_B 之间的二极管应为超快恢复二极管，且其电流定额取决于被驱动 MOSFET 的容量与工作频率，一般 1A 的电流容量可满足使用，其反压不应低于 600V；接于 U_B 与 U_S 之间的电容应为低串联电感、高稳定性、低漏电流、高频率特性的钽电容或瓷片电容，电容量选 $0.1 \sim 10\mu F$ 均可。自举电容的电容量可按式（2.3-7）计算

$$C_{BOOT} \geqslant 2I_{QBS} t_{on} / (U_{DD2} - 1.5 - 10) \qquad (2.3-7)$$

式中 I_{QBS} ——上通道的静态电流；

t_{on} ——上通道功率器件的每周期导通时间；

U_{DD2} ——逻辑部分的电源电压。

6）当 U_{DD2} 与 U_B 使用不同的独立电源时，应注意两个电源电位上严格隔离，且 U_{DD2} 的地端为引脚 COM，而 U_B 的参考地端为 U_S，此时接于 U_{DD1} 与 U_B 之间的二极管已不再需要。

7）IR2110 可直接用来驱动电流容量为几十安培，用于母线电压不高于 600V 电路中的电力 MOSFET，当应用其来驱动更大功率的 MOSFET 时，可采用图 2.3-12 所示的放大缓冲电路。该电路在输入控制脉冲改变状态时，R 在几十纳秒内限制通过 IRFD9110（VF_1、VF_3）与 IRFD110（VF_2）的导通电流。当输入信号改变状态为低电平时，驱动用 MOSFET IRFD110（VF_4）的栅极电容快速放电，从而使被驱动 MOSFET 快速关断；当输入信号变为高电平时，VF_4 的栅极电容通过 R 快速充电，其导通时间将延迟——由 R 与被驱动 MOSFET 栅极输入电容 C_2 决定的时间常数。

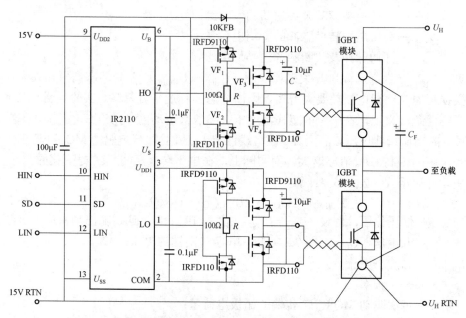

图 2.3-12　应用 IR2110 经功率放大后驱动电力 MOSFET 的电路

图 2.3-13a、b 分别给出了应用上述缓冲器后，IR2110 驱动电力 MOSFET 时 IR2110 输出及缓冲器输出与 MOSFET 模块漏极电流的关系。

8）不论使用功率放大缓冲器与否，IR2110 使用中，应使用尽可能短的连线与被驱动电力 MOSFET 器件相连，并尽可能使用双绞线或同轴电缆屏蔽线。当使用功率放大输出级时，从 IR2110 至功率放大输出级输入、功率放大输出级至被驱动 MOSFET 栅源极的引线都应为尽可能短的双绞线或同轴电缆屏蔽线。

9）当使用 IR2110 驱动电力 MOSFET 时，应采用单点接地技术，集中接地点应为被驱动 MOSFET 源极，当多个 IR2110 用来驱动桥式电路时，应将下通道中的两个电力 MOSFET 器件的源极用一较粗的短接线相连，并将该公共线作为集中接地点。

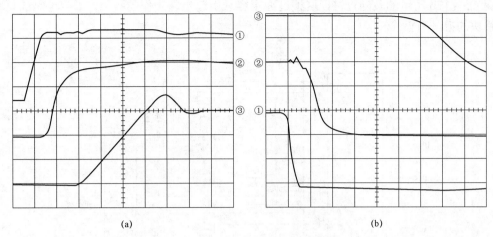

图 2.3 – 13　IR2110 输出经功率放大后驱动 MOSFET 模块的典型波形（感性负载为 60A）

① IR2110 输出；② 放大缓冲器输出；③ MOSFET 漏极电流

（a）开通过程；（b）关断过程

10）参考图 2.3 – 14，当应用功率放大输出级时，并于 VF_3 与 VF_4 栅极之间的电容 C_1 应为低串联电感的高质量电容，其电容量与布线质量和被驱动电力 MOSFET 器件的容量及开关电流的大小有关，其典型取值范围为 10～1000μF。

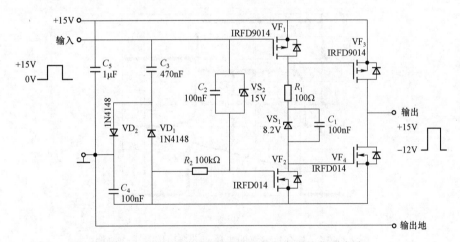

图 2.3 – 14　在输出缓冲级增加负充电泵的典型电路

11）应用 IR2110 驱动电力 MOSFET 时，若采用单极性电源 U_{DD2} 工作。由于 IR2110 本身不可提供负偏置，为了使被驱动电力 MOSFET 可靠关断，此时可应用图 2.3 – 15 的负充电泵电路来形成负偏置。图 2.3 – 15a 给出了应用负充电泵构成的实际半桥电力 MOSFET 模块驱动器电路，图 2.3 – 15b 给出了该电路的实际工作波形。

12）对小功率电力 MOSFET 应用图 2.3 – 15 所示电路有点复杂，此时可采用图 2.3 – 16a 所示的简化电路，图 2.3 – 16b 给出了其工作波形。

13）当应用 IR2110 直接驱动电力 MOSFET 时，在图 2.3 – 17a 所示的典型电路中，经常看到图 2.3-17b 所示的负向过冲，这种过冲很容易引起电路工作的噪声，影响电路的正常工作。解决的办法有两个：

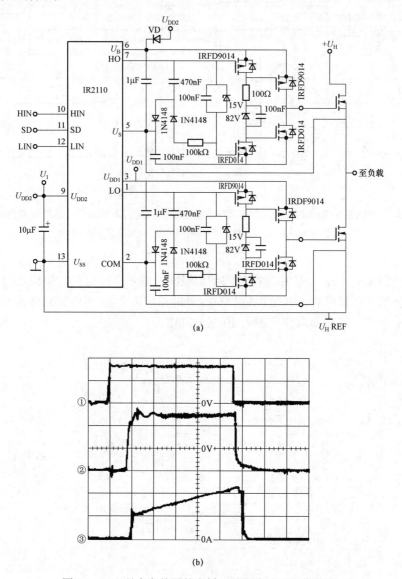

(a)

(b)

图 2.3-15 具有负偏置的半桥驱动器电路及工作波形
① 缓冲级输入 10V/div；② MOSFET 栅源极电压；③ 漏极电流
（a）驱动器电路；（b）工作波形

① 通过增加 IR2110 与被驱动器件栅极之间的电阻来降低被驱动器件的关断速度，以减小关断过程中的电压过冲，图 2.3-18 给出了典型的串联电阻与负向过冲之间的关系。

② 在 U_S 与 U_{DD1} 参考地 COM 之间串接高压超快开通时间及超快恢复时间的二极管，同时在 U_S 与被驱动 MOSFET 源极之间串联电阻，其电路如图 2.3-19 所示，这种处理方法的典型工作波形如图 2.3-18b 所示。

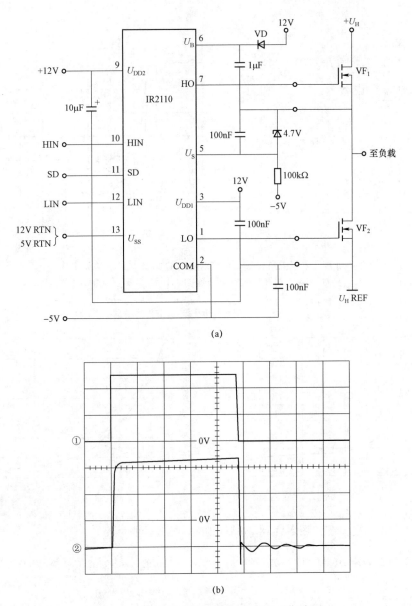

图 2.3 - 16　简化后的负偏压电路及工作波形
① IR2110 输入（5V/格，2μs/格）；② MOSFET 栅源极电压波形
(a) 电路图；(b) 波形

14）尽管允许 IR2110 用来驱动工作母线电压为 600V 电路中的电力 MOSFET，但考虑到实际电路工作时，电路中分布电感 L 存在，引起 Ldi/dt 的影响，因而一般使用中 IR2110 多用于输入为单相交流 220V 整流后直流电压为 310V、或直流母线电压低于 310V 的系统中。对采用三相 380V 进线、整流直流电压为 510V 的变流系统，由于 IR2110 的电压安全裕量太小，故一般不采用。

15）IR2110 的引脚 1 与引脚 13 提供了两个地端，这是为抑制干扰而设计的，内部并没有连通，单电源使用中，必须用外电路将其短接。

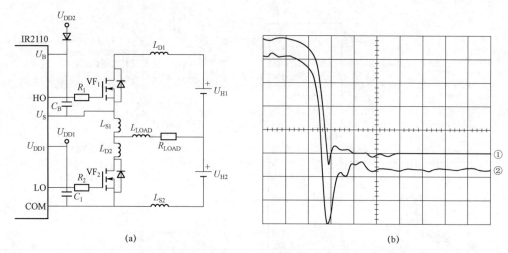

图 2.3 - 17 应用 IR2110 驱动 MOSFET 的典型电路与常见工作波形

① 续流二极管上的负过冲；② IR2110 U_S 引脚的负过冲

注：L_{D1}、L_{S2}、L_{S1}、L_{D2} 为分布参数。

（a）典型电路；（b）常见工作波形

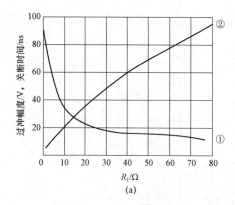

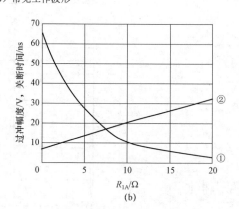

图 2.3 - 18 串联电阻与负向过冲的关系

① 过冲幅度；② 关断时间

（a）仅在 IR2110 的 HO 端与被驱动器件栅极之间串联电阻 R_1；（b）仅在 IR2110 的 U_S 端与 MOSFET 源极之间串联电阻 R_{1A}（$R_{1=0}$）

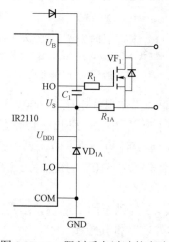

图 2.3 - 19 限制反向过冲的电路

16）调试中观测波形时，应注意示波器的地线问题，防止由于双通道示波器内部地线相通造成同时观察高端及低端通道引起系统短路，使用中最好把示波器的地线接于被驱动电力 MOSFET 器件源极上，而不是 IR2110 的引脚上。

17）排列印制电路板上元器件时，应尽可能减小被驱动电力 MOSFET 器件的栅极充放电回路的长度及所包围元器件的面积，以尽可能减少干扰的影响。这有利于提高开关速度和抑制振荡，减小分布电感的影响及 IR2110 的功耗，被驱动 MOSFET 的源极应独立地直接接于 IR2110 的引脚 2 或引脚 5 上，图 2.3－20 给出了 IR2110 使用中合理排制的印制电路板图。

18）若需要在 IR2110 的输出与被驱动电力 MOSFET 栅极之间串联电阻，则应保证该电阻是低串联电感的金属膜或氧化膜电阻。

（2）应用举例。IR2110 可用于单管斩波电路和单相半桥、单相全桥、三相全桥逆变器以及其他电路拓扑结构的电路中，在单管 MOSFET 构成的斩波器系统中应用 IR2110 的连接如图 2.3－21 所示。图中悬浮电源 U_B 是通过自举技术获得的，C 为自举电容，VD 为充电二极管，VD_1 为续流二极管。在这种应用中，IR2110 仅用了一个单独的电源 U_{DD}，下通道的输入直接接地，其逻辑电路电源与主电路为共地电位。

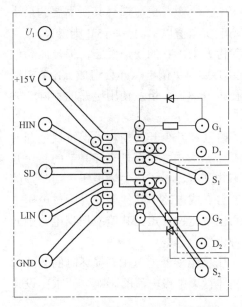

图 2.3－20　IR2110 使用中合理排制的印制电路板图

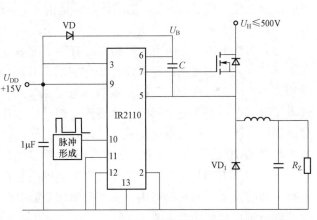

图 2.3－21　IR2110 用于单管斩波器系统中的原理图

2.4　IGBT 的栅极驱动电路

2.4.1　IGBT 对栅极驱动电路的要求

IGBT 的驱动电路在它的应用中有着特别重要的作用，IGBT 应用的关键问题之一是驱动电路的合理设计。由于 IGBT 的开关特性和安全工作区与栅射极驱动电路性能的优劣密切相关，驱动电路性能不好，常常会造成 IGBT 的损坏。通常采用栅射极电压驱动，与其他全控型器件一样，IGBT 对栅极驱动电路有许多特殊要求，概括起来主要有以下几个方面：

（1）栅射极驱动电路输出驱动脉冲的上升率和下降率要充分大。在 IGBT 开通时，将前沿很陡的栅射极电压加到被驱动 IGBT 的栅极 G 与发射极 E 之间，使 IGBT 快速开通，以达到开通时间最短、减小开通损耗的目的。在 IGBT 关断时，其栅射极驱动电路要提供给 IGBT 一个下降沿很陡的关断电压，并在 IGBT 的栅极 G 与发射极 E 之间施加一个适当的反向偏置电压，以使 IGBT 快速关断，缩小关断时间，减小关断损耗。

（2）在 IGBT 导通后，栅极驱动电路提供给 IGBT 的驱动电压要具有足够的幅度。该幅度应能维持 IGBT 的功率输出级总是处于饱和状态，当 IGBT 瞬时过载时，栅极驱动电路提供的驱动功率要足以保证 IGBT 不退出饱和区而损坏。

（3）栅极驱动电路提供给 IGBT 的正向驱动电压 $+U_{GE}$ 增加时，IGBT 输出级晶体管的导通压降 U_{CE} 和开通损耗值将下降，但这并不是说 $+U_{GE}$ 值越高越好。其原因在于，在负载短路过程中，IGBT 的集电极电流也随着 $+U_{GE}$ 的增加而增加，并使 IGBT 能承受短路损耗的脉冲宽度变窄，如果$|+U_{GE}|>20V$（即使是电涌电压），也会引起 IGBT 的损坏。因此，在实际应用中，IGBT 的栅极驱动电路提供给 IGBT 的正向驱动电压 $+U_{GE}$ 要取合适的值，特别是在具有短路工作过程的设备中使用 IGBT 时，其正向驱动电压 $+U_{GE}$ 更应选择其所需要的最小值。现已证明，开关应用 IGBT 时，其栅射极正向驱动电压幅值以 $+10 \sim +15V$ 为最佳。

（4）IGBT 在关断过程中，栅射极施加反偏电压有利于 IGBT 的快速关断，但反向负偏压 $-U_{GE}$ 受 IGBT 栅射极之间反向最大耐压的限制，过大的反向负偏电压亦会造成 IGBT 栅射极的反向击穿，所以，$-U_{GE}$ 也应该取合适的值，此值随 IGBT 容量及使用电路的不同一般为（$-10 \sim -2$）V。

（5）虽然 IGBT 的快速开通和关断有利于缩短开关时间和减少开关损耗，但过快地开通和关断，在大电感负载情况下反而是有害的。其原因在于，大电感负载随着 IGBT 的超速开通和关断，将在电路中产生幅度很高而宽度很窄的尖峰电压 Ldi/dt，该尖峰电压应用常规的过电压吸收电路不能完全吸收，因而有可能造成 IGBT 自身或电路中其他元器件因过电压击穿而损坏。所以，在大电感负载下，IGBT 的开关时间也不能过分短，其值应根据电路中元器件耐受 du/dt 的能力及 IGBT 自身的 du/dt 抑制电路性能综合考虑。

（6）由于 IGBT 内寄生晶体管、寄生电容的存在，栅极驱动器与 IGBT 损坏时的脉冲宽度有密切的关系。同时栅极信号受流过 IGBT 输出级晶体管集电极电流的影响，要求在设计驱动电路时合理地处理这些关系。

（7）由于 IGBT 在电力电子变流设备中多用于相对控制电路为"高压"的场合，所以驱动电路应与整个控制电路在电位上严格隔离。

（8）IGBT 的栅极驱动电路应尽可能简单、实用，最好自身带有对被驱动 IGBT 的完整保护能力，并且有很强的抗干扰性能，输出阻抗应尽可能低。

（9）栅极驱动电路与 IGBT 之间的配线，由于栅极信号的高频变化很容易相互干扰，为防止造成同一个系统使用多个 IGBT 时其中某个 IGBT 的误导通，要求将多个 IGBT 的栅极驱动线捆扎在一起，同时栅极驱动电路到 IGBT 栅射极的引线应尽可能短。引线应采用双绞线或同轴电缆屏蔽线，并从栅极驱动电路输出直接接到被驱动 IGBT 栅射极，为保证接触可靠，最好采用焊接的方法。

（10）在 IGBT 通断时，其栅射极输入电容要放电与充电，因而当使用 IGBT 作为高速开关时，应特别注意这些问题。

（11）在同一电力电子交流设备中，使用多个不等电位的 IGBT 时，为了解决电位隔离的问题，应使用光耦合器。光耦合器必须使用高速且抗干扰性能好的产品。

2.4.2　M57962L IGBT 栅极驱动器集成电路

在国内进口的众多 IGBT 专用驱动集成电路中，M57962L 是应用较多的，性能较为优良的一款 IGBT 驱动器。M57962L 是日本三菱公司为驱动 N 沟道电力 IGBT 设计的厚膜驱动器集成电路。它内置输入与输出之间可实现良好电气隔离的光耦合器，可对被驱动 IGBT 模块实现可靠驱动。M57962L 可用来直接驱动 $U_{CES}=600V$ 及 $U_{CES}=1200V$ 系列的电流容量在 400A 以下的功率 IGBT 模块。它采用双电源驱动技术，且输入与 TTL 电平兼容。

1. 引脚的排列、名称、功能和用法

M57962L 采用单列直插式标准 14 引脚封装，其引脚排列如图 2.4-1 所示。各引脚的名称、功能及用法见表 2.4-1。

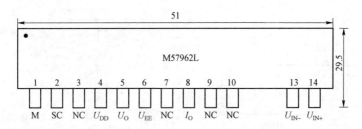

图 2.4-1　M57962L 的引脚排列图

表 2.4-1　　　　　　　　　　M57962L 各引脚的名称、功能及用法

引脚号	符号	名称	功能和用法
1	M	故障信号检测输入端	使用中，通过一个阳极接该端的超快恢复二极管与被驱动 IGBT 的集电极相连
2	SC	测量点	通过一个电容接引脚 4（U_{DD}）
3，7，9，10	NC	空脚	使用中悬空
4	U_{DD}	驱动输出级正电源连接端	接用户为功率放大输出级提供的正电源
5	U_O	驱动信号输出端	直接串联一个电阻接被驱动 IGBT 的射极
6	U_{EE}	驱动输出级负电源端	接用户为驱动功率放大级提供的负电源
8	I_O	故障信号输出端	接报警光耦合器一次侧发光二极管阴极
13	U_{IN-}	驱动脉冲输入负端	接驱动脉冲形成单元输出脉冲负端
14	U_{IN+}	驱动脉冲输入正端	接驱动脉冲形成单元电源端，应注意该电源应与 U_{EE}、U_{DD} 电源电位上隔离

2. 内部结构及工作原理

M57962L 的内部结构和工作原理框图如图 2.4-2 所示。由图可知，它的内部集成有一个高速光耦合器、一个脉冲接口电路、一个锁存器、一个检测单元、一对互补晶体管驱动输出级和一个栅极封锁单元共六个单元电路。其工作过程为：当从引脚 1 检测到的被驱动 IGBT

集–射极电压较高时，该混合集成电路就认为被驱动 IGBT 因短路或过载欠饱和导通，立即降低栅极电压。不论输入为何种电平都封锁被驱动 IGBT 的栅极脉冲，保护电路动作，并从引脚 8 输出故障信号低电平。经过预定的 1~2ms 后，如果保护电路输入的仍是低电平（低电平的脉宽时间要求小于 5μs），保护电路就自行复位到正常输出状态。由此看出，以此控制检测短路时间（典型值为 2.6μs）到输出脉冲封锁，IGBT 模块能及时得到可靠的保护，这便是 M57962L 内部保护电路的工作过程。当引脚 1、2 检测到的信号为正常状态时，则 M57962L 的工作过程为：来自脉冲形成部分的控制脉冲，先经输入级的高速光耦合器隔离接口电路整形和电平匹配，再由输出级两个互补推挽放大晶体管功率放大后，直接驱动 IGBT 导通或关断。在控制脉冲形成部分输出脉冲由低电平变化为高电平的上升沿，接口电路输出为高电平，输出级晶体管 V_1 导通 V_2 关断，向被驱动的 IGBT 提供正向驱动信号，使其快速饱和导通；而在控制脉冲形成部分输出脉冲由高电平变为低电平的下降沿，接口电路输出低电平，输出级晶体管 V_1 截止，V_2 导通，向被驱动 IGBT 栅源极提供一反向偏置电压，使被驱动 IBGT 快速关断。

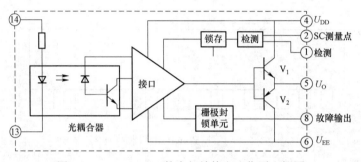

图 2.4-2 M57962L 的内部结构和工作原理框图

M57962L 内部检测短路的操作程序如图 2.4-3 所示。

3. 主要设计特点、参数限制和推荐工作条件

（1）主要设计特点：

1）采用双电源驱动技术。

2）内部集成具有输出端口的短路保护电路。

3）输入与 TTL 电平兼容。

4）输入与输出间用光耦合器实现电气隔离，可耐受绝缘电压有效值 U_{iso} 为 2500V，1min。

（2）参数限制、电性能参数及推荐工作条件。M57962L 的极限参数〔或称最大值参数〕见表 2.4-2。表 2.4-3 给出了 M57962AL 的电性能参数。应特别注意的是连接引脚 2、4 间电容的布线长度影响检测短路状态的时间，一般要求连线长度限制在 5cm 之内。

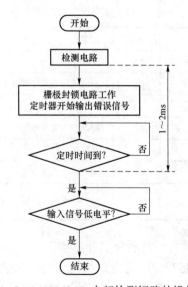

图 2.4-3 M57962AL 内部检测短路的操作程序

表 2.4 − 2　　　　　　　　　　　M57962L 的极限参数（$T_A = 25℃$）

符号	参数	测试条件	额定值	单位
U_{DO}	工作电源电压	直流	18	V
U_{EE}			−15	V
U_{IN}	输入电压	加于引脚 14 和 13 之间	−1~7	V
U_O	输出电压	高电平输出电压	U_{DO}	V
I_{OLP}	输出电流	脉冲宽度 2μs，$f = 20kHz$	−5	A
I_{OHP}			5	A
U_{im}	绝缘电压	正弦波电压，60Hz，1min	2500	V
T_c	壳温		85	℃
T_A	允许工作温度		−20~60	℃
T_{atg}	允许存储温度		−25~100	℃
I_{OH}	高电平输出电流	直流	0.5	A
I_{FO}	故障输出电流	引脚 8 的负载能力	20	mA
U_{R1}	输入电压	加于引脚 1 的电压	50	V

表 2.4 − 3　　　　　　　　**M57962L 的电性能参数和推荐工作条件**

（$T_A = 25℃$，$U_{DD} = +15V$，$U_{EE} = −10V$）

符号	参数	测试条件	最小值	典型值	最大值	单位
U_{DD}	电源	推荐取值范围	14	15	—	V
U_{EE}			−7	—	−10	V
U_{IN}	输入信号高电平幅值		4.75	5	5.25	V
I_M	"高电平"输入电流幅值		15.2	16	19	mA
f	开关频率		—	—	20	kHz
R_G	栅极串联电阻		2	—	—	Ω
I_{IN}	"高电平"输入电流	$U_{IH} = 5V$	—	16	—	mA
U_{OH}	"高电平"输出电压		13	14	—	V
U_{OL}	"低电平"输出电压		−8	−9	—	V
t_{PLH}	"低电平→高电平"传输延迟时间	$I_{IN} = 16mA$	—	0.5	1	μs
t_r	"低电平→高电平"传输上升时间		—	0.6	1	μs
t_{PHL}	"高电平→低电平"传输延迟时间		—	1	1.3	μs
t_{fHL}	"高电平→低电平"传输下降时间		—	0.4	1	μs
t_{time}	定时时间	在输入信号为低电平时，保护信号开始到结束的时间	1	—	2	ms

符号	参数	测试条件	最小值	典型值	最大值	单位
I_{FO}	故障输出电流	引脚 8 的负载能力, $R=4.7\text{k}\Omega$	—	5	—	mA
t_{trip1}	可控制的检测短路时间 1	引脚 1 接不低于 15V, 引脚 2 开路	—	2.6	—	μs
t_{trip2}	可控制的检测短路时间 2	引脚 1 接不低于 15V, 引脚 2 与 4 之间接 1000pF 的电容	-3	—	—	μs
U_{SC}	短路检测电压	模块集电极电压	15	—	—	V

4. 应用技术

（1）应用注意事项：

1）M57962L 的引脚 3、7、9、10 是生产过程中用于测试的，所以使用中不允许与外部电路相连接。

2）电压补偿电容器与 M57962L 之间的连接线应尽可能短。

3）接于 IGBT 集电极与 M57962L 引脚 1 之间的快恢复二极管 VD，反向耐压应不低于被驱动 IGBT 集射间的耐压。

4）如果接于 IGBT 集电极与 M57962L 引脚 1 之间的快恢复二极管 VD 的反向恢复时间较长，引脚 1 承受的电压较高，作为钳位保护措施，应在 M57962L 的引脚 1 和 6 之间接入一个稳压二极管。

5）如果引脚 2 处于工作状态，引脚 2、4 之间的引线应尽可能短，通常标准长度小于 5cm。

（2）典型的应用接线。M57962L 的上述特点和性能决定了它们可单电源或双电源工作，用来驱动电力电子变流设备中的 IGBT。

图 2.4-4 给出了 M57962L 单电源供电时的典型应用接线。在此种情况下要特别注意的是，只有当用户提供的工作电源 U_{DD} 确实已施加到该驱动器，并且延时大于 R_1C_{rev} 的时间常数后，才可以向该驱动器的输入端输入驱动功率 IGBT 导通的信号。

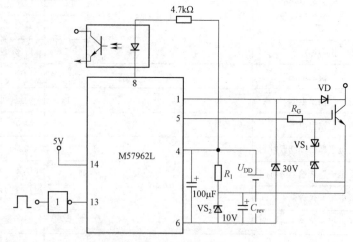

$U_{DD}=25\text{V}$；$C_{rev}=100\mu\text{F}$；$R_1=2.7\text{k}\Omega$

图 2.4-4 M57962L 单电源典型应用接线图

图 2.4－5 给出了 M57962L 双电源应用时的典型接线，该图中要求 C_1、C_2 为无感或电感特别小的高质量电容。所有这些应用中，接于引脚 8 的光耦合器的作用是给出故障报警信号。

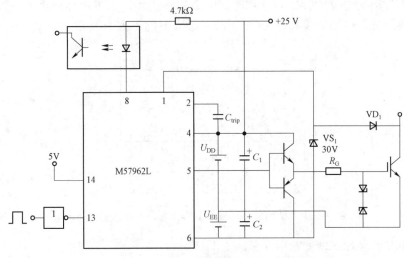

$U_{DD}=15V$；$U_{EE}=-10V$；$C_{trip}=1000pF$；C_1，$C_2 \geqslant 100\mu F$

图 2.4－5　M57962L 双电源工作接线图

（3）工作波形。图 2.4－6 给出了 M57962L 工作时的典型输入、输出波形，而图 2.4－7 给出了短路保护过程中的输入、输出波形。

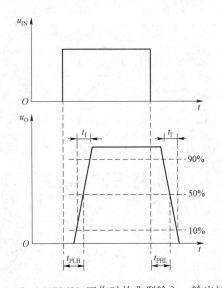

图 2.4－6　M57962L 工作时的典型输入、输出波形　　图 2.4－7　短路保护过程中的输入、输出波形

2.4.3　HL402A IGBT 栅极驱动器集成电路

HL402A 是我国自行研制的，具有自主知识产权的绝缘栅控双极型晶体管 IGBT（亦可用于电力 MOSFET）的栅极驱动器集成电路，它具有工作频率高，输出电流大，自身带有降栅压与软关断双重保护功能，且降栅压与软关断时间可通过外接电容方便的进行调节等优点，

该驱动电路由陕西高科电力电子有限责任公司生产。

1. 引脚的排列、名称、功能及用法

HL402 的外形尺寸及引脚排列示意图如图 2.4 - 8 所示。它采用标准单列直插式 17 引脚厚膜集成电路封装，对外引线共有 15 个引脚，最大厚度不大于 5mm。

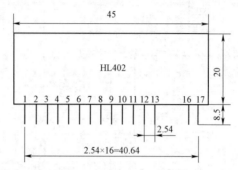

图 2.4 - 8　HL402 的外形尺寸及引脚排列示意图（单位：mm）

HL402 引脚的名称、功能及用法见表 2.4 - 4。

表 2.4 - 4　　　　　　　　　　　　HL402 引脚的名称、功能及用法

引脚号	符号	引脚名称	功能及用法
1	U_{EE}	驱动输出脉冲负极连接端	使用时接被驱动 IGBT 的发射极
2	U_{DD}	被驱动 IGBT 脉冲功率放大输出级正电源连接端	应用中接驱动输出级电源正端，要求提供的电源电压为 25～28V
3	U_G	驱动输出脉冲正极连接端	使用中经串联电阻 R_G 后直接接被驱动 IGBT 的栅极，电阻 R_G 的取值随被驱动 IGBT 容量的不同而不同。当被驱动的 IGBT 为 50A/1200V 时，R_G 的典型阻值为 0～20Ω，功率为 1W
4	GND	被驱动的 IGBT 脉冲功率放大输出级正电源参考地端	接用户为输出级提供的正电源地端
5	SC	软关断斜率电容器 C_5 的一个接线端及驱动信号的封锁引入端	使用中接软关断斜率电容器 C_5 的一个接线端，C_5 的另一个接线端接引脚 10，可通过光耦合器二次侧并联于 C_5 两端（集电极接引脚 5，发射极接引脚 10，发光二极管接用户集中封锁信号输入）来直接封锁被驱动 IGBT 的脉冲输出
6	I_O	软关断报警信号输出端，该端最大负载能力为 20mA	它作为被驱动的输入信号封锁端，既可通过光耦合器（引脚 6 接光耦合器阴极）来封锁控制脉冲形成部分的脉冲输出，亦可通过光耦合器输出信号功率放大后，带动中间继电器分断被驱动 IGBT 所在的主电路
7	NC	空脚	使用中悬空
8	U_{O1}	降栅压报警信号输出端，最大输出电流为 5mA	该端可通过光耦合器（引脚 8 接光耦合器阴极）来封锁控制脉冲形成部分的脉冲输出，亦可通过光耦合器来带动继电器分断被驱动的 IGBT 所在的主回路
9	U_{IN1}	降栅压信号输入端	使用中在不需要降低降栅压动作门槛值时，直接与引脚 13 短接后，经快恢复二极管（二极管阳极接该端）接到被驱动 IGBT 的集电极，当需要降低动作门槛电压值时，可再反串入稳压二极管（稳压管的阴极接引脚 9）。需要注意的是，该快恢复二极管必须是高耐压、其反向额定电压应不低于 IGBT 的集射极额定电压，同时该快恢复二极管应为超高速快恢复型，其反向恢复时间应不超过 50ns，经反串稳压二极管后，由原来的动作门槛电压（8.5V）减去稳压管的稳压值即为新的保护门槛电压。降栅压功能可通过将引脚 13 与引脚 10 相短接而删除

续表

引脚号	符号	引脚名称	功能及用法
10	GND	芯片工作参考地端，也是软关断斜率电容器 C_5、降栅压延迟时间电容器 C_6、降栅压时间定时电容器 C_7 的另一个连接端	在 HL402 内部已与引脚 4 接通，该两端所接电容量的大小决定着被驱动的 IGBT 软关断斜率的快慢，C_5 推荐值为 1000～3000pF
11	C_6	降栅压延迟时间电容器 C_6 的一个连接端	该端与引脚 10 之间所接降栅压延迟时间电容器电容量的大小决定着降栅压延迟时间的长短，该电容器的推荐电容值为 0～200pF，当该电容值的电容量大时短路电流峰值较大，所以此电容一般可不接
12	C_7	降栅压时间定时电容器 C_7 的一个连接端	该端与引脚 10 之间接一个降栅压时间定时电容器 C_7，当该电容器较大时，降栅压时间较长后被驱动的 IGBT 才关断，这意味着造成被驱动的 IGBT 损坏的危险性在增加，所以 C_7 的值不能取得太大。但 C_7 的值也不能取得太小，过小的 C_7 值将造成被驱动的 IGBT 快速降栅压后关断，这有可能导致回路中本身存在的分布电感因被驱动的 IGBT 快速关断，而引起过高的 di/dt 产生尖峰过电压 Ldi/dt 击穿被驱动的 IGBT，所以 C_7 的取值要适当，一般推荐使用值为 510～1500pF
13	U_{IN2}	被驱动 IGBT 集射极电压取样信号输入端	使用中在不需要降低降栅压动作门槛值时，直接与引脚 9 短接后，经快快复二极管（二极管阳极接该端）接至被驱动 IGBT 的集电极，当需要降低动作门槛电压值时，可再反串入稳二极管（稳压管的阴极接引脚 13）。需要注意的是，该快恢复二极管必须是高耐压，其反向额定电压应不低于 IGBT 的集射额定电压，同时该快恢复二极管应为超高速快恢复型，其反向恢复时间应不超过 50ns，经反串稳压二极管后，由原来的动作门槛电压（8.5V）减去稳压管的稳压值即为新的保护门槛电压。降栅压功能可通过将引脚 13 与引脚 10 相短接而删除
16	U_{C+}	内置静电屏蔽层的高速光耦合器输入侧二极管阴极连接端	当引脚 17 通过电阻接正电源时，该端直接接用户脉冲形成部分的输出；而当引脚 17 接脉冲形成部分的脉冲输出时，该端直接接控制脉冲形成部分的地
17	U_{IN+}	内置静电屏蔽层的高速光耦合器输入侧二极管阳极连接端	通过一电阻接正电源，亦可通过一电阻接用户脉冲形成单元输出端，应注意的是，当该端接正电源时，因引脚 16 接脉冲形成电路的输出，故输入脉冲的高电平对应被驱动 IGBT 的关断，而输入脉冲的低电平对应被驱动 IGBT 的导通；反之，当该端接脉冲形成电路的输出时，而引脚 16 接控制脉冲形成电路的参考地时，则输入脉冲的高电平对应被驱动 IGBT 导通，而输入脉冲的低电平对应被驱动 IGBT 关断，无论是接用户脉冲形成部分的输出还是接正电源，要求提供的电流幅值为 12mA，串入的电阻值可按下式计算 $$R = (U_{IN} - 2V)/12mA \quad (k\Omega) \qquad (2.4-1)$$

2. 内部结构和工作原理

HL402 的内部结构及工作原理框图如图 2.4-9 所示。图中 VLC 为带静电屏蔽的光耦合器，它用来实现与输入信号的隔离。由于它具有静电屏蔽功能，因而显著提高了 HL402 抗共模干扰的能力。图中 A_1 为脉冲放大器，晶体管 V_1、V_2 用来实现驱动脉冲功率放大，A_2 为降栅压比较器。正常情况下，由于引脚 9 输入的 IGBT 集电极电压 U_{CE} 不高于 A_2 反相端由稳压管 VS_2 设定的基准电压 U_{REF}，A_2 不翻转，晶体管 V_3 不导通，故从引脚 17、16 输入的驱动脉冲信号经 A_1 整形后不被封锁。该驱动脉冲经 V_1、V_2 放大后提供给被驱动的 IGBT 使之导通或关断，一旦被驱动的 IGBT 退饱和，则引脚 9 输入的集电极电压取样信号 U_{CE} 高于 A_2 反相端设置的基准电压 U_{REF}，比较器 A_2 翻转输出高电平，使晶体管 V_3 导通，由稳压管 VS_1 将驱动器输出的栅极电压 U_{GE} 降低到 10V。此时，软关断定时器 P 在降栅压比较器 A_2 翻转达到设定的时间后，输出正电压使晶体管 V_4 导通，将栅极电压软关断降到 IGBT 的栅射极

门槛电压，给被驱动的 IGBT 提供一个负的驱动电压，保证被驱动的 IGBT 可靠关断。图 2.4-9
给出了 HL402 的内部结构及工作原理框图，而图 2.4-10 给出了 HL402 保护动作后的工
作波形，图 2.4-11 给出了 HL402 保护动作后的输出波形。

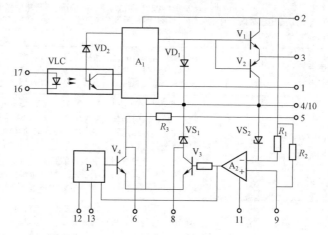

图 2.4-9 HL402 的内部结构及工作原理框图

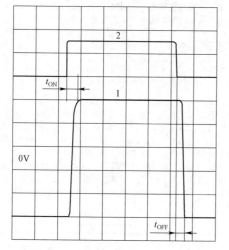

图 2.4-10 HL402 的正常工作波形
1—u_{CE}（5V/div）；2—u_{in}（10V/div）；t—2μs/div

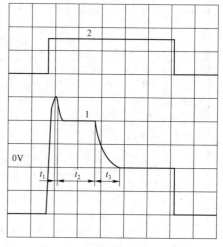

图 2.4-11 HL402 保护动作后的输出波形
1—u_{GE}（5V/div）；2—u_{in}（10V/div）；t—5μs/div

3. 主要设计特点、参数限制及特性参数

（1）主要设计特点。

HL402 内置有静电屏蔽层的高速光耦合器实现信号隔离，抗干扰能力强，响应速度快，
隔离电压高。它具有对被驱动 IGBT 进行降栅压、软关断的双重保护功能，在软关断及降栅
压的同时能输出报警信号，实现封锁脉冲或分断主回路的保护。它输出驱动电压幅值高，正
向驱动电压可达 15～17V，负向驱动电压可达（-10～-12）V，因而可用来直接驱动容量为
150A/1200V 以下的 IGBT。

（2）参数限制。

1）供电电源电压 U_C：30V（U_{DD} 为 15～18V，U_{EE} 为 -10～-12V）。

2）光耦合器输入峰值电流 I_f：20mA。

3）输出正向驱动电流 $+I_G$：2A（脉宽小于 2μs、频率为 40kHz、占空比小于 0.05 时）；

4）输出负向驱动电流 $-I_G$：2A（脉宽小于 2μs、频率为 40kHz、占空比小于 0.05 时）；

5）输入、输出隔离电压 U_{iso}：2500V 工频 50Hz，1min。

（3）推荐工作参数。

1）电源电压 U_C：25V（$U_{DD}=+15V$，$U_{EE}=-10V$）。

2）光耦合器输入峰值电流 I_f：10～12mA。

（4）特性参数。

1）输出正向驱动电压 $+U_G$：不小于 $U_{DD}-1V$。

2）输出负向驱动电压 $-U_C$：不小于 $U_{EE}-1V$。

3）输出正电压响应时间 t_{on}：不大于 1μs（输入信号上升沿小于 0.1μs，$I_f=0→10mA$）。

4）输出负电压响应时间 t_{off}：不大于 1μs（输入信号下降沿小于 0.1μs，$I_f=10→0mA$）。

5）软关断报警信号延迟时间 t_{ALM1}：小于 1μs（不包括光耦合器 VLC_3 的延迟时间），输出电流小于 20mA。

6）降栅压报警信号延迟时间 t_{ALM2}：小于 1μs（不包括光耦合器 VLC_2 的延迟时间），输出电流小于 5mA。

7）降栅压动作门槛电压 U_{CE}：（8±0.5）V。

8）软关断动作门槛电压 U_{CE}：（8.5±0.8）V。

9）降栅压幅值：8～10V。

4. 应用技术

（1）使用注意事项：

1）HL402 正常应用的典型接线如图 2.4-12 所示，图中的 C_1、C_2、C_3、C_4 需尽可能靠近 HL402 的引脚 2、1、4 安装。

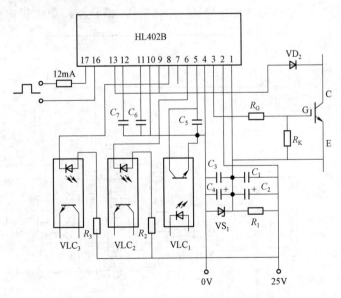

图 2.4-12　HL402 正常应用的典型接线

2）为尽可能避免高频耦合及电磁干扰，由 HL402 输出到被驱动 IGBT 栅–射极的引线需要采用双绞线或同轴电缆屏蔽线，其引线长度应不超过 0.1m。

3）由 HL402 的引脚 9、13 接至 IGBT 集电极的引线必须单独分开走，不得与栅极和发射极引线绞合，以免引起交叉干扰。

4）在典型接线图中，光耦合器 VLC_1 可输入脉冲封锁信号，当 VLC_1 导通时，HL402 输出脉冲立即被降低至 −10V。光耦合器 VLC_2 提供软关断报警信号，它在驱动器软关断的同时导通光耦合器 VLC_3，提供降栅压报警信号。

5）在不需要封锁和报警信号时，VLC_1、VLC_2 及 VLC_3 可不接。

6）在高频应用时，为了避免 IGBT 受到多次过电流冲击，可在光耦合器 VLC_2 输出数次或一次报警信号后，将输入引脚 16、17 间的信号封锁。

7）使用中，通过调整电容器 C_5、C_6、C_7 的值，可以将保护波形中的降栅压延迟时间 t_1、降栅压时间 t_2、软关断斜率时间 t_3 调整至合适的值。

8）对于低饱和压降的 IGBT（$U_{CES} \leq 2.5V$），可不接降栅压延迟时间电容器 C_6，从而使降栅压延迟时间 t_1 最小。此种情况下，降栅压时间定时电容器 C_7 取 750pF 便可得到降栅压定时时间为 6μs。软关断斜率电容器 C_5 可取 1000pF 左右，由此决定的软关断时间 t_3 为 2μs。

9）对于中饱和压降的 IGBT（$2.5V < U_{CES} \leq 3.5V$），一般推荐 C_6 取值范围为 0～100pF，此种状态对应降栅压延迟时间 t_1 为 1μs，C_5 取 1500pF、C_7 取 1000pF，则降栅压时间 t_2 为 8μs，而软关断时间 t_3 为 3μs。

10）对于高饱和压降的 IGBT（$U_{CES} > 3.5V$），C_5、C_6、C_7 推荐取值分别为 C_5 取 3000pF，C_6 取 200pF，C_7 取 1200pF，此时降栅压延迟时间 t_1 约为 2μs，降栅压时间 t_2 约为 10μs，软关断时间 t_3 约为 4μs。

11）在高频使用场合，出现软关断时能封锁输入信号的应用电路如图 2.4–13 所示。图中 LM555 在电源合闸时置 "1"，输入信号 u_{in} 通过与门 4081 进入 HL402 的引脚 17、引脚 16。当出现软关断时，光耦合器 VLC_1 导通，晶体管 V_2 截止，V_2 集电极电压经 10kΩ 电阻、

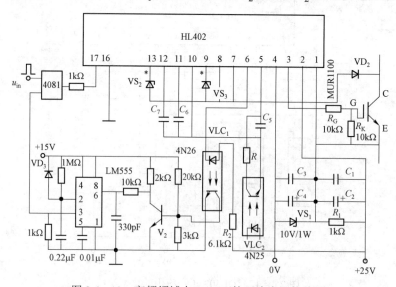

图 2.4–13　高频领域中 HL402 的正确应用接线图

330pF 电容延迟 5μs 后，使 LM555 置 "0"，通过与门 4081 将输入信号封锁。此电路延迟 5μs 动作是为了使 IGBT 软关断后再停止输入信号，避免立即停止输入信号造成的硬关断。图中 C_1、C_3 的典型值为 0.1μF，C_2、C_4 为 100μF/25V，VS_2、VS_3 可取 0～5V。

（2）应用举例。HL402 的优良性能，决定了它可用于所有额定容量不大于 150A/1200V 或 300A/600V 的主功率器件为 IGBT 或电力 MOSFET 的电力电子变流系统中作为驱动电路，以完成对 IGBT 或电力 MOSFET 的最优驱动，防止 IGBT 或电力 MOSFET 因驱动电路不理想造成的损坏。下面以其用于开关电源系统中为例说明使用方法，开关电源是通信、邮电、电力等领域的常用设备。过去，开关电源主功率器件一般都用 MOSFET，由于半导体材料及工艺水平的制约，至今电力 MOSFET 不是低压大电流（如 200A/50V），就是高压小电流（如 10A/1000V），这就为制作大功率开关电源应用电力 IGBT 提供了广阔的前景。图 2.4－14 给出了应用四个 HL402 来完成开关电源系统中四个 IGBT 驱动的系统原理图。图中 IGBT 的驱动脉冲由 SG3526 来产生，HL 为霍尔电流传感器，它用来进行过电流、短路等故障的保护。

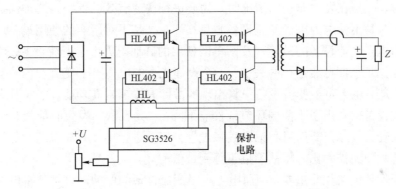

图 2.4－14 多只 HL402 在开关电源系统中的应用电路

第 3 章　电力电子变流设备的保护技术

3.1　概述

电力电子变流设备是为了满足一定的使用功能和目的，由电力电子行业的工程技术人员设计，进而交电力电子变流设备制造厂制造并现场调试后运行的。尽管它们有多种类型，随着容量及采用主电路结构的不同，对外表现出不同的外形和特性，但都是用在供电电源与用户负载之间的变换接口，其使用目的都是为了实现最佳、最方便和最高效的电能变换。为了尽可能地提高运行可靠性和故障保护方便性，使操作人员随时掌握所使用电力电子变流设备运行是否正常，一旦在发生非正常情况时，需要进行快速有效的保护。这种保护的目的体现在三大方面：一是不使电力电子变流设备本身损坏；二是不对用户的使用设备造成危害；三是不使该电力电子变流设备的故障殃及同电网使用的其他电力电子变流设备，所以电力电子变流设备的保护是长期可靠运行的关键。一个设计优良的电力电子变流设备的保护电路应具有预见性：一是对电力电子变流设备中将出现的故障有提前判断功能，能及时提醒使用人员电力电子变流设备何处出现了薄弱环节或性能下降；二是在故障发生时能及时记录有效故障现象，给出准确的故障报警信息和记录故障过程；三是进行迅速可靠快速的保护，避免电力电子变流设备故障的扩大化，将故障危害降到最低程度。

正是由于保护电路如此重要，因而电力电子变流设备的保护一直是从事电力电子变流设备研究的工程技术人员研究的热点，在电力电子变流设备的发展历史过程中，有着极为重要的作用和地位。

3.2　电力电子变流设备保护的基本问题

3.2.1　电力电子变流设备保护的定义

电力电子变流设备的保护是指在电力电子变流设备的运行状况超出了原设计正常状态，继续运行会导致该电力电子变流设备或用户设备损坏或性能下降，而通过检测电路运行状态参数，监控故障信号，并通过对检测信号进行及时处理，进而由判断执行电路工作。按故障信号的状态分级处理，通过调整与控制，使其运行状况回到原正常状态，或使运行参数降低，甚至中断该电力电子变流设备运行的整个过程。

电力电子变流设备的保护，具体工作体现在以下三个方面：

（1）在其正常运行时，设计满足了内部各构成的电力电子器件及整个电力电子变流设备散热良好，不承受超过其额定参数的电压与电流应力，保证构成的电力电子元器件和整个电力电子变流设备长期稳定与可靠的工作。

（2）在出现非正常工作状态，如果散热不良或驱动不理想或承受超过允许值的电压或电流时，能把这种非正常应力向外部转移，避免各电力电子器件及整个电力电子变流设备因不正常情况而损坏。

（3）当构成电力电子变流设备中的电力电子器件或整个电力电子变流设备出现损坏无法继续运行时，使故障损坏的电力电子器件退出运行或使整个电力电子变流设备停止运行，防止故障引起的事故扩大化。

3.2.2　电力电子变流设备保护的实质

一台电力电子变流设备，可以看作由数个电力电子器件及配套件，按完成某种特殊功能要求决定的电路拓扑、组合来共同完成用户需求的电能变换功能，满足使用者方便、高效地用电需要。

电力电子变流设备要可靠稳定的运行，就要在其运行时构成该电力电子变流设备的所有单元部件及整体构成均能承受温度、压力、电压、电流、振动等应力而稳定工作，当单元部件内部电力电子器件遭受不正常应力时，能进行有效避免自身损坏的保护，并能向用户及时反馈或指示故障保护信息；当电力电子变流设备整体运行出现偏离正常状态时，能及时向用户提供故障信息，并进行迅速可靠地防止自身损坏的保护；一旦真正出现电力电子变流设备因故障而无法进行有效防止自身不受损坏的保护，且自身内部已出现部件或单元永久失效无法再运行时，应及时停止该电力电子变流设备的继续运行，避免故障损失扩大化。

3.2.3　电力电子变流设备保护的分类

从前述分析可见，电力电子变流设备保护的分类有以下几种方法：

（1）按设计、运行及故障过程分类。可分为设计阶段的保护、运行过程中的保护和无法运行故障状态下的保护。

1）设计阶段的保护。就是指按电力电子变流设备最终用户的使用参数要求，详细设计电力电子变流设备构成部件的工作参数，按工作参数选择一定裕量的电力电子器件，保证运行时电力电子器件的实际运行温度、承受电压电流低于允许值，就是发生短时的超过运行参数，但因低于本身设计参数，保证正常运行过程中，电力电子变流设备中电力电子器件不损坏。

2）运行过程中的保护。主要是随时监控电力电子变流设备整体及各电力电子器件的运行状态、工作电压和电流，采取闭环调节措施来避免出现非正常运行状态时，限制电力电子变流设备整体及电力电子器件本身承受的电压和电流，避免电力电子变流设备内部器件及整个电力电子变流设备的损坏，常用的保护措施有截压、截流、恒流、恒压。

3）故障状态下的保护。就是指前述两种保护方案未能避免电力电子变流设备内部构成的电力电子器件或电力电子变流设备本身损坏，导致电力电子变流设备无法继续输出运行，则应及时采取使该电力电子变流设备整体退出运行，防止故障事故，引起电网及用户负载的损坏。

（2）按引起故障的原因来分类。可把电力电子变流设备的保护分为过电压、过电流、缺相、短路、驱动不良、冷却系统故障等。

（3）按保护后的处理措施分类。可分为截流、截压、电流型逆变器的拉逆变、电压型逆变器的撬杠保护、可控电力电子器件的封脉冲及分断主电路等 6 种。封脉冲是指封锁电力电子器件的驱动脉冲，而跳闸是分断主电路的供电电源，截流与截压是指通过保护电路使该电力电子变流设备的输出电流或电压限制在安全范围内继续运行。究竟选用何种保护方式，要根据不同的负载使用要求而定。一般是先进行截流或截压，若截流或截压还不能使故障状态恢复到允许运行状态，则选择封脉冲。如故障导致电力电子器件已失效，封脉冲不能停止其导通而进行故障保护时，则只能采取跳闸分断主电路。

（4）按照保护动作的执行机理来分。可将过电流保护分为物理式、机械式及电子式三种。物理式多以发热变形引起机械部分动作，进行保护；电子式利用检测实际电流参数与设定门槛进行比较，超过门槛时进行保护。

3.3 过电流保护

过电流保护是为了防止电力电子变流设备因输出负载短路、旁路或内部电力电子器件失效而危及用户设备或电力电子系统设备本身而必须使用的。

3.3.1 过电流保护的分类方法

（1）按器件本身和电力电子系统变流设备来分类。可将过电流保护分为构成电力电子器件本身的微过电流就地保护和电力电子变流设备整体的集中过电流保护。通常器件本身的保护比电力电子变流设备整体保护优先级别高，且响应时间迅速。

（2）按输入与输出保护来分类。可将电力电子变流设备的过电流保护分为电力电子变流设备的输入过电流保护和电力电子变流设备的输出过电流保护。一般电力电子变流设备的输入过电流保护是为了解决电力电子变流设备输入级出现故障，防止对供电电源的危害；电力电子变流设备的输出过电流保护是为了防止电力电子设备的负载发生过电流或短路故障，若不采取保护措施将造成电力电子变流设备输出级或用户负载的损坏。

（3）按保护的动作时间来分类。可将电力电子变流设备的过电流保护分为瞬时过电流保护和延时过电流保护。瞬时过电流保护适用于冲击尖峰过电流保护，其保护动作值一般为额定运行电流的数倍（如 3 倍）以上；延时保护多为对较长时间的过电流进行保护，其保护动作值通常为额定运行电流的 1.2～1.5 倍。瞬时过电流保护电路中不对电流取样值加滤波，按尖峰过电流值进行保护；延时过电流保护多对电流取样值加滤波处理，按平均值或有效值进行保护。

（4）按保护动作的执行器件和过程来区分类。可将电力电子变流设备的过电流保护分为机械式过电流保护和电子式过电流保护。机械式过电流保护多以电磁和发热引起机构动作而切断电流通路，多存在分断电弧，需要消弧环节；电子式过电流保护多以先封锁输出使电力电子变流设备的输入与输出电流从运行电流降为零，再在零电流下切断电流通路，因而不存在主电路正常运行时突然分断电流通路的电弧，所以不用考虑灭弧环节，也不存在电弧对触点的烧损。

3.3.2　过电流保护的常用执行部件

过电流保护的执行部件有很多种，从大的方面可分为热电磁式、热机械式和纯粹的电子式执行机构。

（1）过电流继电器。过电流继电器是早期的电力电子变流设备中使用的保护执行部件，常用在主电路工作电流不超过 200A 的系统中。其工作原理是基于电磁感应，原理结构及实物图电路如图 3.3-1 所示。当通过的电流为正常值时，线圈中流过的电流产生的磁场力不足以使电磁铁动作，所以主电路不被分断；当电流值远大于正常运行值时，产生的电磁场使得磁铁动作，分断主电路。由于这种保护动作是电磁感应，所以其保护动作响应速度较慢，且保护的准确性较差，故多用在耐过电流能力较强的电力电子变流系统中做过电流保护。对过电流保护快速性要求较高或要求过电流保护动门槛准确的场合其是无法胜任的，且这种保护器件有自恢复特性，在断电一段时间后因电流为零又可自动恢复。

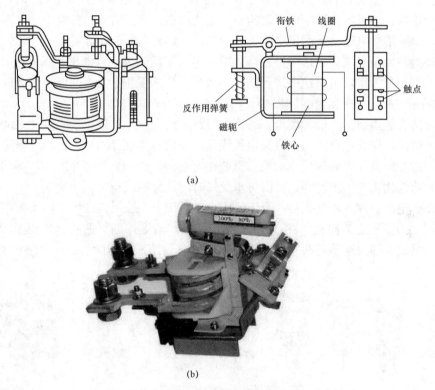

（a）

（b）

图 3.3-1　过电流继电器的原理结构与实物图
（a）原理结构图；（b）实物图

（2）过电流热继电器。过电流热继电器是利用电流较大时，电流通过金属线引起金属部件变形，而使执行机构动作的保护方式，例如用于交流低压配电系统中的小电流断路器，诸如家用低压断路器。大电流系统多用在主母线上串联电流互感器，而以电流互感器二次侧的电流来供给发热的金属体。由于电流互感器二次电流可以作为 5A 或 1A，且变比做得可以较大，因而这种过电流保护器件，可以用在输入输出母线电流较大的系统中作为过电流保护的执行元件。同样，因金属体发热变形需要一定的时间，所以这种保护的快速性不会太快，不能用于对快速性要求极严的电力电子变流设备（如 IGBT、变频器）的过电流保护，多用于防止事故扩大分断电力电子变流设备与供电电源之间联系的保护。另外，我国地域辽阔，跨越不同的地理区域，电力电子变流设备运行环境不同，环境温度变化较大，同样电流通过时，金属片的发热变形量会不同，所以这种保护方式的保护准确性不是很理想。

（3）直流快速断路器。直流快速断路器又称为直流快速短路开关，为用于带载分断低压直流回路的一种过电流执行器件，最大的可分断电流为 200A，多用于分断负载回路。其工作过程是：保护电流检测电路检测到直流负载回路过电流后，向直流快速开关发出动作信号，直流快速开关进行分断操作，分断直流回路，由于直流分断有拉弧现象，因而这种执行部件的高性能灭弧环节必不可少。且同样因开关分断有动作时间，加之过电流检测与保护电路动作亦有执行时间，决定了这种电路的保护动作有延时，快速性自然不是很理想。

（4）普通熔断器。普通熔断器利用在电流通过时发热熔断原理制造，小电流时称为熔丝，它是用熔点较低的金属材料制成，熔断器中最主要的零件是熔丝（或者熔片），将熔丝装入盒内或绝缘管内。熔断器的规格以熔丝的额定电流值表示，但熔丝的额定电流并不是熔丝的熔断电流，一般熔断电流大于额定电流 1.3～2.1 倍。熔断器所能切断的最大电流，叫作熔断器的断流能力。如果电流大于这个数值，熔断时电弧不能熄灭，可能引起爆炸或其他事故。普通熔断器常用在工作供电系统中进行防止事故扩大化的保护，常用的低压熔断器有瓷插式（RC）、螺旋式（RL）、密闭管式（RM）、填料式（RTO）和自复式（RZ）等。

小电流的普通熔断器一般为圆形，跨接在电路中两个有一定距离的接线点之间，利用大电流发热后熔断，形成电路断口来分断电流通路，一般电流在 100A 以下。而普通熔断器是将开有断口的金属条（多为铜质或铝质）封装在有石英砂的陶瓷外壳中，石英砂用来灭弧，由于金属发热熔化需要一定时间，因而可承受短时间几倍的过电流而不熔断。所以，普通熔断器用来保护电磁器件，如变压器，用于低压配电系统中。选用其做电力电子器件的保护存在响应时间上力不从心的问题。图 3.3-2 给出了常用普通熔断器的实物外观图，图 3.3-3 给出了普通熔断器的内部熔芯实物图，图 3.3-4 为普通熔断器熔断后的内部熔芯实物图。

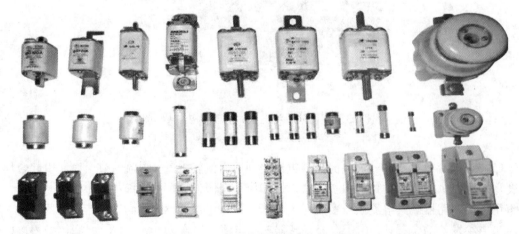

图 3.3-2　普通熔断器的实物外观图

图 3.3-3　普通熔断器的内部熔芯实物图

图 3.3-4　普通熔断器熔断后内部熔芯实物图

（5）快速熔断器。快速熔断器与普通熔断器有很大的不同，其内部熔体材料多为冲有槽孔的银片或合金，其对温度的敏感程度远远高于普通熔断器，它可以在几十毫秒内熔断，所以在设计选用时，快速熔断器的熔断电流多选为电路工作额定电流的 1.5～1.8 倍。此类快速熔断器不能用在变压器或电动机回路中，其原因在于电动机或变压器在合闸通电过程的起始数毫秒内，合闸冲击电流为额定电流的 5～7 倍，按常规选择方法选择的快速熔断器，无法承受这么大倍数的电涌电流就会损坏。如果按 5～7 倍运行电流来选择快速熔断器，则快速熔断器便没有真正的保护功能。

快速熔断器与普通熔断器外观差别不大，仅仅在于内部使用熔芯材料的不同，图 3.3-5 给出了 L 型与 P 型快速熔断器的实物照片。图 3.3-6 为几种快速熔断器构成零部件图。图 3.3-7 为快速熔断器的两种熔体实物图，明显看到它们与普通熔断器（图 3.3-3）的不同是银片，而普通熔断器为铜片或合金片。图 3.3-8 给出快速熔断器熔断后的三种熔芯及零件照片图。

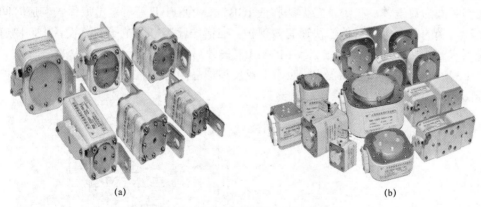

(a)　　　　　　　　　　　　　　　　　(b)

图 3.3-5　常用快速熔断器的实物照片图
（a）L 型实物照片集合；（b）P 型实物照片集合

快速熔断器可用于电力电子设备中做晶闸管与整流二极管的保护器件，多用于过电流动作时间为数毫秒级别的电力电子器件的快速有效保护。在诸如此类电力电子变流设备中，快速熔断器仅能用来在电力电子器件 IGBT 或 MOSFET 失效后，作为防止事故扩大的分断主电路保护。

 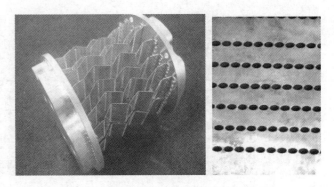

图 3.3-6　快速熔断器构成零部件图　　　　图 3.3-7　快速熔断器的两种熔体实物图

  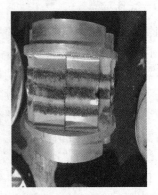

图 3.3-8　快速熔断器熔断后拆开的三种熔芯及零件照片图

　　由于快速熔断器可用于电力电子变流设备中做晶闸管与整流二极管的保护器件，由于过电流动作时间为数毫秒，决定了它无法胜任 IGBT、MOSFET 等对过电流保护响应时间的要求为微秒级别的电力电子器件的快速有效保护。在诸如此类电力电子变流设备中，快速熔断器仅能用来在电力电子器件 IGBT 或 MOSFET 失效后，作为防止事故扩大的分断主电路保护，图 3.3-9 给出了快速熔断器 FU 应用于双反星形晶闸管整流电路中进行过电流保护的使用原理图，图中 $FU_1 \sim FU_6$ 为快速熔断器。

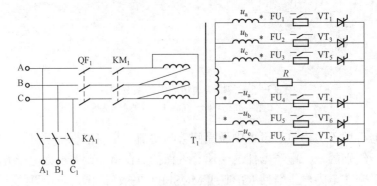

图 3.3-9　快速熔断器的使用原理图

3.3.3　电子式过电流保护的电流检测装置

电子式过电流保护动作是否灵敏、快速可靠，取决于电流检测元件是否检测迅速、准确。对稳态电流来讲，一个重要的部件就是稳态电流检测传感器。在电力电子变流设备运行时，对输入或输出的电流值进行检测，提供给保护执行电路与过电流或短路保护门槛设定值进行比较，因而电流传感器是静态过电流或短路保护的关键部件，根据被检测的电流信号为交流与直流的不同，常用的电流检测装置有取样电阻、分流器、电流互感器和霍尔电流传感器、光纤电流传感器，它们具有各自的优缺点和应用场合。用在电力电子变流设备中，来完成电流检测的器件有取样电阻、电流互感器、分流器、光纤大电流传感器、电流变送器、霍尔电流传感器，它们具有各自的优缺点和应用场合。

（1）取样电阻。取样电阻一般用康铜丝或锰铜丝绕制，通常用在小于几十安的电力电子变流设备主电路中做电流取样用，利用电阻上通过电流时的压降值反映电流值的大小。缺点在于阻值很小的电阻值很难准确制作，且通过电流时间长时电阻丝发热，阻值变化，测量就更不准了。由于很难做到没有分布电感，所以影响测量电流的快速性，同时这种测量方法电流取样值如果用于控制电路与主电路不隔离的话，抗干扰性能极差。主电路电流变化较大时，di/dt 很高，尖峰过电压会危及控制电路中元器件的安全，而加隔离变换模块，又产生延时，更加影响测量的快速性。

（2）电流互感器。电流互感器有直流和交流之分，工作原理均是电磁感应：

1）交流电流互感器。交流电流互感器是利用电磁感应原理和电磁平衡机理设计的，它的结构可以简单地看作在一个闭合的磁铁材料上绕制线圈来获得，在磁铁材料截面积一定时，一次电流与匝数的乘积应与二次匝数及电流乘积相等。若以 W_1 与 W_2 分别表示绕在闭合铁心上的一次与二次的线圈匝数，以 I_1 与 I_2 表示一次侧与二次侧线圈中通过的电流，则有关系式（3.3－1）。

$$W_1 I_1 = W_2 I_2 \qquad\qquad (3.3-1)$$

即绕在铁心上的匝数越多，该线圈中通过的电流就越小。通常电流互感器一次匝数为 1 匝，二次按需要可绕制为多匝。因我国交流表的输入额定电流为 5A 或 1A，一次侧电流可以为 10A、20A、30A、50A、75A、100A、150A……直到几十千安培。因而用于显示的标准电流互感器二次额定输出电流为 5A 或 1A。对保护电路中使用的交流互感器，二次多设计与制造为 0.1A，其目的是为了减少保护电路中信号处理的功率，多用两级电流互感器变换来获得 0.1A 额定输出。如图 3.3－10 所示，这样可以将两级互感器都设计为标准型，其两级交流电流互感器为 5A/0.1A。图 3.3－11 中给出了使用交流电流互感器检测交流后获得保护信号的常用电路，显然是将电流信号通过外接电阻 R 变换为电压，再整流滤波分压后变为直流电压 u_β 提供给保护电路进行电子保护。图 3.3－12a 为交流互感器取样后的电子式保护方案，图 3.3－12b 为交流电流互感器取样电流后直接接电热电磁式保护电路进行保护。无论图 3.3－10 所示的两级互感器检测电流与图 3.3－12a 配合使用的电子式保护，还是图 3.3－12b 所示的热电磁式保护方案，都会因交流电流互感器的电磁感应响应时间在数秒级单位，

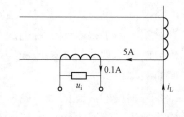

图 3.3－10　两级交流电流
互感器的原理及应用

因而保护快速性不是很高。

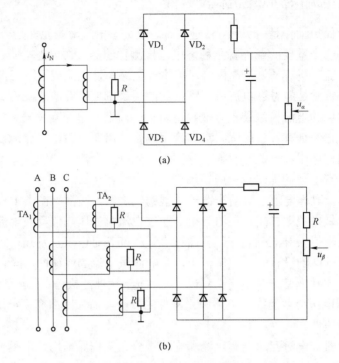

图 3.3－11　交流电流检测信号处理原理

（a）单相交流取样；（b）三相交流取样

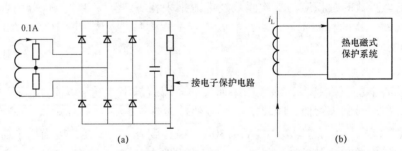

图 3.3－12　电流互感器用于保护电路示意图

（a）电子式保护原理；（b）热电磁式保护原理

交流电流互感器用于检测电流的优点是电路简单，不需要提供自身工作的电源；缺点是因为工作基于电磁感应原理，所以响应速度较慢，同时由于电力电子变流设备运行于轻负载时，因被检测电流比正常额定运行时的电流要小很多，所以影响检测的精度和线性度。同时应当看到，由于根本无法将电流互感器的绕组引线电阻作为零，所以在检测额定电流时，不可避免地会出现绕组压降造成交流互感器很难做成真正的恒流，这也是影响其线性度与检测精度的关键原因之一。

要特别提醒注意的是，电流互感器因一次侧匝数基本都是一匝，二次侧匝数较多，特别是检测几千安培甚至上万安培的交流电流时，电流互感器最终二次侧匝数达几千或几万匝，所以使用中绝对不可以二次侧开路，不然定会在二次侧感应出极高电压危害人身或电力电子设备安全，且为了使用安全一定要将二次侧绕组一端接地。

2）直流电流互感器。直流电流互感器的工作原理与交流电流互感器相同，其应用注意事项和优缺点与交流电流互感器类似，它也是利用于电磁感应原理检测直流电流的。在国内现有产品二次侧也有输出为 0～5V 信号的，它同样存在电磁感应，响应运行时间较长，保护的快速性不高的问题。图 3.3－13 给出了直流电流互感器的工作原理电路图，其工作时有电（转）磁和磁（转）电两次变换，因而决定了它自身响应速度不会

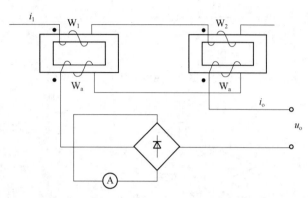

图 3.3－13　直流电流互感器的工作原理电路图

太快，对检测瞬态响应电流、进行（特）快速过电流或短路保护的电力电子变流设备（如主功率器件为 IGBT 的电力电子变流设备，需要保护时间在微秒级）来说，直流电流互感器的响应时间是无法满足要求的。正因为如此，随着霍尔电流传感器制造工艺和技术的不断进步，常规直流电流互感器的应用数量越来越少，它正大规模被霍尔电流传感器或光纤电流传感器所取代。

（3）分流器。分流器是利用电流通过电阻时产生的压降来测试电流大小的，它可以用来测试直流电流，也可以测量交流电流。仅仅是将分流器自身的电阻阻值制作的很小罢了。图 3.3－14 为分流器进行电流取样的原理电路图。图 3.3－15 给出了一个分流器的实物照片。我国分流器设计的标准电压为通过额定电流时，分流器两端电压为 75mV，正因如此，分流器出厂时为保证测量效果，都自身配有标准长度的对外连接线。图 3.3－14 的分流器必须对测量电压经高放大倍数的运算放大器放大后才能使用。由于在电力电子变流设备的工作电流从零至额定值之间变化时，分流器检测的电压在 0～75mV 之间相应变化，这就需要运算放大器的放大倍数要在 100 倍左右。图 3.4－15 给出了对分流器输出电压通过运算放大器进行两级放大的原理接线图，图中应用了无零漂运算放大器 LM324 的两个单元，信号 u_i 为分流器检测到的电流信号 mV 值。可以明显看出分流器自身检测电流的电路极为简单，但对信号进行处理的环节却很复杂，不但需要有独立的工作电源，而且需要高精度低零漂的仪表运算放大器，同时当电流很大时，例如几十千安，几乎没有办法生产阻值为万分之一欧的分流器，因此限制了其应用。从图 3.3－16 明显看出，大电流分流器是应用多个康铜片或锰铜片并联焊接在一起来检测电流的，材料的分散性及焊接质量的差异，都会影响多线并联焊接在一起的母线外电阻特性，也就影响了均流效果，即使分流器用锰铜片或康铜片阻值很小的电阻也肯定会有细微变化，所以应用分流器测量电流肯定不准确。不可忽略的另一个问题是分流器用于测量无法与被测电流的主电路电位隔离，需要采取其他措施（比如信号隔离变送器），更增加了使用的不方便性。还有无法将分流器本身的分布电容与电感作为零，这些都影响了测量电流的准确性与快速性。正是由于这些原因决定了分流器可用于 6kA 以下的直流测量场合，且几千安培的分流器的成本与价格已高于同规格的霍尔电流传感器，所以分流器的应用领域日益减小，正逐渐被霍尔电流传感器取代。

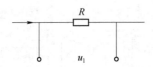

图 3.3-14 用分流器进行电流取样的原理电路图

图 3.3-15 分流器的实物图

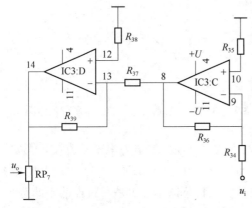

图 3.3-16 应用两级运算放大器对分流器
取样电压进行放大的原理接线图

（4）霍尔电流传感器。霍尔电流传感器利用霍尔原理测量电流，国内经过近 50 年的发展，霍尔电流传感器的响应速度与精度已与世界名牌进口产品相媲美。我们曾在一大功率热工实验系统上分别使用国产霍尔电流传感器和美国 Danamp 公司生产的 30kA 电流传感器，在中国电力科学研究院进行测量精度、响应速度和线性度的对比测试，证明两者几乎没有差别。同时我们出口到北欧几个国产的直流电力电子变流设备，应用国内湖北迅迪科技有限公司生产的霍尔电流传感器，最终用户委托第三方施耐德电气公司使用 LEM 公司标准霍尔电流传感器进行对比测试，数据测试结果表明：静态测量精度、快速性和线性度也是完全相同的。

霍尔电流传感器的工作原理亦是基于霍尔效应，即电流 I 通过导体时，会在两端产生霍尔电压 U_H。图 3.3-17 给出了霍尔效应工作原理图，其响应速度都要远高于分流器及直流电流互感器，且选用不同额定电流的霍尔电流传感器，输出信号可以为 0～5V/0～10V 或 0～20mA，应用起来非常方便，为提高检测信号的抗干扰特性，选用电流输出时，通常取传感器二次电流为 4～20mA。霍尔电流传感器可测量 mA 级至最大几百千安的直流及交流电流，正成为电力电子变流设备中必用测量器件。因其响应速度明显高于测量电阻、分流器、互感器等测量手段，且不存在大电流发热及环境温度的变化对测量精度的影响，同时与被测量电路严格隔离，可直接用于控制显示及保护电路。

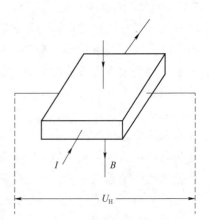

图 3.3-17 霍尔效应工作原理图

现在霍尔电流传感器的工作有两种模式，一种是直接检测式，另一种是磁平衡式（又称零磁通式）。图 3.3-18 中分别给出了两种霍尔电流传感器的工作原理图。直接检测式的优点是电路简单，响应速度要快于磁平衡式，对安装环境没有磁平衡式要求严；缺点是检测精度要低于磁平衡式。磁平衡式的优点是检测精度高；缺点是电路较复杂，且因要经过对被检测电路的逐步逼近，因而响应速度要慢于直接检测式，且对周围安装环境要求高，一般要求安装磁平衡式霍尔电流传感器位置的前后、左右、上下不小于 1m 距离内不能存在铁磁材质的材料。

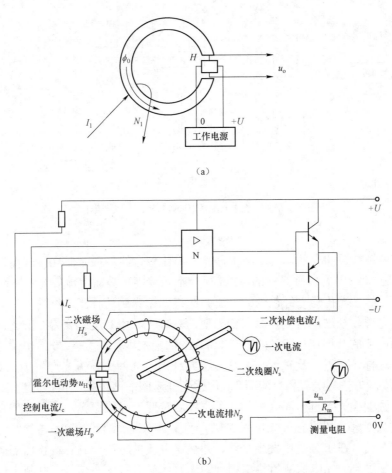

图 3.3 - 18 霍尔电流传感器的类型及工作原理

（a）直接检测式；（b）磁平衡式

（5）光纤大电流传感器。随着对电力电子变流设备额定容量需求的不断增大，其输入输出的电流值也越来越大，在有色金属或电化学行业应用的整流类电力电子变流设备，其输出电流容量已达到 200kA，因而应用霍尔电流传感器检测其精度及可靠性已经受到影响。光纤电流传感器利用光电原理来检测大电流，其测量精度与响应时间明显优于霍尔电流传感器，几年前这一技术被美国及德国等发达国家垄断，我国湖北迅迪科技有限公司在 2013 年前攻关研究，继美国和德国之后，研制成功了应用光电效应原理的光纤传感器，现已批量生产，最大测试直流电流高达 800kA，图 3.3 - 19 给出了光纤大电流传感器的工作原理框图。

它的基本的工作过程为：光源发出的光进入 Y 分支，在 Y 分支内起振，产生线偏振光。线偏振光经过 45°熔接点，被分成正交的两束线偏振光。两束线偏振光进入条形波导调制器（图 3.3 - 19 中简写为条波导）。经过传感光纤的 1/4 波片后，振动方向正交的两束线偏振光变为两束椭圆偏振光（其特殊形式为圆偏振光），其中一束左旋，另一束右旋。在传感光纤中传播的两束椭圆偏振光在法拉第效应和被测电流共同作用下产生相位差，该相位差可以用式（3.3 - 2）进行计算

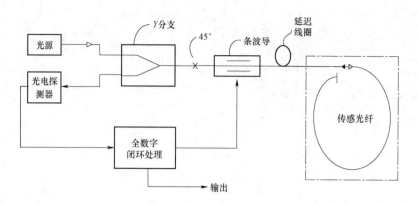

图 3.3 – 19　光纤大电流传感器的工作原理框图

$$\Delta\phi = 2\alpha NVI \qquad\qquad (3.3 - 2)$$

式中：α 是与偏振有关的参数，表示圆偏振光所占比例，线偏振时 $\alpha = 0$，圆偏振时 $\alpha = 1$，椭圆偏振时 $0 < |\alpha| < 1$；N 为传感光纤的匝数，在传感光纤围绕被测电流导体一圈布置时，$N = 1$；V 为维尔德常数；I 为传感光纤包围的电流。两束偏振光到达传感光纤的末端时被反射镜反射，返回传感光纤。经过反射后，原左旋光变为右旋光，原右旋光变为左旋光。在法拉第磁光效应和被测电流的共同作用下，再次产生了 $\Delta\phi$ 的相位差，图 3.3 – 20 给出了这个工作过程相位示意图。这样，经过一次往返后，从传感光纤出来的两束偏振光产生了 $\Delta\phi = 4\alpha NVI$ 的相位差。该相位差与被测电流相对应，即从传感光纤返回的两束椭圆偏振光携带了电流信息。返回的两束椭圆偏振光经过传感光纤的 1/4 波片后转变为线偏振光，进入保偏光纤延迟线，原 X 轴的光进入 Y 轴，原 Y 轴的光进入 X 轴，沿保偏光纤延迟线传播。再次经过条形波导调制器后回到 Y 分支，在 Y 分支中发生干涉，并从 Y 分支的分路端输出。输出的干涉光的强度被光电探测器探测到，光电探测器将探测到的光强信号转换为电信号，并将电信号传送至全数字闭环处理单元。由于全数字闭环处理单元采用高性能软件和精度极高的算法，且利用接收的电信号对条形波导调制器施加负反馈电压信号，完成闭环运算，同时获取被测导体的电流并送出。所以具有极高的检测速度、1×10^{-4} 的线性度和测量精度，图 3.3 – 21 给出了全数字闭环处理系统原理框图。

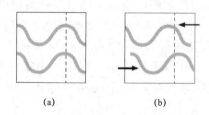

图 3.3 – 20　两偏振光相干叠加示意图
(a) 两波形无相位差；(b) 两波形之间产生相位差

（6）电流变送器。常用的电流变送器有隔离与不隔离两种类型，图 3.3 – 16 所示为不隔离的电流变换器原理电路图的一种，而图 3.3 – 22 给出隔离型电流变换器的原理图，通常需要提供自身正常的工作电源，同样存在响应速度较慢的问题，常用规格有将检测电流变换为 0～5V 与 4～20mA 两种。

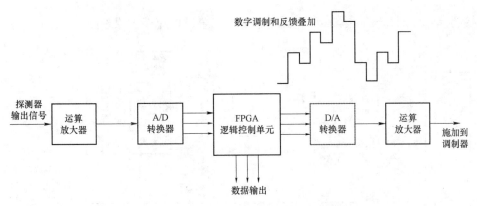

图 3.3 - 21　全数字闭环处理系统原理框图

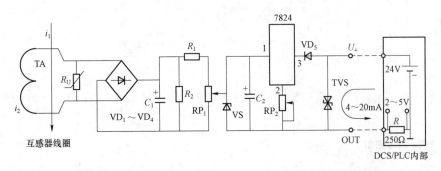

图 3.3 - 22　对电流互感器输出电流进行隔离变换的电流变送器原理图

3.3.4　过电流的电子式保护电路

由于电力电子变流设备单机容量越来越大，输出电流值也越来越大，现在单台输出电流达几百千安的电力电子变流设备，用于大功率电化学行业或冶金行业已经是司空见惯的事情，对如此大电流系统，几乎没有可能应用过电流继电器或断路器来直接进行保护，一般多采用三级过电流保护模式。这种电力电子变流设备使用的电力电子器件多为晶闸管，且为了保证运行的可靠性，增加无故障运行时间，一般设计电流安全裕量不小于 3 倍。对具有冗余设计的电力电子变流设备，运行模式为：第一级器件本身失效时与其串联的快速熔断器熔断，使该电力电子器件解列退出运行，因同一个变流臂由多个电力电子器件并联工作，这丝毫不影响电力电子变流设备的继续运行。如果发生第一级过电流保护动作之后，同一个变流臂上仍有电力电子器件损坏，以致烧坏无法满足继续运行时，或整个电力电子变流设备的输出因负载短路，电力电子变流设备的恒流控制失效。或虽然恒流功能有效，但因恒流作用使电力电子变流设备的输出电压太低，加在负载端的电压甚低，无法满足功率需求时，应采取第二级保护措施。过电流保护电路输出，通过封锁电力电子变流设备控制电路触发或驱动脉冲信号，迅速封锁掉主电路中电力电子器件的驱动控制信号。电力电子变流设备的第三级过电流保护是在前述两种过电流保护措施作用下，还不足以解决电力电子变流设备的过电流保护故障问题，或因电力电子变流设备中有电力电子器件失效，无法借助于封锁驱动脉冲来停止其输出，则应迅速进行第三级保护，由保护电路输出信号，经过中间功率放大执行电路，分断电力电子变流设备的输入供电电路，停止电力电子变流设备的整体运行。图 3.3 - 23 给出了具有封锁驱动脉冲和分断主电路的电力电子变流设备过电流保护原理图。

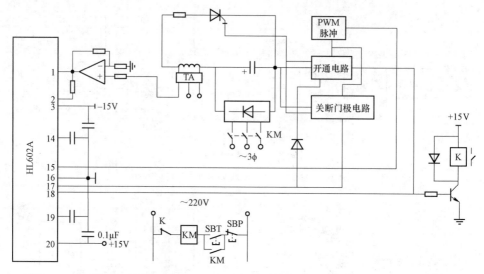

图 3.3 - 23　具有封锁驱动脉冲和分断主电路的电力电子变流设备过电流保护原理图

3.4　过电压保护

电力电子变流设备的过电压保护，是为了防止电力电子器件或电力电子变流设备整体承受来自外部的操作过电压，或电力电子变流设备本身因控制问题整体输出运行状态超过了用户所能承受的电压范围，对电力电子元器件或电力电子变流设备及用户设备造成危害的保护措施，是保证电力电子变流设备或用户设备可靠性所必须采取的保护电路方案。

3.4.1　过电压保护的分类

电力电子变流设备过电压保护电路的分类方法有很多，不同的分类方法可以得到不同的结果。

（1）按被保护电压波形来分类。可将过电压保护电路分为尖峰脉冲过电压和连续过电压保护两类。尖峰脉冲过电压多是同一电网供电的其他较大功率的电力电子变流设备突然投入或退出运行，或者是同一电力电子变流设备内有电力电子器件换流，引起较大的电流变化率 di/dt，因分布电感 L 的存在，出现脉冲尖峰过电压。其特点是电压幅值较高，但脉冲宽度较窄，平均功率不大，雷电引起的电网过电压可以划归为这类过电压。连续过电压按电力电子变流设备的输入供电电源因处于用电低谷，或因计算机故障造成供电电压连续偏离正常范围，或者电力电子变流设备的控制调节失效，造成加在用户用电设备上的电压在一个相对长的时间内高于其能够承受的电压，有可能对用电设备造成危害。

（2）按过电压作用于电力电子变流设备的是输入还是输出来分类。可将电力电子变流设备的过电压保护分为输入端过电压保护和输出端过电压保护。输入过电压保护为了防止外部过电压损坏电力电子变流设备输入级；而输出过电压是为了防止电力电子变流设备供电的用户系统，因某种原因产生的尖峰电压加到电力电子变流设备输出端口，损坏电力电子变流设备或电力电子变流设备出现故障后，给该电力电子变流设备供电的用户设备施加了不应有的过电压。

（3）按过电压是静态还是动态来分类。可将电力电子变流设备的过电压保护分为动态保护还是静态保护。动态过电压保护是随机的；而静态过电压保护可以设置过电压保护门槛，将过电压保护允许值设在一定范围内。

（4）按被保护电力电子器件是否全控型器件来分类。可将电力电子变流设备的过电压保护分为全控型电力电子器件的过电压保护与半控型和不可控型电力电子器件的过电压保护。不控型电力电子器件的尖峰过电压保护电路多用如图 3.4－1a 所示的一种结构，而半控型电力电子器件的尖峰过电压保护电路多用如图 3.4－1b 所示的阻容吸收网络和图 3.4－1c 所示压敏电阻保护方案。全控型电力电子器件的尖峰过电压保护电路，常用的有图 3.4－1d～图3.4－1g 所示的四种。图 3.4－1b 与 d 两种保护电路尽管原理稍有差异，其中全控型电力电子器件的尖峰过电压保护中多了一个二极管，该二极管应为快恢复二极管，其反向恢复时间应尽可能小，该反向恢复时间随着被保护的电力电子器件开关频率的高低差别有不同的要求。如果作为门极可关断晶闸管 GTO 的尖峰过电压保护，因 GTO 的开关频率一般不超过 3kHz，所以对该快恢复二极管 VD_1 的反向恢复时间要求小于 1μs。对 IGBT 来说，因它的开关频率高达几十千赫兹，对快恢复二极管 VD_1 的反向恢复时间要求为小于几个纳秒；对于 MOSFET器件，由于使用中其开关频率可以达到几百千赫兹，所以对快恢复二极管 VD_3 的反向恢复时间要求一般都要小于几个纳秒。特别应强调的是并联在电力电子器件旁边的尖峰过电压吸收（或缓冲电路）要有很好的吸收效果，其本身连接引线的长度应尽可能短，器件本身的分布电感越小越好，且随着电力电子器件开关频率日益提高，对分布参数的要求越来越高，要求分布电感越来越小。

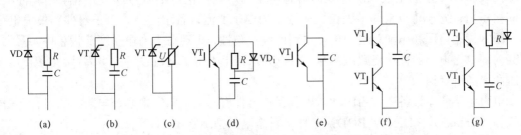

图 3.4－1　电力电子器件的尖峰过电压吸收（缓冲）电路
（a）不控型器件；（b）、（c）半控型器件；（d）～（g）全控性器件

（5）按被保护电力电子器件的频率特性来分类。可将电力电子器件的过电压保护分为低频过电压保护和高频过电压保护。从原理上来讲，因高频工作时，很小的分布电感与电容对频率特性都会有影响，特别是分布电容引起的耦合影响巨大，所以，要考虑其特殊性，不但要从过电压吸收器件本身的性能（分布电感和电容要小，频率特性要高），而且要从过电压吸收网络与电力电子器件之间的距离和结构布局等方面着手。

3.4.2　动态过电压保护的执行元件

过电压保护的执行部件同样有好多种，从大的方面可分为动态过电压保护器件和静态电力电子变流设备过电压保护器件。

动态过电压又可以看作是瞬态或电涌电压，造成电力电子变流设备瞬态或电涌电压的原因有很多，常见的主要有雷电、整机开关、电磁脉冲和静电放电 4 种，它们的主要特性见表 3.4 - 1。

表 3.4 - 1　　　　　　　　　　　不同瞬态电压特性对比

形式	电压	电流	上升时间	持续时间
雷电	25kV	20kA	10μs	1ms
整机开关	600V	500A	50μs	500ms
电磁脉冲	1kV	10A	20ns	1ms
静电放电	15kV	30A	<1ns	100ns

雷电是一种常见的自然现象，在地球上平均每秒就有 100 次的雷击产生，雷击产生的电压高达上万伏特，峰值电流可高达 20kA，雷击不但对人身有直接的伤害，还对各种高楼建筑、公共设施和交通设备等具有潜在的威胁。电力电子变流设备的通断，引起电力电子器件支路或总输入或总输出电路中电流出现较大的变化，因电路中电感的存在，导致出现 Ldi/dt 产生感应开关瞬态电压，它们出现时通常很难从外部观察到，常被称为电力电子电路的"静默杀手"。电磁脉冲（EMP），是一种电磁瞬变现象，可以产生短脉冲的电磁能，电磁脉冲可能发生于雷击等自然现象中，也可能由人为因素产生，电磁脉冲可以对电力电子变流设备产生不同程度的干扰和损害，尤其是核爆炸所产生的电磁脉冲，对电力电子变流设备的威胁尤为严重。静电放电是指在不同物体或同一物体不同部分之间由于电荷不均匀所产生的电荷瞬间转移现象，静电放电所产生的瞬态电压高达几千伏甚至上万伏，并且电压脉冲上升时间极短（ns 级），可以瞬间摧毁绝大多数电力电子变流设备中的电力电子器件和集成电路。

因为瞬态电压和电涌对电力电子电路的高危险性，出现在电力电子变流设备中，常常导致其内部电力电子器件被烧毁或击穿。所以为保证电力电子变流设备的可靠性，必须对瞬态电压和电涌进行抑制。

电力电子变流设备中常用的动态电压保护器件有压敏电阻、电容、电阻、二极管、击穿二极管（Break Over Diode，BOD）器件、瞬态电压抑制器 TVS。

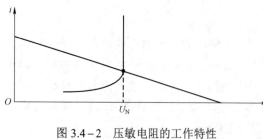

图 3.4 - 2　压敏电阻的工作特性

1. 压敏电阻

氧化锌压敏电阻是尖峰过电压保护的常用器件，因其随着尖峰过电压脉冲的宽度不同而不同，尖峰脉冲过电压宽度越窄，可承受的涌浪电流越大。图 3.4 - 2 给出了压敏电阻的伏安特性，在使用中压敏电阻的动作门槛 U_{IMA} 通常按电路中额定工作电压 1.5～2 倍来设计。即

$$U_{IMA} = (1.5\sim2)U_N \qquad\qquad （3.4 - 1）$$

式中，U_N 为电力电子变流设备运行时输入或输出的额定电压。

2. 电容器

电容器两端电压不能突变的基本工作原理，使其成为最常用和比较理想的尖峰过电压吸收保护器件，问题的难点在于电容卷绕时如何增加两个电极间的有效面积。需要绕多圈，这样就有分布电感的问题，所以合理的选用是要求尽可能减小电容的分布电感。高频电力电子器件如果选用电容作为尖峰电压吸收元件时应选择无感电容，电容选择的关键参数是额定电压和电容量，通常规定电压按主电路的工作电压来选用，而电容量与被保护电力电子器件的容量大小、工作电压及工作频率高低密切相关，一般随着工作电压升高，电容的电容量逐渐减小。

3. 电阻

电阻在电力电子器件的尖峰过电压吸收电路中的功用示意图如图 3.4-3 所示。一是用来消耗能量，二是用来限制电容的充放电电流。在电力电子器件要承受尖峰过电压时，由于电容两端的电压不能突变，增加 RC 阻容吸收网络的目的是在尽可能短的时间内将电容两端电压限制在 u_C 值，所以电阻 R 的阻值不能太大，分布电感要尽可能地小，只有这样才能取得很好的尖峰过电压吸收效果。由此可见，尖峰过电压吸收电路中的电阻要求必须是

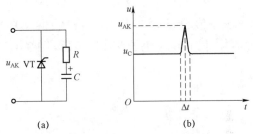

图 3.4-3　电阻在电力电子器件过电压
抑制过程的功用示意图
（a）原理图；（b）响应过程曲线

无感的，且阻值不能太大，但也不能太小，太小会在电力电子器件导通瞬间，尖峰过电压电路中的电容放电电流通过电力电子器件，使被保护电力电子器件承受很高的尖峰电流。由于电力器件可用于不同的电力电子变流设备中，其工作过程及波形会有很大不同，所以对尖峰过电压吸收器件的性能和参数要求会有很大不同，导致至今国内还没有准确计算尖峰过电压吸收电路中电阻与电容的通用状态模型与准确计算数学公式。参考文献 [13]、[14] 与参考文献 [15] 中给出的公式有一定的参考价值。

4. 二极管

二极管主要用在全控型电力电子器件的尖峰过电压保护电路中，如图 3.4-1d 与 g 所示，随着被保护电力电子器件开关频率的不同，对二极管的特性要求会有很大的不同，但共同点为都要求二极管有软恢复特性。通常二极管的额定电流选用被保护电力电子器件的 1/10～1/20，其额定工作电压应选用不低于被保护电力电子器件的电压。通常，在开关频率小于 1kHz 以下时，选用二极管的反向恢复时间应小于 1μs；开关频率在 10 至几十千赫兹时，应选择快恢复二极管的反向恢复时间在 100ns 之内，当被保护电力电子器件的开关频率高于 10kHz 时，该二极管的反向恢复时间应小于几十纳秒。

5. BOD 器件

BOD 器件是静态过电压保护的执行器件，静态保护通常包括两个方面的内容：一是多个电力电子器件串联应用时，为防止其中每个电力电子器件过电压，而在其旁并联一个电力电子器件限制其承受超过额定电压允许值的过电压；二是当真正检测到承受过电压时，通过保护电路使主电路分断或其他方式来使电力电子器件不过电压。

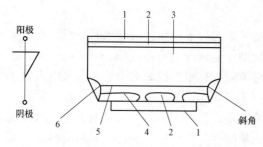

图 3.4－4　BOD 的图形符号和内部物理结构

1—金属化层；2—p$^+$；3—n 区；4—n$^+$发射极；

5—p 区；6—玻璃钝化层

BOD 的中文名称为击穿二极管，实际是一种具有四层结构的晶闸管，如图 3.4－4 所示。BOD 被击穿而完全导通，整个过程大约 3～5μs，由于在阴极采用了 p$^+$ 扩散的短路发射极结构，因而获得很高的 du/dt。但由于其非对称结构，反向耐压低，一般低于 10V。图 3.4－4 给出了其图形符号和内部物理结构，图 3.4－5 给出了其伏一安特性，阳极和阴极所加电压达到 U_{BO} 时，BOD 被击穿而导通，典型转折电流 I_{BO} 为 1～5mA，当流过 BOD 的电流低于维持电流 I_H（典型值 50mA）时，BOD 恢复关断。BOD 的这一性能使其可以用作静态过电压保护的执行器件，防止电力电子器件过电压，图 3.4－6 给出了其用于对晶闸管进行过电压保护的电路。

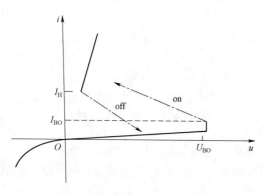

图 3.4－5　BOD 的伏一安特性

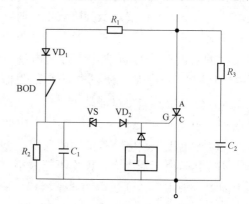

图 3.4－6　用于保护晶闸管的电路

6. 瞬态电压抑制器 TVS

瞬态电压抑制器，又称瞬态二极管（Transient Voltage Suppressor，TVS），是一种二极管形式的高效能过电压保护器件，他的发明得益于对高速变化的瞬时尖峰过电压保护的需要，当 TVS 的两极受到反向瞬态高能量冲击时，它能以 10^{-12}s 的速度，将其两极间的高阻抗变为低阻抗，吸收高达数千瓦的电涌功率，使两极间的电压箝位于一个预定值，有效保护电力电子变流设备中控制单元中的元器件，免受各种电涌脉冲的损坏。

该器件在 20 世纪 90 年代初开始在电力电子变流设备中使用，由于具有响应速度快、吸收功耗大、漏电流小、箝位电压稳定等优点，成为目前国际上普遍使用的一种高速二极管形式的高效瞬态电压保护器件。

（1）封装外形和分类。TVS 的常见封装外形有圆柱型和集成电路型，它对外引出分别称为阳极和阴极的两个电极，以便使用时与外部电路连接，图 3.4－7 给出了它的封装外形图。TVS 有两种类型：一种是单向 TVS（Uni－directional），用来保护母线电压为直流的变流设备中的电力电子器件，使用时 TVS 的阴极与工作电压中相对高电位端连接，而其阳极接工作电压中相对低电位端；另一种是双向 TVS（Bi－directional），它等同于两只单向 TVS 反向串接而成，在使用时可以不考虑电压的正负极，直接并联在需要进行保护的电力电子器件两电极之间。

（2）工作原理。TVS 的电流–时间和电压–时间曲线如图 3.4–8 所示，在瞬态峰值脉冲电流的作用下，流过 TVS 的电流，由原来的反向漏电流 i_p 迅速上升到峰值脉冲电流 I_{PP}，使其两极的电压也被箝位到预定的最大箝位电压 U_C 以下，然后随着脉冲电流衰减，TVS 两极的电压也不断下降，

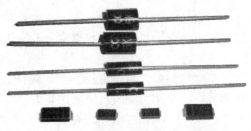

图 3.4–7　瞬态电压抑制器的封装外形

最后恢复到起始状态 U_R（TVS 未导通前静态电压），这就是 TVS 抑制瞬态或电涌电压，以及保护电子设备的过程。TVS 的反向关断工作电压接近被保护电路的工作电压，一般比它的击穿电压低 10%，保证了极小的漏电流或由温度差异引起的电压漂移。TVS 在瞬态过电压发生后会立即开始箝制，限制峰值电压到安全的范围内，将有破坏性的电流转移到被保护电路之外。TVS 的 $i–u$ 特性曲线如图 3.4–9 所示，单向 TVS 的正向特性与普通二极管十分相似，导通电流随 TVS 两端电压呈指数上升。TVS 的反向特性类似于雪崩二极管的反向击穿特性，当 TVS 两极反向电压低于 U_R 时，TVS 流过的电流很小，可视为关断状态；当电压大于 U_{BR} 时 TVS 被击穿，导通电流瞬间增大。

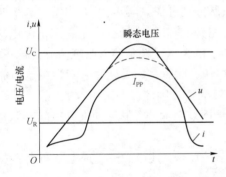

图 3.4–8　TVS 的 i—t 和 u—t 曲线

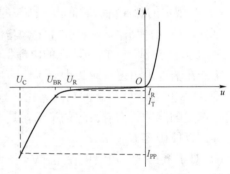

图 3.4–9　TVS 的 i—u 特性曲线

（3）主要参数：

1）最大反向漏电流 I_R 和额定反向关断电压 U_R。U_R 是 TVS 的最大直流工作电压，当 TVS 两极间承受的电压小于 U_R 时，TVS 处于关断状态，此时流过的最大反向漏电流为 I_R。

2）最小击穿电压 U_{BR}（Breakdown Voltage）和测试电流 I_T。U_{BR} 是 TVS 的最小雪崩电压，当反向电压达到 U_{BR} 时，TVS 已变成低阻通路。通常，规定当 TVS 流过 1mA（$I_T=1\text{mA}$）电流时，其两极间的电压即为最小击穿电压 U_{BR}，可见其定义与压敏电阻的 $U_{1\text{mA}}$ 类似。

3）最大箝位电压 U_C 和最大峰值脉冲电流 I_{PP}。最大峰值脉冲电流 I_{PP} 流过 TVS 时的最大峰值电压称为最大箝位电压 U_C，U_C 和 I_{PP} 反映了 TVS 器件的电涌抑制能力。U_C 和 U_{BR} 之比称为箝位因子，一般为 1.3 左右。箝位因子越小，抑制瞬态电压的效果越好。TVS 的箝位因子比金属氧化物压敏电阻的箝位因子低很多。因此，TVS 的尖峰过电压吸收能力要优于金属氧化物压敏电阻。

4）结电容 C。结电容 C 是由 TVS 雪崩截面决定的，是在特定的 1MHz 频率下测得的。C 的大小与 TVS 的电流承受能力成正比，C 过大将使信号衰减。因此，C 是数据接口电路选用 TVS 作为保护器件的重要参数。

5）最大峰值脉冲功耗 P_{PPM}。最大峰值脉冲功耗 P_{PPM} 是 TVS 能承受的最大脉冲峰值耗散功率，一般而言其值可根据式（3.4-2）来计算

$$P_{PPM} = U_C I_{PP} \qquad\qquad (3.4-2)$$

在给定的最大箝位电压下，功耗 P_{PPM} 越大，其电涌电流的承受能力越大；在给定的功耗 P_{PPM} 下，箝位电压 U_C 越低，其电涌电流的承受能力越大。另外，峰值脉冲功耗还与脉冲波形、持续时间和环境温度有关。

6）箝位响应时间 T_C。T_C 是指二极管从关断状态到最小击穿电压 U_{BR} 的时间，对单极 TVS 器件，T_C 小于 1×10^{-12}s，对双极 TVS 器件，T_C 一般小于 1×10^{-8}s。

（4）选用原则。为保证 TVS 的合理使用和可靠工作，使用 TVS 时应注意以下问题：

1）确定被保护电路的最大直流或连续工作电压、电路的额定标准电压和"高端"容限。

2）TVS 额定反向关断 U_R 应大于或等于被保护电路的最大工作电压。若选用的 U_R 太低，器件可能进入雪崩或因反向漏电流太大影响电路的正常工作。串联使用时应并联连接均压环节进行均压，并联连接可以分担电流，提高尖峰过电压抑制时 TVS 的通流能力，增加抑制效果。

3）TVS 的最大箝位电压应小于被保护电路的损坏电压。

4）在规定的脉冲持续时间内，TVS 的最大峰值脉冲功耗 P_{PPM} 必须大于被保护电路内可能出现的峰值脉冲功率。在确定了最大箝位电压后，其峰值脉冲电流应大于瞬态电涌电流。

5）U_C、I_{PP} 反映了 TVS 器件的电涌抑制能力。当 TVS 承受额定的瞬时峰值脉冲电流 I_{PP} 时，可能在器件上出现瞬时最大电压值即最大箝位电压。此时，如果脉冲时间为规定的标准值，则 TVS 的最大峰值脉冲功率为式（3.4-2）计算的值。因此，在选用 TVS 前，最好对线路中产生的脉冲类型有大致的了解，是单脉冲还是重复多脉冲，脉冲的上升时间、脉宽、峰值等，以便确定 U_C、I_{PP}。

6）对于数据接口电路中使用 TVS 作为保护环节的场合，还必须注意选取分布电容参数合适的 TVS 器件。

7）根据用途选用 TVS 的极性及封装结构。交流电路选用双极性 TVS 较为合理，多线保护选用 TVS 阵列更为有利。

8）温度考虑。TVS 可以在 $-55℃\sim+150℃$ 温度范围工作。如果需要 TVS 在一个变化的温度范围工作，由于其反向漏电流是随温度增加而增大，功耗随 TVS 结温增加而下降。当温度分为 $-25℃\sim+175℃$ 时，击穿电压 U_{BR} 大约线性下降 50%后，随温度的增加按一定的系数增加。因此，必须查阅相关产品资料，考虑温度变化对 TVS 特性的影响。

（5）应用举例：

1）在微机中的应用。一个典型的微机系统，通过电源线、输入线、输出线进入的各种干扰或瞬变电压，可能使微机误动作出现故障，特别是来自开关电源、微机近旁的电动机的开与关、交流电源电压的电涌和瞬变、静电放电等场合都可能使系统产生误动作，严重时还可能损坏器件。将 TVS 接到微机的电源线、输入或输出线上，可防止瞬变电压进入"微机"总线，加强微机对外界干扰的抵抗能力，保证微机正常工作，提高其应用可靠性。

2）保护直流稳压电源。实验室常用的大电流低纹波直流稳压电源，多采用线性稳压电源，其输出通常都有扩大电流输出的晶体管，在其稳压输出端安装瞬变电压抑制二极管，可以保护使用该电源的仪器设备，同时还可以吸收电路中晶体管的集电极到发射极间的峰值

电压，保护晶体管。如在每个稳压电源输出端增加一个 TVS 管，可大幅度提高整机应用可靠性。

3）保护晶体管。各种瞬变电压能使晶体管的发射极 E 与基极 B 结之间或集电极 C 与基极 B 结之间，因承受瞬态过电压导致击穿而损坏，特别是晶体管集电极接有电感性（线圈、变压器、电动机）负载时，会产生高压反电动势，往往使晶体管损坏。采用 TVS 进行保护，可以有效防止这些过电压危害。

4）TVS 保护集成电路。大规模集成电路内部的集成度越来越高，为提高运行速度，其耐压越来越低，容易受到瞬变电压的冲击而损坏，例如 CMOS 电路在其输入端及输出端都有保护网络，为了更加可靠，在各整机对外接口处增加了各种保护网络。集成运算放大器对外界电应力非常敏感，在使用运放的过程中，如果因操作失误或采取了非正常的工作条件，出现了过大的电压或电流，特别是电涌和静电脉冲，容易使运放受损或失效。在运放差模输入端采取的过电压损伤保护方法，将出现大的放电电流，导致运放受损。如果电容值较大（如大于 0.1μF），这种效应将会十分显著。采用 TVS 作为简单的瞬态过电压保护电路，可有效地防止差模电压过大导致的运放电路失效。

5）保护晶闸管。晶闸管电力电子变流设备工作时，因电路中引线或分布电感存在，在电流变化时，会有幅值很高的尖峰电压加在晶闸管的阳阴极之间，当脉冲的幅度或宽度达到一定值时，往往造成晶闸管的击穿失效，在晶闸管阳极阴极之间并联一个合适电压的 TVS，可以解决这个问题。

3.4.3　静态过电压保护检测电压的常用器件

对静态过电压来讲，一个重要的工作内容就是要对电力电子变流设备的运行输入或输出电压进行准确检测，提供给过电压保护执行电路，与设定的保护门槛进行比较，所以电压传感器是静态过电压保护的关键部件。电压传感器根据被检测的电压信号为交流和直流的不同，常用的有交流电压互感器、直流电压互感器及霍尔电压传感器。

（1）交流电压互感器。交流电压互感器原理同变压器，它与常规控制变压器的不同之处仅仅在于交流电压互感器的电压调整率接近于零，其负载与空载时二次侧输出电压几乎无差别，要体现出恒压输出的特性，所以同容量的交流电压互感器在国内售价要远高于控制变压器。国内指示工作电源电压高低的交流电压表分为直接检测显示式与间接检测显示式两种。直接检测显示式多用来显示电压在 500V 以下的场合，将显示用交流电压表直接不隔离地并联在要显示电压的电路两端；间接显示仪表通常通过交流电压互感器来测量与显示，显示仪表接于电压互感器的二次侧。为利于制造，标准的交流电压互感器都设计为额定电压输入时，二次输出电压为 100V，因而决定了其在保护电路中使用时，还需要将 100V 再降压，并变换成直流，常用变换电路如图 3.4-10 所示。图中 TV_1 为交流电压互感器，TV_2 为降压变压器，二极管 $VD_1 \sim VD_4$ 用来把交流整流为直流。要特别注意的是，TV_2 在设计制造时的电压调整率要尽可能小，只有这样才能把后续电路对保护或显示的影响降到最低。

（2）霍尔电压传感器。霍尔电压传感器是利用霍尔效应原理进行电压检测的。其工作机理实质也是利用电流互感器的方式，即将电压转换为电流，再用电流隔离耦合，最终变换为电压，所以霍尔电压传感器的响应速度高于电压互感器。霍尔电压传感器通常因自身工作电源为正、负电源，所以它可以直接用于交流和直流信号的检测。如果用来检测交流，同样需

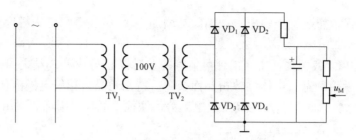

图 3.4-10　应用交流电压互感器的电压保护检测电路

要对检测信号进行整流变换为直流；如果检测直流，通常其输出额定值为 5V 或 10V，其输出可直接作为保护电路的输入，与交流或直流电压互感器相似，霍尔电压传感器使用时需要提供正、负工作电源。

（3）直流电压互感器。直流电压互感器应用电磁感应原理来测量直流电压，它也可以起到一次侧与二次侧隔离的作用，其工作原理图如图 3.4-11 所示。因直流电压互感器的原理决定了其响应时间较长，所以现在逐渐被霍尔电压传感器所取代。它的优点是应用时不需要外接工作电源，构成线路简单；缺点是响应速度比较慢，使用中要特别注意输出不能短路，否则很容易导致损坏。

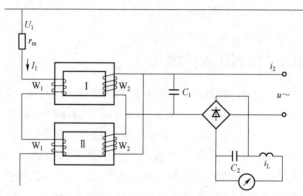

图 3.4-11　直流电压互感器工作原理图

（4）电压变送器。在要求不是很高的场合，可以使用电压变送器。电压变送器分为非隔离和隔离电压变送器两种类型。

非隔离的电压变送器，其原理电路如图 3.4-12 所示，它是利用电阻分压的方法获取输出电压的取样信号，优点表现在电路十分简单，不需要工作电源，不受输入电压为交流与直流限制，均可获得电压变送结果；缺点是主电压与取样电压之间没有电位隔离，因电阻存在发热问题，同时无法使电阻真正做到没有电感，并且还有引线，所以对交流电压变送会影响电压相位的准确性，对直流电压检测会影响电压取样的响应速度。

图 3.4-13 给出了带隔离变送的电压变送器原理框图，这种变送器有交流—直流、

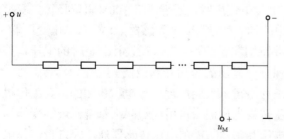

图 3.4-12　非隔离电压变送器原理

直流—交流、交流—交流多种，可以输入为电压，输出也为电压；也可以输入为电压而输出为电流；同时有独立工作电源，也有工作电源与二次输出共地的多种。从抗干扰性能来讲，带独立隔离电位供电电源的电压变送器的可靠性要高于工作电源非隔离的结构，这种变送器的优点是输入与输出隔离，缺点是内部电路较复杂，需要提供单独的工作电源。现在技术上还无法做到输出与输入之间无延迟时间，且因不是应用霍尔原理制作的变送器，同样的存在速度比霍尔电压传感器慢的问题。

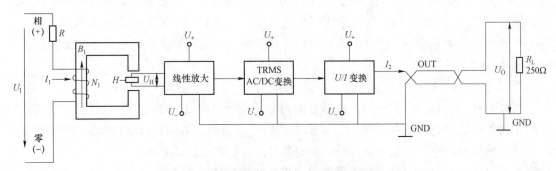

图 3.4－13　隔离型霍尔电压变送器原理电路框图

3.5　静态过电压和过电流保护的信号处理器件

对电力电子变流设备来讲，仅仅有准确的电压和电流测量，要完成有效的过电压或过电流保护是不可能的，这就需要先对检测到的电压或电流信号进行变换、放大或处理，然后与正常的门槛值进行比较、判断，通过执行保护的其他元器件与电路实现保护功能，因而必然要用到对信号进行放大的运算放大器和信号比较器。

1. 信号放大器

对于用分流器检测的电流值或霍尔效应检测到的电流或电压信号，因检测信号为很微弱的毫伏信号，需要对这些信号进行放大，必然要用到放大倍数很高的运算放大器。由于运算放大器的零漂指标是无法彻底消除的，所以需要选用零漂尽可能低的运算放大器，且为了尽可能保证经放大器放大后的电压或电流检测值与实际检测的电压或电流值一一对应，需特别注意运算放大器的线性度。选用运算放大器的工作电源时，应尽可能选用放大后的输出信号最大值位于运算放大器工作电源电压值的 2/3 范围以内。为使经运算放大后的电压或电流信号及时准确地反映被检测电压或电流值的实际情况，选用运算放大器的频带范围要宽，输出与输入的延迟时间要短，抗差模及共模干扰的能力要强。同时在设计印制电路板时，要专门对运算放大器的工作电源采取滤波与去耦抗干扰处理。其供电电源的品质要高，必须是极低纹波，高稳定度的直流电源，并尽可能不要使用开关电源供电，以防止开关电源的开关噪声与纹波影响放大效果。

2. 比较器

电力电子变流设备的保护电路，常将检测与处理后的电压或电流信号，与正常工作时的保护门槛值进行比较，低于保护门槛设定值，电力电子变流设备正常运行；一旦超过该保护门槛，则按超过门槛大小的具体情况输出信号，进行报警，封锁电力电子变流设备的控制脉冲或进行分断主电路的工作。这部分工作由比较器完成，所以比较器在保护中扮演着极为重要的角色。按响应速度的快慢，比较器可以分为以晶体管为基本单元构成内部电路的普通型和以 CMOS 器件为基本单元的高速型，在设计与选用中应合理正确选用。通常对应用晶闸管或二极管作为主功率器件的电力电子变流设备，选用普通型的运算放大器（如 LM324）做比较器使用或直接应用专用比较器（如 LM339）就可以满足需要。对于保护快速性要求很高的场合，如主功率器件为 IGBT 或 MOSFET 的电力电子变流设备，要求过电流或短路的保护响应时间在微秒（μs）数量级，此时应选用高速比较器（如 LM339）来作为故障判断电路，为保证快速性，应尽可能不在信号的检测与放大环节及比较器的输入与输出环节使用有延迟功能的滤波电路。

3. 二极管

二极管在保护电路中的作用，极易被电力电子变流设备设计和调试人员忽视。二极管通常用在保护电路中进行信号的限制（如消去负信号或正信号），对交流取样信号进行整流或构成正反馈保持功能，实现记忆封锁、构成多种故障时的或逻辑，如图 3.5-1 所示。同样二极管选用应按被保护电力电子变流设备对保护的快速性要求来进行，当电力电子变流设备中应用的主功率器件为全控型器件，且工作频率达 10kHz 以上时，保护电路中的二极管应该选高频快恢复型，其恢复时间应该小于 100ns；而当电力电子变流设备中的主功率器件工作频率仅仅为 1kHz 至几 kHz 时，保护电路中的二极管选择快恢复型，其恢复时间小于 1μs 就可满足要求；当电力电子变流设备中的主功率器件工作频率在几百赫兹以内时，保护电路中的二极管选用普通二极管即可。

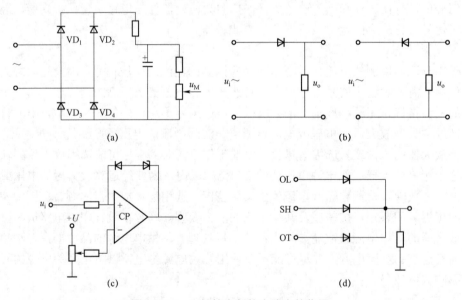

图 3.5-1　二极管在保护电路中的作用
（a）整流；（b）消除正或负半波；（c）作为正反馈；（d）实现或逻辑

3.6　电力电子变流设备的其他保护

电力电子变流设备在运行过程中，要经受多种运行状态与环境变化的考验，除前面介绍的过电流、过电压、短路等威胁外，还有可能受到欠电压、冷却不良、直通短路、供电电源缺相等多种故障的危害，只有对这些故障进行有效的保护，才能保证电力电子变流设备的长期稳定运行。

3.6.1　缺相保护

由于发电厂发出的电几乎全为三相，就是特高压直流输电系统中的交流—直流及直流—交流变换仍然是以三相作为输入和输出的。为防止三相电源因某种原因发生断相、缺相或相序错误，对供电电网造成危害或对用电设备的损害，有关缺相保护电路的研究一直就没有间断。缺相保护从大的方面可以分为检测三相电压和三相电流的保护方法。

1. 基于检测三相电压的缺相保护方法

由于三相交流发电机发出的三相交流电，在相位上严格互差 120°，正常情况下三相相电压的瞬时值之和为零，这为应用三相交流电压的检测进行缺相保护带来了很大的方便。

（1）仅应用三个取样电阻的三相缺相保护电路。三相缺相保护电路原理如图 3.6 - 1 所示。图中正常工作时，由于三相电压不缺相，所以其 N 点合成电压为零，一旦发生缺相，N 点合成电压不为零，发光二极管导通，光耦合器 VLC 中的晶体管导通，缺相保护继电器 K_{LP} 动作，输出分断主电路或封锁电力电子变流设备中驱动或控制的脉冲信号。该电路的优点是电路简单；缺点是当三相电压幅值偏差较大时，有可能误动作。图中 A_1、B_1、C_1 可以直接采用较高电压值（需要使用较大电阻值的电阻），也可以来自降压变压器的二次侧。

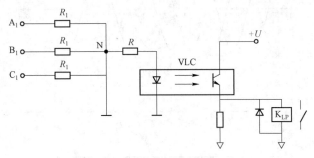

图 3.6 - 1　三相缺相保护电路原理

通过对三相电压进行取样的缺相保护电路，其优点是电路简单、体积较小，不论电力电子变流设备的功率大小，缺相保护电路都可以通用；缺点是在采用变压器隔离时，若变压器接法为三角形，则缺相时变压器中绕组的感应电压存在，在发生负载电路中三相断相时，尽管相电流为零，但因取样变压器感应电压误报不缺相，很难进行正确的缺相保护。

（2）应用隔离整形的缺相保护。图 3.6 - 2 给出了应用对三相取样电压进行降压隔离，实施整形变为方波后叠加进行缺相保护的电路原理图。图中 VLC_1 与 VLC_2 及 VLC_3 为光耦合器，它们用来起隔离整形作用，将交流正弦信号变为方波信号；运算放大器 $A_1 \sim A_3$ 用作跟随器，使用其输出构成加法器。正常不缺相时，三个跟随器输出叠加，Q 点为高电平、比较器 CP

输出低电压，缺相保护电路不动作；一旦 ωt_1 时刻发生缺一相（A 相）或两相的情况，则比较器 CP 输出高电平脉冲，此脉冲经滤波后使晶体管 V 导通，继电器 K_{LP} 线圈得电，给出分断主电路或封锁电力电子变流设备驱动脉冲的信号。图 3.6-3 给出了 ωt_1 时刻开始缺 A 相，该电路中各主要点的工作波形。

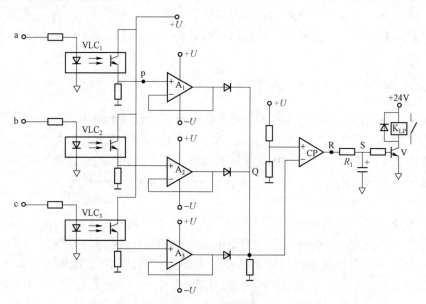

图 3.6-2　应用隔离整形及比较器的缺相保护电路

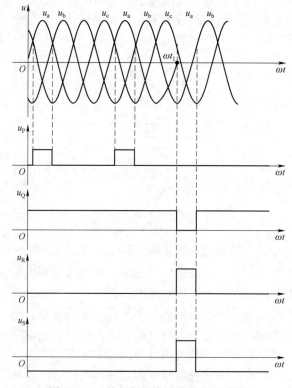

图 3.6-3　缺相保护电路的工作波形图

（3）应用专用集成电路的缺相保护电路。为了解决分立器件分散性大，缺相保护动作不准确问题，陕西高科电力电子有限责任公司研制成功了检测三相电压进行缺相保护的专用厚膜集成电路 TH201 与 HM231，图 3.6-4a 与 b 分别给出了内部结构。图 3.6-5a 与 b 给出了应用专用缺相厚膜集成电路进行保护的结构图。

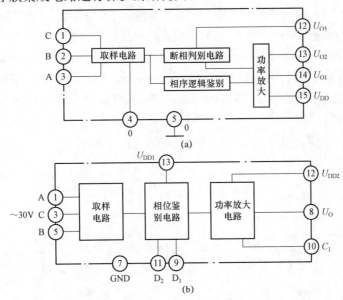

图 3.6-4　内部结构原理图

（a）TH201 内部结构图；（b）HM231 内部结构图

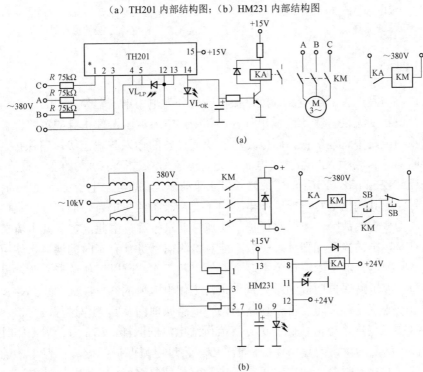

图 3.6-5　应用专用缺相厚膜集成电路进行保护的结构图

（a）TH201 直接用于三相交流电动机缺相运行保护系统；（b）HM231 用于 380V 输入的三相不可控整流系统进行缺相保护

2. 应用检测三相电流的方法进行缺相保护

利用在三相电路中串入电流互感器来检测三相电流的方法进行缺相保护,图3.6-6给出了一级电流互感器检测三相电流方法的原理图。

应用这种方法电路先将检测到的三相电流转变为电压信号,然后再通过有关电路进行缺相保护,前文的图3.6-4与图3.6-5电路可以直接应用,它解决了检测三相电压保护电路存在的问题,可以有效进行三相负载电路中某相的断相、缺相或短路引起的三相缺相保护。缺点是图3.6-6中检测电流的三相电流互感器随电力电子变流设备功率的不同,其外形尺寸会有很大的差别,如果直接使用一级电流互感器进行保护,则缺相保护电路的体积会增大,这个问题可以通过两级电流互感器的措施来实施解决。图3.6-7给出了应用两级电流互感器检测三相电流方法的原理图,图中 $TA_1 \sim TA_3$ 为用户高压或低压开关柜中的电流互感器,而 $TA_4 \sim TA_6$ 为第二级电流互感器。

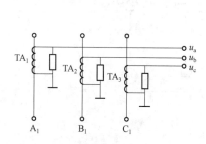

图 3.6-6 一级电流互感器检测三相电流的原理图

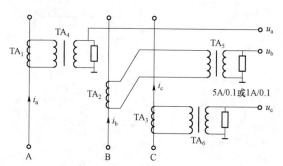

图 3.6-7 应用两级互感器检测三相电流方法的原理图

3.6.2 短路保护

短路可以看作是严重的过电流,短路保护同样分为电力电子器件本身、电力电子变流设备桥臂和电力电子变流设备输入或输出几种。其中,电力电子器件本身的短路保护多在电力电子器件的驱动电路中就地解决,而电力电子变流设备的输入与输出级短路保护,常用的方法有快速熔断器和检测输入与输出级电流,先对电流信号进行处理(如变为直流),然后与保护门槛进行比较,当超过门槛值时保护电路立即动作,借助电力电子变流设备的控制电路,封锁驱动信号停止其输出运行,或分断电力电子变流设备的主电路。应特别注意的是,由于短路保护是较为严重的故障,所以对保护的快速性要求较高,由此决定了其电流信号的检测应使用延迟时间极小的检测元器件,一般不能对检测信号进行有延时的滤波,使用比较器应为快速比较器。因电力电子变流设备中多个器件交替工作,所以工作波形为脉冲型,取样信号也为脉冲型,故短路保护门槛通常设置为正常工作电流值的3~4倍。图3.6-8给出了用于单相电力电子变流设备,防止桥臂短路的保护电路原理图及其工作过程波形。

图3.6-8中应用霍尔电流传感器进行直流母线电流的取样,U_{I01} 为正常工作时直流母线电流的取样值;U_{ISH} 为设定的短路保护门槛;U_{I02} 为过电流保护门槛,它为 U_{I01} 的 1.2 倍,U_{ISH} 为 U_{I01} 的 3 倍。t_1 时刻之前电路正常工作,因某种原因,t_1 时刻发生过电流,由于过电流保护电路处理没有使该电力电子变流设备的运行回到正常状态,电流继续增加;在 t_2 时刻

电流达到了短路保护门槛，短路保护电路瞬时动作，封锁驱动脉冲的信号 u_{lock} 迅速变为高电平，控制电路产生的驱动脉冲被封锁，同时继电器 K_{SH} 动作。应特别注意的是图 3.6-8a 中二极管 VD_1 与 VD_2 应选高频晶体管。

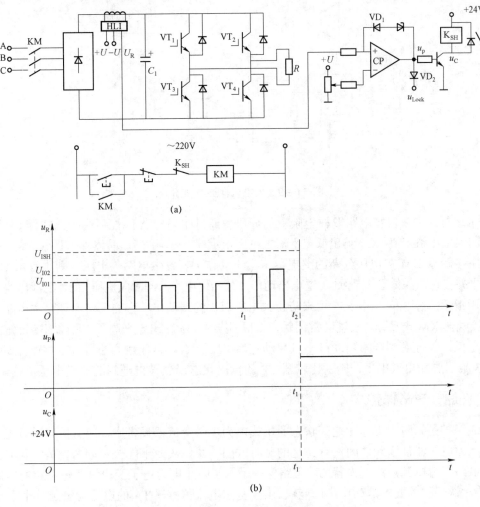

图 3.6-8　短路保护原理及工作过程波形图

（a）短路保护原理；（b）短路保护的工作波形图

3.6.3　欠电压保护

欠电压保护的目的一方面是为了防止电源电压太低，造成电力电子变流设备的控制电路电压不足，难以给电力电子器件提供稳定可靠的驱动电压幅值，从而保证不了电力电子器件的可靠导通与截止。另一方面在电力传动系统，供电电压太低会导致电力电子变流设备驱动的电机拖不动负载，使电力电子变流设备或电机承受过电流烧坏。由于我国总的供电电网容量与用电负荷相比并非很大，用电峰谷电网电压波动较大，离发电厂较远的用户端用电峰值时刻，电网有时幅值低于国家标准允许值，必须进行保护，图 3.6-9 给出了一种静态欠电压保护的电路原理图。

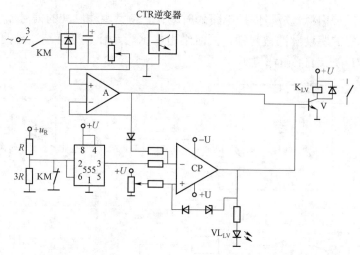

图 3.6-9　欠电压保护原理图

正常运行时，来自主电路取样电阻上的分压值通过跟随器 A 匹配后高于比较器 CP 同相端设定的欠电压整定值，CP 输出低电平，欠电压指示灯 VL_{LV} 不亮，晶体管 VT 不导通，控制主电路主接触器 KM 欠电压分断的继电器 K_{LV} 不动作。若发生电网欠电压，则比较器 CP 输出高电平并自锁，晶体管 V 导通，继电器动作，分断主电路，同时欠电压指示灯 VL_{LV} 亮，给出欠电压指示。图 3.6-9 中 555 用来防止欠电压保护的误动作，它的工作原理是主电路合闸前，主接触器 KM 未动作，其辅助常闭触点 KM 闭合，555 输出电平高于 CP 同相端设定的欠电压整定值，保证顺利合闸启动；一旦启动完后 KM 闭合，常闭触点断开 555 2 号引脚为高电平，3 号引脚输出低电平，确保比较器 CP 的输出状态仅受来自电网的取样电压值的影响。

3.6.4　直通、短路保护

直通保护是为防止工作在逆变状态的桥式电力电子变流器设备中，逆变桥同桥臂上、下主开关电力电子器件通断之间没有充足的延时或因一器件失效不能关断同桥臂另一再导通，引起主电路直流电源短路而设置的。短路保护是为了防止电力电子变流设备输出相间短路而增加的，对该保护的要求是动作尽可能快。由于霍尔电流传感器 TA 的电流检测延时小于 $1\mu s$，而电流上升率大于 $50A/\mu s$，可以快速检测出过电流故障。图 3.6-10 为直通与短路保护原理图，它的工作过程如下：

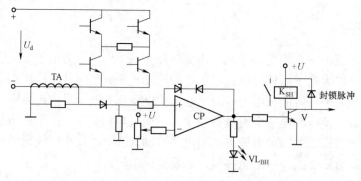

图 3.6-10　直通与短路保护原理图

因桥臂直通和相间短路时，瞬时增大的电流都会在直流侧表现出来。当发生上述故障中的任一种时，TA 输出高于比较器 CP 反相端整定的保护门槛值，CP 翻转输出高电平并自锁，直通或短路指示灯 VL_{BH} 亮，晶体管 V 导通，分断主电路的继电器 K_{SH} 动作，控制脉冲被封锁。反之，CP 输出低电平，V 不导通，K_{SH} 不动作，封脉冲信号无效。

3.6.5　接地保护

电力电子变流设备输出对地短路的故障时有发生，图 3.6-11 所示接地保护原理图。其工作原理如下：

一旦发生接地故障，无论在系统主电路合闸启动时，还是系统正在运行时，串于直流正负母线上的霍尔电流传感器 TA_1 及 TA_2 中总有一个有幅值较大的输出，比较器 CP_1 与 CP_2 总有一个翻转输出高电平且自锁，晶体管 V 导通，接地指示灯 VL_E 亮，分断主回路的继电器 K_{JD} 动作，并封锁控制脉冲。反之若不发生接地故障，则 HL_1 及 HL_2 的输出信号总小于 CP_1 同相端整定的正值，而高于 CP_2 同相端整定的负值，保护电路不动作。

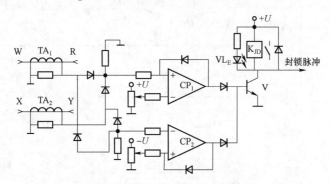

图 3.6-11　接地保护原理图

3.6.6　过热保护

电力电子变流设备的良好散热是其可靠稳定工作的关键，通常为了保证散热冷却良好，大功率电力电子变流设备几乎都是强迫冷却的，如果发生冷却系统故障（风机堵转或冷却水路堵塞），使散热条件变坏，则冷却介质（散热器或冷却水或冷却油）温度会急剧上升，不及时保护将导致电力电子器件的 PN 结承受过高温度而失效。过热保护多用温度传感器检测发热情况，图 3.6-12 给出过热保护原理图。该保护电路具有可靠的保护能力。

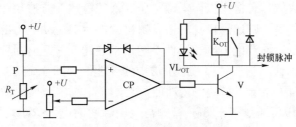

图 3.6-12　过热保护原理图

装于电力电子变流设备中电力电子器件散热器上的具有正温度系数的热敏电阻 R_T，在冷却系统工作正常时其阻值较小，两端的分压值低于比较器 CP 反相端设定的门槛值，比较器 CP 输出低电平，晶体管 V 不导通，过热指示灯 VL_{OT} 不亮，封脉冲信号无效，分断主回路的继电器 K_{OT} 不动作。发生冷却系统故障时，散热器温度急剧上升，R_T 阻值迅速增大，P 点分压值高于比较器 CP 反相端设定的门槛值，比较器 CP 翻转输出高电平并自锁，V 导通，过热指示灯 VL_{OT} 亮，控制脉冲被封锁，分断主回路的继电器 K_{OT} 动作，主回路被分断。

3.6.7 欠饱和、过饱和保护

电力晶体管 GTR 或 IGBT 多因驱动不良工作于欠饱和状态引起损坏，而过驱动引起的过饱和又使他们的存储时间加长，直接影响开关频率，所以过饱和及欠饱和保护对 GTR 及 IGBT 的安全可靠工作有着极其重要的作用。

通常欠饱和及过饱和保护可根据被驱动 GTR 或 IGBT 集–射极的电压降的高低来自动调节驱动信号的大小，由构成准饱和基极驱动器来完成。这里以集成驱动器 HL202 为例。图 3.6–13 给出了应用 HL202 构成的准饱和基极驱动电路的原理图，图中接于 16 号管脚的电压值可用来调节欠饱和保护动作的整定值。

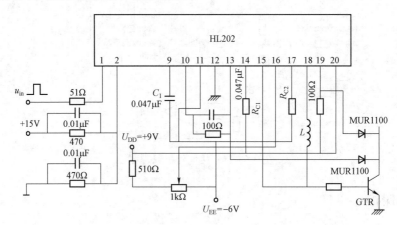

图 3.6–13 应用 HL202 构成的准饱和基极驱动电路的原理图

3.6.8 驱动电路电源电压监控保护

无论是电流控制还是电压驱动的电力电子器件，是否能按控制电路输出脉冲的状态，工作过程中可靠通断，取决于其驱动电路自身电源电压的正常与否。因此一个较为理想的电力电子器件驱动电路，它应具有自身工作电源电压高低的检测及监控功能。当驱动电路自身工作电源电压低于一定值时，则通过自身封锁逻辑自动停止被驱动电力电子器件的工作，防止驱动电路电源电压过低，导致电力电子器件不能正常导通或关断而损坏。电力电子器件的诸多专用驱动电路，在设计与制造时都考虑了这样的性能。如图 3.6–13 所示的专用基极驱动电路 HL202 在这方面更显示了它的优良性能，它的正电源电压监控动作值由内部自身设定为 +7V，而负电源电压可通过接于 6 号管脚与负电源间的电阻 R，人为地在 0～−6V 之间调节。

3.6.9 掉电保护

在电力电子变流设备中，常因电网缺相、熔丝熔断或者误操作而造成变流系统中控制回路较主电路先掉电的故障，对逆变工作的电力电子变流设备，若不采取措施，会使同桥臂两电力电子器件因驱动电路工作电源不正常，导致驱动脉冲状态因掉电变乱，而使它们同时导通，进而引起直流侧电源短路使电力电子器件承受数十倍的过电流而产生极为严重的故障。解决这一问题的办法是使主电源较控制电源先掉电，图 3.6-14 给出掉电保护原理图。

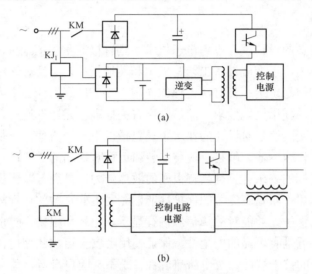

图 3.6-14 掉电保护原理图
（a） 系统内构成小功率 UPS；（b）用变流器的直流母线电压经变换作为系统控制电源

图 3.6-14a 是在控制系统中自身构成一个小功率不间断电源 UPS 来保证控制电路晚于主电路断电。正常运行时，蓄电池处于浮充电状态，来自电网的电压经整流再逆变后供给控制电路作为供电电源，一旦发生电网掉电，则蓄电池的能量逆变供给控制电路，以保证控制电路迟于主电路断电。图 3.6-14b 是先利用电网电能启动系统工作，运行正常后再以变流设备主电路中直流侧的母线电压经变换作为整个控制电路的电源，以保证电网掉电后控制电路晚于主电路断电。

第 4 章　电力电子变流设备设计的基本问题

4.1　概述

电力电子变流设备的设计，在电力电子技术中具有极其重要的地位，设计水平的高低，不但关乎要制造的电力电子变流设备工艺与成本和性能指标，而且对该电力电子变流设备的调试和投运后的可靠与稳定运行都有决定性的作用。一个良好设计的电力电子变流设备，应既完全胜任最终用户的使用性能要求，满足国家有关标准，元器件选用合理，又不存在设计中的浪费。电力电子变流设备对设计的要求主要包括以下几个方面：一是结构合理，具有很好的机械强度，满足长途运输，吊装及现场安装和运行时振动的需要；二是电气性能满足使用者对输入与输出指标的要求；三是具有很好的散热能力，自身可以解决运行时损耗产生热量的散除不出现热积累；四是有完善的保护性能，在发生非正常的运行故障时，能进行封锁输出或分断主电路的保护，并能对故障信息进行显示、记录和报警，防止电力电子变流设备本身因故障时损坏；五是有可靠的安全性，保证使用者安全可靠的使用，满足电气绝缘规范和标准；六是有很好的抗干扰能力及电磁兼容性，既不会因自身运行危害供电电网或者同电网的其他设备及负载，也可以防止用户设备及其他同电网工作没备投入或者退出运行产生干扰的影响；七是有良好的社会责任和环保性能，不因运行出现谐波、噪声、污染、放射等问题；八是有长期运行的稳定性和可靠性，可以免维护运行。

基于前述对电力电子变流设备设计的基本要求，本章首先介绍电力电子变流设备设计的基本概念，然后给出电力电子变流设备设计的方法和步骤，电力电子变流设备设计中应特别注意的问题，最后以具体晶闸管直流电力电子变流设备的实例说明设计过程和方法。

4.2　电力电子变流设备设计的含义和目的

4.2.1　电力电子变流设备设计的含义

电力电子变流设备设计是指根据用户对其使用性能、工作参数和运行指标的要求，按相关标准和行业规范，完成满足这些技术指标和标准的制造和调试图纸、工艺文件及使用说明资料编写的全过程。举例来讲，一台输出 5V/5A 的开关型直流电力电子变流设备，使用要求输入电压为 220V/50Hz，要求输出直流 5V/5A，且输出电压稳定，纹波含量要小。设计包括选择主电路形式为单端自激电路还是单相半桥还是单相全桥逆变电路，按选择结果设计工频整流电路、高频整流电路、工频整流后的滤波及高频变换后的滤波电路，设计出原理电路图，计算选用这些电路中的元器件参数，按控制原理图设计印刷电路板图。设计整体结构图纸，考虑工作时的自身发热及散热选用散热器，同时要考虑工频及高频抗干扰措施；为防止发生故障时，损坏开关电源自身及使用该开关型直流电力电子变流设备的后续设备。还应设计专门的故障保护电路；为稳定输出电压，要设计有输出电压检测及反馈和闭环调节环节。这中间的所有过程就是 5V/5A 开关型直流电力电子变流设备的设计。

4.2.2　电力电子变流设备设计的目的

（1）根据使用者生产设备和工艺对电力电子变流设备性能、参数（电压、电流、频率、相数）的要求，形成制造工艺文件。

按相关标准和行业规范及用户要求的技术指标，选取从用户工频供电电网实现要求运行指标的电力电子变流设备类型；按选用的电力电子变流设备类型设计主电路、控制电路和保护电路原理图，计算选用主电路及控制电路中的电力电子器件参数；提出元器件材料采购清单；按设计的控制电路原理图设计印刷电路板图；设计安装主电路和控制电路及保护电路的柜体结构，画出将控制电路、主电路及保护电路相互连接的装配图及配线图。

（2）设计对电力电子变流设备是否满足使用者要求的检验文件和判据。编制电力电子变流设备出厂调试和试验大纲，编写现场调试试验及验收方法的技术文件。

（3）满足用户的潜在需要，架设正确安装及使用电力电子变流设备的桥梁。设计电力电子变流设备现场安装对基础和土建要求及现场安装布局图纸，编写使用与维护的详细说明书。

4.3　电力电子变流设备设计的分类

电力电子变流设备的设计可按不同的方法分为不同的类型。

4.3.1　按是整套设备还是零部件设计分类

可将电力电子变流设备的设计分为零部件设计、部分电路设计、整机设计和系统设计（又称为整套设备设计）。所谓零部件设计又可以称为零部件选择，即设计人员要按设计结果合理选择实现该电力电子变流设备功能的各个元器件，提出并编写电力电子变流设备所用元器件采购清单，提出对这些元器件进行合格与否的检测与判断指标，对采购的电力电子变流设备所用元器件按设计的检测与判断指标进行复检，检验其是否达到了出厂及说明书所说的指标。应特别提醒注意的是，这里所说的零部件是有着广泛含义的，既可以指一块电表、一个电容、一个变压器、一个控制器，也可以指一台小型的电力电子变流设备，比如恒压供水用电力电子变流设备中所用的变频器，对恒压供水用电力电子变流系统来讲便是一个零部件。在零部件设计结束的基础上，按设计意图把所用零部件按整个电力电子变流设备的总设计进行分部分装配及配线的设计，分部分进行设计的过程称为部分电路设计，主控制板的设计便是这种设计的一个实例。主控制板是把电阻、电容、晶体管、运算放大器、专用控制芯片、稳压电源等等电子零部件按电路原理设计加工成印刷电路板，是整个电力电子变流设备的核心控制单元。几乎所有的电力电子变流设备设计的第二步都是先设计主控制板，这个设计包括按用户要求的电力电子变流设备运行性能指标，完成控制脉冲形成、脉冲功率放大、检测信号的调理、闭环调节及是否产生故障的判断，以及故障后的保护等。再如继电操作回路的设计，通常是根据电力电子变流设备的启动、停机和运行及故障保护后的要求完成合闸、分闸及显示与报警指示功能。

1. 整机设计

整机设计是在各部分电路都设计正常无误的基础上，对整个电力电子变流设备总体性能的设计，这种设计实际上是综合考虑各部分电路之间的协调与匹配问题。举例来讲，对带有闭环调节的电力电子变流设备，在反馈检测单元与给定积分单元分别设计完成后，要使整个电力电子变流设备达到指标还得把反馈检测单元与给定积分单元的输出调节的相匹配，并综合处理放大倍数、控制精度、动态响应时间与稳定性的矛盾，这种设计是整个电力电子变流设备设计中最关键的，它要求从事设计的工程技术人员必须具有良好的系统综合与协调能力，有充分丰富的工程设计经验，有良好的分析与解决工程问题的能力。

2. 系统设计

系统设计是指按用户的要求，把整个工程项目中的所有电力电子变流设备都要协调配合设计的过程。举例来讲，一个年产 5 万 t 电解铅的车间，所用的电力电子变流设备有高压开关柜、整流变压器、整流柜、控制柜、电流传感器、大直流刀开关等等，这中间的每一个环节都是一个单独的电力电子变流设备，设计过程包括从高压输入（一般 35kV 或 10kV 或 6.3kV 或 110kV）到用户在电解槽两端获得需要的直流电压和电流的全部中间环节。可见，系统设计是整个工程中全部电力电子变流设备的设计，所以可以称为整套设备设计。这往往要求准确把握和处理各分电力电子变流设备之间相互协调和配合的问题，各分电力电子变流设备要服从总体系统性能，其工作逻辑、电量匹配、运行顺序、显示报警都要满足总体设计需要。从事这一层面设计的设计人员更应有全局观念，掌控全系统性能，对设计人员技术水平和综合协调能力有非常高的要求。

4.3.2 按设计的电路功能分类

可以把电力电子变流设备的设计分为主电路的设计、控制电路和保护电路设计三大部分。

1. 主电路设计

主电路设计是按使用者对电力电子变流设备的输入电压和频率、输出电压和电流要求，完成主电路的电路拓扑选型，根据主电路选型设计变换用电力电子部件（或器件），设计电力电子器件的过电压和过电流保护器件、电力电子器件之间连接的母线、电力电子器件按选择的主电路拓扑之组合结构、电力电子器件的均压或均流环节、电力电子器件的散热器及散热措施的全过程。设计中要特别注意绝缘距离、涡流损耗、磁场分布等容易被忽视的问题。

2. 控制电路设计

控制电路的设计是指按设计好的主电路拓扑对控制脉冲的需求，设计相应的将用户对输出电压和电流的设定值、转换为加到主电路中电力电子器件控制极的控制驱动信号的环节、主电路输出电压和电流的检测环节、输出电压与电流是否达到了使用者设定值的判断环节、按使用者要求对输出电压（或电流或功率）进行稳定调节的调节器环节、控制脉冲形成环节到主电路电力电子器件控制极驱动脉冲之间的隔离匹配及脉冲功率放大环节、电力电子变流设备运行出现非正常状态的保护环节、控制板自身工作的供电电源环节，并应考虑综合处理这些环节之间的协调与匹配，保证各个环节按电力电子变流设备的总体要求配合工作完成控制功能，要特别注意控制电路与主电路之间的衔接和防止主电路对控制电路的干扰。

3. 保护电路设计

电力电子变流设备保护电路的作用有两点：一是在电力电子变流设备正常运行时，能随时监测电力电子变流设备的运行状态，对电力电子变流设备的运行是否正常进行判断，向电力电子变流设备的使用人员进行电力电子变流设备运行正常的指示和说明；二是正常运行的电力电子变流设备发生非正常运行工况时，能及时检测到非正常运行信息，并能按非正常运行的状况对电力电子变流设备及用户设备危害的程度大小，迅速给出报警、封锁控制脉冲、分断主电路三种不同的处理方案。同时，向电力电子变流设备的使用人员进行电力电子变流设备运行非正常的报警和指示，这种报警和指示通常为声光并举。基于这些要求和工作过程，保护电路故障信号的检测环节设计，要求检测电路要迅速真实的反映电力电子变流设备的运行参数。常用的检测包括温度、压力、流量和输入与输出电流及电压、多相电路还包括相位及相数检测，油浸变压器还应有可靠的轻瓦斯和重瓦斯检测。对故障信号检测后的处理环节设计，通常模拟信号采用比较器与正常门槛进行比较，比较输出变为电平信号，开关量信号直接控制电平电路输出，最终按故障程度进行报警，封锁控制脉冲，或驱动中间继电器控制主电路中的断路器或接触器分断主电路；报警和显示环节的设计，这部分电路是把故障信号进行声光报警，给电力电子变流设备的使用人员以明显的指示和显示；复位电路设计，在故障处理完后，通过人为复位，电力电子变流设备系统才能重新正常运行。从构成的这几部分来看，电力电子变流设备的保护电路不但涉及电压与电流等运行参数检测、信号处理及故障判断和变换部分，而且涉及电压较高的继电操作部分，更涉及对主电路大电流和高电压的检测环节，因而设计中不但要充分考虑强弱电之间的隔离，还要兼顾抗干扰功能，确保保护电路动作及时准确，并且不发生误动作。

4.3.3　按设计的电路处理电量的功率大小分类

这种分类方法可把电力电子变流设备的设计分为强电部分设计和弱电部分设计。强电部分包括主电路及继电操作电路；弱电部分是指信号处理部分、控制脉冲形成部分、保护判断部分与显示部分，处理的信号通常为毫安级，电压多在直流 24V（交流 36V）之内。强电部分设计要考虑大电流与高电压的散热、绝缘、冷却、电流密度、可靠接触等等特殊问题，而弱电部分设计要特别注意抗干扰、信号变换、电平匹配、信号放大、可靠性等关键问题。

4.4　电力电子变流设备设计前的准备工作

电力电子变流设备设计前的准备可分为三大部分，即人员准备、技术准备和物质准备。

4.4.1　电力电子变流设备设计前的人员准备

首先，电力电子变流设备的设计人员应当懂得电力电子技术的基本原理，熟练掌握所要设计电力电子变流设备所用的电力电子变流电路和工作过程，电工仪器、测量仪表、电控元件及各种电力电子器件的基本结构与工作机理；其次，电力电子变流设备的设计人员还应对所要设计电力电子变流设备所用电力电子器件及常用控制元器件的参数、引脚功能和使用方法非常熟悉，并具有一定的机电安装与一般的电气安全知识，只有具有这些基本素质的技术人员，才能为电力电子变流设备的设计奠定人力基础。

4.4.2　电力电子变流设备设计前的技术准备

1. 阅读与理解要设计电力电子变流设备有关的相关标准和技术资料

设计人员应充分了解相关标准及使用者对要设计的电力电子变流设备的性能和参数要求，要设计的电力电子变流设备的运行特点，认真阅读使用者对该电力电子变流设备的设计要求及设计要求说明书，一定要看清国标及使用者对电力电子变流设备运行性能和参数的具体要求，在阅读这些技术文件时要学会比较。一般来说，每一种新的电力电子变流设备都是在原有技术，已有产品的基础上发展起来的，要对各类电力电子变流设备的相同点和不同点进行分析，找出要设计的电力电子变流设备与曾经设计过的电力电子变流设备的相同点和不同点；特别是对采用微型计算机或可编程控制器 PLC、工业控制机等控制的电力电子变流设备要充分熟悉编程思想，准确画出程序框图，做到融会贯通，只有这样在设计中才会得心应手。

2. 明确技术条件、技术指标

电力电子变流设备的技术条件是产品设计、调试、使用的基本依据。电力电子变流设备的技术条件分通用、专用两大类。根据技术条件的标准颁布单位又分国家标准、部颁标准、行业规范标准、地区标准、企业标准等几类。首先，按使用方针对该台电力电子变流设备的设计要求中无约定的应按国家标准、部颁标准及行业规范标准、企业标准进行设计；有约定的指标应按使用方针对该台电力电子变流设备的设计要求，针对该台电力电子变流设备的技术协议中规定的技术条件进行设计。

电力电子变流设备的设计人员要充分了解与理解要设计电力电子变流设备的通用技术条件，熟练掌握要设计的电力电子变流设备的设计规范，明确要设计电力电子变流设备应达到的技术性能指标，做到有的放矢，对提高设计效率与缩短设计时间具有重要的作用和意义。

3. 学习或编制设计大纲

电力电子变流设备的设计大纲要以产品的技术条件和技术指标及设计（试制）任务书为依据进行编写，它是指导设计的重要文件。一般应由电力电子变流设备设计人员编制，试制产品的设计大纲应与有经验的设计人员共同编制。设计大纲是产品鉴定的主要文件，设计大纲应明确电力电子变流设备调试的项目、方法、使用的标准、仪器仪表、设计条件等，还应包括设计中保障人身、设备安全的必要措施。电力电子变流设备的设计人员在设计前必须认真学习设计大纲，熟练掌握与理解设计大纲的内容。

4.4.3　电力电子变流设备设计前的物质准备

1. 标准规范、配套件样本及非标器件设计图纸要齐全

电力电子变流设备设计中，需要查阅有关国家标准和行业规范，所以要有比较全的涉及

所设计电力电子变流设备的国家标准和行业规范文档或汇编。同时，电力电子变流设备设计时，要用到电力电子器件和配套件（如铜母线、散热器、风机、纯水冷却器、整流变压器），所以要有这些配套件的样本或详细外形尺寸、质量及与外部连接关系的详细图纸，以供设计中选用。

2. 画图软件和计算手段要齐全

由于电力电子变流设备设计中需要画图，所以应有性能优良的计算机，并安装有画图软件，考虑到设计过程中的数据计算，要有一个能计算函数的计算器。

3. 能随时打印的可以打印图纸的打印机及配套的打印纸

由于设计中需要对设计结果进行讨论和校对，因此应有个能打印 $A_0 \sim A_4$ 号图纸的打印机。

4. 正式出设计施工图时能将最终设计图打印在硫酸纸上的打印机和蓝图晒图机

在西方国家，伴随着计算机画图工具的采用，正式图纸多见于计算机打印或复印的黑白图，而我国工程界多为晒制的蓝图，所以对经反复推敲和讨论后定稿的电力电子变流设备设计图纸，应按国内习惯晒为蓝图后，交付电力电子变流设备的制造和调试人员在电力电子变流设备制造和调试过程中使用，同时提供电力电子变流设备的使用说明资料作为附件，提供给最终用户存档。因此，应有一台将设计结果图纸打印在硫酸纸上的打印机和晒图机。

4.5 电力电子变流设备设计的一般要求

电力电子变流设备设计的一般要求，主要表现在以下几个方面：

4.5.1 严格执行国家标准和行业规范

在设计时，首先要根据电力电子变流设备的容量，严格按国家标准和行业规范设计，据此设计电力电子变流设备运行时的功率因数、注入电网的谐波允许值、故障后的保护动作值，合理选择显示仪表。且要特别注意以下几个方面的问题：

（1）强电与弱电应分开不在一起平行走线，出现交叉时应十字交叉跨越，且保证绝缘距离。

（2）高压线应与低压线保持绝缘距离分开布设。

（3）所有接线应与接地金属部分绝缘隔开。

（4）接线螺栓的平垫圈和弹簧垫圈应齐全，线头的绕向及垫圈的大小应符合工艺要求。

（5）通过接触导电的大电流母线接触面应采用铣平面，保证很好的平整度或压花处理，保证接触良好。

（6）截面很宽或截面积较大的大电流母线应采用人为增加分割缝隙，提高接触面积。

4.5.2 准确设计仪器仪表及专用设备

为保证所设计的电力电子变流设备的设计效果与电气性能，电力电子变流设备设计过程中应保证设计所用的仪器仪表性能良好，其误差应在规定的范围内，应选择合适的量程，使其使用在满刻度 20% 以内部分。属于易受外界磁场影响的仪表（如电动式与电磁式仪表）应注意设计放置在离大电流导线一米以外进行测量；被测量值与温度有关的，必须准确测量被试物的温度，如被试物温度不易直接测量时，可通过测量环境温度的方法来间接获得被试物的温度值。

4.5.3　人身和设备安全及可靠接地

由于电力电子变流设备一般都为弱电控制强电的电能变换产品，一般输入及输出电压相对较高，而且输出电流也相对较大，因此在电力电子变流设备的设计过程中，应特别注意人身安全与设备安全，特别是要充分留有安全和绝缘距离，要有可靠的接地与防护措施，高压设备要有放电环节设计，同时要有防雷等保护措施。

4.5.4　数据处理

（1）电力电子变流设备的设计中计算的设计数据，应反复核对，做到万无一失，数据要保留到小数点后一位，在选择电力电子器件时，应留有不少于 3 倍的电压和电流裕量，并选用比计算结果稍微大一点的标准规格。

（2）电力电子变流设备的电气性能检验与运行显示，要依据测量与记录数据来判别，所以，数据的处理要采用常用的公认办法。一般用于显示的测量数据，应取多个测量数据的算术平均值。设计涉及需测绘各种特性曲线时，在变化率较大的工作区段应设计足够多的点数以保证描绘成平滑的曲线。

4.6　电力电子变流设备的常用设计方法和步骤

电力电子变流设备的类型众多，系列极为繁杂，各种电力电子变流设备按所在大类来分又可分为多个子系列，同一电力电子变流设备使用领域又会有很大不同，每个品种每个系列随使用场合的差异，决定了不同类别的电力电子变流设备的设计步骤会有很大的不同，即使同一个类别、同一个系列的电力电子变流设备随着所使用场合的不同，其设计步骤也会有很大的差别。本节仅给出各种电力电子变流设备在设计中经常遇到的相同设计问题的设计方法和一般设计步骤。

4.6.1　电力电子变流设备的常用设计方法

尽管电力电子变流设备随使用领域、目的和类别的不同，其设计方法会有所差异和不同，但其具有相同性。常用的设计方法有以下两个共同点，一是按对电力电子变流设备使用要求，先设计系统框图，采用先主电路后控制电路再保护电路的设计方法；二是参数计算采用从输出端朝输入端反推的计算方法。

具体地讲，由于一般用户的设计任务要求，仅仅给出了对电力电子变流设备输出运行额定电压、额定电流和工作频率、相数的要求，同时仅仅提供了供电电网条件，所以设计中要按这些要求确定电力电子变流设备的系统框图；然后按此框图详细设计每个组成单元的详细原理图，通常首先设计主电路拓扑结构，并按输出运行参数从输出侧反推计算主电路中每个变流臂及每个电力电子器件的参数；进而推算出该电力电子变流设备需要的供电电源电流值和需要供电电源容量；根据主电路拓扑结构对控制和驱动脉冲的要求，设计控制脉冲形成电路，再设计检测电路和闭环调节电路；设计保护电路，继电操作电路。

4.6.2　电力电子变流设备的设计步骤

同样电力电子变流设备随使用领域、目的和类别的不同，其设计步骤也会稍微有点区别和差异，但也具有共同性，一般的设计可以分为以下几个关键步骤：

（1）检查设计大纲的合理性与设计前准备的充分性。在进行正式设计之前，应进行检查设计大纲是否合理，是否满足使用要求，是否真正满足了用户的使用需要，设计前的准备是否充分，确认无误后开始进行该电力电子变流设备的设计。

（2）按设计大纲首先画出电力电子变流设备的系统框图。系统框图应严格满足使用要求，并涵盖整个电力电子变流设备工作的所有功能单元，明确表示各个构成单元之间的连接关系与参数匹配情况。

（3）选用主电路拓扑结构，设计主电路详细原理图。由于实现用户输出参数要求的主电路拓扑可能有多种，这时就要相互比较几种电路方案的优缺点（投资成本、运行效率、使用的可靠性和方便性），然后选择最终的主电路拓扑。按最终确定的电路拓扑结构，设计详细的电路原理图，计算并选用主电路中电力电子器件的参数、型号，汇总详细的元器件采购清单，给出该电力电子变流设备的准确输入供电条件。

（4）选用控制电路和继电操作电路工作电源参数及设计防干扰环节。控制电路包括主电路驱动与控制脉冲形成电路、主电路运行参数的检测与显示电路、稳定输出参数的闭环调节器电路、出现故障后的保护电路以及继电操作电路等单元。其工作电源有交流和直流之分，所以合理选取工作电源极为关键。通常对电源的选择要求为稳定、简单、抗干扰性强。通常直流工作电源有 24V，15V，5V，可以使用开关电源，也可以用模块电源，还可以使用线性电源；交流电源有单相 220V，50Hz 及三相 380V，50Hz 之分，要按使用选择的最终参数，选用供电电源的相数与容量，同时考虑到控制电路及继电操作电路的工作电源，对电力电子变流设备的长期稳定和可靠工作极为重要。电力电子变流设备运行时变换功率一般都比较大，所以对最终选用的交流和直流供电电源，要专门考虑和设计抗干扰和防止误动作及使供电电源性能变差的滤波电路。

（5）按设计的主电路详细原理图对控制电路、驱动电路、控制脉冲形成电路等进行设计。按设计的主电路详细原理图，主电路对控制驱动脉冲形成电路的要求，设计控制驱动脉冲形成电路、脉冲整形电路、防止直通短路的死区时间形成电路、脉冲隔离及功率放大和匹配电路、电力电子器件的驱动或触发电路。

（6）按已设计的主电路及控制电路和控制驱动脉冲形成电路设计检测及信号处理电路。电力电子变流设备的运行参数检测电路，对电力电子变流设备的安全运行，运行过程中运行状态的监控和计量有着极为重要的作用。在主电路及控制电路和控制驱动脉冲形成电路设计完成后，要按主电路详细原理及计算的输入与输出电压和电流参数，合理选用电压和电流检测用信号类型和幅值，选择检测用电压和电流传感器，电压和电流传感器的选用不但要考虑其供电电源、输出信号幅值、电压还是电流输出，还应考虑防干扰及失真。通常使用霍尔传感器，且要注意如传感器输出距离显示和保护部分引线较远，多用霍尔传感器输出为电流信号；如距离相对较近可以使用电压输出信号。为防止干扰，常用将电压与电流传感器输出的信号，通过隔离变送器隔离后分为几路送显示、保护及闭环调节器中作为反馈。对作为反馈信号提供的隔离变送器，要特别注意不能使用输入与输出信号延迟较大的隔离变送器，使用有较大延迟的传感器极易导致闭环系统的震荡，对此应给予充分的重视。

（7）设计控制电路中的保护电路。电力电子变流设备控制电路中的保护电路，对电力电子变流设备的安全稳定运行极为重要。保护电路用来在电力电子变流设备运行状态超出正常运行状态时，提供迅速可靠的保护。常用的保护分为三级，第一级为对检测电路获得的电力电子变流设备运行信息，与正常运行状态和信息进行比较和诊断，如运行状态超过正常运行状态，但不会影响电力电子变流设备本身及使用电力电子变流设备的后续设备或负载的性能，这种保护电路给出报警提醒使用者注意，但不停止电力电子变流设备的继续运行；第二级为根据检测电路获得的电力电子变流设备运行信息，与正常运行状态和信息进行比较和诊断，若比较和判断结果表明，电力电子变流设备的运行状态严重超过正常运行状态，如不停止其继续运行，将严重影响电力电子变流设备本身及使用电力电子变流设备的后续设备或负载的性能，甚至会导致电力电子变流设备本身或使用电力电子变流设备的后续设备或负载损坏，这时保护电路会迅速封锁电力电子变流设备的驱动或控制脉冲，停止电力电子变流设备的输出，将输出电压与电流降为零，并给出声光报警提醒；第三级保护措施，是在第二级保护措施动作后，因封锁脉冲或停止电力电子变流设备输出的功能，受电力电子变流设备中个别电力电子器件失去封锁功能或失效限制，不采取进一步保护措施将会导致故障事故扩大，引起更严重的电力电子变流设备本身或用户负载或设备或供电电网的更大事故，需要在第二级保护措施的基础上，采取第三级保护措施跳闸分断供电主电路，将故障电力电子变流设备退出系统。

保护电路的合理设计应分级保护类别，并针对不同的保护类别，采取相应的保护措施，同时为防止保护电路的误动作，应设计有防止保护电路误动作的滤波及抗干扰电路和环节。

（8）设计继电操作电路。

4.6.3 设计举例：75kW 无刷直流电机调速系统继电操作电路设计

1. 继电操作电路设计的重要性

继电操作电路对电力电子变流设备的正常运行和保护后的动作有很重要的作用，继电操作电路应包括合闸（启动）、分闸（停止）电路，保护后分断主电路的中间转换电路，保证在电力电子系统给定和输出为零时进行合闸或分闸的电路，对电力电子变流设备正常运行必备条件进行判断的电路，一旦这些条件不具备，需要投入运行的电力电子变流设备不能启动，正在运行的电力电子变流设备应立即退出运行。在可编程控制器 PLC 投入电力电子变流设备中作为控制的核心部件之前，继电操作电路多用继电器和接触器等配合完成。现在继电操作电路中的时间配合、顺序动作多用 PLC 或专用数字处理芯片进行编程实现，但不论 PLC 还是数字处理芯片，因为都是电压低于直流 24V 的弱电工作电路，而电力电子变流设备中的继电操作电路多控制的为相对电压较高、电流较大的强电，因而多用在有逻辑和时间配合部分，然后再通过中间继电器进行功率匹配，最后由接触器或断路器与控制强电之间进行接口的混合方案。

2. 继电操作电路设计时要注意的几个问题

1）因国内使用的继电器、接触器和断路器工作电压有交流和直流之分，两者不能互换使用，应按使用电路中的实际需求，正确选用继电器或接触器线圈的工作电压是直流还是交流。

2）合理选用继电器或接触器线圈的工作电压等级。国内使用的直流继电器工作电压有多种，如小功率继电器线圈工作电压有 6V、12V、24V、48V，较大功率的有 48V、110V、220V、440V、660V，接触器和断路器的工作电压有直流 110V、220V、440V、660V，交流有 110V、220V、380V、440V 等，选用电压低而使用电压高则线圈烧坏，选用电压高而使用电压低则接触器、继电器和断路器无法正常工作。

3）正确选用断路器、接触器和继电器上触点的合理分断电压。由于分断交流或直流对触点的要求是不同的，直流分断有时会有拉弧现象，所以交流接触器或断路器是不能用于直流回路的。另外触点的额定电压不能超额使用，如额定分断电压 380V 的接触器或短路器不能用在控制分断电压为 440V 的电路中做分断电路的器件，但选用分断电压高的接触器或断路器可以用于分断低于额定电压的电路中做分断执行部件，仅是大才小用问题。

4）无论是交流还是直流接触器，分断主电路中的电流时，其触点总会有因电流大小不同的拉弧而产生烧蚀（俗称打毛），因而如变流设备中使用的主电力电子器件为可控器件时，则比较合理的处理方法为先封锁控制脉冲，使得主电路中的电流变为零，然后再分断主电路中的电压。

3. 实际继电操作电路设计举例

（1）参数设计。

1）操作电压：交流 220V，50Hz。

2）电动机功率：75kW，额定电压 380V。

3）有设备带电、运行、停机指示。

4）主电路与工作控制电源有独立合闸、停机按钮。

5）具有通过主电路正常调速与通过能耗制动调速之间互锁功能，满足两主电路不能同时合闸功能。

6）设置过电流、过电压、接地、直流短路、输出短路、反馈丢失、超速、缺相、电动机内部过热、电动机外部过热声光报警及跳闸功能。

（2）原理设计。为了说明继电操作电路的工作逻辑和过程，图 4.6-1 给出了 75kW 无刷直流电动机调速系统设计的继电操作电路实例，这个继电操作电路没有使用 PLC，而通过继电器进行信号中继，最后由接触器进行分断主电路的操作。图中共用了 9 个中间继电器 KA_1～KA_9 和一个主接触器 KM_1，KM_1 用于正常通过主电路中的三相逆变电路对无刷直流电动机调速时，主电路的合/分控制触点 K_{qx}、K_{ln}、K_{SH}、K_{OI}、K_{OT1}、K_{OT2}、K_{on}、K_{ov} 分别对应主控制板上的缺相、转速反馈信号丢失、短路、过电流、电动机内部过热、电动机外部过热、超速、过电压等保护继电器的输出触点，FU_1～FU_3 是串于主电路中的三个快速熔断器的微动开关触点。该继电操作回路的工作原理可简述为：若未发生主供电电源缺相，转速反馈信号丢失，短路、过电流、电动机内部过热、电动机外部过热、超速、过电压等故障时，与这些故障有关的保护用中间继电器的线包均不得电，其常闭触点不断开，此时主接触器合按钮不按下时，主接触器 KM_1 的常闭触点闭合，主电路分断指示灯 HL_2 亮，一旦按下主接触器合按钮 SB_1，则主接触器线包 KM_1 得电，其一个常开触点闭合并自保，其另一个常开触点闭合，主电路合指示灯 HL_1 亮，而常闭触点断开，主电路分指示灯 HL_2 熄灭，主接触器 KM_1 吸合，向 75kW 无刷直流电动机调速系统主电路中提供三相 380V 电源，一旦运行中发生缺相、过电流、过

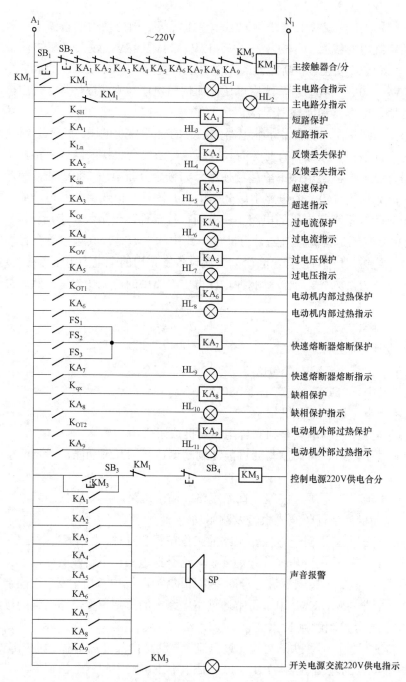

图4.6-1 75kW无刷直流电动机调速电力电子变流设备应用的继电操作回路原理图

电压、超速、转速反馈信号丢失、电动机内部过热、电动机外部过热、短路、快速熔断器熔断等故障中的任一个故障问题，则相应的中间继电器线包得电而动作，其常开触点闭合，相应故障的指示灯得电而发光，同时故障对应中间继电器的常闭触点断开，分断主接触器 KM_1 线包电源，主接触器 KM_1 分断，其常开触点断开，原主电路合指示灯 HL_1 熄灭，主接触器 KM_1 的常闭触点闭合，主电路分指示灯亮，且从图4.6-1可明显看出，不论发生上述故障中的任一个非正常状况,则扬声器 SP 均发出报警声,以提醒有关操作与维护人员注意。在图 4.6－1 中,按钮 SB_3 与 SB_4 及接触器 KM_3 仅用在利用能耗制动以电阻斩波方式泄放主电路中的能量调速时,给三相 IGBT 逆变桥及斩波用 IGBT 的栅极驱动电路工作的开关电源供电,因而 KM_3 与 KM_1 为互锁逻辑。

（3）参数选用。根据前述设计输入参数及设计原理电路,表 4.6－1 给出了继电操作电路元器件选型表。

表 4.6－1　　　　　　　　　　　　　继电操作电路元器件选型表

序号	器件代号	主要参数	选用型号	数量	生产厂家
1	KM_1、KM_2	线圈电压:交流 220V,三常开主触点可分断电压 380V,额定电流 200A,带辅助触点两常开两常闭 5A/380V	LC1D205 M7C; LADN22C	各 1 只	施耐德电气有限公司
2	KM_3	线圈电压:交流 220V,三常开主触点可分断电压 380V,额定电流 9A,带辅助触点两常开两常闭 5A/380V	LC1D09M7C; LADN11C	各 1 只	
3	$KA_1 \sim KA_9$	线圈电压:交流 220V,三常开两常闭触点可分断电压 380V,额定电流大于 2A	LAD326M7C	各 9 只	
4	$HL_1 \sim HL_{12}$	额定电压 220V,红色 10 只,绿色 2 只,开孔尺寸 ϕ22mm	XB2BVM4LC	10 只	
			XB2BVM3LC	2 只	
5	SP	蜂鸣器连续发声指示灯　红色额定电压 220V	XB2BSM4LC	1 只	
6	$SB_1 \sim SB_4$	常开与常闭自复位按钮,红绿各两只,开孔尺寸 ϕ22mm	XB2BA31C/ XB2BA42C	各两只	

第 5 章　主功率器件为整流管的电力电子变流设备

5.1　概述

整流管实际上就是常说的二极管,电力电子行业习惯把小电流容量(额定电流不大于5A)的二极管称为二极管,而将电流容量大于 5A 以上的二极管称为整流管。因而以整流管为主功率器件的电力电子变流设备主要用来把交流变为直流。这类电力电子变流设备常用于电解、电镀、直流屏、直流调速、直流冶炼等领域。常分为输出直流电压可调与不可调两大类别。由于整流管当其阳极电位高于阴极 0.7V（硅管）或 0.3V（锗管）时自动导通;当其阳极电位低于阴极电位时自行关断,因而仅靠整流管本身,当输入交流电压一定时是无法对其整流输出电压进行调节的,要调节整流后直流输出电压,唯一的方法就是只能使输入交流电压按用户要求来变化。根据中国电力电子行业协会对全国 8 家整流管生产厂家的统计（统计还没有包括中车株洲时代半导体公司、西安派瑞功率半导体变流技术股份公司等多家整流管生产厂家),2017 年这 8 家单位共生产各种整流管 463 174 711 只,是同期晶闸管产量的 4 倍,其中国内使用 4 403 541 676 只,出口 34 430 687 只,这些数据还没有包含这几个单位生产的整流管模块。可见我国以整流管为主功率器件的电力电子变流设备应用的广泛。本章先讨论整流管的串联及并联应用问题,最后给出几种很有特点的整流管类电力电子变流设备的实际工程实例,以两种整流管电力电子变流设备为例说明设计过程。

5.2　整流管并联应用的均流问题

经过 60 多年的发展,我国整流管器件的实验室水平单管最大通态电流已达 13 000A,并可批量生产最大通态电流为 11 000A 的 6in 整流管器件,但对诸如电化学及特殊需要的特大电流电力电子变流设备来讲,单个整流管的额定电流仍然无法承受电力电子设备对其电流容量的需求,因而需要使用多只整流管器件并联组成整流管阀组,然后多个整流管阀组按一定的电路拓扑结构组合实现交流—直流的变换,完成负载对电力电子变流设备输出电流的更大要求。本节对整流管器件应用的均流问题进行讨论。

5.2.1　整流管并联的不均流机理

由于整流管制造过程中,单晶片区域不同造成的性能、结构特性差异、工艺过程中的酸洗、扩散、掺杂、光刻等不一致性,决定了即使是同一批整流管器件,也无法达到管芯参数完全一致,加之管芯封装时其表面的平整度,内部垫块的平整度与厚度,使用过程中安装时压力的差异，与接触的导电母线的压接程度，工作时发热与散热等的差异，都会导致多个并联的整流管器件，其工作时阳阴极压降及电流通路的压降（或阻抗）无法做的完全相同，这就决定了多个并联的整流管器件，位于同一个整流臂上时，会有不均流现象发生。为避免并联整流管器件工作时电流差别太大，电力电子变流设备的设计人员，应尽可能地从整流管器件选用、电路结构等方面采取措施，提高并联整流管的均流系数，降低不均流程度，只有这样才能保证整流管类电力电子变流设备的稳定可靠运行。

5.2.2　多个整流管并联的均流措施

多个整流管并联工作时不均流是必然的，所以，在多个整流管并联组成一个臂组，承担三相桥式或双反星形整流电路中的一个整流臂的交流变直流任务时，要考虑均流措施。均流分整流管电力电子变流设备本身的动态均流与静态均流措施，还包括现场安装布置的影响因素，通常整流管并联的均流措施有：

（1）静态均流通过使整流管变流设备中，单个或多个三相桥式（或双反星形）整流单元内，多个并联整流管到整流变压器二次侧母线的分引线长度及到总输出汇流母线的引线长度一致，并且结构和材料及工艺要尽可能保证、各并联整流单元内部对应整流管电流流通时的路径长度、路径漏感和阻抗相近或一致。

（2）通过挑选各并联整流管器件的尖峰过电压保护用阻容与压敏电阻参数，挑选配对各并联整流管器件的伏安特性曲线、开通与关断特性曲线、动态及静态参数，实现各并联整流管器件的动态均流。当以整流管为主功率器件的变流柜内需要多个整流管并联工作时，应对变流臂中的整流管器件按漏电流曲线、关断与开通特性曲线、通态压降、通态漏电流、通态电阻与温升的特性曲线严格挑选配对。

（3）选配正向伏安特性曲线接近或一致的整流管器件，安装在多个并联整流单元中对应的同一整流臂上。正向伏安特性的测试应在元件结温分别为 60℃、90℃、120℃、150℃时，对应几个不同温度，测出峰值压降，测试电流选择按 $1/5I_{F(AV)}$、$1/4I_{F(AV)}$、$1/3I_{F(AV)}$、$1/2I_{F(AV)}$、$2/3I_{F(AV)}$、$I_{F(AV)}$，分别测试相应的正向峰值压降。如对 $I_{F(AV)}$ 为 5000A 的整流管，分别测试电流为 1000A、1250A、1700A、2500A、3750A、5000A 时的正向峰值压降，额定电流根据测得的值，按经验公式计算出一个正向压降值，作为选配依据，将通态压降小的整流管装于数个并联整流臂的中间位置，而将通态压降大的整流管装于并联整流臂的两边位置。

（4）对与每个整流管器件串联的快速熔断器内阻参数进行严格挑选配对，结构设计从电场与磁场两个角度考虑元器件的安装与分布，使各整流组件的电流通路路径长度趋于一致。

（5）把改进元件压装结构，减小压装结构对均流的影响作为重要控制因素，安装时应用专用的压装工具来压装整流管器件，保证接触电阻一致，提高静态均流效果。

5.3　整流管串联应用的均压问题

尽管国产整流管单管最高反向额定电压已达 8500V，但在需要高压输出应用的以整流管为主功率器件的电力电子变流设备中，我们仍然不得不采取多个整流管器件串联来满足不导通时的反向耐压需要，这对整流管的串联均压特性提出了很高的要求。串联均压不好，势必造成串联承受过高反向电压的整流管最先击穿损坏，从而引起连锁反应，给电力电子变流设备的可靠性与稳定工作造成很大影响。本节介绍整流管电力电子变流设备中多个串联的整流管器件的均压问题。

5.3.1 串联整流管不均压的原因

串联整流管器件的均压分动态均压和静态均压两种，导致不均压的原因可以分为整流管器件本身和外围电路两个因素来分析。

1. 整流管器件本身的原因

（1）整流管制造过程中，需要经过针对大直径尺寸的单晶片，按所制造整流管容量决定的管芯直径尺寸进行割片，然后经光刻、扩散、掺杂、烧结或压接、封装等工艺流程。单晶片区域不同造成的性能、晶体结构特性差异，工艺过程中的酸洗、扩散、掺杂、光刻等会存在不一致性，决定了即使是同一批整流管器件，也无法达到管芯耐受反向电压参数完全一致。加之管芯封装时其表面的平整度、洁净度、内部垫块的平整度与厚度、使用过程中安装时压力的差异，与接触的导电母线的压接程度，工作时发热与散热等等差异，都会导致多个串联的整流管器件其工作时阳阴极承受反向电压能力（或阻抗）及不导通时的反向漏电流无法做的完全相同，这就决定了多个串联的整流管器件，尽管工作时位于同一个整流阀组或同一个整流臂上，会有不均压的现象。

（2）制造工艺及材料特性，导致不同整流管本身伏安特性的差异，相当于整流管阳阴极等效反向电阻不同，所以引起静态不均压。

（3）当整流管器件从导通转为关断时，因其载流子要复活而出现反向恢复电荷，反向恢复电荷的不同可以看作是反向恢复时间存在较大差异。反向恢复时间最短的整流管器件将最先关断，在与其串联的其他整流管器件还未反向恢复到完全关断时，最先关断的整流管器件将承受原来多个整流管器件都阻断时共同承受的反向电压，由此使该整流管器件严重过电压，而承受较高的电压。也就是说反向恢复电荷的不同引起动态不均压。

（4）当整流管器件从关断转为导通时，开通时间差异也会引起不均压。开通时间最长的整流管将最后开通，因与其串联的其他整流管器件早已开通，所以不承受正向电压，开通慢的整流管在未开通前将承受较高电压。也就是说开通时间不同引起动态不均压。

2. 外围电路的原因

在电路中，整流管器件工作时总是要与外围电路连接在一起的，外围电路对串联整流管器件的影响主要有以下几点：一是等效串联电阻；二是尖峰过电压吸收网络参数的差异；三是散热性能的好坏这些都会影响均压效果。

（1）当整流管器件工作时，其结温决定着载流子移动的速度，因而串联整流管结温的不同，会引起其各自内部载流子移动的速度不同，也就会引起各自等效阳阴极电阻不同，从而引起不均压。现在整流管的等效内阻基本都是负温度系数，所以散热不良的整流管会因结温度高于其他器件，导致等效内阻减小，而承受较低电压。

（2）外部电路设计不好或缓冲电路参数差别较大，导致串联整流管承受的临界电压上升率会有很大不同，承受较高临界电压上升率的整流管，相当于在动态过程中，承受较高电压，引起动态不均压。

（3）外部电路设计不好，各串联整流管引线长度差别较大，或与外部导电母线接触不好，等效于串联电阻不同，导致串联整流管阳阴极承受的电压有很大差异，引起动态不均压。

5.3.2　多个整流管串联的均压措施

在多个整流管串联组成一个阀组，承担整流电路中的一个整流臂的交流变直流任务时，要考虑均压措施，可以采取措施，使串联的多个整流管器件之间尽可能均压。为了保证在运行中每个整流臂中串联的各个整流管在工作时承受相同的反向电压，均压分多个串联整流管本身的动态均压与静态均压措施，还包括现场安装布置的影响因素。为避免串联整流管器件工作时承受反向耐压差别太大，电力电子变流设备的设计人员应尽可能从整流管器件选用、电路结构等方面采取措施提高串联整流管的均压系数，降低不均压程度，只有这样才能保证电力电子变流设备的稳定可靠运行。常用的串联整流管均压措施分动态均压措施和静态均压措施。

1. 动态均压措施

（1）严格挑选同一个整流臂上各串联整流管的反向恢复电荷，保证多个串联整流管彼此之间反向恢复电荷误差尽可能小，通常正向电流为几百安培以上的整流管串联应用时，应使同一个整流臂上多个串联整流管的最大反向恢复电荷偏差小于 $300\mu C$。

（2）在各整流管旁并联动态均压网络，该均压网络中电阻应选用无感电阻，电容选用无感电容，其电容的参数计算应按同组串联整流管的最大反向恢复电荷偏差考虑。

（3）保证各串联整流管均压环节到整流管阳阴极之间引线尽可能短，并都采用双绞线连接，引线截面积应尽量大。

（4）采取措施限制每个整流管工作关断时的临界电压上升率，给每个整流管阳阴极之间安装尖峰过电压缓冲电路，并保证同一个整流臂上串联整流管缓冲电路使用器件的参数尽可能一致。

（5）加强器件工作时的散热措施，保证串联的所有整流管都有良好的散热，运行结温都在远低于最高允许结温的较低温度。

2. 静态均压措施

（1）对各串联的整流管在并接动态均压网络的同时，并联静态均压电阻。静态均压电阻与主整流管的连接采用双绞线，且引线要尽可能粗，静态均压电阻尽可能与其并联的整流管近距离安装。

（2）严格对串联的整流管参数进行配对。以额定反向重复电压 5000V 的多个整流管串联为例，分别测 1000V、2000V、3000V、4000V、5000V 条件下，各整流管结温在高温（105℃）与常温（25℃）时的反向漏电流，按漏电流参数相近的原则，对各整流臂用整流管进行配组，将漏电流参数误差尽可能小的整流管，组成同一组，安装于同一整流臂上。

（3）对与整流管两个主电极相接的散热器或铜母线，要采取铣平面、镀锡或镀镍等措施，保证平整光洁，接触充分。使用专用油压机或其他压装工具，确保多个串联整流管中每个垂直于阳阴极台面的正向压力相同，从压装工艺上保证各串联的整流管与母线及散热器的接触电阻误差极小，保证接触电阻基本一致。

（4）对多个整流管器件按漏电流曲线、关断与开通特性曲线、温升的特性曲线、反向恢复电荷与结温曲线严格挑选配对。严格挑选开通时间及关断时间，将开通时间与关断时间误差尽可能小（如最大误差小于 2μs）的整流管装于同一个串联整流臂上。

（5）加强器件工作时的散热措施，保证串联在同一整流臂上的所有整流管都有良好的散热，工作时结温都在远低于最高允许结温（150℃）的较低温度（如 100℃ 以下）。

5.4 48 脉波 4×55kA/880V 直流电力电子变流设备

5.4.1 系统组成及工作原理

48 脉波 4×55kA/880V 直流电力电子变流设备的系统构成从大的方面可分为整流变压器、监控柜、信号检测与处理、故障保护四大部分。

1. 整流变压器

由于该套电力电子变流设备的供电电压为交流 35kV，用户需要一次建设 4 条碳化硅生产线，每条线需要提供 55kA/880V 的直流电。因总功率达 193.6MW，为保证注入电网的谐波电流尽可能小，保证系统运行时输出直流电压的脉动频率高，谐波含量小，我们设计了每个机组的整流变压器为 12 脉波整流变压器，一次外延三角形接线，二次均为星形三相桥式同相逆并联接线。同一套整流变压器内两台分整流变压器相位互差 30°，两台分整流变压器与不带移相角度的自耦调压变压器装于一个油箱中，整流变压器采用强油水冷却，四套整流变压器的移相角度分别为 +3.75°、−26.25°、−3.75°、+26.25°、−11.25°、+18.75°、+11.25°、−18.75°。这样四个整流机组同电网运行时，在 35kV 侧等效为 48 脉波，图 5.4−1 给出了变压器组的内部结构原理图。因碳化硅生产过程中，起始阶段因二氧化硅与无烟煤（生产黑色碳化硅）或二氧化硅与石油焦（生产绿色碳化硅）电化反应不是很充分，等效负载电阻大，需要整流管电力电子变流设备输出电压高，电流小；而随着时间的推移，二氧化硅与无烟煤（生产黑色碳化硅）或二氧化硅与石油焦（生产绿色碳化硅）电化反应逐渐变充分，等效负载电阻降低，需要整流管电力电子变流设备输出电压低，电流大。这个工艺过程，因整流管无法调节输出电压，所以在整流变压器组内设计有独立的固定相位的调压变压器，调压变压器二次安装多级有载调压开关，用来按碳化硅生产工艺过程中，对整流管电力电子变流设备输出电压电流的需要，随时对实际加到整流变压器一次的电压进行调节。通常有载调压开关调压级数不小于 27 级，且随着碳化硅生产线单炉产量越来越大，炉型越来越长，需要整流管电力电子变流设备额定输出电压越高，则调压变压器中有载调压开关的级数也就越来越多，本电力电子变流设备中设计选用 72 级，现在使用最多的已达到 105 级，其内部原理如图 5.4−1 所示，图中为画图方便，有载开关连接的绕组仅仅画出了其中的 13 个抽头。

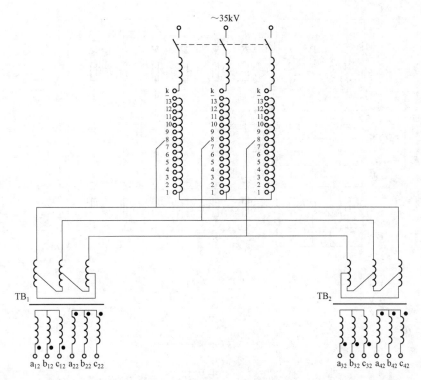

图 5.4-1　单套 12 脉波 55kA/880V 整流管电力电子变流设备用变压器组的内部原理图

2. 整流柜

整流柜结构应与整流变压器严格配合，由于每个整流管电力电子变流设备输出额定参数为 55kA/880V 12 脉波，所以整流柜采用三相桥式同相逆并联结构。图 5.4-2a 给出了每个整流柜的内部原理图。考虑 3 倍的安全裕量，每个整流臂选用 3 个整流管并联，如图 5.4-2b 所示，同一整流臂并联整流管的均流系数设计不小于 0.86，不同整流臂之间的均流系数设计为不小于 0.92，则每个整流臂上应用 5500A/3200V 的 4in 整流管 3 个并联。这种设计保证了整流柜的电压和电流安全裕量都大于 3 倍。

为防止尖峰过电压危害整流柜中整流管的安全，在每个整流管的阴阳极之间并联了进行尖峰电涌电压吸收的电阻与电容串联网络及压敏电阻；为了防止交流进线侧的电涌电压加在整流桥中整流管的阳阴极两端，因而在每个三相桥的交流输入侧均加了电阻与电容串联的电涌电压吸收网络。在每个三相桥的三相输入侧，在相邻的两相之间并接有压敏电阻，为进一步防止直流侧的负载回路电感存在，电流的变化引起的尖峰过电压损坏三相整流桥中的整流管，不但在直流输出的正负母线之间并接有电阻与电容的串联网络，而且还并联有电涌电压吸收能力很强的压敏电阻。图 5.4-2 中 TV 和 TA 分别为霍尔电压和霍尔电流传感器，用来为电压与电流显示及过电压与过电流保护提供取样信号。与每个整流管串联的快速熔断器是为了防止整流管失效后，故障扩大而增加的，因为设计安全裕量达 3 倍以上，如果发生某个整流管击穿损坏的情况，则该快速熔断器熔断使故障支路的整流管退出运行，不影响整个电力电子变流设备输出的正常工作。

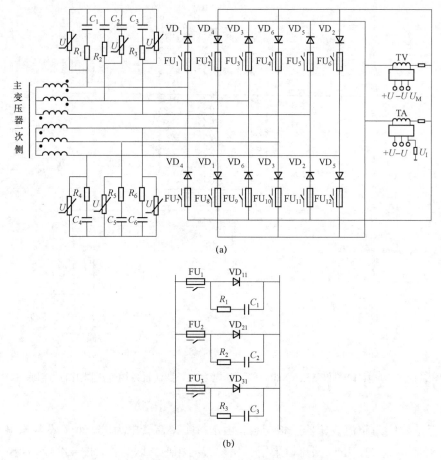

图 5.4－2 每个 55kA/880V 12 脉波整流机组中的单整流柜的
主电路原理图及每个整流臂的结构图

（a）单整流柜主电路原理图；（b）每个整流臂结构图

3. 保护电路

为了保证 55kA/880V 整流管电力电子变流设备的长期稳定工作，设计有直流侧的过电压与过电流、交流侧的过电压和过电流保护，这部分电路的原理与前面介绍的电路基本相同。另外，为了防止变压器内部发生绝缘下降、击穿引起放电出现瓦斯气体，电路设置有轻瓦斯、重瓦斯保护。同时，为了防止变压器油温过高，整流柜冷却水系统故障造成整流柜母排温度过高或循环水温过高，设计在每个整流管器件母排和快速熔断器母排上安装有温度继电器，并在进出冷却水总水管上安装电触点温度表、电触点水压表及电触点水流量表的保护方案，一旦母排温度过高或冷却水流量不足或压力不足，都可以使相应触点闭合向外报警并进行保护。

4. PLC 监控单元

由于 55kA/880V 整流管电力电子变流设备每个机组内共有 72 个整流管，串联有 72 个快速熔断器。每个机组有 24 个安装整流管器件的母排和 24 个安装快速熔断器的母排，安装有 24 个温度继电器，且有总冷却水流量、冷却水压力不足、冷却水进出口温度高报警、整流变压器轻瓦斯、重瓦斯保护。整流变压器温度高，直流输出侧静态过电压、过电流保护，交流输入侧过电压、过电流保护。共计 100 多个开关量信号需要监控。同时还有该电力电子变流设备的高压合闸、分闸等操作，高压开关柜合闸是否到位，纯水冷却器起/停，运转是否正常，总计有近 110 个开关量触点。另外需要对输出直流电压和电流取样，并以通信方式上传到上位机计算机系统，由此我们设计了图 5.4-3 所示的 PLC 监控系统，图 5.4-4 给出了 PLC 监控系统的主程序流程图。

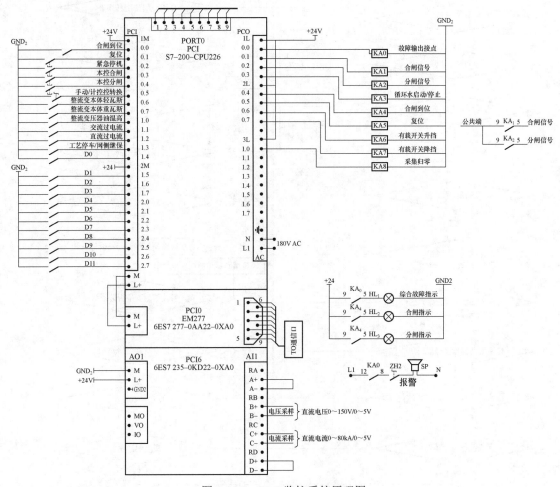

图 5.4-3 PLC 监控系统原理图

5.4.2 应用效果

本节介绍的 4×55kA/880V 整流管电力电子变流设备，由 4 套 12 脉波的 55kA/880V 分整流管电力电子变流设备组成，每套 55kA/880V 向一条碳化硅生产线提供直流电能。黑色碳化硅生产一炉料的周期为 5～7d，绿色碳化硅为 24h，使用时操作人员通过人为调节整流变压器组内安装在调压变压器二次的有载调压开关，而使整流管电力电子变流设备运行在近似恒功率状态。每炉开始生产时，因碳化硅原料中的二氧化硅（石英砂）与无烟煤或石油焦还

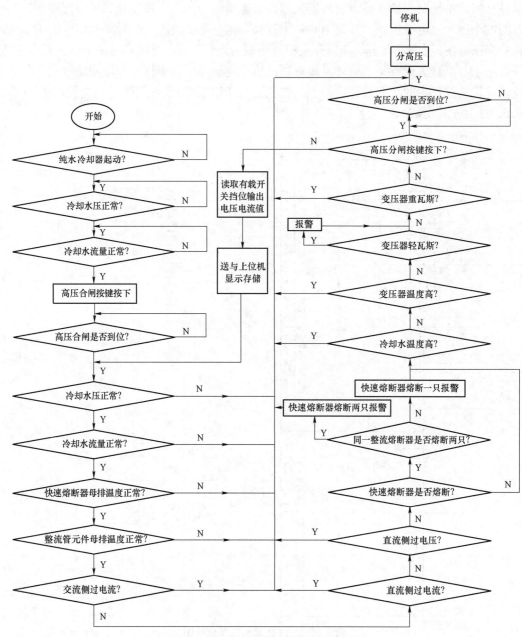

图 5.4－4　PLC 监控系统的主程序流程图

没有充分电化反应，电阻较大，所以要求直流电压高（为额定电压 880V），而直流电流小（开始几千安）；随着生产过程中时间的增加，电化反应加剧，负载电阻逐渐减小，电压降低（约 380V）而电流加大到额定电流 55kA，近似恒功率状态运行一定时间。本节介绍的 55kA/880V 整流管电力电子变流设备，为国内两种碳化硅生产线都配套过，共生产几十套，有两个机组 24 脉波运行的，也有一个机组 12 脉波运行的，还有 3 个机组 36 脉波运行的，四个机组 48 脉波运行的，无论哪种组合方式，整流管电力电子变流设备都表现出了很好的特性。不论是用于冶炼黑色碳化硅还是绿色碳化硅，其运行都很稳定，保护灵敏，运行可靠，注入电网侧的谐波经某省电力研究院现场实际测试，远远低于 GB/T 14549—1993 的要求，在多年连续生产运行过程中，从未发生过因整流管电力电子变流设备本身故障引起停机，深受使用单位的好评。

5.4.3　结论与启迪

（1）55kA/880V 整流管电力电子变流设备，设计为 12 脉波系统，可以此作为一个基本单元，而组合成 24 脉波、36 脉波、48 脉波、60 脉波及 72 脉波系统，满足国内磨具磨料行业及光伏行业对黑色碳化硅及绿色碳化硅的巨大用量需求，可使生产企业按自己单位产能的实际情况，选用一台或多台 55kA/880V 整流管电力电子变流设备构成系统，在同一电网挂网运行，在电网侧等效多脉波整流，有效减小注入电网的谐波含量，是一个比较合理的优化方案。

（2）以独立自耦调压变压器有载开关调压，整流变压器一次外延三角形接线，二次星型三相桥式同相逆并联接线的整流变压器设计方案，可以多台相互移相组合，构成多脉波整流变压器。这种设计方案解决了利用调压变压器移相时，既要移相又要有载调压开关调压，设计制造工艺复杂，对可靠运行有不可预测的风险问题，是一个很好的解决方案。

（3）整流管电力电子变流设备因不存在晶闸管需要的触发电路，控制比较简单，增加有载调压开关的级数（本节介绍的电力电子变流设备为 72 级）可以使调压范围很宽，而且输出电压调的较细，是可以满足诸如碳化硅生产这种对直流电压的调节不要求连续，对直流电流不需要进行闭环恒流控制系统的需要。

（4）本节介绍的 PLC 监控、过电压过电流保护方案及主电路方案稍加变化或修改，是完全可以直接应用于其他需要这种整流管电力电子变流设备的应用场合，增加并联整流管的个数或选用电流容量更大的整流管可以进一步扩大使用功率，其应用前景非常广阔。

5.5　110kV/300A 整流管直流电力电子变流设备的设计计算与应用

5.5.1　系统组成及工作原理和参数设计

110kV/300A 整流管直流电力电子变流设备是为中国环流二号（HL－2A）核聚变模拟试验装置二级加热系统供电而设计的。其输入来自两台升压变压器的二次侧，两台升压变压器一次输入线电压为 660V，二次输出线电压最高为 38kV。采用星点调压实现二次电压调节，经整流后直流输出串联或并联工作，等效构成 12 相整流，满足了用户 110kV/150A 及55kV/300A 两种工作模式的需要，同时降低了工作时的谐波电流。有关星点调压获得可变交流部分的详细讨论，可参考本书第 6.8 节，本节将详细介绍升压变压器二次的高压整流部分。

1. 高压整流阀的设计

（1）电路结构设计。由于每个高压整流阀输出的额定电压达 55kV，其额定电流为 150A，为了降低变压器的造价，减小其制造难度，选用每台升压变压器二次侧仅一个三相绕组。受国产整流管的最高耐压和成本的限制，在升压变压器一次侧已应用了星点控制交流调压，所以高压整流阀选用三相桥式不控整流，每个整流臂为多个整流二极管串联。

（2）串联二极管参数与个数 n 的确定。根据参考文献［13］中的公式，同一整流臂上串联的整流管个数 n 可按式（5.5-1）计算

$$n = U_{AM}K_{cu}K_bK_{AU}/(U_{RMM}K_u) \tag{5.5-1}$$

式中　U_{AM}——整流臂的最大工作峰值电压；

　　　K_{cu}——过电压冲击系数，一般取 1.3～1.6，设计取 1.5；

　　　K_b——电网电压升高系数，一般取 1.05～1.1，设计取 1.08；

　　　K_{AU}——设计的电压安全余量，一般取 1.5～3，设计取 2；

　　U_{RMM}——选用整流管的额定重复反向电压；

　　　K_u——串联整流管的均压系数，一般取 0.8～0.9，设计取 0.85。

计算中均考虑最恶劣的情况，则

$n = U_{AM}K_{cu}K_bK_{AU}/(U_{RRM}K_u) = 2.45 \times 55\,000/2.34 \times 1.5 \times 1.08 \times 2/(5200 \times 0.8) = 44.85$，取 45 只。

由于每个高压阀需要的额定输出直流电压为 55kV，理想空载电压 U_{dio} 依据参考文献［13］，可以按式（5.5-2）计算

$$U_{dio} = \{U_{dN} \times [1 + K_g(K_xe_x/100 + \Delta P/P_t)] + SN_sU_{TM} + \Sigma U_s\}/[\cos\alpha_{min}(1 - b\%)] \tag{5.5-2}$$

式中　U_{dio}——整流器理想空载直流电压；

　　　U_{dN}——整流器额定输出直流电压；

　　　K_g——变压器超载倍数，对整流变压器取 1；

　　　K_x——变压器感抗电压降折算系数，对三相桥式电路取 1；

　　　e_x——变压器短路电压百分值 e 的漏抗分量，这里按用户告诉的参数取 8%；

　$\Delta P/P_t$——变压器铜耗百分比，这里取 2%；

　α_{min}——最小导通角，取 $\alpha_{min}=0°$；

　　　S——串联换相组数，对主电路结构形式为三相桥式整流电路取 2；

　　　N_s——每臂串联元件数，这里取 1；

　　U_{TM}——晶闸管器件通态峰值压降，这里取 1.25V；

　　ΣU_s——附加电压降：包括连接导线、熔断器、母线等，这里取 3.0V；

　　$b\%$——网侧电压允许的持续负波动幅度对额定值的百分数，这里取 5%。

计算出

$U_{dio} = \{U_{dN}[1 + K_g(K_xe_x/100 + \Delta P/P_t)] + SN_sU_{TM} + \Sigma U_S\}/[\cos\alpha_{min}(1 - b\%)]$

$\quad\quad = \{55\,000 \times [1 + 1 \times (1 \times 8/100 + 2/100)] + 90 \times 1.25 + 3\}/[\cos0° \times (1 - 5\%)] = 63\,806\text{V}$

由此升压变压器二次侧的最高相电压 U_{2max} 为：$U_{2max} = U_{dio}/2.34 = 27\,260\text{V}$

另一方面由于负载要求每个高压阀输出额定电流 $I_{dN} = 150\text{A}$，每个整流管阀导电臂通过的平均电流 $I_{by} = I_{dN}/3 = 150\text{A}/3 = 50\text{A}$；考虑电流储备系数不小于 3 倍，同时考虑到 150A 的整流管管芯截面太小，不易制出 $U_{RRM} > 5000\text{V}$ 器件，所以选取正向平均电流 $I_{F(AV)} = 300\text{A}$ 的元件，实际的电流储备系数为 6。则每个高压整流阀共用整流管器件（ZPX-300A/5200V）270 只。

（3）均压网络外围参数的选择。多个整流管器件串联构成变流器中的一个整流臂，工作时每个整流管器件均压运行是保证各串联整流管器件可靠工作的关键。在该整流管电力电子变流设备中的每个整流管旁并联无感电阻进行静态均压，而并联无感电阻与无感电容串联的动态均压网络实现动态均压。静态与动态均压网络的参数计算参文献 [13]，其计算过程如下：

1）静态均压电阻 R_P。串联均压系数按最恶劣情况考虑选 0.8，则静态均压电阻阻值 R_P 可以按式（5.5-3）计算

$$R_P \leqslant (1/K_u - 1)U_{RRM}/I_{RRM} \tag{5.5-3}$$

静态均压电阻阻值 R_P 的功率可以按式（5.5-4）计算

$$P_R = 0.45[U_{AM(max)}/n]^2/R_P \tag{5.5-4}$$

由于 ZP5200V/300A 整流管的最大峰值漏电流为 100mA，所以

$$R_P \leqslant (1/K_u - 1)U_{RRM}/I_{RRM} = (1/0.8 - 1) \times 5200/0.1\Omega = 13k\Omega，取 10k\Omega$$

$$P_R = 0.45(U_{AM(max)}/n)^2/R_P = = 0.45 \times (27\,267 \times 2.45/45)^2/13\,000W = 76.29W，取 75W$$

2）动态均压电容。选取同一个整流臂上串联整流管最大与最小反向恢复电荷差别为 ΔQ_{max}，则限制动态整流管过电压的电容值 C_b 可以按式（5.5-5）计算

$$C_b \geqslant \Delta Q_{max}(n-1)/[1.414U_{vo}(1/K_u-1)] \tag{5.5-5}$$

设计选取 ΔQ_{max} 为 200μC，则限制动态整流管过电压的电容值 C_b 计算结果为

$$C_b \geqslant \Delta Q_{max}(n-1)/[1.414U_{vo}(1/K_u-1)]$$

$$= 200(45-1)/[1.414 \times 27\,267 \times (1/0.8-1)]\mu F = 8800/9639\mu F = 0.912\,97\mu F$$

电容耐压取整流管实际承受的峰值电压，可以按式（5.5-6）计算

$$U_{CN} = U_{AM(max)}/(1.414n) \tag{5.5-6}$$

$$U_{CN} = U_{AM(max)}/(1.414n) = 2.45 \times 27\,267/(1.414 \times 45)V = 1049.88V$$

最终选用 1.2μF/1200V 的交流无感电容，每台 55kV/150A 整流管电力电子变流设备共用 270 只。

3）动态均压电阻 R_D。与动态均压电容串联的电阻作用有二：一是抑制回路电感与电容 C_b 引起的震荡，二是限制整流管导通时电容 C_b 放电的瞬态电流。从这两个角度，希望 R_D 取值要大些，但 R_D 过大时，进行尖峰过电压吸收过程中，动态过程又会在 R_D 上产生较大压降，影响吸收效果，因此不希望 R_D 太大，所以 R_D 的取值要综合这两方面的因素，一般取值为：

$$R_D = 10 \sim 30\Omega \tag{5.5-7}$$

R_D 的功率可按式（5.5-8）进行计算

$$P_{RD} = f C_b(U_{AM}/n)^2 \tag{5.5-8}$$

式中　f——电源频率，按最高频率 120Hz 计算：

　　　U_{AM}——臂峰值电压有效值。

$$P_{RD} = f C_b(U_{AM}/n)^2 = 120 \times 1.2 \times 10^{-6} \times (27\,267/45)^2W = 52.9W$$

最终取 10Ω、75W 的无感电阻，每台 55kV/150A 整流管电力电子变流设备共用 270 只。

为便于结构安装，将 5 只整流管串联构成一个分组件，每台 55kV/150A 整流管电力电子变流设备共用 54 个分组件构成了六个高压整流臂，图 5.5-1 给出了每个分组件的电路原理图，图 5.5-2 给出了每个 55kV/150A 整流管电力电子变流设备的构成原理图。

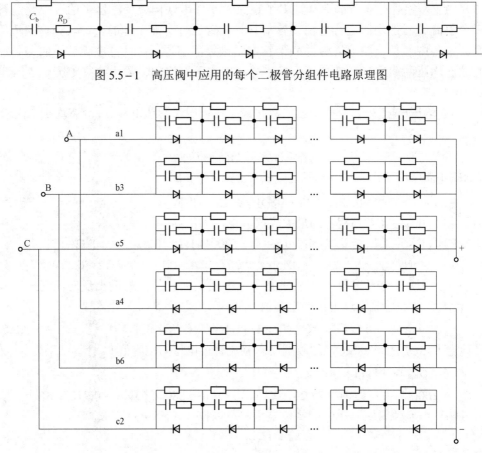

图 5.5－1　高压阀中应用的每个二极管分组件电路原理图

图 5.5－2　55kV/150A 整流管电力电子变流设备的构成原理图

2. 控制与保护电路

（1）过电流及短路保护。为了保证 110kV/150A 整流管直流电力电子变流设备（由两套 55kV/150A 的整流管电力电子变流设备串联组成）能够稳定工作，设计有过电流和短路保护环节。考虑到其输出电压较高，加之电流又相对较大，工作时升压变压器二次的电流与一次是变比关系，因而其过电流及短路保护环节通过低压侧控制来实现。对每个整流管串联快速熔断器进行严重过电流及短路状况下的保护。同时在三相全桥的三相中每相交流输入侧串联交流电流传感器，一是检测工作时星点控制交流调压每相的电流，供显示仪表进行电流指示；二是提供给电子式保护电路进行过电流与短路保护。该部分电路的原理与本章介绍的其他电力电子变流设备类似，此处不再赘述。

（2）过电压保护。为防止尖峰过电压击穿高压整流阀中的整流管，对每个整流管器件并联有动态均压网络（无感电阻 R_D 与无感电容 C_b 的串联网络），不但起动态均压作用。而且有吸收尖峰过电压的作用。R_D 与无感电容 C_b 的串联网络，构成每个串联整流管的阻容尖峰电压吸收网络进行尖峰过电压吸收，同时对每个整流管并联静态均压电阻环节起静态过电压保护作用。

（3）高压直流的检测。对高压输出的电力电子变流设备来讲，其输出电压的精确测量与显示, 一直是这类电力电子变流设备的一个技术难点。多年来人们已习惯使用分压器来测量或获取检测信号, 由于分压器使用中必须有一个极接地, 对需测量输出信号完全与高压直流参考地隔离的使用场合, 这种方案几乎没有办法使用, 所以在本高压直流电力电子变流设备系统中, 应用光纤检测直流高压来获得检测信号。由于光纤的传输速率很快, 且可通过增加长度的方法来提高隔离电压等级, 获得了较好的隔离与测量效果。但应注意与特别关切的是: 由于光纤隔离后输出的信号为很微弱的毫伏级信号, 故需对其进行信号放大, 这就要求构成高速无零漂的高精度高放大倍数运算放大器。图 5.5-3 给出了此电力电子变流设备中应用的高速无零漂的高精度高放大倍数运算放大电路原理图, 其对光纤输出的毫伏级信号进行了两级放大。

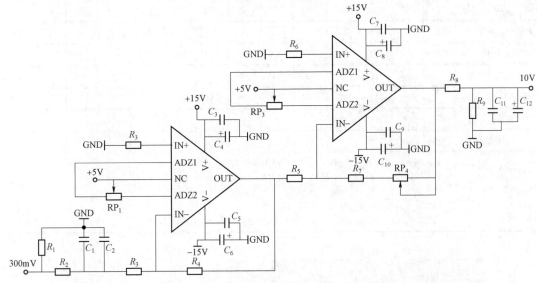

图 5.5-3　高速无零漂的高精度高放大倍数运算放大电路原理图

5.5.2　应用效果

本节介绍的 55kV/150A 整流管电力电子变流设备, 其输入来自升压变压器的二次侧, 升压变压器二次额定线电压为 38 000V, 升压变压器一次侧额定电压为 660V, 升压变压器的额定脉冲容量为 8500kVA。升压变压器一次侧输入线电压来自一台飞轮储能的发电机降压后的输出, 使用中将此线电压作为星点调压的输入电压, 通过星点控制升压变压器一次绕组励磁电流来调节二次电压的高低。因飞轮发电机在发电过程中, 随着飞轮的能量逐渐释放, 其转速会逐渐变慢, 引起发电机输出电压的频率每个周期在 120~70Hz 范围内变化, 最终由本节介绍的 55kV/150A 整流管电力电子变流设备变换为直流可变高压输出。供给中国环流二号 (HL-2A) 实验装置的二级加热系统, 升压变压器在一个周期的工作过程中, 因发电机输出电压的频率每个周期在 120~70Hz 范围内变化, 所以升压变压器输出电压频率也相应地同频率变化。使用效果表明, 两套 55kV/150A 整流管电力电子变流设备的高压输出可以串联也可并联运行。两套 55kV/150A 整流管电力电子变流设备串联工作, 额定输出 110kV/150A, 输出电压的调节范围为 0~110kV; 两套 55kV/150A 整流管电力电子变流设备并联工作, 额定输出 55kV/300A，输出电压的调节范围为 0～55kV，完全满足了中国环流二号（HL－2A）实验装置的二级加热系统的供电需要。每套 55kV/150A 整流管电力电子变流设备使用参数为 5200V/300A 的整流管 270 只；两套 55kV/150A 整流管电力电子变流设备，使用参数为 5200V/300A 的整流管 540 只。调试投入运行到今已稳定运行 11 年，在中国环流二号（HL－2A）聚变研究实验装置二级加热系统中的应用效果十分令人满意。表 5.5－1 给出了整流臂均压效果的测试结果，而图 5.5－4 给出了现场工作时两个 55kV/150A 整流管电力电子变流设备的实物图。

表 5.5－1　　　　　　　　　　　　整流臂均压效果的测试结果　　　　　　　　　　（单位：V）

串联整流管序号	1	2	3	4	5	6	7	8	9	10	11	12	13	14
整流管阳阴极电压	780	782	775	782	780	781	775	779	784	790	782	786	762	773
串联整流管序号	15	16	17	18	19	20	21	22	23	24	25	26	27	28
整流管阳阴极电压	799	771	776	785	779	784	775	772	767	781	775	774	784	789
串联整流管序号	29	30	31	32	33	34	35	36	37	38	39	40	41	42
整流管阳阴极电压	779	780	775	780	782	773	779	781	778	783	792	775	776	777
串联整流管序号	43	44	45											
阳阳极电压	779	778	779											
计算结果	交流输入线电压 U_{ab}：35 085V，U_{bc}：35 165V，U_{ac}：35 075V，50Hz 整流输出直流电压 U_d：56 638V，直流电流：145A 臂平均电压：$U=（U_1+U_2+\cdots+U_{54}）/45=35\,085/45V=779.44V$ 臂元件最高电压：$U_{max}=\max（U_1,\ U_2,\ \cdots,\ U_{45}）=798V$ 均压系数：$K_u=U/\max（U_1,\ U_2,\ \cdots,\ U_{54}）=779.45/798=0.976\,75$													

图 5.5－4　现场工作时两个 55kV/150A 整流管电力电子变流设备的实物图

5.5.3　结论与启迪

根据以上对 55kV/150A 整流管电力电子变流设备工作原理及实用效果的介绍，可得以下结论与启迪：

（1）应用多个整流管串联的方法组成高压整流阀时，应采取动态及静态均压措施，均压网络中的电阻与电容应选用无感电阻及无感电容。

（2）应用光纤来隔离与测量高压，是高压直流乃至交流系统中实现隔离测量的一个很好解决方案，使用中应对光纤输出信号放大环节的精度与零漂特别关注。

（3）理论分析和实用效果都证明了上述方案及电路的实用性与有效性，其应用前景将十分广阔。

5.6　12 × 1000V/140kA 整流管直流电力电子变流设备详细设计与应用

5.6.1　试验系统对整流管电力电子变流设备的技术要求

（1）整流方式及结构。三相全波不可控整流；每台整流柜含两个整流桥，按同相逆并联结构布置，构成 6 脉波输出。

（2）工作电压：额定交流输入电压频率 50Hz，额定交流输入线电压 741V，最高交流输入线电压 926V，额定空载直流输出电压 1000V，最高直流空载电压 1200V。

（3）工作电流（在相应工作制下）：额定短时工作电流为 140kA，额定长期间断工作电流为 10kA。

（4）冷却方式：强迫风冷。

（5）安装方式：户内，绝缘法安装。

（6）设备内互联母排采用铜母排。

（7）工作制：

1）短时工作制。在额定电压、额定短时工作电流下，通 0.6s—停 7s—通 0.6s—停 10s—通 0.6s—停 60s—通 0.6s 为一个循环，每个试验循环之间间隔 30min，每天可进行 8 个循环。

2）长期间断工作制。额定电压、额定长期间断工作电流下，通 0.6s—停 60s—通 0.6s—停 60s 等共 500 次。

3）在不通电时，整流柜带额定电压空载运行。

（8）整流柜内主回路对外壳绝缘耐压大于或等于 35kV，同相逆并联臂内绝缘电压不小于 28kV，冲击耐压 95kV。

（9）柜顶加装风机，柜内安装加热设备，以利于试验前去潮湿；整流柜的运行噪声不大于 70dB。

（10）整流柜输出应能承受出线端 350kA 的事故电流 2s 而不损坏。

（11）具备应对整流桥内部短路故障的能力，桥臂发生故障时，只允许个别快速熔断器或元件损坏，不能造成桥臂上多数元件损坏。整流柜的元件配置要确保此类故障发生时当次试验仍能正常完成，试验结束后再更换新的电力电子器件，使装置恢复正常。

（12）能承受短时工作电流的 0.6s 频繁冲击，应充分考虑整流管器件的疲劳效应和短时动态下的均压、均流。

（13）试验系统有多台整流柜串并联运行，整流柜内每个整流臂有多只整流管并联，整流管的参数分散性、母线长度及阻抗存在差异，必然会造成整流柜间电流分配不均匀，因此，要求整流臂内均流系数不小于 0.85，整流臂间均流系数不小于 0.95，整流柜并联均流系数不小于 0.95；串联运行时，整流柜间动态均压系数不小于 0.95。整流元件自身承受电压不低于 4500V。

（14）整流柜属于通断运行方式，因此交直流侧都会频繁出现高达十几倍的过电压，所以，要在交直流侧和换相侧安装尖峰过电压吸收保护装置。但为了防止直流侧断电空载时，直流电压出现大幅突升，要求压敏电阻和电容要合理的配套使用，既能达到最好的吸收效果，同时又能降低空载时的直流电压。

（15）要求整流柜采取必要的措施（如增加母排截面、合理布置母线），尽量减小整流器本身及接线的电阻和电感，达到整流柜的阻抗（进出线间）不大于 0.2mΩ，同时要求单个整流元件的导通阻抗不大于 0.5mΩ。

（16）整流柜柜体经常处于冲击运行状态，承受的电动力会很大，常年运行会产生一定的机械疲劳，甚至损伤。因此，不但要考虑柜内主回路的动热稳定性，还要充分考虑柜壳的强度，尽可能选用高强度优质钢材（或铝合金），并采用三防油漆处理，确保柜体长期安全运行。

（17）整流柜最大外形尺寸。一台整流柜的整体长度不超过 3300mm。

（18）在试验过程中，为了不降低试品分断时的试验条件，不允许在整流柜上直接并联一较大的阻容装置来吸收产品产生的过电压和电弧能量，而是要求整流柜直流侧加装动作值准确、稳定可靠有足够通流能力的过电压保护装置和击穿熔断器与阻容串联过电压吸收装置。

（19）单台整流柜直流过电压吸收保护点为（4000 ± 200）V，对过电压吸收点以下的电压，不允许吸收。

（20）运行方式为多台串并联，各种运行方式下过电压保护的动作值及保护装置的响应时间、通流量必须协调配合，不能影响各种运行方式下的正常工作。还应考虑整流器间的电压均衡性及过电压保护装置特性分散性的影响等。

（21）至少包含桥臂母线过热报警、交流吸收故障报警、直流吸收故障报警、绝缘降低故障报警等完善的保护、测量、报警功能，并设有就地显示及远方光纤传输信号，确保整流柜可靠运行。

（22）运行方式。本硅整流试验装置的运行方式主要为两串、四串、六串、八串、十串、十二串及两串两并、两串三并、两串四并、两串五并、两串六并、四串两并、四串三并、六串两并，运行方式及不同运行方式下的工作电流见表 5.6 – 1。需综合考虑由不同运行方式所带来的影响，如过电压、均流、均压等。

表 5.6 – 1　　　　　　　　　系统运行方式及相应输出工作电流

序号	串并联	直流电压/V	直流电流/kA	工作制
1	两串	2000	140	短时或间断
2	四串	4000	140	短时或间断
3	六串	6000	140	短时或间断
4	八串	8000	140	短时或间断
5	十串	10 000	140	短时或间断

序号	串并联	直流电压/V	直流电流/kA	工作制
6	十二串	12 000	140	短时或间断
7	两串两并	2000	280	短时或间断
8	两串三并	2000	420	短时或间断
9	两串四并	2000	560	短时或间断
10	两串五并	2000	700	短时或间断
11	两串六并	2000	840	短时或间断
12	四串两并	4000	280	短时或间断
13	四串三并	4000	420	短时或间断
14	六串两并	6000	280	短时或间断

5.6.2　整流管电力电子变流设备设计

1. 总体技术方案设计

根据负载性质与要求，通过高压整流变压器直接降压，变压器二次侧通过整流管不控三相桥式同相逆并联整流获得直流，每台整流柜含两个整流桥，按同相逆并联结构布置，构成 6 脉波输出，额定输出脉冲电流 140kA，电压 1000V；每套硅整流试验装置的两台整流柜串联构成 12 脉波输出（两台整流柜的交流输入通过外延三角形接线彼此移相 30°），此工况下额定输出脉冲电流 140kA，电压 2000V；整流系统共配置 6 套硅整流试验装置（12 台整流柜），这 6 套硅整流试验装置（12 台整流柜）可串联也可并联运行，满足试验系统的工作需要。图 5.6-1 给出了系统运行方式示意图。其中，脉冲发电机 G 发出的三相电压，经总高压断路器 QF_L 后，再由分高压断路器 $QF_{L1} \sim QF_{L6}$ 与 6 套整流变压器组 $T_1 \sim T_6$ 相连接。为了减少整流管电力电子变流设备工作时谐波对脉冲发电机的影响，在与脉冲发电机串联的总断路器 QF_L 之后串联了滤波电抗器 L_1。每套变压器内有两个独立的整流变压器，接法一次侧都为外延三角形，二次侧为一个星形和一个三角形三相桥同相逆并联。6 套变压器组 $T_1 \sim T_6$ 的输出与 12 个三相桥同相逆并联整流单元 $REC_1 \sim REC_{12}$ 相连，每两个三相桥同相逆并联整流柜相串联后构成一个分整流管电力电子变流设备。整个系统含 6 个分整流管电力电子变流设备，6 个分整流管电力电子变流设备的输出经 12 个大电流隔离开关 $QS_1 \sim QS_{12}$ 的不同合分组合，实现表 5.6-1 中需要的 14 种不同容量的组合输出。接于大电流隔离开关 $QS_1 \sim QS_{12}$ 与试品之间的电抗器 L_2 与可调电阻 R，用来进行最佳功率匹配。

（1）系统构成原理。其工作原理可以分析如下：硅整流试验装置由交流脉冲发电机组提供三相交流电源，通过接在同一供电电网的整流变压器降压，再经整流管整流变换为直流电压为试验系统提供电流。试验装置每次脉冲工作时，硅整流试验装置根据中央控制室给出的时序与参数要求，调节发电机的励磁电流，来达到试验系统电流上升、平顶和下降段的波形、以及脉冲的间隔时间。通过外接开关的组合可实现表 5.6-1 的不同运行电压和电流组合的运行结果。

（2）硅整流试验装置系统配置。因为每台分整流管电力电子变流设备输出脉冲功率较大，硅整流试验装置系统由多台分整流管电力电子变流设备串并联供电。为提高各分整流管电力电子变流设备的电流、电压均衡度，充分利用行业已经成熟的整流管整流器的制造技术，考虑到试验装置现场的工艺布局，结构设计整流柜的台数为 12 台，每 2 台一组构成 6 个分整流管电力电子变流设备组（6 套整流机组）。

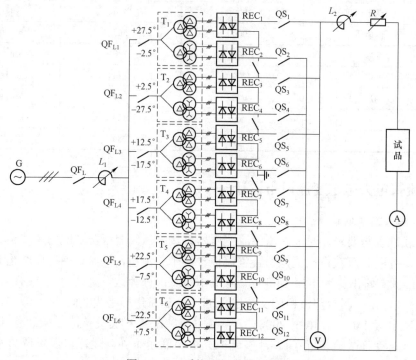

图 5.6-1　系统运行方式示意图

（3）整流变压器接线形式。每个整流变压器接线形式如图 5.6-1 所示虚线框外的变压器部分。发电机的三相输出通过 6 个独立的断路器接 6 套整流变压器，每个整流变压器同油箱放置两台独立的三绕组变压器；每组的两台整流变压器一次侧均为外延三角形接线，二次侧各自有两组反相的三相绕组，分别接为星形与三角形同相逆并联连接；每台整流变压器二次侧的两组互为反相的两个三相绕组后接一台三相桥式同相逆并联整流柜；12 台整流柜在直流侧通过直流短路开关串联连接，满足不同试验元件的电压和电流参数需要。

（4）每台整流柜的技术方案。由上述的变压器结构形式可知，每台整流柜采用三相桥式同相逆并联方式，其中，与变压器星形绕组之间的电路接线及内部电路原理图如图 5.6-2 所示。

2. 整流管电力电子变流设备系统的配置

（1）主装置及设备配置。

1）整流柜（140kA/1000V）：12 台。

2）监控保护柜：6 台。

3）吸收保护单元：12 套。

（2）每台整流柜的具体技术指标设计：

1）系统共用 1 台脉冲发电机。脉冲发电机经过独立的 6 个整流变压器组向 12 台整流柜供电，12 台整流柜输出可按要求通过串联与并联组合运行。

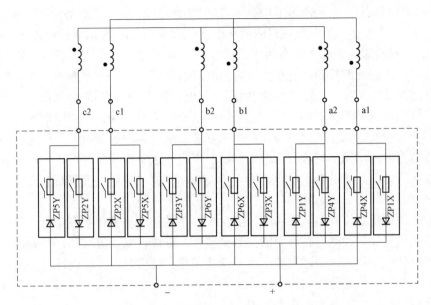

图 5.6－2　每台整流柜电路原理图

2）每台整流柜采用整流管三相桥式同相逆并联整流拓扑。采用大功率整流管进行桥臂并联，桥臂每个整流管串接大功率快速熔断器，额定输出脉冲参数为 140kA/1000V。

3）每台整流柜为 6 脉波，三相桥同相逆并联连接。每个整流变压器组供电的两台整流柜串联后为 12 脉波（两台整流柜的交流输入通过整流变压器一次外延三角形接线移相 30°），12 台整流柜运行总脉波数为 72 脉波。

4）工作电压。额定交流输入电压 741V；最高交流输入电压为 926V。额定输出负载电压为直流 1000V，最高输出空载电压为直流 1250V。

5）器件选用、设计和布局：

① 元件选用、结构布局、安装和散热设计充分考虑整流管器件的疲劳效应和短时动态下的均压、均流，满足额定电压、额定短时工作电流下，通 0.6s—停 7s—通 0.6s—停 10s—通 0.6s—停 60s—通 0.6s 的循环过程。循环内间隔时间硅整流装置空载运行，每个试验循环之间间隔 30min，每班 8h 可进行 8 个循环的短时工作制运行，能可靠安全承受这种运行方式时的冲击。

② 元件选用、结构布局、安装和散热设计充分考虑整流管器件的疲劳效应和短时动态下的均压、均流，满足额定电压、额定长期间断工作电流下，通 0.6s—停 60s—通 0.6s—停 60s 等共 450 次（8h）的循环。试验间隔时间内，整流柜带额定电压空载运行的长期工作制运行，能可靠安全承受这种运行方式时的冲击。

6）绝缘能力。主回路对外壳（外壳接地）工频耐压大于或等于 44kV，1min 内无闪烁或放电现象；对地雷电全波冲击耐压 95kV。通过加强绝缘处理满足同相逆并臂内工频耐压大于或等于 28kV，1min 内无闪烁或放电现象；柜体对地（绝缘子）工频不小于 44kV，1min 内无闪烁或放电现象。

7）冷却方式。强迫风冷，柜顶加装风机，柜内安装加热设备，以利于试验前去潮湿。每种组合模式下，多台整流柜运行噪声不大于 70dB。

8）每套整流装置中两台整流柜串联（即 2000V 直流输出）时应能承受出线端短路 350kA 的事故电流 1s 而不损坏；单台整流柜应能承受出线端短路 350kA 的事故电流 1s 而不损坏。

9）设计时单台整流柜输入端短路容量按 380MVA 考虑，单个整流桥输入端短路容量按 200MVA 考虑，使整流柜具备承受整流桥内部短路故障的能力。严格选择元件参数，确保快速熔断器有适度的分断能力、限流能力和熔断时间，硅整流元件要有足够的过载能力。

10）设计与选用整流管器件，留有充分足够的安全裕量，保证在桥臂发生故障时，故障臂的快速熔断器能及时动作切除故障，非故障臂能承受此时的过载电流；整流柜整流管配置确保此类故障发生时，同一整流臂上最多 1～2 个快速熔断器或器件损坏，不会出现桥臂上多数元件损坏的情况。满足当次试验仍能正常完成，试验结束后再更换新的元件，使装置恢复正常的要求。

11）考虑到试验系统有多台整流柜，按表 5.6-1 的组合方式串并联运行，且整流柜内每个整流臂有多只整流管并联，整流管的参数分散性、母线长度及阻抗存在差异，必然会造成整流柜间电流分配不均匀，通过参数配对、安装工艺、结构布局合理设计，保证整流臂内均流系数不小于 0.85，整流臂间均流系数不小于 0.95，整流柜并联均流系数不小于 0.95；串联运行时整流柜间动态均压系数不小于 0.95。

12）选用整流元件自身承受电压 6000V，整流元件采用 5in 整流管。

13）考虑到整流柜属于通断运行方式，交直流侧有可能会频繁出现高达十几倍的尖峰过电压，设计在交直流侧和换相侧安装尖峰电压吸收保护装置。防止直流侧断电空载时直流电压出现大幅突升，压敏电阻和电容要合理配套使用，保证既能达到最好的吸收效果，同时又能降低空载时的直流电压。

14）设计整流柜的电流安全裕量为 3 倍，每条整流桥臂并联元件数的选取充分保证整流柜在进行约定的试验时，各整流管的工作电流远小于元件额定电流，满足单台整流柜能够承受出线端短路事故时，最大短路电流 I_{dmax} 为 350kA 历时 1s 而不损坏的运行要求。

15）结构设计时，整流柜采取增加母排截面、合理布置母线位置，采用油压机压装等工艺措施，尽量减小整流器本身及接线的电阻和电感，达到整流柜进出线间的阻抗不大于 0.2mΩ；对整流元件的参数要进行挑选，严格配对，保证单个整流元件的导通阻抗不大于 0.5mΩ。

16）充分考虑整流柜柜体经常处于冲击运行状态，承受的电动力很大，常年运行会产生一定的机械疲劳，甚至损伤。因此，考虑柜内主回路的动热稳定性的同时，还充分考虑了柜壳的强度，柜壳选用由武汉钢铁公司生产的高强度优质材料，其钢板厚度为 2mm，并增加加强筋、采用三防油漆处理，确保柜体长期安全运行。

17）整流柜（含吸收保护单元）最大外形尺寸：长×宽×高≤3300mm×2000mm× 2600mm。

18）配置吸收保护单元。吸收保护单元与整流元件就近安装，消除独立吸收保护柜因引线较长，存在引线电感，且引线无法做到线径很粗，瞬时难以通过较大电涌电流，将引线电阻对吸收效果的影响降到最低，确保对试品合、分、通、断过程产生的尖峰过电压及电弧可靠吸收，保证整流柜的安全。

3. 整流主电路主要参数计算

（1）对应额定输出电压时的理想空载直流电压 U_{dio}。由于 $U_{dN}=1000V$，所以 U_{dio} 可以按

式（5.6-1）进行计算

$$U_{dio} = \{U_{dN} \times [1 + K_g(K_x e_x/100 + \Delta P/P_t)] + SN_S U_{TM} + \Sigma U_S\}/[\cos\alpha_{min}(1-b\%)] \quad (5.6-1)$$
$$= \{1000 \times [1 + 1 \times (0.5 \times 8/100 + 2/100)] + 2 \times 1 \times 1.25 + 5\}V/[\cos0°(1-5\%)]$$
$$= 1124V$$

式中　U_{dio}——整流柜理想空载直流电压；

$\quad\quad U_{dN}$——整流柜额定输出直流电压；

$\quad\quad K_g$——变压器超载倍数，对整流变压器取 1；

$\quad\quad K_x$——变压器感抗电压降折算系数，对三相桥式电路取 0.5；

$\quad\quad e_x$——变压器短路电压百分值 e 的漏抗分量，这里按技术要求指标取 8%；

$\quad\Delta P/P_t$——变压器铜耗百分比，这里取 2%；

$\quad\quad \alpha_{min}$——最小导通角，取 $\alpha_{min} = 0°$；

$\quad\quad S$——串联换相组数，对主电路结构形式为三相桥式同相逆并联的整流电路取 2；

$\quad\quad N_S$——每臂串联元件数，这里取 1；

$\quad\quad U_{TM}$——整流管器件通态峰值压降，这里取 1.25V；

$\quad\quad \Sigma U_S$——附加电压降，包括连接导线、熔断器、母线等，这里取 5.0V；

$\quad\quad b\%$——网侧电压允许的持续负波动幅度对额定值的百分数，这里取 5%。

（2）技术参数要求给出的最高空载电压：$U_{diomax} = 1250V$

（3）整流变压器阀侧参数（按技术参数要求选用）：

1）阀侧相电压（U_{vo}）

$$U_{vo} = U_{diomax}/2.34 = 1250V/2.34 = 534.19V$$

2）阀侧线电压（U_{vlo}）

$$U_{vlo} = 512.82V \times 1.732 \approx 888.2V$$

3）阀侧每臂 0.6s 通电段电流（方均根值）I_{VP}

$$I_{VP} = 0.577I_{dN}/2 = 0.577 \times 140\,000/2A = 40\,390A$$

4）阀侧每臂 0.6s 通电段电流平均值 $I_{A(AV)}$

$$I_{A(AV)} = 1/3I_{dN}/2 = 1/3 \times 140\,000/2A = 23\,333A$$

5）阀侧每臂 1s 在短路时的电流平均值 $I^*_{A(AV)}$

$$I^*_{A(AV)} = 1/3I_{dmax}/2 = 1/3 \times 350\,000/2A = 58\,333A$$

（4）整流管器件参数确定：

1）生产厂家。选用湖北台基股份公司生产的低功耗高反压，管芯直径为 5in（ϕ125mm）的整流管作为主整流元件，额定参数为 7700A/6000V，型号为 ZP$_D$-7700-60。其正向平均电流 $I_{F(AV)}$=7700A，反向峰值电压 U_{RRM}=6000V。表 5.6-2 给出了 ZP$_D$-7700A/6000V 整流管的主要参数表，图 5.6-3 给出了其有关曲线。

表 5.6-2　　　　　　　ZP$_D$-7700A/6000V 整流管的主要参数

序号	参数名称	技术参数	说明
1	整流元件	整流管	
2	生产厂家	湖北台基股份公司	
3	管径	5in（ϕ125mm）	

续表

序号	参数名称	技术参数	说明
4	型号	$ZP_D-7700/60$	
5	正向平均电流 $I_{F(AV)}$/A	7700	单相半波，$T_c=70℃$
6	反向重复峰值电压 U_{RRM}/V	6000	$T_j=150℃$
7	正向方均根电流 $I_{F(RMS)}$/A	12 183	$T_c=70℃$
8	正向不重复电涌电流 I_{FSM}/kA	93.6	$T_j=150℃$
9	电流平方时间积 $I^2t/$（$A^2 \cdot s$）	$4381×10^4$	$t_m=10ms$
10	正向峰值电压 U_{FM}/V	1.26	$T_j=160℃$，$I_{TM}=6000A$
11	门槛电压 U_{FO}/V	0.8	$T_j=150℃$
12	反向重复峰值电流 I_{RRM}/mA	400	$T_j=150℃$
13	斜率电阻 r_F/mΩ	0.104	$T_j=160℃$
14	反向恢复电荷 Q_{rr}/μC	8000	$T_j=160℃$
15	标准紧固力/kN	120	两个螺杆
16	最高结温 T_{jmax}/℃	150	
17	结壳热阻 R_{thJC}/（kΩ/W）	最大 0.000 4	
18	接触热阻 R_{thCH}/（kΩ/W）	最大 0.000 8	

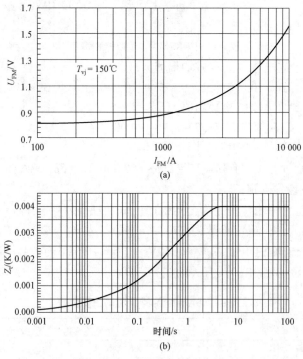

图 5.6-3　$ZP_D-7700A/6000V$ 整流管特性曲线（一）

（a）正向峰值电流与峰值压降之间的关系；（b）最大热阻与时间的关系

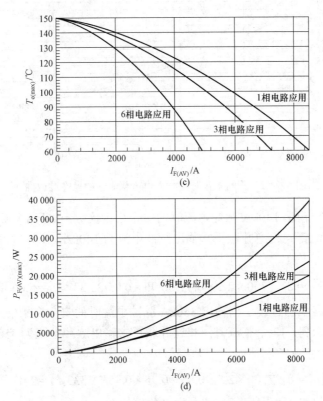

图 5.6－3　ZP$_D$－7700A/6000V 整流管特性曲线（二）

（c）正向平均电流与壳温的关系；（d）正向平均功耗与正向平均电流的关系

2）参数计算与元器件选用：

① 每臂并联元件数 n_P。工作机制为短时工作制模式 1 和长期间断工作制模式 2。

短时工作制模式 1 负载状况为：额定电压、额定短时工作电流下，通 0.6s—停 7s—通 0.6s—停 10s—通 0.6s—停 60s—通 0.6s 为一个循环，循环内间隔时间硅整流装置空载运行，每个试验循环之间间隔 30min，每班 8h 可进行 8 个循环。

长期间断工作制模式 2 负载状况为：额定电压、额定长期间断工作电流下，通 0.6s—停 60s—通 0.6s—停 60s 等共 450 次（8h），试验间隔时间内，整流柜带额定电压空载运行。

两种模式的共同特点为：每个导通段仅 0.6s；每个通电段后电流为零时间较长，模式 1 不小于 6s，模式 2 不小于 60s；负载占空比低。因此，设计选用整流管电流按 0.6s 通电段的臂电流平均值考虑 2 倍裕量计算

$$n_{P1} = I_{A(AV)} K'_{AI} / (I_{AV} K_I K_F K_q) = (23\,333 \times 2) / (7700 \times 0.85 \times 0.95 \times 0.95) 只 \approx 8 只$$

取 $n_P = 8$（只），其中 K'_{AI} 为电流安全裕量，取 2.0；K_I 为同整流臂各并联元件的均流系数，按技术要求取 0.85；K_F 为同整流柜不同整流臂间的均流系数，按技术要求取 0.95；K_q 为并联工作时不同整流柜间的均流系数，取 0.95。

② 脉冲工作安全裕量倍数分析。按湖北台基股份公司的实验结果，当工作时间不大于 1s 时，整流管可反复承受额定电流的 2.5 倍过电流而不疲劳，其过载曲线如图 5.6－4 所示。

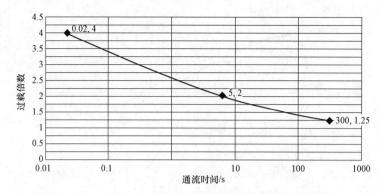

图 5.6-4　不同工作时间时大电流整流管的允许过载曲线

整流柜正常工作输出 140kA 脉冲电流时的安全裕量倍数。由于 8 只整流管并联后形成一个整流臂，12 个整流臂同相逆并联正常输出脉冲电流为 140kA，所以实际元件脉冲电流储备系数为

$$K_{AI}^* = 8 \times 7700 \times 2.5 \times 0.85 \times 0.95 \times 0.95/23\ 333\ \text{倍} = 5.06\ \text{倍}$$

整流柜故障短路状态过载工作输出 350kA 脉冲电流时的安全裕量倍数。由于 8 只整流管并联后形成一个整流臂，12 个整流臂同相逆并联正常输出脉冲电流为 350kA，所以实际元件脉冲电流储备系数为

$$K_{AI}^* = 8 \times 7700 \times 2.5 \times 0.85 \times 0.95 \times 0.95/58\ 333\ \text{倍} = 2.03\ \text{倍}$$

可以保证稳定可靠，长期运行，不发生老化等问题。

③ 元件电压储备系数 K_{AV}：以最高输出直流电压 $U_{dN} = 1200V$ 为基准时：$K_{AV1} = U_M/U_{dN} = 6000/1200\ \text{倍} = 5\ \text{倍}$。

以元件实际承受反向电压 U_{RRM} 为基准时：$U_{RRM} \doteq 2.45U_{Vo} = 2.45 \times 512.8V = 1200V$。

选用安全余量为 5 倍，则整流管的额定反向重复电压为：$U_{RRMN} = 3U_{RRM} = 3 \times 1200V = 6000V$。

实际电压储备系数为：$K_{AV2} = U_{RRM}/U_{RRMN} = 6000/1200\ \text{倍} = 5\ \text{倍}$。

④ 导通阻抗。由于 $ZP_D-7700A/6000V$ 整流管通过 6000A 电流时压降最大为 1.26V，所以每个整流管的导通电阻为 $R_D = 1.26/6000\Omega = 0.000\ 21\Omega = 0.21m\Omega < 0.5m\Omega$，满足技术要求。最终选用 $ZP_D-7700A/6000V$ 整流管，每个整流柜用 96 只。

（5）整流管保护用快速熔断器选择

1）生产厂家选用。选用由西安三鑫熔断器公司生产的低功耗、高分断能力的 RSK 型快速熔断器作为整流管的严重过电流保护元件。

2）参数计算与选用：

① 电压 U_{RN} 的确定。由于在负载时快速熔断器要分断的电压为：$U_R = 1.732U_N/2.34 = 1.732 \times 1000/2.34V = 753V$。

根据快速熔断器的选用原则，要求快速熔断器的额定电压 U_{RN} 尽可能地与使用电压（即变压器阀侧电压）U_{VO} 接近。西安三鑫熔断器公司生产的 RSK-800V 型快速熔断器的额定电压 $U_{NI} = 800V$，与 U_R 接近，所以取 $U_{RN} = 800V$。

② 额定电流 I_{RN} 的确定。阀侧每臂 0.6s 通电阶段实际流过快速熔断器的方均根电流 $I_R = I_{VP}/(n_pK_I) = 40\ 390/(8 \times 0.85)A = 5939A$。

由于工作时间甚短，快速熔断器根本来不及发热，快速熔断器仅仅用在元件失效时保护，

$$I_{RN} \geq K_i K_a I_R = 1.1 \times 1.0 \times 5939A = 6532A, \quad 1.57 I_{T(AV)} = 1.57 \times 7700A = 12\,089A$$

按快速熔断器电流选择原则，$1.57 I_{T(AV)} \geq I_{RN} \geq K_i K_a I_R$，取 $I_{RN} = 6500A$。

③ 快速熔断器 $I^2 t_R$（按规定由产品样品中查出）。从样本中查得 RSC 6500A/800V 快速熔断器的 $I^2 t$ 为：$I^2 t_R \leq 12.23 \times 10^6 A^2 \cdot s$。

按照保护原则，$I^2 t_R \leq 0.9 I^2 t_Y$，所以选择由西安三鑫熔断器公司生产的 RSK 型 6500A/800V 型快速熔断器，每柜 96 只，该快速熔断器在额定 800V 下，分断能力大于或等于 200kA，并且不爆炸和开裂。

④ RSK-6500A/800V 的分断能力大于 200kA，为单体结构。图 5.6-5 给出了 RSK-6500A/800V 快速熔断器的结构图。表 5.6-3 给出了 RSK-6500A/800V 型快速熔断器的主要参数表。

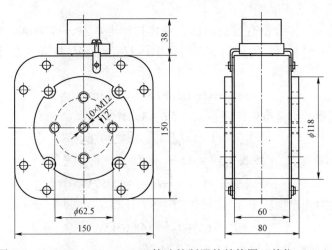

图 5.6-5　RSK-6500A/800V 快速熔断器的结构图（单位：mm）

表 5.6-3　　　　　　　　　　　RSK-6500A/800V 型快速熔断器的主要参数

型　号	RSK-6500A/800V-P5m115SSKYA3
额定电压/V	800
额定电流/A	6500
快速熔断器结构/（mm×mm）	单体 150×150
快速熔断器高度/mm	80
安装结构	150×150 双面梅花触刀
弧前 $I^2 t$/（×$10^6 A^2 \cdot s$）	9.77
分断 $I^2 t$/（×$10^6 A^2 \cdot s$）	48.9
分断能力/kA	205
冷态电阻/（mΩ，20℃）	0.015
额定功耗/W	1088

（6）导电母线与汇流母线的设计选用。对每个整流柜来说，导电母排有安装快速熔断器排和安装整流管器件母排两种，由于整流柜周期脉冲工作，每周期通电时间仅 0.6s，而电流

与电压为零时间不小于 6s，所以设计选用全紫铜母线。电流密度元件与快速熔断器母排因要兼做散热器，按脉冲电流不大于 10A/mm² 设计；输出汇流母排按平均脉冲电流密度不大于 10A/mm² 设计；布局每列整流臂按 4 个整流管并联使用（两列等效 8 个整流管并联），为便于安装和支撑考虑，每臂元件母排选用 150mm×20mm 规格长度为 1420mm 两根，每个整流柜内共用元件母排 24 根；快速熔断器母排选用 240mm×20mm 规格长度为 1500mm 一根，每个整流柜内共用快速熔断器母排 12 根；汇流母排选用 300mm×12mm 的自冷铜母排，每个整流柜内共用汇流母排 3.0m 长 4 根。根据整流管与快速熔断器之间连接母排选用结果，可以计算出整流柜从交流输入到直流输出的通路阻抗小于 0.2mΩ，满足技术要求。

（7）整流柜损耗 ΔP 与发热及散热计算：

1）连续运行时整流柜的损耗与发热计算：

① 整流管器件平均正向损耗 P_1。

按照湖北台基半导体股份有限公司的企业内控标准，ZPc-7700A/6000V 元件当峰值电流为 9000A 时，正向峰值压降 $U_{TM} \le 1.5V$，门槛电压 $U_{TO} = 0.8V$，其斜率电阻 r_T 可按式（5.6-2）计算为

$$r_T = (U_{TM} - U_{TO})/I_{TM} = 0.078m\Omega \tag{5.6-2}$$

通过每个整流管的电流有效值可按式（5.6-3）计算

$$I_{TMN} = 1.414I_{A(AV)}/n_P = 3299.3A \tag{5.6-3}$$

元件的峰值压降 U_{TMN} 可按式（5.6-4）计算为

$$U_{TMN} = U_{TO} + r_T I_{TMN} = 1.057V \tag{5.6-4}$$

元件的正向脉冲功率损耗 P_1 可按式（5.6-5）计算

$$P_1 = U_{TMN}I_{dN} = 148.03kW \tag{5.6-5}$$

② 元件的反向损耗 P_2 可按式（5.6-6）计算

$$P_2 = (n_b n_p I_{RRM})U_{dN} = 7.2kW \tag{5.6-6}$$

式中 $n_b = 6$（整流臂数）；$I_{RRM} = 400mA$（反向最大漏电流）。

③ 快速熔断器损耗 P_3 可按式（5.6-7）计算

$$P_3 = 2n_b I_{VP}^2 R_{RD}/n_P[1 + \alpha(t - t_0)] = 66.95kW \tag{5.6-7}$$

其中：$R_{RD} = 24 \times 10^{-6}\Omega$（快速熔断器冷态电阻）；$\alpha = 0.004/℃$（银的温度系数）；$t = 55℃$（快速熔断器最高温度）；$t_0 = 20℃$（冷态温度）。

④ 母线损耗 P_4。整流柜内导电母线均采用无氧紫铜材料，其电阻 R_i 的计算可按式（5.6-8）计算

$$R_i = \rho L/S[1 + \alpha(t - t_0)]K_1 = 0.021\,56L/S \tag{5.6-8}$$

式中 $\rho = 0.017\,5$（为温度 $t_0 = 20℃$ 时）铜的电阻率；

$\alpha = 0.004/℃$（温度系数）；

$K_1 = 1.1$；

L——导电母线长度；

S——导电母线截面积。

a. 元件母线损耗 P_{41} 可按式（5.6-9）计算

$$R_{41} = 10.21 \times 10^{-6}\Omega$$

$$P_{41} = 2n_b I^2_{VP} R_{41}(n_P + 1)(2n_P + 1)/(6n^2_P) = 93.69\text{kW} \qquad (5.6-9)$$

b. 快速熔断器母线损耗 P_{42}

$$R_{42} = 0.021\,565L/S = 6.737\,5 \times 10^{-6}\Omega$$

$$P_{42} = 2n_b I^2_{VP} R_{41}(n_P + 1)(2n_P + 1)/(6n^2_P) = 61.8\text{kW}$$

c. 整流管与快速熔断器间连接铜排损耗 P_{43} 可按式（5.6-10）计算

$$R_{43} = 0.021\,56L/S = 25.9 \times 10^{-6}\Omega$$

$$P_{43} = 6/n_P I^2_{VP} R_{42} = 31.6\text{kW} \qquad (5.6-10)$$

d. 元件母线与直流汇流母线的损耗 P_{44}

$$R_{44} = 0.021\,56L/S = 4.13 \times 10^{-6}\Omega$$

$$P_{44} = 6/n_P I^2_{VP} R_{43} = 5.05\text{kW}$$

e. 汇流母线损耗 P_{45}

$$R_{45} = 0.021\,56L/2/S = 4.492 \times 10^{-6}L\Omega$$

$$P_{45} = 2(140/2)^2[(1/6)^2 \times 1.4 + (2/6)^2 \times 0.85 + (3/6)^2 \times 0.3] \times 4.492 \times 10^{-6}\text{kW} = 9.15\text{kW}$$

母线总损耗：$P_4 = P_{41} + P_{42} + P_{43} + P_{44} + P_{45} = 201.29\text{kW}$

⑤ 其他损耗 P_5 的估算：$P_5 = P_{51} + P_{52} = 0.5\text{kW} + 0.5\text{kW} = 1\text{kW}$

过电压保护损耗：$P_{51} = 0.5\text{kW}$

控制柜和信号柜损耗：$P_{52} = 0.5\text{kW}$

⑥ 整流柜总损耗 ΔP_1 可按式（5.6-11）计算

$$\Delta P_1 = 2(P_1 + P_2 + P_3 + P_4) + P_5 = 847.9\text{kW} \qquad (5.6-11)$$

⑦ 整流装置效率

$$\eta = U_{dN}I_{dN}/(U_{dN}I_{dN} + \Delta P_1) = 99.398\%$$

⑧ 发热与冷却计算。由于整流柜断续脉冲周期工作，每周期工作平均时间较短，额定电压、额定电流下短时工作，通 0.6s—停 7s—通 0.6s—停 10s—通 0.6s—停 60s—通 0.6s 为一个循环，每个试验循环之间间隔 30min，每天可进行 8 个循环。每个循环之间间隔电流为零时间较长（1800s），所以平均功耗较小，粗略计算为：

2）平均损耗的计算。

① 平均功耗粗略计算

$$\Delta P_2 = \Delta P_1 \times 8(4 \times 0.6)/[8(4 \times 0.6) + 77 \times 8 + 7 \times 1800] = 1.23\text{kW}$$

② 断续运行时平均发热量

$$Q_1 = 0.86 \times 2 \times (P_1 + P_2 + P_3 + P_4) \times 19.2/13\,235 = 1058\text{cal} = 4.44\text{kJ}$$

3）冷却。由于总体发热量不大，因而使用设计的母排可以在自然风冷时满足散热需要，但为了可靠安全起见，在每个整流柜的柜顶对应每一组整流臂安装强迫风冷风机一台，共安装 ϕ220mm 冷却风机 12 台。为降低风机连续长期运行的噪声，避免轴承无效磨损，保证风机在温度不高时不运转，风机的启停由整流柜内元件母排温度控制，当元件母排温度达到 55℃以上时启动风机，当温度低于 45℃时停止风机运转。

（8）整流柜进出线间的阻抗校验。如图 5.6-6 所示的每个整流臂的等效原理图。其中，R_1 为交流进线到第 1 个快速熔断器引线铜母线（长度 200mm，宽度 240mm，厚度 20mm）的等效电阻，R_0 为两个快速熔断器之间引线铜母线（长度 300mm，宽度 240mm，厚度 20mm）

的等效电阻与一个快速熔断器的电阻之和，R_3 为两个元件之间引线铜母线（长度 300mm，宽度 150mm，厚度 20mm）的等效电阻与一个整流管通态的电阻之和，R_2 为快速熔断器与元件之间引线铜母线（长度 360mm，宽度 60mm，厚度 5mm）的等效电阻，R_4 为元件母线到直流汇流母线之间引线铜母线（长度 460mm，宽度 300mm，厚度 8mm）的等效电阻。

$$R_1 = 0.021\,565L/S \times 10^{-6}\text{m}\Omega = 8.95 \times 10^{-7}\text{m}\Omega$$
$$R_0 = 0.021\,565L/S \times 10^{-6}\text{m}\Omega + R_R = 0.016\,347\text{m}\Omega$$

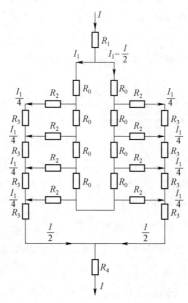

图 5.6－6　每个整流臂的等效原理图

$$R_2 = 0.021\,565L/S \times 10^{-6} = 2.587 \times 10^{-6}\text{m}\Omega$$
$$R_3 = 0.021\,565L/S \times 10^{-6} + R_D = 0.023\,156\text{m}\Omega$$
$$R_4 = 0.021\,565L/S \times 10^{-6} = 4.133 \times 10^{-6}\text{m}\Omega$$

按图可以计算出每个整流臂的总等效电阻为

$$R = R_1 + R_4 + 1/8(10R_0 + 10R_3 + 4R_2)$$
$$= 0.054\,404\text{m}\Omega$$

由于整流桥工作时每一时刻每个三相桥两个整流臂串联运行，对负载两个整流桥并联供电，相当于整流臂两串联再并联运行，所以，每个整流柜的输入与输出间等效阻抗为：$R^{**} = 2R/2 = R = 0.054\,404\text{m}\Omega \ll 0.2\text{m}\Omega$ 的技术指标要求。

（9）过电压吸收保护单元设计。

技术指标要求：在试验过程中，为了不降低试品分断时的试验条件，不允许在整流柜上直接并联较大时间常数的阻容装置来吸收产品产生的过电压和电弧能量，而是在整流柜直流侧加装动作值准确、稳定可靠、有足够通流能力的过电压保护装置和击穿熔断器与阻容串联尖峰过电压吸收装置。主电路交流侧及器件换向动态过电压保护元件参数计算与选取以不影响试验和输出直流波形为原则，所以设计在整流柜内直接增加整流电路三相交流进线尖峰过电压吸收网络和整流臂中每个整流管器件并联尖峰过电压吸收网络。

参数选用：阻容吸收网络的时间常数在试品开关动作时间的十分之一以下，绝对不影响试验性能，而在整流柜直流输出侧增加动作值准确、稳定可靠、有足够通流能力的过电压保护装置、击穿熔断器、阻容串联过电压吸收装置。

1）过电压吸收保护单元设计原则：

① 过电压吸收保护单元与整流柜成套制作，安装在整流柜内。

② 过电压吸收保护单元的主要作用是吸收限制整流柜交、直流侧的过电压，并提供相应的测量信号及各种故障报警。

③ 过电压吸收保护单元参数选择为确保在试验过程中不降低试品分断时试验条件，不在整流柜上直接并联时间常数较大的阻容装置来吸收试验过程中产生的过电压和电弧能量，而是采用在整流柜直流侧加装动作值准确、稳定可靠、有足够通流能力的氧化锌压敏电阻过电压保护装置、击穿熔断器、阻容串联尖峰过电压吸收装置。

④ 单台整流柜直流过电压吸收保护门槛设计为（4000 ± 200）V，对直流过电压吸收点以下的电压，不进行吸收。

⑤ 合理设计吸收保护单元，经高性能软件仿真寻优后选择参数，消除过电压保护装置特性分散性的影响，满足多个整流柜按多台串并联多种运行方式下，过电压保护的动作值及保护装置的响应时间、通流量协调配合，不能影响各种运行方式的正常工作。

⑥ 在每个整流柜内增加多柜串联应用的均压环节，保证串联应用时，各串联整流柜的静态与动态电压均衡性及过电压保护装置特性分散性对电压均衡性的影响。

⑦ 为确保整流柜可靠运行，设置对整流柜的运行状态进行监视的环节，并设有就地显示与报警的控制保护柜，同时将故障与保护信号向远方主控室以通信方式进行传送，其与远方控制系统的接口采用以太网方式（TCP/IP），介质为光纤。监测的信号包括以下内容：桥臂母线过热报警、熔断器熔断指示、交流吸收故障报警、直流吸收故障报警、绝缘能力降低故障报警、冷却风机故障信号、整流柜输入缺相信号。

2）过电压与尖峰电压吸收环节参数选用

① 整流电路三相交流进线尖峰电压吸收网络。由于交流进线侧的尖峰电压吸收网络不会影响直流输出波形和试品开关过程，更不会降低试品分断时的试验条件，所以，在整流柜的交流输入侧增加电阻—电容—压敏电阻尖峰电压吸收网络，保证在运行时不因试品通断工作造成电流突变，引起尖峰过电压给整流柜中的整流管造成威胁。

a. 电容。将三相进线的过电压保护网络接为三角形，设变压器励磁回路等效折算及线路引线电感之和 L_m 为 50mH（此值在变压器厂家告诉确切参数后可修正），考虑过电压倍数 k 为 1.15 倍，则电容 C 可按式（5.6-12）进行计算

$$C = 1/[3(2\pi f k \sqrt{Lm})^2] = 51\,\mu F \qquad (5.6-12)$$

电容 C 的耐压取 2 倍的输入线电压为：$U = 2 \times 926 = 1852V$，取额定耐压为 1800V，电容量为 56μF 的交流无感电容，每个整流柜用 6 只。

b. 电阻。同样，查参考文献［13］中有关曲线得过电压倍数为 1.15 时 P 值为 0.35，电阻 R 可按式（5.6-13）进行计算

$$R = 6P\frac{\sqrt{Lm}}{\sqrt{C}} = 63\Omega \qquad (5.6-13)$$

取 62Ω 的无感电阻。

电阻的功率可按式（5.6－14）进行计算

$$P = U_{vlo}^2 R/[R^2 + 1/(2\pi fC)^2] = 6.6W \tag{5.6－14}$$

为尽可能降低运行时电阻的发热，提高运行可靠性，最后选额定功率为 10W，阻值为 62Ω 的无感电阻，每个整流柜用 6 只。

c. 压敏电阻。根据压敏电阻的工作特性和机理，设计选用压敏电阻的保护动作门限为交流输入线电压的 2 倍，即额定电压为 1800V，而能量吸收能力为 30kJ。最终选用压敏电阻型号为 1800V/30kJ，每台整流柜用 6 只。

② 整流臂中每个整流管器件并联的尖峰过电压吸收网络。同样，整流臂中整流管换向过程的尖峰过电压吸收网络，本身设计时间常数甚短，不会影响直流输出波形和试品开关过程，更不会降低试品分断时的试验条件，所以，在整流柜中每个整流臂的整流管旁并联电阻—电容—压敏电阻尖峰电压吸收网络，保证在运行时不因各桥臂整流管换向和试品通断工作造成电流突变，引起尖峰过电压给整流柜中的整流管造成威胁。

a. 电容。取线路引线电感之和 L_k 为 30μH，流过电阻的尖峰电流值为 50A，考虑过电压倍数 k 为 1.5 倍，则查参考文献[13]中有关曲线得 X 为 0.9，由有关参数和公式，电容 C 可按（5.6－15）进行计算

$$C = L_k/(U_{dN}/I_{Rmax}X)^2 = 0.090\ 9\mu F \tag{5.6－15}$$

电容 C 的额定电压留有一定的安全裕量，取 1.2 倍的输入线电压值：

$U = 888V \times 1.2 = 1066V$，取额定耐压为 1200V，电容量为 0.22μF 的交流无感电容，每个整流柜用 96 只。

b. 电阻。同样，查参考文献[13]中有关曲线得 P 为 0.9，由有关参数和式（5.6－13）可得

$$R = 2P\frac{\sqrt{L_k}}{\sqrt{C}} = 21\Omega，\ 取 22\Omega$$

电阻的功率可按式（5.6－16）计算

$$P = 1/2f(CU_{dN}^2 + L_k I_{Rmax}^2) = 5.7W \tag{5.6－16}$$

最后选额定功率为 30W，阻值为 22Ω 的无感电阻，每个整流柜用 96 只。

c. 压敏电阻。

由于负载电感较大，产生尖峰过电压的风险很大，所以在增加阻容过电压吸收的同时，对每个整流管再增加电涌电压吸收器（压敏电阻），保护动作电压按交流输入线电压峰值的 1.8 倍考虑，选取压敏电阻参数为

$$U_R = 1.8U_{RRM} = 3916V，\ 选\ 4000V$$

额定电涌电流 I_R 为 10kA，可吸收能量为 10kJ，每个整流柜用 96 只。

③ 每个整流柜输出直流侧正负母线上并联的尖峰电压吸收网络。由于整流柜直流输出侧电压的波形会影响试品通断状态的过渡过程，按技术要求在整流柜直流输出侧增加动作值准确、稳定可靠、有足够通流能力的过电压保护装置、击穿熔断器、阻容串联过电压吸收装置等来吸收直流回路正负母线间高于 4000V 的瞬态电压。同样尖峰电压吸收网络设置为电阻—电容—压敏电阻。

a. 电容。考虑线路引线电感之和为 100μH，流过电阻的尖峰电流值为 150A，吸收过电压倍数为 4 倍（即吸收点为 4000V 以上的过电压），查曲线和有关参数及应用与前面类似的公式可得 $C = L_k/(U_{dN}/I_{Rmax}X)^2 = 0.099μF$。

电容 C 的耐压取 5 倍的直流工作电压，所以电容耐压为：$U = 5 \times 1000V = 5000V$，取额定耐压为 5000V，电容量为 0.1μF 的直流无感电容 1 只。

b. 电阻。同样，查曲线和有关参数计算公式可得 $R = 2 \times 0.7 \times \left(\sqrt{\dfrac{100}{0.1}}\right)Ω = 44.3\ Ω$，取 47Ω。

电阻的功率 $P = 1/2f(CU_{dN}^2 + L_kI_{Rmax}^2) = 52.5W$，最后选额定功率为 100W，阻值为 47Ω 的无感电阻，每个整流柜用 1 只。

c. 压敏电阻。由于负载电感很大，产生尖峰过电压的风险很大，所以在增加阻容过电压吸收的同时，再增加电涌电压吸收器（压敏电阻）。

选取压敏额定电压 U_R：为整流柜输出额定电压 U_{dN} 的 4 倍。

$U_R = 4U_{dN} = 4000V$，选 4000V。

额定电涌电流：$I_R = 200kA$，可吸收能量：200kJ，每个整流柜用 2 只。

（10）故障检测信号的获得与隔离：

1）对桥臂母线过热信号应用高耐压温度继电器获得信号，经光纤隔离后送保护控制柜中的 PLC。

2）对与整流管串联的快速熔断器熔断的信号，应用快速熔断器本身的指示熔断器触点获得信号，经光纤隔离后送保护控制柜中的 PLC。

3）对交流吸收故障信号，应用与吸收单元串联的快速熔断器本身的指示熔断器触点获得信号，经光纤隔离后送保护控制柜中的 PLC。

4）对直流吸收故障信号，应用与吸收单元串联的快速熔断器本身的指示熔断器触点获得信号，经光纤隔离后送保护控制柜中的 PLC。

5）对绝缘降低故障信号，应用绝缘继电器本身的触点获得信号，经光纤隔离后送保护控制柜中的 PLC。

6）对冷却风机故障信号，应用风量传感器本身的触点获得信号，经光纤隔离后送保护控制柜中的 PLC。

7）应用电压互感器直接检测整流柜输入的三相电压信号，经专用电路变换后，获得三相是否缺相的信号直接送 PLC。

5.6.3　整流柜机械结构特征设计

1. 整流柜体机械结构设计

（1）设计基本出发点。采用引进德国西门子技术生产的钢质组合型具有防磁特性的三单元组合柜体，前后门带有大面积玻璃观察窗，同以往老式焊接的整体结构相比，最大限度地降低了柜体涡流发热而引起的附加损耗；整流电路采用两台三相桥式同相逆并联可控整流电路并联连接结构，通过合理的机电结构设计，降低了整流柜体的附加损耗，改善了多个并联整流柜之间的均流系数。柜体的材料选用防磁钢及钢化玻璃，保证柜体支撑能力强、长期使用不易变形，且在长期满负荷运行过程中柜体表面的温度不高于室温 5℃。

（2）结构特征描述。柜体预留检修门，柜体颜色灰色，颜色标号 RAL 7035；整流柜为户内安装，采用绝缘安装、集中导流方式；柜正面装玻璃门。柜内装有 12 组整流管器件、电气连接结构、非电气连接结构、绝缘结构、空气流通对流风道和兼做安装及散热的紫铜母线、整流元件压紧结构、快速熔断器、内部和外部过电压吸收装置、快速熔断器损坏检测与指示开关等。柜体钢板厚度大于 2.5mm，使用加强筋，具有足够的机械强度，结构简单、可靠并且便于维护和检修。主电路采用空气自然流通加辅助风机冷却。

2. 整流柜电气结构设计

（1）结构特点：

1）由于每个整流臂采用 8 只整流管并联，元件母线如采用常规的自上而下的安装方式，存在均流困难、铜母线受整流管压接时产生的强大压力而严重变形为弓形、柜体高度超高影响运输等缺陷；如采用元件母排两面压接的方式，会导致相邻的两个母排上安装的元件排因距离远，通流后磁场抵消能力降低，同相逆并联的优越性无法体现，这不但影响均流效果，而且涡流引起柜壳发热，运行中振动增强，噪声很大。因此，采用了特殊的结构，中间为快速熔断器排，两面为整流管器件排，减少了母线长度，提高了均流效果，保证了同相逆并联相邻两个导电臂的距离很近，运行中大电流磁场相互抵消，减小了大电流运行时柜壳的振动、噪声和发热。

2）主电路交、直流进出线位置可以与变压器按轴线对称布置，整流电路采用三相桥式同相逆并联不控整流电路并联连接结构。通过合理的机电结构设计，最大可能的发挥了同相逆并联的优点，降低了主整流柜体的附加损耗，改善了同整流臂并联元件的均流系数。

3）柜前门上有玻璃窗口，便于巡视柜内运行情况；安装时整流柜的前后留有通道，以便于双面检修；钢板焊接定型，柜壳结构件采用数控设备加工。零部件加工精度使整体配装后关键配合尺寸得到可靠保证，有很好的刚性，保证设备承受短路电流时柜体及整流臂组件不变形、移位。柜体为防磁型结构设计，交、直流母排进出等可能产生局部涡流发热的部位因使用防磁钢材料隔断了磁通回路。柜壳防护等级达到国家相关标准的规定。

（2）整流臂结构特点：

1）每组两整流臂之间最短的爬电距离不小于 100mm，具有足够的绝缘强度；实际耐压强度不小于 30kV，高于技术指标要求的 28kV。图 5.6-7 给出了柜内每个整流臂的结构图。

2）两臂之间的连接结构采用加厚环氧玻璃布绝缘杠支撑固定，具有足够的机械强度，以抗拒电动排斥力的冲击，减小振动噪声，保证设备整体性。

3）关键保证措施：

① 采用陕西高科电力电子有限责任公司特别研制的复合型结构，在不占用多余空间的条件下能有效地增大爬电距离。两臂之间通过绝缘套管用钢制螺栓牢固地连成一体，不但使之具有足够的机械强度，而且可以保证整流柜主回路对外壳（外壳接地）工频耐压不小于44kV，1min；对地雷电全波冲击耐压 95kV；柜体对地（绝缘子）工频不小于 44kV，1min。

② 用高绝缘、低吸湿性环氧玻璃布板隔离能有效地防止其他异物掉落到两臂之间，并因其低吸湿性不会因受潮引起绝缘强度下降，保证同相逆并臂间施加工频耐压不小于 28kV，1min 不存在闪烁与放电现象。通过加强绝缘处理，满足同相逆并整流臂之间施加工频耐压不小于 28kV，在 1min 内不存在闪烁与放电现象。

（3）整流管器件压紧结构特点。随着整流管器件制造水平的普遍提高，如何把整流管器件用好，使整流管器件的能力得到充分利用的问题就显得尤为突出。例如大直径整流管器件与母线和散热器的接触面之接触电阻、传热特性的大小及稳定性就直接受整流管器件压紧结构因素的影响，进而直接影响均流系数的稳定性。在本整流装置中整流管器件的压接采用两个螺栓固定中间顶压方式，以保证整流管器件与散热器和引出母线完好接触，而不会受散热器和引出母线刚度的影响。

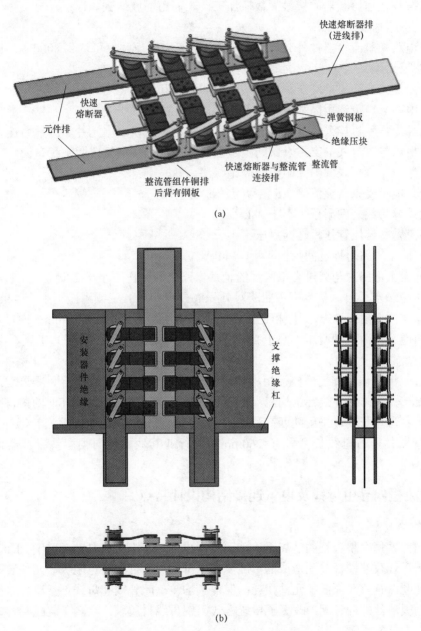

(a)

(b)

图 5.6－7　柜内每个整流臂的结构图

（a）单个整流臂；（b）相邻的整流臂

（4）导电母线及电气连接结构特点：

1）所有导电母排均采用无氧紫铜铜排，既做导电排又兼做散热器。导电母排表面镀锡，快速熔断器接触表面镀镍，所有汇流母排及主导电母排表面镀镍，避免镀锡长时间作用的氧化问题，镀层厚度不小于 15μm。

2）整流柜内连接到主电路上的导线均采用护套线，端头均用专用工具压接镀银的接线端子进行连接，以提高连接点的可靠性。

3）母排与快速熔断器的接触面数控加工，表面粗糙度达到 *Ra*1.6。

（5）绝缘结构设计特点：

1）主电路中整流管器件外壳厚度 35mm，其管壳耐压强度可达到 8000V（工频电压），增大了爬电距离。

2）柜内连接导线采用高压护套线，以提高耐压和绝缘强度。

3）主电路导电母线用高强度绝缘条和环氧浇注的绝缘子支撑。

4）元件上压紧机构采用双重绝缘办法，运行时也可以紧固元件的压紧螺栓。

5）主柜内导电母线的支撑及臂间绝缘板均采用高强度环氧树脂绝缘布板。

6）支撑及绝缘板表面喷涂阻燃防潮绝缘漆。

7）元件能承受来自交流侧 3.5 倍以上的冲击电压。

8）整流臂母线之间耐压不小于 28kV。

9）整流臂与整流管压板之间耐压不小于 28kV。

10）整流主电路对地之间耐压不小于 44kV。

11）整流主电路对与其没有电联系的辅助电路之间耐压不小于 28kV。

在整体绝缘水平上，整流柜主回路对外壳（外壳接地）工频耐压不小于 44kV，1min；对地雷电全波冲击耐压 95kV。同相逆并臂间工频耐压不小于 28kV，1min；通过加强绝缘处理满足同相逆并臂内工频耐压不小于 28kV，1min；柜体对地（绝缘子）工频不小于 44kV，1min。

（6）整流柜柜体总高度。整流柜柜体总高度 2.6m，组件及快速熔断器母线最大限度缩短，母线损耗大大降低并改善了均流，提高了整机效率。降低柜体总高度的关键措施是压缩每个组件所占母排长度，采用陕西高科电力电子有限责任公司特有的整流管器件压紧结构，每个整流管器件所占母线长度只有 260mm，而行业其他单位同类型整流管器件间距都在 280mm 左右。

5.6.4　整流柜内导电母线及电气连接结构设计特点

1. 元件的装配及散热

（1）元件臂每个整流管的装配采用陕西高科电力电子有限责任公司特有的压装结构，解决了以往铜母线攻丝螺杆装配造成的母线变形、母线与元件接触电阻大、元件装配后压降分散性大等问题，有效地降低了元件损耗，保证了均流。此外双孔母线不予攻丝直接通孔，背面高强度钢板攻丝螺杆装配，改变了传统方式因铜母线材质软，丝孔在装配时容易受力变形造成滑丝影响装配质量。

（2）所有导电母排和连接线材质均为紫铜材料。组件表面镀镍母排与元件、快速熔断器的接触面数控加工，表面粗糙度达到 *Ra*6.3。所有铜排采用镀锡处理，镀层厚度不小于 15μm，导电接触面表面粗糙度小于 *Ra*0.6。

（3）安装整流管器件和快速熔断器的铜排，均采用特制的高强度一次冷拉型无氧紫铜铜排，能有效地降低母排热阻及组件和快速熔断器的温度。

（4）直流汇流母线采用陕西高科电力电子有限责任公司特有的技术可以减小接触损耗和提高结构强度，整流柜出线铜排在设计中考虑了消除掉电时电动力的影响。

（5）整流柜内连接导线均采用耐高温高压的护套线，在端头均用专用工具压接镀银的接线端子进行连接，有利于提高连接点的可靠性。图 5.6 – 8 给出了整个电气结构图。

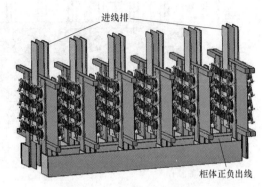

图 5.6 – 8 整个电气结构图

2. 整流管

整流管是该电力电子变流设备的核心器件，其技术和性能指标是保证整机技术水平的关键因素之一。整流管选用引进全套设备工艺技术和生产线生产的大功率、低压降、低损耗、管芯直径为 $\phi 125\text{mm}$ 的整流管，每臂 4 只整流管直接并联，设计选用电流储备系数大于 5，电压储备系数大于 5；承受的电涌电流大，有很强的抗短路冲击能力，正向压降分散性小、一致性好，有利于多个并联的整流管之间的均流并保持均流系数稳定。快速熔断器选用具有高分断能力的单体快速熔断器，整流管额定容量的增大，整流管与快速熔断器数目的减少，提高了设备运行可靠性，简化了设备结构，使其稳定可靠，运行可靠性可达到家用电器水平。

图 5.6 – 9 给出了整流柜的总装结构图。

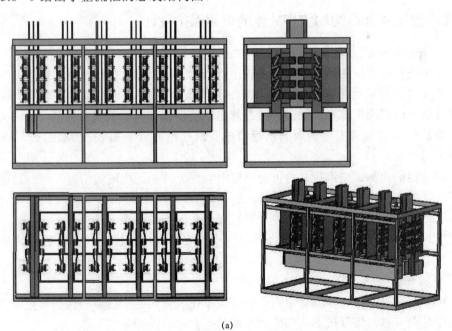

(a)

图 5.6 – 9 整流柜的总装结构图（一）

（a）未装门

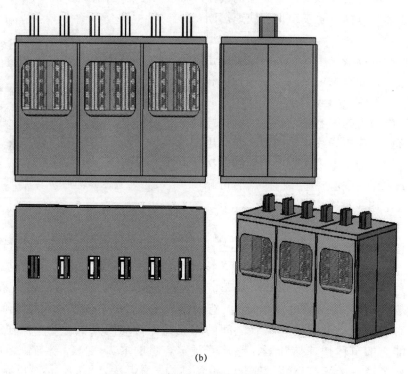

(b)

图 5.6-9　整流柜的总装结构图（二）

（b）已装门

5.6.5　多个整流柜并联的均流与故障的可靠保护设计

1. 多个整流柜并联的均流分析

由于每个三相桥式同相逆并联整流柜输出电流为 140 000A，在每个整流柜内由两个三相桥式整流桥并联，整流系统应用 12 个三相桥式同相逆并联整流柜直接串并联，所以要考虑均流措施。均流分整流柜本身的动态均流与静态均流措施和现场安装布置两个大的方面。

（1）整流柜本身制造工艺采取的均流措施。这些措施前面第 5.2 节做过较为详细的介绍，本节不再赘述。

（2）均流性能的测试与监控。对每台整流柜同整流臂的工作电流情况，专门设置均流测试仪测试，随时动态测试各个整流管的导通情况与均流情况，测试结果送入 PLC 处理。当发生严重不均流时，向中央控制室的上位计算机发出故障保护指令。

（3）现场安装布局的合理设计。合理设计现场安装布局对提高臂之间的均流是非常有益的。

2. 故障的保护措施

（1）可靠的保护手段。整流管电力电子变流系统装置参数的监控与保护设置是否合理、完善，动作是否可靠，将直接影响到整个系统的运行可靠性和使用寿命。

1）可靠的过电压保护手段。

① 过电压产生的根源。该整流柜发生动态尖峰过电压的概率很高。过电压分外部过电压和内部过电压。外部过电压主要是操作过电压、静电感应过电压和大气雷电过电压，保护措施是在整流变压器阀侧与整流柜连接母线末端（即整流柜输入端）设置大容量、高性能、低残压的氧化锌压敏电阻，加装反向阻断式 *RC* 吸收电路；内部过电压主要是换相过电压和快速熔断器分断时产生的过电压，保护措施是在整流臂上的每个整流管旁边并接高性能电容与电阻的串联环节及大容量、低残压的氧化锌压敏电阻予以吸收。

② 过电压吸收的措施。

为了使该整流设备可靠安全的运行，采取了下列过电压保护措施：

a. 在整流柜的三相输入侧增加尖峰过电压吸收的阻容网络和设置大容量、高性能、低残压的氧化锌压敏电阻双重有效保护网络。

b. 在每个整流管器件旁并联阻容吸收网络及大容量、高性能、低残压的压敏电阻网络。

c. 在直流输出侧并接阻容吸收网络和大容量、高性能、低残压的压敏电阻吸收网络。

d. 这些网络的参数以计算机仿真寻优后的参数为依据进行选择，使动态尖峰过电压保护性能达到最优。

e. 对静态过电压保护采用霍尔电压传感器检测直流输出电压，与设定门槛进行比较的保护方案，使静态过电压保护稳定可靠。

③ 过电压吸收效果。

a. 接在进线交流侧、直流输出侧和整流臂上与每个整流管并联的压敏电阻及过电压阻容吸收网络能够吸收整流管器件换向过程中产生的过电压、快速熔断器分断过电压、正常操作下网侧高压开关投切时所产生的操作过电压、正常电气条件规定范围内的来自阀侧或直流侧的重复和不重复瞬态电涌过电压。在最靠近整流元件处安装容量参数合适的阻容元件，接线应尽可能短，以保护整流器免受可能出现的各种电涌过电压的危害。这些网络的参数以计算机仿真寻优后的参数为依据进行选择，使动态尖峰过电压保护性能达到最优。

b. 各过电压吸收电路中都串有快速熔断器，以防止电容器或过电压吸收器击穿损坏而引起事故，快速熔断器熔断后其微动开关应发出报警信号。

c. 当保护系统故障时，送故障信号至 PLC，并发出声光报警信号。

2）可靠的过电流保护。正常运行条件下，负载电流受控制系统控制。由过电流检测电路控制及监视输出电流的变化。发生低倍过电流时延时向 PLC 发出报警信号，当高倍过电流时，PLC 立即向控制室发出紧急跳闸信号。当控制系统失去控制作用或发生短路时，保护措施有：

① 直流侧发生短路时，整流器承受直流短路过电流的能力为 $5I_{dn}$、时间 500ms，整流管器件和快速熔断器在高压开关跳闸（断路时间小于 500ms）之前不会损坏。

② 整流臂内某支路整流管器件因反向击穿而损坏时，与其串联的快速熔断器熔断，迅速切断短路电流，并隔离故障部分，使非故障的整流管免受损坏。快速熔断器熔断后其微动开关应发出报警信号。当元件因击穿发生阀侧短路时，串联在故障支路的快速熔断器立即分断并隔离该支路，防止故障扩大。

3）可靠的不均流保护。系统控制监控柜中的 PLC 根据每台整流柜配套设置的均流测试仪随时监测每个整流柜中各个整流管的工作与通过电流情况，当发生严重不均流时，迅速向中央控制室的 PLC 发出不均流故障信息，及时进行保护。

4）可靠的过热保护。在每个整流臂上安装温度继电器，监测导电母排的散热情况，当温度超过 65℃时，及时向 PLC 发出母排过热信号，迅速向中央控制室的 PLC 发出散热不良故障信息，及时进行过热保护。

（2）控制保护检测信号。包括整流输出电压、整流输出电流、快速熔断器熔断信号、过电压保护电路故障信号、整流臂是否过热信号、流过各整流管的电流信号、用户方给出的其他保护信号。

（3）过电压与过电流保护测量手段。直接应用串联在直流输出至负载端的霍尔电流传感器检测直流电流，以串联于整流变压器一次侧与二次侧的交流电流传感器检测交流电流；通过并接在直流输出正负母线间的直流电压传感器检测直流电压，以接在整流变压器一次输入的电压互感器检测变压器一次电网侧及阀侧的电压信号。将这些测量信号的输出作为电压与电流的检测信号，作为保护及调节的依据。

（4）快速熔断器损坏。快速熔断器上附有微动开关，有一个损坏时，发出报警信号；同臂上有两个损坏时，再次发出报警信号；同臂上有三个元件同时损坏时发出紧急跳闸信号。故障信号送 PLC 检测，并发出声光报警信号。

（5）其他故障保护。柜内主电路绝缘降低，设置有绝缘监视电路作信号报警。发生故障时，与各整流柜就近配置的控制柜上有相应的声光报警指示。

监控报警柜中的 PLC 部分功能是监控本机组四台整流柜的运行情况，当发生故障时，机组 PLC 向主控室发出告警信号。

5.6.6　整流柜配套用的监控报警柜

为便于运行和随时诊断整流柜运行情况，设计两台整流柜配套使用一台监控报警柜。

1. 整流柜配套的监控报警柜与用户中央控制室使用的计算机监控系统的分工设计

（1）为便于操作和安装，整流装置的控制采用彼此独立、集中布置的结构形式，即两台三相桥式同相逆并联整流柜使用 1 台监控报警柜；在用户中央控制室把控制终端机统一装设在计算机监测系统中，各自可以进行控制及操作，但又彼此独立。

（2）整流系统中采用可编程控制器 PLC 实现监控。PLC 及其配套器件统一布置在各自的监控报警柜内。

（3）可编程控制器 PLC 选择德国 Siemens 公司的 S7 – 200 型，该 PLC 具有良好的抗电磁干扰、长期运行可靠性高；PLC 结构为模块化结构，模块间相互独立，在不动接线的情况下，可方便地拆卸；开发应用与设备配套的兼容软件，除满足整流系统要求的监控功能外，还便于用户对监控、检测及保护与报警功能的拓展。PLC 输入端和输出端电源均采取隔离变压器或隔离模块、光纤进行电气隔离。考虑到用户拓展新功能的需要，实际的检测和控制输出点数按 10%裕量考虑，接线端子、I/O 模块及柜内安装空间等按 10%裕量预留。

2. 整流柜使用的监控报警柜功能细化设计

（1）功能设计。

1）监控报警柜结构形式：GGD 型，设计靠近整流柜安装，安装在整流柜旁边。

2）控制方式：PLC 控制，采用液晶触摸屏进行监测简单的操作，PLC 给中央控制室中的上位监测计算机提供通信接口、PLC 的输入输出接口备用量不少于 10%。

3）监控报警柜的报警与显示信号：设置过电压、过电流、并联元件严重不均流、母排温度过高、整流管器件损坏、电源系统输入三相电源缺相等故障时报警信号指示灯。

4）监控报警柜面板上安装按钮及指示灯：设置故障指示灯和复位按钮，运行按钮、指示灯及选择开关均采用施耐德公司的产品。

5）监控报警柜面板上安装数字显示仪表：输出直流电压、输出直流电流等数显表选用国家名牌产品。

6）端子号采用永久性标志，标志清晰明了。

7）强电、弱电的接线分开布置，接线端子预留 10%的裕量；至中央控制室上位机的接线端子设计安装在控制柜前方，为便于检测、安装高度高于地面 500mm 的位置；接线端子选用阻燃型的端子。

8）电路板选用国家名牌电路板材厂家生产的板材，应用军工工艺标准与要求制作，并保证可靠、美观。

9）柜体采用钢结构，加装底板，底板上预留安装孔和进出线孔；柜体颜色与整流柜一致。

（2）监控报警柜 KC-I 的主要工作和创新。

1）PLC 部分承担。

① 机组整流柜监控。监控母线温度、熔断器状态、系统运行时过电压或过电流和严重不均流情况，当过电压或过电流时进行故障保护及报警；负责向中央控制室的上位计算机监测系统传送整流机组状态信息，同时接受本地计算机监测系统发出的控制指令。考虑到功能扩展的需要，该部分预留监测与保护接口，方便用户增加该部分监控与报警功能。

② 机组运行参数的检测及处理。PLC 系统通过对直流霍尔电压传感器，直流霍尔电流传感器，交流电压与电流传感器输出的信号经隔离变换后，采集直流端的输出电压、电流，并联整流柜的均流情况，交流输入侧的电压和电流信号，用户给定电压、反馈参数等信号，内部进行运算后，通过 profibus 总线实现与中央控制室的上位计算机间的通信（注：PLC 留有该通信接口）。同时，把采集到的数据上传到中央控制室的上位机打印和存储，实现自动报表、自动记录。考虑到功能扩展的需要，该部分预留对实验部分工况的检测与处理接口，方便用户增加这一部分的检测及采集这些数据。

③ 故障状态的显示和报警。选用与 S7-200 配套的触摸屏，故障类型和故障点及保护类别的位置等报警信号以中文显示，方便了检修及维护，便于用户观察和处理。

2）设计构成完善的保护系统。设计的显示和保护功能有元件损坏、过电压、过电流、母排过热、并联整流管严重不均流等。

3）监控报警柜上安装的显示仪表。包括输出直流电压、输出直流电流、整流桥输入交流线电压表。

4）监控报警柜外形参考尺寸：宽×高×厚 = 1000mm×2200mm×800mm。

（3）控制系统的抗干扰设计：

1）解决电磁干扰难题的技术要点。

防止整流柜内部磁场对外部干扰的措施是在保证绝缘的条件下，一是尽可能使正负母线之间及三相进线之间靠近，以使电流通过时的合成磁场为零；二是使用钢质柜体对磁场向外屏蔽；三是在整流柜门板及有缝隙的地方贴专用屏蔽纸，对向外的磁场进行严格屏蔽。防止外部磁场对整流柜的干扰是应用具有防磁功能可屏蔽的柜体。由于该电力电子变流设备使用过程中工作电流大，引起现场磁场强度大，所以还应在柜内及控制部分和配线以及控制板上进行防磁场干扰的专门处理，即对控制板与 PLC、微机等关键控制部件增加二次磁场屏蔽、柜内配线全部采用双绞屏蔽线，并使屏蔽层单独可靠接地，对控制线采取穿入屏蔽钢质穿线管内等办法，增强抗磁场干扰及防磁性能，提高可靠性。

2）监控报警柜抗电干扰的措施。由于电力电子变流设备工作电流大，所以为抑制干扰，采取的措施主要有：

① 强弱电分柜安装。整流柜与控制柜分柜放置，强电与弱电尽可能分开配线，确实无法分割的采用垂直交叉走线，杜绝平行走线，克服交叉干扰耦合。

② 合理布线。所有控制线的走线应用双绞屏蔽线，并使屏蔽层可靠单独接地，提高抗干扰性能。配线按引线最短的原则，减小引线电感。测量线与信号线，应使用同轴电缆屏蔽线。

③ 多采用隔离措施，不同控制单元独立供电。在控制部分对信号取样、同步信号、脉冲功放等与强电有关的单元施加隔离环节，减少干扰的耦合。即把不同控制部分的供电电源分开独立供电，尽可能减少供电电源上的耦合影响。

④ 合理增加屏蔽层。在控制电路中多用屏蔽层、电源变压器、同步变压器、隔离变压器均增加内部及外部屏蔽层，并使屏蔽层可靠接地。

⑤ 关键控制单元单独屏蔽及供电滤波处理。对控制板及中央控制器和微机系统单独安装屏蔽盒；控制电源供电应采用隔离变压器，并在供电变压器的一次侧与二次侧增加电源滤波器和 T 型两级滤波器，提高抗干扰性能。

⑥ 印制电路合理布局。印制电路板布线时尽可能避免平行布线，对控制板内每个集成电路在最靠近其工作电源与参考地之间增加去耦滤波电容网络，并在印制电路板制作中增加屏蔽外边框屏蔽外部空间干扰，增加多级滤波消除干扰，增强抗干扰性能。

⑦ 线路设计中采取防干扰传播的措施。在线路设计中，降低控制信号的输入及输出阻抗，消除干扰传播及产生源，把干扰的影响降到最低程度。

⑧ 用户现场合理安装布线。在电力电子变流设备安装现场，把控制柜与主整流柜及检测传感器之间的连接采取屏蔽线、双绞线、强弱电分开或垂直交叉走线、弱电线穿在防磁的钢管内或单独敷设等措施增加抗干扰性。

5.6.7 应用效果

介绍的 12×1000V/140kA 整流管电力电子变流设备有关电路和方案，已成功地用于为某低压断路器和直流断路开关试验中心研制的 12 台 1000V/140kA 整流管电力电子变流设备中。12 台整流管电力电子变流设备可以全部串联输出 12 000V/140kA，也可以两两串联形成一组后，再并联相同的 3 组、4 组、5 组构成输出系统，分别获得 2×1000V/3×140kA、2×1000V/4×140kA、2×1000V/5×140kA 脉冲输出的电力电子变流设备；还可以两个 1000V/140kA 整流管电力电子变流设备串联成为一组，然后六组分电源并联实现 2×1000V/6×140kA 输出；也可以四个 1000V/140kA 整流柜串联成为一组，然后相同的 1 组、2 组、3 组并联分别实现 4×1000V/140kA、4×1000V/2×140kA、4×1000V/3×140kA 输出；更可以六个 1000V/140kA 整流柜串联成为一组，然后两组并联实现 6×1000V/2×140kA 输出电力电子变流设备，满足多种组合运行需要，实现针对不同电流额定的交流断路器、接触器及直流断路开关的性能试验。因结构设计和整流管器件配对及参数挑选安装合理，每个整流臂 8 只整流管并联，均流系数高于 0.86，保护及监控性能良好，使用中导电母线既可以导电又起散热器作用。监控保护柜保护灵敏，监控功能全面。尖峰过电压吸收环节设计比较合理，起到了应有的尖峰过电压吸收效果。

5.6.8　结论与启迪

（1）对有多个大电流高电压的整流管电力电子变流设备同时工作的应用场合，可以将多台整流变压器一次侧设计为外延三角形，彼此移相错开合理的角度；二次侧设计为三相桥同相逆并联。这样当多台整流管电力电子变流设备同时运行时，在整流变压器一次产生的电流谐波，相互叠加抵消，使注入电网的最低次谐波次数为

$$K = 6n - 1 \qquad\qquad (5.6-17)$$

式中，n 为 6 脉波整流柜个数，本系统因 6 脉波整流柜个数为 12，注入电网最低次电流谐波为 71 次，远远低于国标要求。

（2）对多脉波整流管电力电子变流设备来讲，整流脉波数越多，则电网侧的功率因数越高，所以这种多脉波整流系统，不但降低了注入电网的谐波含量，提高了注入电网的最低次谐波次数，而且更为重要的是提高了运行时电网侧的功率因数。

（3）对脉冲工作占空比很小的整流管电力电子变流设备，合理设计导电母排截面积，可以使导电母线起导电和散热双重作用，系统采用自然冷却已基本可以满足要求，外配以冷却风机，将使冷却效果更为理想。

（4）对整流管电力电子变流设备来讲，如果同一整流臂使用多只整流管并联时，按本章 5.2 节介绍的均流措施，可以达到很好的均流效果。

（5）对诸如介绍的输出电流特大的电力电子变流设备，因使用电力电子器件众多，所以应用 PLC 监控其运行状态，可以使电力电子变流设备的运行状态随时处于自动控制状态，实现系统的自动化和智能化。

（6）对多台电力电子变流设备有串联和并联组合运行的场合，可以使用额定电压足够的直流断路开关，并采取绝缘安装，通过直流断路开关的通断进行串联及并联的组合，便于随时改变输出运行参数，满足经常需要以改变电路组合实现输出电压和电流变化的场合，是一种切实可行的方案。

5.7　4 × 12kA/3510V 整流管电力电子变流设备

5.7.1　系统组成及工作原理分析

4×12kA/3510V 整流管电力电子变流设备，用来给中国环流二号（HL－2A）模拟试验装置中的环向场提供电能。由于运行功率大，所以无法采用连续功率运行，而以飞轮储能发电机发电来进行脉冲功率模拟研究。经反复论证，最后选用了如图 5.7－1 所示的系统结构，图中 M 为用户系统原配的电动机，FL 为该电动机拖动的巨大储能飞轮，G_1 与 G_2 为系统配备的两台大功率交流发电机。在向负载放电的过程中，飞轮 FL 储存的巨大能量拖动两台大功

率交流脉冲发电机发电，向负载 Z 提供能
量，该两台脉冲发电机制作时已设计成二次
侧的四个独立绕组中，两个 Y 联结的绕组对
应相电压相位互差30°，同时二次侧两个三角
形接法绕组的对应相电压相位亦彼此互差
30°，$REC_1 \sim REC_4$ 为四个三相桥式整流的整
流柜用来承担交流变直流的工作。由此看出，
该大功率直流电力电子变流系统是由四个整
流柜并联组成的，每个整流柜输出 12kA 电
流，四台整流柜并联后输出 48kA 的总电流提
供给负载。系统组成从大的功能块可以分为主
整流电路、整流管状态监测、PLC 监控、保护
电路，共四个功能单元。

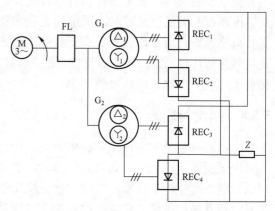

图 5.7－1　4×12kA/3510V 整流管
电力电子变流设备系统结构框图

1. 主整流电路设计与原理

（1）整流管器件个数的确定。由于用户使用需要整流输出直流电压达 3510V，线圈电感
0.23H，在大电流通断工作时，电流变化较大，产生尖峰过电压 $L\mathrm{d}i/\mathrm{d}t$ 的问题无法避免。为
保证系统的可靠工作，设计选取三相整流桥中整流管器件的电压安全裕量不低于 3 倍，因而
决定了主电路中每一个整流臂要由多个整流管串联。由于每个整流柜输出直流电流达
12kA，设计电流安全裕量大于 3 倍，所以在每个整流臂中又需几个整流管的并联。经理论
分析和参数计算得出每个整流臂需要 3 只 4600V/4000A 的整流管串联满足电压裕量的要求，
每个整流臂必须有 3 只 4600V/4000A 的整流管并联满足电流裕量的要求，每个整流臂共需
4600V/4000A 整流管 9 只，因每个整流柜中主电路为三相桥式结构，共需 4600V/4000A 的整
流管 54 只。

（2）串并联顺序的确定。图 5.7－2 给出了主整流柜中每个整流臂中整流管器件的几种
组合。从提高运行可靠性的角度考虑，要确定每个整流臂中的 9 只整流管是 3 只先串联后
再并联（图 5.7－2a），还是先并联后再串联（图 5.7－2b）。显然图 5.7－2b 所示的先并联后
再串联的方案的可靠性将较图 5.7－2a 所示的先串联后再并联的方案要低。其原因在于，在
图 5.7－2b 中一个整流管击穿则意味着与其并联的整流管都等同于击穿，使每个整流臂的电
压安全裕量都大为降低。由于该电力电子变流设备的负载为大电感，产生尖峰过电压的可能
性很大，所以选择了图 5.7－2a 所示的方案作为这四台整流柜中每个整流臂整流管串并联连
接的最终方案。尽管这种组合会因整流管断路后使电流安全裕量降低，但发生把整流管烧断
的可能性要较使整流管过电压击穿的可能性小得多。

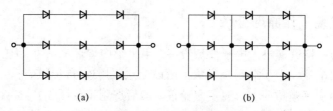

图 5.7－2　每个整流臂中 9 只元件串并联连接的两种拓扑结构
（a）先串联后并联；（b）先并联后串联

（3）均压措施。为了保证在运行中每个整流臂中串联的各个整流管在工作时承受相同的反向电压，必须对 3 只串联的整流管采取均压措施。均压分动态均压和静态均压。对动态均压通过以下几个措施来实现：一是严格挑选同一个整流臂上各串联整流管的反向恢复电荷，使最大误差小于 300μC；二是在各整流管旁并联动态均压网络（参考图 5.7－3 中并联在每个整流管旁的电阻与电容串联网络，如整流管 VD_{11} 旁并联的电容 C_{11} 与电阻 R_{11} 串联支路），该均压网络中电阻采用无感电阻，电容采用无感电容，其电容的参数计算按最大反向恢复电荷误差 300μC 来考虑；三是保证各串联均压网络距整流管的引线尽可能短，并采用双绞线连接。对静态均压采取的措施：一是对各串联的整流管在并接动态均压网络的同时，并联静态均压电阻（图 5.7－3 中并联在每个整流管旁静态均压电阻，如整流管 VD_{11} 旁并联的电阻 R_{70}），静态均压电阻与主整流管的连接采用双绞线与被保护整流管最近距离安装；二是严格对串联的整流管参数进行配对，分别测 1000V、1500V、3000V、4500V 条件下各整流管在高温（105℃）与常温（25℃）时的反向漏电流，按这些参数对整流臂中的元件进行配对；三是从压装工艺上保证各串联整流管与母线及散热器的接触电阻一致。经上述措施后，在进行调试时实测各串联的整流管的均压系数都在 0.98 以上。

（4）均流措施。由于构成该整流管电力电子变流设备的四个整流柜每个输出电流为 12kA，每个整流臂需要 3 只整流管并联，所以为保证同一整流柜内并联整流管的均流，采取下列措施：一是对各并联的整流管分别测试正向平均电流为 1500A、3000A、4500A、6000A 时的峰值压降，按这些压降参数严格配对组成并联的整流管组；二是保证从变压器输出至整流柜输出各并联元件的电流通路路径长度相同；三是在压装工艺上应用专用油压机压装，保证各并联元件与导电母排的接触电阻尽可能一致，各整流管在垂直于台面的方向所受的正向压力尽可能相同。除上述外，对两个相互接触的导电母排之相互接触面采取铣平面等措施来降低接触电阻，安装时把正向峰值压降最小的元件装于 3 只并联整流管的中间位置；对相并联的整流柜，由于输出未用平衡电抗器，一是利用引线电感，二是通过控制不同发电机的励磁来实现均流。采用这些措施后，经实测同一整流柜内各并联元件组的均流系数达到了 0.9 以上，并联整流柜之间的均流系数不低于 0.92。

2. 保护电路

（1）尖峰过电压保护。考虑到该整流柜的负载为大电感负载，为了防止同一电网中大型电力电子变流设备的投入与切除或同整流柜中其他整流管的通断引起电流的剧烈变化，造成尖峰过电压 Ldi/dt 危及整流管的安全，在采取前述均压措施的基础上，在整流电路中增加了尖峰过电压吸收保护网络。即在整流桥的输入并联了过电压吸收保护网络，即图 5.7－3 中并联在三相交流输入线间的压敏电阻 $RV_1 \sim RV_3$、电阻 $R_1 \sim R_3$ 与电容 $C_1 \sim C_3$；直流输出并联了过电压吸收保护网络，即图 5.7－3 中并联在直流输出侧的压敏电阻 RV、电阻 R 与电容 C。每个整流管的旁边都并联了过电压吸收保护网络（电阻、电容、压敏电阻，如整流管 VD_{11} 旁并联的电阻 R_{11}、电容 C_{11} 和压敏电阻 RV_{11}），过电压保护网络中电阻与电容及压敏电阻参数的计算按文献［13］中推荐的经验公式计算。同时，应说明的是与每个整流管并联的动态均压网络具有动态均压和进行尖峰过电压保护的双重功能，在整流桥交流输入及直流输出并联的尖峰过电压吸收网络中的电阻与电容，选用无感电阻和无感电容。最终构成主电路中每个整流臂的实际电路，如图 5.7 − 3 所示。整个三相整流桥中共用了 6 个相同的整流管阀组，每个整流柜主电路共应用了 54 套整流管阀组及外围元件，图中，电流互感器 TA_1～TA_3 用来给交流侧的过电流保护及电流表 PA_1～PA_3 显示交流侧的运行电流提供一取样信号。

（2）静态保护电路设计。在前述动态均压保护的基础上，为保证该整流柜的工作可靠性，电路中又专门设计了过电流、静态过电压、元件失效和母排过热（冷却系统故障）等保护电路。同时，两台 3510V/12kA 整流柜共用一个控制柜，把整个电力电子变流设备的运行及保护置于可编程控制器 PLC 的监控之下。

1）静态过电流保护。由于整流管电力电子变流设备输入交流线电压达 2600V，输出直流电压达 3510V，国内当时还没有额定分断电压高于 1000V 的快速熔断器，所以过电流保护无法用给整流管串联快速熔断器的方法实现，故采取电子保护的方法。其原理电路如图 5.7 − 4a 和 c 所示。在直流侧增加直流霍尔电流传感器 TA，在交流侧增加交流电流互感器 TA_1～TA_3 的方法来检测输入和输出电流值，并把这些电流取样值与设定的门槛值进行比较。当取样值小于对应比较器反向端设定的过电流保护门槛值时，比较器输出低电平，晶体管 V_I 不导通，继电器 K_I 或 K_{II} 不动作；一旦发生过电流，则电流取样值大于比较器反向端设定的保护门槛值，比较器输出高电平，晶体管 V_I 导通，继电器 K_I 或 K_{II} 动作，向 PLC 发出过电流故障信号，用报警并分断主电路的方式进行保护。

2）静态过电压保护。静态过电压保护其原理电路如图 5.7 − 4b 和 d 所示，采取在直流回路中并联霍尔电压传感器 TV，在交流侧接入交流电压互感器 TV_1～TV_3 的方法，检测出直流输出电压和交流输入电压，并把该电压取样值与设定门槛值进行比较。当取样值小于对应比较器反向端设定的过电压保护门槛值时，比较器输出低电平，晶体管 V_U 不导通，继电器 K_U 或 K_{U1} 不动作；一旦发生过电压，则电压取样值大于比较器反向端设定的保护门槛值，比较器输出高电平，晶体管 V_U 导通，继电器 K_U 或 K_{U1} 动作，向 PLC 发出过电压故障信号，用作报警并分断主电路的方式进行保护。

（3）元器件失效检测与保护。由于 4×12kA/3510V 整流管电力电子变流设备，输出电流大电压高，无法串联快速熔断器，依据熔断器分断状态检测元件失效，专门设计了如图 5.7 − 5 所示的元件失效检测与保护电路。图中来自电源变压器的交流 9V 电压先经整流电路整流成直流，然后经电容滤波后，再由三端稳压器 7812 稳压，向该电路提供一稳定的工作电源。VLC 为额定隔离电压达 10kV 的光耦合器，在主电路未合闸之前，整流管电力电子变流设备监控系统中的 PLC 程序使元件失效报警无效；一旦主电路接通，监控系统中的 PLC 程序使元件失效报警有效。此时若整流管未击穿损坏，则在工作电源电压的负半周，其两端承受反向电压，高压光耦合器 VLC 导通，比较器 B 输出低电平，不进行整流管器件失效的报警；一旦整流管击穿损坏，则整流管两端承受电压接近零伏，发光二极管不导通，比较器 B 翻转输出高电平，进行整流管器件失效的报警。图中 A 为放大器，它用来对元件失效取样信号进行放大，以提高保护的灵敏度。图 5.7 − 6 给出了整流管状态检测判断电路的工作波形。

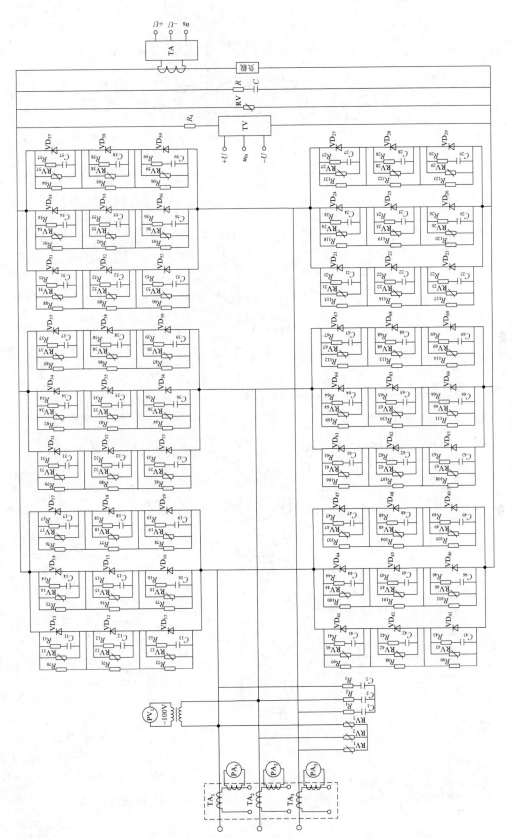

图 5.7 - 3　实际整流系统主电路示意图

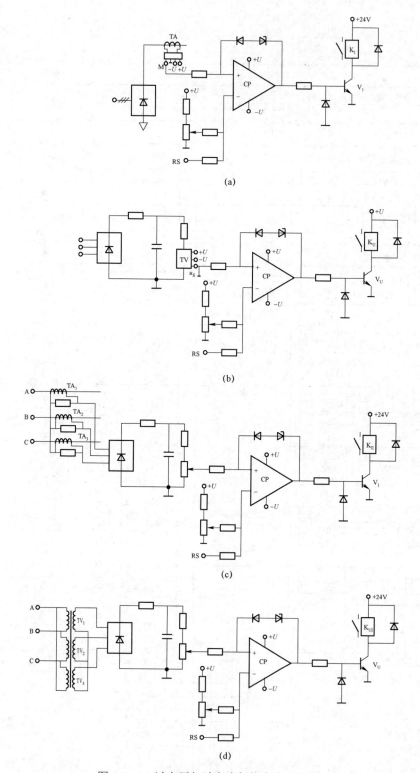

图 5.7-4 过电压与过电流保护电路原理图
（a）直流侧过电流保护；（b）直流侧过电压保护；（c）交流侧过电流保护；（d）交流侧过电压保护
RS—复位信号

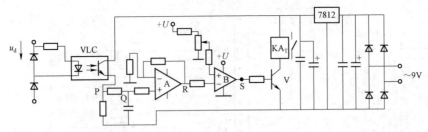

图 5.7-5　整流管元器件失效检测及保护电路

（4）母排温度过热保护。常用的温度继电器一般一、二次绝缘隔离电压低于 2500V，由于该整流电源主母线工作交流电压高达 2600V，为满足用户要求的隔离电压达 5000V 以上的要求，设计了图 5.7-7 所示的母排温度过高报警电路。图中 K_T 为普通的温度继电器触点，VLC 为隔离电压强度达 10kV 以上的光耦合器。当母排温度过高时，K_T 接通，光耦合器导通使继电器 KA_T 动作，给出母排温度过高报警及保护动作触点信号。图中 u_1 与 u_2 为两路彼此之间隔离电压达 10kV 以上的独立电源，分别用来提供电路中光耦一次与二次的工作电源。

3. PLC 监控单元

4×12kA/3510V 整流管电力电子变流设备，由四台 12kA/3510V 分整流管电力电子变流设备组成，使用整流管器件 216 个，为了保证整个电力电子变流设备系统的可靠与自动化运行，实时对运行状态进行监控和向用户中央控制室提供运行工况，对每个 12kA/3510V 分整流管电力电子变流设备，设置 PLC 监控。

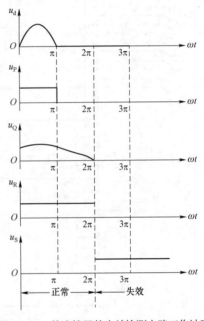

图 5.7-6　整流管器件失效检测电路工作波形

图 5.7-8 给出了 PLC 监控系统的硬件原理图。监控电路以西门子公司生产的 S7-200 PLC 为核心单元，外配以模拟及数字扩展模块，完成对每台整流管电力电子变流设备的投入切除和顺序控制。不但可对每台分 12kA/3510V 整流管电力电子变流设备的输出电压和电流随时进行采集，而且可实时监控整流管是否损坏、整流柜内的母线是否过热、供电整流变压器（油浸自冷）是否发生油温过高、轻瓦斯、重瓦斯、交流输入与直流输出是否过电流、交流输入与直流输出是否过电压等不正常状态。一旦发生非正常运行工况中的任一种，则及时进行处理和采取相应保护措施，及时向中央控制室提供运行工况信息，以便于用户及时掌握该电力电子变流设备的工作状况。

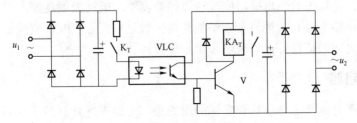

图 5.7-7　母排温度过高保护示意图

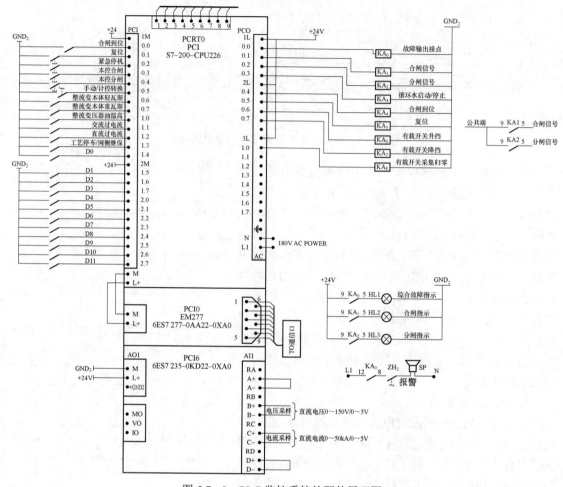

图 5.7-8　PLC 监控系统的硬件原理图

5.7.2　应用效果

　　4×12kA/3510V 整流管电力电子变流设备，作为中国环流二号（HL-2A）核聚变试验装置系列电力电子变流设备之一，已成功的用于该实验装置的环向场线圈供电。17 年来的运行结果表明，上述设计和计算结果合理，方便可行，其系统综合设计的正确性和运行的可靠性、稳定性已在实际运行的四台 3510V/12kA 分整流管电力电子变流设备中得到了验证。运行中的实际测试，四台整流管分电力电子变流设备中串联整流管的均压系数高于 0.98，而同一整流柜内同整流臂上并联元件的均流系数优于 0.9，并联整流柜之间的均流系数不低于 0.95；过电压、过电流、元件失效、母排温度过高等保护灵敏，运行效果良好，工作稳定；整流管运行状态监测电路能及时有效地对个别整流管的失效进行报告；PLC 监控系统运行稳定，与中控室的计算机之间通信良好，表现出了很好的鲁棒性。

5.7.3　结论与启迪

　　综合上述原理分析及部分设计和实际使用效果，可得下述几点结论与启迪：

（1）介绍的 $4 \times 12kA/3510V$ 整流管电力电子变流设备，不但输出电压较高，而且输出电流较大，每个整流臂上既有多个整流管串联，又有多个整流管并联。为保证串联均压，要对串联的整流管器件的反向恢复电荷进行测试和挑选，保证反向恢复电荷误差值要尽可能地小。在该电力电子变流设备中，3 个串联整流管器件的反向恢复电荷最大差别设计与选用小于 $300\mu C$，同时在每个整流管旁并联电阻与电容串联的动态均压网络。动态均压网络中的电阻和电容均要选用无感型；为保证静态均压效果，选用反向漏电流基本接近的整流管装于一组串联的整流臂上，且在整流管旁并联合适阻值的静态均压电阻。静态均压电阻应选用无感型，且静态均压电阻最大阻值不应大于整流管反向等效电阻的 $1/20 \sim 1/30$。

（2）在有多个整流管并联的大功率电力电子变流设备中，应对并联的整流管器件通过挑选通态压降和根据伏安特性曲线进行配对，这将对均流大有益处。

（3）在电压较高的电力电子变流设备中，通过有高压光耦隔离的电子线路进行元件失效、母排温度过高等故障信号的取样与检测是一个较好的解决方案。

（4）理论分析和应用效果验证都证明了设计思想与计算方法的正确性、实用性和有效性，这种设计方法可直接推广和应用于同类装置中，应用前景广阔。

第6章 晶闸管类电力电子变流设备

6.1 概述

晶闸管至今仍然是电力电子器件家族中，可控型电力电子器件中单管容量最大的器件，在直流输电、巨型直流电力电子变流设备等领域，我们不得不仍然使用晶闸管作为主功率器件。如今在我国晶闸管的应用有以下领域：同步电动机及同步发电机和直流电动机的励磁系统、电解和电镀用直流电源、直流输电、感应加热用中频电力电子变流设备、合闸用电力电子变流设备、直流屏设备、直流调速、电化学用电力电子变流设备、动态功率因数补偿、国防及军工试验用特种电力电子变流设备等领域。

6.2 晶闸管并联应用的均流问题

6.2.1 造成并联晶闸管不均流的原因

1. 晶闸管器件本身的原因

由于晶闸管器件是应用硅单晶经过扩散–光刻等一系列工艺制成管芯，然后与钼片、铜垫块等一起封装在管壳中制造成的，工艺的分散性、单晶片的晶体结构、钼片的一致性及垫块本身的导电性、管壳外台面的平整度、装配工艺都会造成使用时同一变流臂中并联的多个晶闸管的外特性有一定的差别。这些性能差别表现在晶闸管工作时通态压降的不同，即导通电阻的不同，因而影响其并联使用时的均流效果。一般通态压降小的器件，工作时承受的电流相对要大些，这就是常说的静态不均流。

还应看到，由于半导体工艺的原因，晶闸管的门极特性常为一区域特性，同一批晶闸管器件门阴极触发电压与触发电流及导通关断时间都有很大差别，因而在使用中很难保证多个并联的晶闸管同时导通或关断。先导通后关断的晶闸管将在别的器件关断时，承受远大于设计的平均电流，这就是人们常说的动态不均流。

2. 阻容吸收元件的原因

晶闸管在使用中，为限制其关断过程中过高的 $\mathrm{d}u/\mathrm{d}t$ 上升率及电路中感性元件存在通断过程中出现的尖峰过电压，通常在晶闸管阳阴极间都并联有进行尖峰过电压吸收的阻容网络（或阻容及压敏电阻）环节，阻容吸收环节的参数差别将会使各并联晶闸管的关断时间与导通时间产生差别，从而引起动态不均流。

3. 串联快速熔断器的原因

使用中为保证晶闸管失效后分断故障电路，防止事故扩大，常采用对每个晶闸管串联一个快速熔断器进行短路情况下的保护，快速熔断器内阻及引出电极平整度的差别都会造成各并联晶闸管之间的不均流。

4. 结构上的原因

结构对电流分布的影响，往往被人们所忽视，但这对电流分配的影响可以说有着极大的决定作用，其作用表现在：

（1）压接电极的平整度与压紧力的影响。由于使用中晶闸管的阳极或阴极是通过外接母线并联的，这里接触面的平整度及紧固螺钉的垂直压力直接决定着从晶闸管到交流（或直流）进线及晶闸管电极到直流（或交流）输出的接触电阻，现国内大型晶闸管设备中元器件安装时基本采用扳手紧固螺钉，很难保证压力的一致性，同时，铜母线接触台面的平整度也对各并联器件的均流有着巨大的决定作用。

（2）电磁场的影响。晶闸管电力电子变流设备为扩大其输出容量，一般采用多个晶闸管器件并联后构成一个双反星形或三相桥式变流单元中的一个整流臂，而在整个装置中以多个这样的变流单元按一定的电路结构原理（现常用双反星形同相逆并联、三相桥式同相逆并联、多脉波变流中又使用多个双反星型或三相桥式同相逆并联再并联）连接而充分利用变压器的容量，以满足输出变流设备总体电流容量的要求。对每个变流单元来说，其输入为交流而输出为直流（或输入为交流输出为交流，或输入为直流输出为交流），工作时很大的电流流过该变流单元，由于直流通过将在空间产生电磁场，正确的结构应使相邻的两个变流单元通过幅值相同、方向相反的电流，若不是这样，则将造成每个并联臂通过电流的分配不均匀。

（3）各变流臂与交流（或直流）输入连线及到负载端连线的长度亦影响均流。由于各变流臂与交流（或直流）输入之间的连线及到负载端连线的长度，决定着分布参数（导线电阻与分布电感）的大小，若导线长度相差较大，将造成引线长度短的变流臂承受的电流要大，造成电流分配不均匀。

5. 控制上的原因

由于晶闸管是在阳阴极承受正向电压时，门阴极加正向触发脉冲而导通工作的，门阴极何时加触发脉冲将对负载电流的分配起决定作用。触发脉冲对均流的影响表现在以下几个方面：

（1）触发脉冲相位有差别造成不均流。由于触发脉冲产生单元输出的触发脉冲，在同一移相电压作用下，相位有差别，该差别将使控制角大的那一个变流臂输出电流小，而使控制角小的那一个变流臂输出电流大，直接造成电流的分配不均匀。

（2）触发脉冲前沿上升率有差别。因电路中分布参数影响造成变流臂并联的晶闸管开通时间上有差异，引起各并联器件之间电流的分布不均。

（3）电流反馈线太长引起不均流。有的使用场合，需要多台晶闸管电力电子变流设备并联，以满足工作时电流的需求，运行中又需要多台晶闸管电力电子变流设备使输出电流大范围调节，此时，往往因各并联的晶闸管电力电子变流设备电流反馈引线长度差别过大，且受到干扰及分布参数的影响，而使各并联的晶闸管电力电子变流设备输出电流严重不均衡，甚至造成其中有的晶闸管电力电子变流设备输出电流平滑上升，而有的跳跃上升或下降导致的严重不均流情况发生。

6.2.2　解决不均流的措施

针对上述不均流的原因，可应用以下措施来解决不均流的问题。

1. 对晶闸管器件按参数进行挑选配对

根据一个变流臂使用晶闸管器件的数量，对晶闸管器件通态峰值压降、门极触发参数、开通关断时间进行配对，以使这些参数之间误差尽可能小。通常选通态峰值压降最大误差在 0.01～0.03V 之内，并选择阳阴极台面平整度好的器件构成并联的变流臂。

2. 对晶闸管的外围元器件进行挑选配对

对同一个变流臂内各并联晶闸管配套所使用的外围器件，如快速熔断器、阻容吸收元件选用内阻尽可能接近（一般小于 $0.001\text{m}\Omega$）的快速熔断器及参数一致的电阻和电容，并使各阻容吸收器件与晶闸管之间的引线均用双绞线和尽可能地使引线最短，有条件时使引线长度相同。

3. 对与晶闸管的电极接触面进行处理

对与晶闸管连接的母线接触面采用铣平面，保证不平整度小于 0.2mm，并进行镀锡或镀镍处理（镀层不小于 $40\mu\text{m}$），减小接触内阻，提高接触可靠性。

4. 合理一致的压紧力

安装时应用弹性一致经特殊工艺处理的弹簧钢板采用中心顶压，给晶闸管施加垂直于台面的正压力；螺钉用力矩扳手紧固，以保证垂直压力一致。该压力随晶闸管器件是烧结工艺还是压接结构，有较大差别。当晶闸管采用烧结工艺制造时，对管芯直径为 $\phi77\text{mm}$ 的元件垂直压力应不小于 $4.5\times10^4\text{N}$，$\phi63\text{mm}$ 的晶闸管器件一般垂直压力应不小于 $3.5\times10^4\text{N}$，$\phi52$ 的元件垂直压力应不小于 $2.5\times10^4\text{N}$，$\phi40\text{mm}$ 的晶闸管器件垂直压力应不小于 $2\times10^4\text{N}$，$\phi32\text{mm}$ 及以下的晶闸管器件垂直压力应不小于 $1.5\times10^4\text{N}$。晶闸管制造过程中的压接工艺，多用于管芯直径大于 $\phi77\text{mm}$ 的高压元件（如 $U_\text{N}>2500\text{V}$）中。通常管芯直径为 $\phi77\text{mm}$ 的器件垂直压力应不小于 $5\times10^4\text{N}$，$\phi90\text{mm}$ 的器件垂直压力应不小于 $6\times10^4\text{N}$，$\phi100\text{mm}$ 的器件应不小于 $7\times10^4\text{N}$，$\phi125\text{mm}$ 的元件，垂直压力应不小于 $8\times10^4\text{N}$。

5. 引线长度尽可能一致

从结构上的合理设计入手，使同一变流臂各并联的晶闸管到快熔母线或到变压器二次连接端、距输出汇流母线或负载端、门阴极到脉冲末级板的引线长度尽可能地一致，并使各变流臂到负载端的引线长度趋于一致，把分布参数等因素对均流的影响减少到最小。

6. 把电场的影响减少到最小

在结构上通过合理的设计，使总直流输出（或输入）正负母线平行靠近安装，把在同一时刻导通的多组变流臂，按通过直流电流幅值相同方向相反的原则靠近平行安装，使其直流电流引起的电磁场相互抵消，把电场的影响减少到最小。

7. 触发脉冲的相位应均衡

由于大功率晶闸管电力电子变流设备是以三相电路作为最基本单元的，无论是采用双反星形、三相桥式非同相逆并联还是双反星形、三相桥式同相逆并联的电路结构，均应保证输出 6 路触发脉冲之间序号按 1～6 的顺序，彼此相位严格互差 60°，严格与各并联晶闸管阳阴极电压相位同步，把触发脉冲的相位误差减到最小。

8. 采用电子式触发器或高性能脉冲变压器

应用电子式触发器或漏感特别小的高性能脉冲变压器，使同一变流臂各并联晶闸管的触发脉冲前沿上升率趋于一致，保证最大上升时间及时刻误差不超过 0.2～0.3μs，同时采用强触发措施，其强触发脉冲峰值电流不小于 4A 且不大于 6A，使同一变流臂上各并联的晶闸管器件导通时间尽可能地一致。

9. 对电流反馈引线长度不可忽视

对多台独立电力电子变流设备并联的应用系统，电流反馈线应采用双绞线并使长度尽可能一致，把干扰及分布参数的影响降到最小，调试中通过调整反馈系数使各并联的晶闸管电力电子变流设备在整个电流调节范围内输出电流分配均衡。

10. 同步与移相范围是保证均流的基础

晶闸管正常导通工作的必备条件是在阳阴极承受正向电压时施加触发脉冲，所以设计及调试时要特别关注触发脉冲与晶闸管阳阴极电压的同步。各并联晶闸管及多个并联在一起的数个晶闸管电力电子变流设备的触发脉冲移相范围足够宽，触发脉冲的宽度、幅值合理。

11. 同步信号的波形畸变会严重影响均流

由于晶闸管电力电子变流设备的功率越来越大，在供电电网容量与负载容量差别较小时，会出现整流变压器二次侧电压波形严重偏离正弦。原正弦周期内正负半周交替的一次过零，变为多次过零，这对基于检测正负半周宽度及过零点作为同步信号的触发脉冲形成电路是致命的，会引起触发脉冲相位变乱，通过控制几乎无法实现均流。所以要对同步信号的抗干扰、波形畸变后的滤波下大力气设计处理。调试时要特别关注进入大功率段运行时，同步信号是否有畸变及触发脉冲相位是否变乱的问题。

12. 变压器的作用

对要求低纹波输出的晶闸管电力电子变流设备，可采用多台分晶闸管电力电子变流设备并联组成多相变流系统，主变压器可采用外延三角形或曲折接线，使变压器二次侧电压相位彼此错开一定角度，这样可保证输入到各分晶闸管电力电子变流设备中的交流电压误差尽可能小，为并联组之间的均流提供一定的基础条件。

13. 支路增加均流电感

由于随着晶闸管电力电子变流设备容量越来越大，并联数量越来越多，在前述措施仍然不能满足均流效果时，可以考虑采用在晶闸管的阳极或阴极对外接线母线上套一至几个磁环等效均流电感的方法。

14. 增加电阻法

有时在没有办法达到均流效果时，可以考虑在与晶闸管串联的快速熔断器端面上增加电阻片的方法来人为增加支路阻抗调节均流效果。

6.2.3　应用效果

上述均流措施，我们已在多台大型晶闸管电力电子变流设备中使用，电力电子变流设备的输出最大连续运行电流 125kA，最小 6kA；脉冲型电力电子变流设备输出脉冲电流最大140kA。主电路有以独立双反星形、三相桥式非同相逆并联、三相桥式、双反星形同相逆并联为基本单元组成的 6 脉波、12 脉波、18 脉波、24 脉波、36 脉波、48 脉波、72 脉波整流系统，也有以上述单元为基本单元的 6 脉波、12 脉波有源逆变系统，还有以上述单元为基本单元的交-交变频系统。使用负载有电化学行业的烧碱、制氢；有冶金行业的电解铝、电解铜、电解铅、电解镍，亦有有色加工的电弧炉、真空炼钢炉、电渣炉；更有铁合金行业的电石、镍铁、铬铁冶炼用矿热炉。使用证明，采用上述方法后每个变流臂多只晶闸管并联均流系数较高，其效果很令人满意。

6.3 晶闸管串联的均压问题

尽管国产晶闸管单管最高阻断电压已达 8500V，但在诸如直流输电、机车牵引、高压 SVC、SVG 功率因数补偿、大功率高压电子变压器、高压变频器等场合应用的晶闸管电力电子变流设备中，还不得不采取多个晶闸管器件串联来满足断态时的阻断电压需要。串联均压不好，势必造成串联承受电压过高的晶闸管器件最先损坏，从而引起连锁反应，给晶闸管电力电子变流设备的可靠与稳定工作造成很大影响。

6.3.1 电力电子变流设备中串联晶闸管不均压的原因

1. 晶闸管器件自身特性的原因

（1）伏安特性的差异。至今晶闸管器件都是以硅单晶为基础材料采用光刻、扩散、磨片、封装等工艺制成，由于同一单晶硅、钼原材料分区特性的不一致性差异及制造中各分工艺段的分散性，导致了多个串联的晶闸管器件其在断态时每只两个主电极之间承受的电压总有差别。这种因晶闸管器件自身原因造成的不均压因素主要有：

1）伏安特性的差异引起静态均压不同。图 6.3－1 给出了两只晶闸管串联时因其伏安特性有差别在同一漏电流条件下，伏安特性较软的那个晶闸管在串联时承受的电压较小。

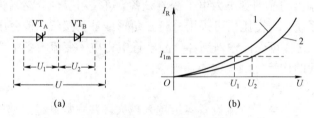

图 6.3－1 两只晶闸管器件串联时因伏安特性差异造成的不均压

（a）原理图；（a）伏安特性

1—VT$_A$ 的伏安特性；2—VT$_B$ 的伏安特性

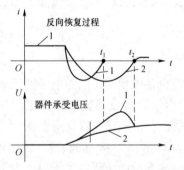

图 6.3－2 两只串联的晶闸管器件反向过程恢复时间与承受电压的关系

1—VT$_A$ 的反向恢复过程与承受的电压；
2—VT$_B$ 的反向恢复过程与承受的电压

2）反向恢复电荷不同导致动态均压差异。串联晶闸管器件的均压分为动态和静态两种，伏安特性的差别会引起静态不均压，而反向恢复电荷、开关时间及临界电压上升率的差异会引起动态不均压。当晶闸管器件从导通转为关断时，因其载流子要复活而出现反向恢复电荷，反向恢复电荷的不同，可以看作是反向恢复时间存在较大差异。反向恢复时间最短的器件将最先关断，在与其串联的其他晶闸管器件还未反向恢复到完全关断时，最先关断的晶闸管器件将承受较高的电压，图 6.3－2 给出了这种过程示意图，在 t_1 时刻 VT$_A$ 已完全恢复关断，此时 VT$_B$ 还未完全恢复关断，所以在 $t_1 \sim t_2$ 区间 VT$_A$ 承受的实际电压要较稳态时的近似电源电压的 1/2 高很多。

（2）开关时间的差异造成动态不均压。晶闸管器件开关时间的差异将导致数个晶闸管器件串联时，后导通或先关断的器件承受较高的电压，图 6.3 – 3 给出了示意图。图中起始状态 VT_A 晶闸管（曲线 1）与 VT_B 晶闸管（曲线 2）分别承受供电电压 U_E 的 1/2 或接近 1/2，t_o 时刻，VT_A 承受 U_{E1} 电压，VT_B 承受 U_{E2} 电压，由于 VT_A 开通时间比 VT_B 短，所以在 t_1 时刻其两端承受的电压已降为零，但此时 VT_B 还未导通，所以电源电压 U_E 全部加到 VT_B 上；关断时 VT_A 与 VT_B 从 t_3 时刻开始关断，由于 VT_A 关断速度比 VT_B 快，在 t_4 时刻 VT_A 已彻底关断，而 VT_B 还未关断，所以电源电压又一下子全加到 VT_A 上；在稳态时的 t_5 时刻随着 VT_B 的关断，VT_A 与 VT_B 又分别承受了一半或近似一半的电源电压。

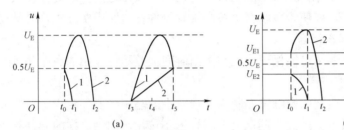

图 6.3 – 3　两只串联的晶闸管器件开关时间的差异造成的不均压示意图
(a) 静态电压相同；(b) 静态承受电压不同

（3）di/dt 与 du/dt 的差异会使得动态出现不均压。在串联的多个晶闸管器件开通时，该器件可承受的 di/dt 和 du/dt 直接影响着其开关时间，也就影响着其均压的效果。

2. 外围电路的原因

晶闸管器件工作时总是要与外围电路连接在一起的，外围电路对串联晶闸管器件的影响主要有：一是等效并联电阻；二是尖峰过电压吸收网络参数的差异；三是触发电路的性能好坏。图 6.3 – 4 给出了两个串联的晶闸管器件在电路中应用时的等效电路模型，其中 L_{10}、L_{20}、L_{30}、L_{40} 为引线电感，R_A、C_A 与 R_B、C_B 为每个晶闸管器件旁并联的尖峰过电压吸收网络，而 R_{A1} 与 R_{B1} 可看作等效的并联在 VT_A 与 VT_B 旁的电阻，L_{GA} 与 L_{GB} 可以看作是等效的门极串联电感，R_{GA} 与 R_{GB} 可看作门极的等效串联电阻。由该等效图可见，L_{20} 与 L_{40}、L_{10} 与 L_{30}、L_{GB} 与 L_{GA}、R_{GA} 与 R_{GB}、R_{A1} 与 R_{B1}、R_A 与 R_B、C_A 与 C_B 这些参数之间的差别都会影响两个串联的晶闸管器件的动态均压效果，而 R_{A1} 与 R_{B1} 的差别，则会影响静态均压效果；另外触发脉冲信号上升及下降时间的差异会造成被控制的晶闸管器件开通和关断时间的差异，自然会影响动态均压效果。

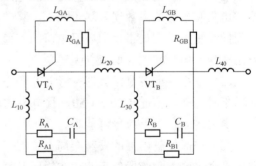

图 6.3 – 4　两个串联晶闸管器件在电路中使用时的等效模型

6.3.2　实现多个串联晶闸管器件均压的措施

根据前述串联晶闸管器件不均压的原因，可以采取下列措施使串联的多个晶闸管器件尽可能均压。

1. 从晶闸管器件自身着手

对晶闸管器件的特性参数进行挑选，严格挑选配对下列参数：

（1）反向恢复电荷。使同一个串联臂上的数个晶闸管器件的反向恢复电荷误差尽可能地小，由于反向恢复电荷与晶闸管器件的实际工作电流及工作结温密切相关，所以，除按晶闸管器件的额定电流和额定工作结温挑选这些参数外，还必须按实际使用电流和实际工作结温来配对这些参数相近的器件于同一变流臂上。

（2）断态承受正向或反向电压时的正反向漏电流。应测试和挑选串联的各晶闸管器件在承受不同断态电压时的漏电流曲线，尽可能把特性曲线相同或相近的晶闸管器件安装于一个串联臂上。特别应注意的是，要使该串联臂上各晶闸管器件在电路中实际工作时承受相同的阻断电压条件下的漏电流基本相同。

（3）导通与关断时间。要尽可能保证导通与关断时间误差尽可能小的数个晶闸管器件串联在同一个串联臂上。

（4）触发与控制特性。要把门极触发控制特性误差小的晶闸管器件装于一个串联的元件臂上，对门极触发控制参数过大或过小的晶闸管器件应不选用，因为这样的元件有可能导致误触发或不触发造成严重的不均压。

（5）临界电压上升率和临界电流上升率。要使临界电压上升率或临界电流上升率相同的晶闸管器件装于一个串联臂上。

2. 从使用的外围电路中采取措施

由于无法通过挑选使串联的数个晶闸管器件的各种性能参数完全相同，另外，串联的晶闸管器件数目越多，越难挑出各种性能参数都差别小的晶闸管器件，在尽可能挑选晶闸管器件参数的同时，还可通过外围电路参数的合理选用来弥补晶闸管器件自身性能的差异使均压性能变好。

（1）在串联的各晶闸管器件旁并联电阻与电容串联构成的动态均压网络，要通过选择使这些电阻和电容的参数误差尽可能小，其中，电容的计算与选用应按该臂中所串联器件中最大反向恢复电荷与最小反向恢复电荷的差值来计算，电阻的功率及电容的耐压应留有充分的安全裕量，电阻和电容均应选无感型。

（2）在串联的各晶闸管器件旁并联静态均压电阻，静态均压电阻的阻值应为该晶闸管器件阻断时等效阻值的 1/30～1/50，且电阻的功率应留有足够的裕量，电阻最好也选用无感电阻，电阻的阻值误差应尽可能小。

（3）在晶闸管器件的安装布局上要保证图 6.3-4 中的分布电感尽可能小，也就是说要使并于多个串联晶闸管器件旁的动态均压及静态均压器件与该晶闸管器件的距离尽可能近，且保持相等的距离，并应全部使用双绞线或同轴电缆屏蔽线引线，还应注意每个晶闸管器件在安装母线上占有相同长度的安装空间，其与导电母线之间的接触电阻与散热条件应相同。

（4）在控制电路上应采取措施使触发脉冲末级驱动板输出到串联的各晶闸管器件控制极的引线长度相同，并用双绞线配线，采用辐射状单独引线，尽可能保证串联的各晶闸管器件获得的触发脉冲前沿上升率及后沿下降率相同。脉冲出现的前沿时刻和脉冲消失的后沿时刻及上升时间、脉冲下降时间尽可能相同或一致，如有误差应将误差限制在零点几微秒（如

0.3μs）之内，且具有强触发功能。强触发脉冲的幅值应不低于 4A 且不高于 6A，其强触发脉冲宽度应确保触发脉冲的功率远低于晶闸管的门阴极允许承受的最大功率极限值，强触发脉冲过后应有足够宽的保持脉冲宽度。总体脉冲宽度应远远大于晶闸管的开通时间，保持脉冲的幅值应远远大于晶闸管出厂合格证标称的门极触发电流值。通常选门极触发脉冲实际电流为合格证标称电流值的 3～4 倍，并具备很好的抗干扰性能。

（5）由于使用多个晶闸管器件串联的电力电子变流设备，工作电压一般来说都比较高，要特别注意爬电距离，引线应使用耐压强度足够的高压线或护套线。这些细节考虑不周亦会影响串联的多个晶闸管器件之均压效果。

（6）选择晶闸管器件时，应对额定阻断电压留有足够的裕量，通常应选择工作时其承受的实际电压为其自身额定电压的 1/3～1/4，以保证在均压系数不是十分理想时，也不会使晶闸管器件承受过电压损坏。

6.3.3 串联应用特别注意事项

（1）由于晶闸管器件外特性的差异，多只晶闸管器件串联使用时应对其参数按均压的要求进行挑选配对，同时在其旁边应并联动态及静态均压网络，这些网络中的电阻电容应选无感型。

（2）电路中晶闸管器件的布局和外引线质量对串联晶闸管器件的均压效果有一定的影响，这一点千万不可忽视。

（3）控制触发电路的特性是影响数个串联的晶闸管器件均压效果的关键之一，应从设计上采取措施确保各串联晶闸管器件得到的触发控制信号特性参数尽可能地一致。

（4）要使串联的晶闸管器件的均压系数达到 1 是不可能的，因而在选用晶闸管器件时，应对额定工作电压留有足够的安全裕量。

6.4 200kW 电力回收用晶闸管电力电子变流设备

6.4.1 系统组成及工作原理

本电力回收设备系统的总原理图如图 6.4-1 所示。图 6.4-1a 为被实验直流调速设备与直流电动机和发电机部分，其中，REC_1 为三相全桥可控整流电路，其运行在转速电流双闭环调速模式，G_F 为电动机转速取样的测速发电机，TA_1 为对电枢电流进行取样的霍尔电流传感器。该直流调速电力电子变流设备自带恒励磁电流控制环节，包括恒流励磁控制调节器，单相半桥可控整流单元 REC_2，励磁电流的取样霍尔传感器 TA_2，显见恒流励磁控制使得电动机有较好的负载特性。直流发电机进行励磁的控制部分，主电路也是一个单相半桥可控整流电路 REC_3，其触发与调节部分构成闭环稳压环节，电压取样来自发电机的输出，从而可保证主电路电压恒定，向有源逆变电路提供一波动不是很大的供电电压 U_d。图 6.4-2b 给出了 200kW 有源逆变部分，包括主电路，保护电路，同步及触发脉冲形成、功放及整形等单元电路。下面分别介绍 200kW 电力回收用晶闸管电力电子变流设备各部分的工作原理。

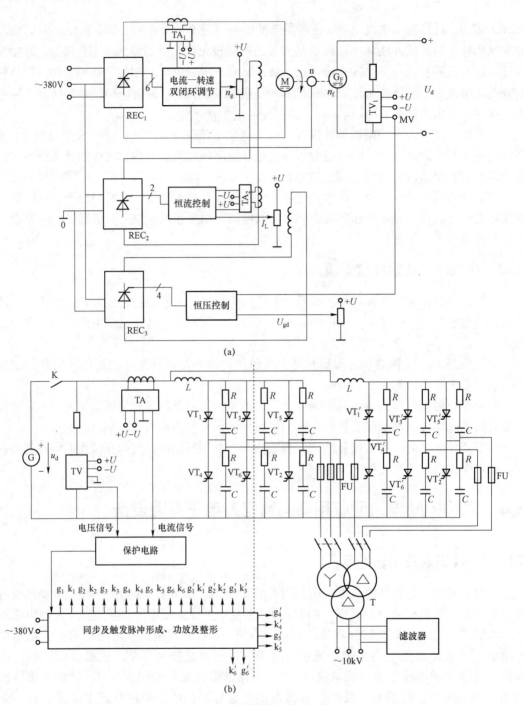

图 6.4-1 系统组成总原理图

(a)被实验直流调速设备及直流电动机和发电机部分;(b)200kW 有源逆变电力回收变流设备部分

1. 主电路

主电路的组成如图 6.4-1b 所示的上半部分。图中 K 为直流侧进线快速开关。它的作用一是过电流或短路时分断主电路,保护用户发电机及试验系统;二是保证停机时先断主回路后断控制回路的顺序得以实现。TA 与 TV 分别为霍尔电流与电压传感器，它们用来为过电流与过电压保护提供一取样信号；L 为平衡电抗器，它用来保证二重桥有源逆变时，每个三相晶闸管全桥流过相同的平均直流电流；而晶闸管 $VT_1 \sim VT_6$ 及 $VT_1' \sim VT_6'$ 构成两个三相逆变桥，并在每个晶闸管旁边互相串联的电阻 R 与电容 C 构成它们的阻容吸收网络，快速熔断器 FU 既用来防止严重过载时烧坏晶闸管或其他器件，同时又避免电网突然停电时因直流回路的能量没有泄放完毕而控制部分电源已不正常，有可能引起逆变失败造成的短路，损坏电路中有关器件。输出变压器 T 的作用：一是用来进行把逆变后的低压 380V 与 10kV 进行匹配；二是用来把相位互差 30º 的两个逆变桥的输出方波进行合成，以得到三阶梯波，改善输出波形。接于高压侧的滤波网络是为了尽可能地减少注入电网的谐波电流，保证谐波电流含量低于《电能质量公用电网谐波》（GB/T 14549—1993）的规定指标。

该主电路的工作原理可以简述为：试验系统中的直流电动机调速电力电子变流设备，拖动直流电动机 M，再由直流电动机拖动直流发电机 G 运转。直流发电机 G 输出的电压经晶闸管二重桥有源逆变，并经输出变压器合成隔离后回馈电网，通过调节二重桥逆变器中晶闸管的逆变控制角改变逆变器输出电流及电压的大小，从而满足试验过程中负载连续变化的需要。还应看到，由于控制系统增加了电流和电压闭环调节器，因而保证了直流发电机 G 输出的直流电压和电流始终稳定在逆变器指令器所给定的值上，而不随发电机转速大小和励磁电流大小变化。当转速恒定时，逆变器输出电流的恒定也就反映了逆变器输出功率的恒定，调节逆变器输出电流值也就调节了逆变器输出的功率值，从而也就调节了发电机输出负荷，等效调节了电动机的负载大小，进而调节了直流调速电力电子变流设备的负荷，最终满足用户对直流电机调速电力电子变流设备功率的要求。

2. 控制电路

（1）同步环节。由于主电路是晶闸管二重桥有源逆变器，同时满足晶闸管导通需要阳阴极加正向电压与门阴极具有正向触发脉冲，本系统选用的同步变压器一次侧直接接至 380V 工频电网。为保证同步信号与两个逆变桥中晶闸管实际工作相匹配，两个三相同步变压器一次侧均选星形接法；而二次侧一个为三角形接法，一个为星形接法，如图 6.4-2 所示。

（2）晶闸管移相触发脉冲形成。由于本系统有 12 只晶闸管，共需 12 个相位满足一定关系的触发脉冲来控制它们，为了实现本系统单块大板结构的设计思想，选用两片 TC787 作为触发脉冲形成单元，其原理如图 6.4-2 所示。

（3）直通、短路及过载保护。为保证系统可靠工作，在前述直流侧设置直流快速开关保护、逆变输出交流侧增加快速熔断器保护外，还有过电流、过电压、直通、短路、过载等电子保护。本节仅给出直通、短路及过载保护原理电路，如图 6.4-3 所示。图中 A_1 与 V_1、V_3 等组成直通及短路保护电路，A_2、A_3 与 V_4 组成过载保护电路，主电路中电流检测用霍尔传感器 TA_1 输出的电流信号为 u_i。它的工作过程可简述为：在设备正常工作状态下，取样值 u_i 比较小，比较器 A_1 反向端电压低于零，其输出高电平，V_1 饱和导通，V_2、V_3、V_5 截止，封锁整流桥触发脉冲的 $LOCK_2$ 与封锁逆变桥触发脉冲的 $LOCK_1$ 都为无效电平，整流桥与逆变桥触发脉冲不被封锁，A_2 输出高电平，A_3 输出高电平，V_4 饱和导通，继电器 KA 不动作，一旦发生短路或直通，A_1 转换为低电平，V_1 截止、V_2 与 V_3 变为导通，V_2 的集电极输出 $LOCK_1$ 为低电平封锁逆变桥触发脉冲，继电器 kA 动作，其触点封锁发电机的励磁电源及分断主电

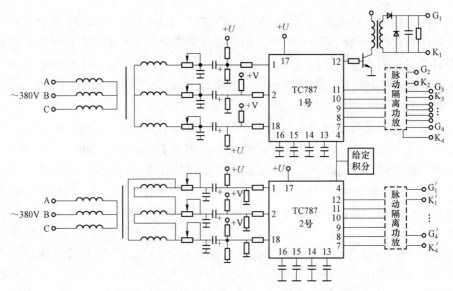

图 6.4-2 触发脉冲形成单元原理图

路接触器。同时，由于 V_1 截止，其集电极电压升高，通过二极管 VD_1 自锁了 A_1，一则使得短路或直通电流被拉到零，二则保证故障后不查明原因复位便不可重新合闸。过载保护电路的动作程序与短路、直通保护动作类似，不同的是过载保护动作时间要慢一些，且为了防止工作电源合闸时发生过电流误动作现象，由 $+U$（$+15V$）电源通过电容 C_1 与 C_2 在 V_1 及 V_4 的基极构成一个预充电电路，保证 V_1 及 V_4 在开机过程中就处于饱和导通状态。

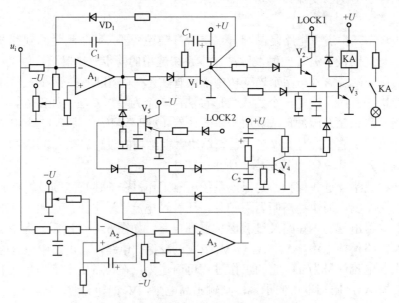

图 6.4-3 短路、直通及过载保护原理图

（4）继电器联锁电路。由于本系统是用来进行功率试验的，且系统主电路为二重桥结构，为了提高运行可靠性，防止操作人员误操作引起的系统故障及损坏，在继电操作部分设置了联锁保护。联锁保护确保只有控制电路供电正常才可开系统的冷却风机，在风机运转正

常且发电机励磁无误的条件下，才可合交流输出侧的两个接触器，最后才能合上直流快速开关。联锁保护提供的系统分闸顺序为，首先分断直流侧的直流快速开关；其次分断逆变器输出侧的两个交流接触器；第三分断发电机励磁及冷却风机；最后分断系统的控制电源，保证了只要直流侧的直流快速开关或交流输出侧的交流接触器有一个未被分断，则冷却风机及控制电源中任一个都不能分断，这为系统的安全可靠工作提供了强有力的保障。

（5）输出滤波器的设计思路。为了保证电网安全正常运行，GB/T 14549—1993 对注入电网的谐波次数大于 25 次的没有硬性要求，而对谐波次数在 25 次及以下谐波，要求必须采取措施使其幅值按设备容量小于某一规定值。该规定值对功率在 500kW 以下、接在电压等级为 10kV 电网的用电设备当电网的最小短路容量为 100MVA 时，注入电网的谐波电流必须满足 11 次谐波电流 $I_{11}<7.9A$，13 次谐波电流 $I_{13}<6.7A$。为了满足此要求，针对该电力回收用电力电子变流设备设计了谐波处理环节。在设计过程中，为分析问题方便起见，把二重桥逆变器等效为图 6.4-4 所示的电路，且假定：

1）保证两个逆变桥工作的平衡电抗器是比较理想的，所以两桥工作的平均电流值 $I_{d1}=I_{d2}=I_d$。

2）变压器变比为 1。如图 6.4-4 所示电路，根据电流叠加原理和逆变桥中晶闸管的实际导通顺序，可得主变压器网侧的电流波形如图 6.4-5 所示。

$$I_A = (1+2\sqrt{3})I_d \qquad (6.4-1)$$

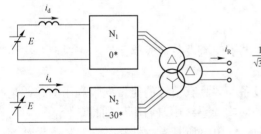

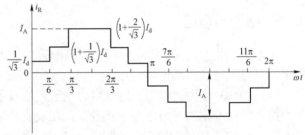

图 6.4-4 二重桥逆变器的等效电路   图 6.4-5 变压器网侧的电流波形

将图 6.4-5 所示电流波形展开为傅氏级数，可得

$$I_R(\omega t) = \sum_{n=1}^{\infty} b_n \sin(n\omega t) \qquad (6.4-2)$$

式中

$$
\begin{aligned}
b_n &= \frac{2}{\pi}\left[\int_0^{\frac{\pi}{6}}\frac{1}{\sqrt{3}}I_d\sin x dx + \int_{\frac{\pi}{6}}^{\frac{\pi}{3}}\left(\frac{1}{\sqrt{3}}+1\right)I_d\sin x dx + \int_{\frac{\pi}{3}}^{\frac{2\pi}{3}}\left(1+\frac{2}{\sqrt{3}}\right)I_d\sin x dx + \right.\\
&\quad \left. \int_{\frac{2\pi}{3}}^{\frac{5\pi}{6}}\frac{1}{\sqrt{3}}I_d\sin x dx + \int_{\frac{5\pi}{6}}^{\pi}\left(1+\frac{2}{\sqrt{3}}\right)I_d\sin x dx\right]\\
&= \frac{4I_d}{n\pi}\sin\frac{n}{3}\pi\left(1+\frac{2}{\sqrt{3}}\cos\frac{n}{6}\pi\right)I_R(\omega t)\\
&= \frac{4\sqrt{3}I_d}{\pi}\left(\sin\omega t + \frac{1}{11}\sin 11\omega t + \frac{1}{13}\sin 13\omega t + \cdots\right)
\end{aligned}
$$

由上式可知，输出电流中谐波电流主要是 11、13 次谐波，因此，滤波器应主要针对 11、13 次谐波处理来设计，为了提高逆变侧的电网功率因数，还需进行功率因数补偿。本滤波环节把谐波治理与功率因数补偿两个因素综合考虑，设计了谐波吸收及功率因数补偿网络。

6.4.2　应用效果

介绍的 200kW 电力回收用晶闸管变流设备，已成功地在 200kW 以内直流调速装置出厂试验系统中获得了应用，用来对大功率直流电动机调速装置，进行出厂前的满功率负荷等性能指标试验。试验中由电动机调速装置拖动直流电动机运转，直流电动机拖动直流发电机发电，发电机输出的直流电压即为本晶闸管变流设备的直流输入电压。该直流电压经二重桥晶闸管逆变器逆变，输出变压器升压，并经功率补偿及谐波滤波环节处理后回馈电网，直流发电机输出电压由 200kW 电力回收用晶闸管变流设备附带的励磁单元来调节，发电机的额定输出电压为440V，额定直流电流为 500A。应用效果表明，应用 200kW 电力回收用晶闸管电力电子变流设备后，试验系统可对 200kW 以内的直流调速电力电子变流设备，进行各种形式的试验，试验中作为原动机的他励电动机 M 运行在恒转矩调速状态，对其拖动的负载机 G 发出功率的电力回收效率大于 90%，系统运行的交流侧功率因数大于 0.92，注入电网的谐波电流值满足 GB/T 14549—2003 规定的指标要求。200kW 电力回收用晶闸管电力电子变流设备，本身具有过电压、过电流、过载、缺相、欠电压等电子保护及声光报警功能，试验过程中负载大小调节方便，平滑性好，完全满足整个试验工况对 200kW 电力回收用晶闸管电力电子变流设备本身的要求。

6.4.3　结论与启迪

从本节介绍的 200kW 电力回收用晶闸管电力电子变流设备构成单元的工作原理及实用效果，可得下述几点结论和启迪：

（1）200kV 电力回收用晶闸管电力电子变流设备，因具有很好的能量回收利用效果，是一种很有发展前途的电力电子变流设备，在我国功率实验系统中具有很好的推广价值。

（2）TC787 具有 TCA785 及 KJ（或 KC）系列触发电路所具有的性能，它的紧凑设计使其可取代五片 KJ（或 KC）系列触发电路或三块 TCA785，并可减少外围元器件数量，缩小印制电路板尺寸，提高可靠性。

（3）TC787 可用于所有原使用 KJ（或 KC）系列电路或 TCA785 作为触发电路的场合，完成三相变流系统中晶闸管的移相触发任务，如三相半控、三相全控整流及三相半波和三相全桥晶闸管逆变系统中。

（4）随着时间的推移，电力回收用晶闸管电力电子变流设备的应用前景将更加广阔。

6.5　可跟踪供电电源频率宽范围变化的 1000V/4×12kA 晶闸管电力电子变流设备

6.5.1　系统构成和工作原理

可跟踪供电电源频率宽范围变化的 1000V/4×12kA 晶闸管电力电子变流设备，从大的方面可分为主电路和控制电路两部分。

1. 主电路

系统构成及主电路原理图如图 6.5－1 所示。整流变压器的三相输入交流电压来自飞轮储能发电机 G 的输出，变压器 T_1 与 T_2 用来进行负载电压匹配及隔离，REC_1～REC_4 代表四个分直流电力电子变流设备，其主电路原理如图 6.5－1b 所示。在变压器生产时已将二次侧绕组设计为对应的 $\triangle_1$ 与 $\triangle_2$ 及 Y_1 与 Y_2 相位互差 30°，因而在每两台直流电源的输出应用了平衡电抗器 L_{B1} 与 L_{B2} 来保证两个分电力电子变流设备的负载电流尽可能平衡，因此，每个分电力电子变流设备是一个 6 脉波可控整流系统。

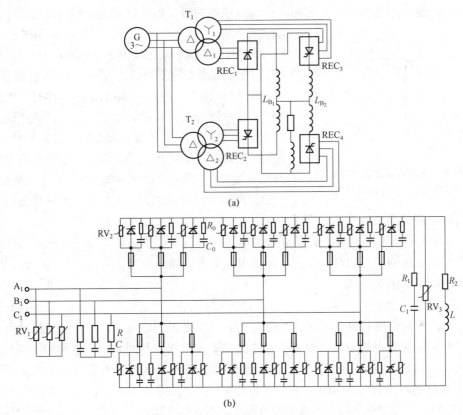

(a)

(b)

图 6.5－1　系统构成及主电路原理图

(a) 系统构成；(b) 每个分电力电子变流设备的主电路原理示图

从图 6.5－1b 可以看出，构成该系统的四个分电力电子变流设备主电路均为三相桥式全控整流电路，由于负载为大电感负载，实际负载电感达几百毫亨，因此，在每个晶闸管旁边及每个电力电子变流设备的交流输入及直流输出侧都安装了用于尖峰过电压吸收的压敏电阻和阻容吸收网络，为了提高吸收网络的效果，所有电阻和电容都选用了无感型的。

还应说明的是图 6.5－1b 中每个晶闸管整流臂应用了三只经严格挑选配对的 3800V/4000A 晶闸管，因此，分电力电子变流设备的主电路共使用晶闸管、交流进线阻容及压敏电阻吸收单元、快速熔断器与每个晶闸管并联的阻容及压敏电阻吸收环节各 18 套。

2. 控制电路

控制电路包括触发脉冲产生电路、监控与诊断和保护电路、电流的闭环调节、末级触发单元、抗干扰措施五大部分。

185

（1）触发脉冲产生电路。本电力电子变流设备系统中，由于飞轮发电机输出的交流电压频率，每个试验周期中在 60～120Hz 范围内变化，触发脉冲产生电路的频率自动跟踪性能，是该电力电子变流设备正常可靠工作的关键。所谓频率自动跟踪是指当飞轮发电机输出电压频率在变化时，晶闸管变流设备的输入频率也在变化，但在同一移相控制信号作用下，触发控制角 α 不能变化。对采用锯齿波同步的触发器来说，要求锯齿波的宽度（周期）跟踪飞轮发电机输出电压的频率变化，但锯齿波的幅值应严格保证不变，只有这样才能保证输入交流电压频率变化时，晶闸管的触发控制角仅取决于用户给定的移相电压，而不受输入电压频率变化的影响。图 6.5-2 给出了具有频率自适应性能的触发器应满足的曲线。设原来交流电网

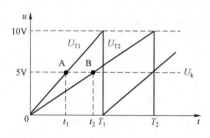

图 6.5-2　具有频率自适应性能的
触发器应满足的特性曲线图

输入电压频率为 f_1（对应的周期为 T_1），移相控制电压 U_k 为 5V，锯齿波幅值为 10V，刚好 α 为对应 A 点的 90°。当电网输入电压频率从 f_1 变为 f_2（对应周期为 T_1，$f_2<f_1$）时，由于同步电压幅值未变，α 对应 B 点仍为 90°。常规锯齿波同步的触发器，由于是通过固定恒流源给固定电容充电来形成锯齿波的，当同步电压频率增高时，对应锯齿波宽度变窄，给锯齿波电容充电的恒流源虽未变化，但因充电时间变短，所以锯齿波幅值降低；反之，当同步电压频率降低时，则同步锯齿波幅值便增

加，因而很难满足图 6.5-2 中的要求。

若能保证锯齿波电容为定值，但却使给电容充电的恒流源电流大小适应同步电压的频率变化。当同步电压频率增加时，恒流源输出电流增大；当同步电压频率降低时，恒流源输出充电电流便减小，满足下式

$$I_1=(I_1f_1)/f_2=I_1(T_2/T_1) \tag{6.5-1}$$

式中：I_1 为同步电压频率为 f_1（对应周期为 T_1）时恒流源的电流；I_2 为 t_2 时刻相对应同步电压频率 f_2 时恒流源输出的电流。由于锯齿波的频率和周期是与同步电压频率和周期对应的，因而由式（6.5-1）可以明显看出，具有频率自动跟踪触发器的实质是当同步电压频率变化时，锯齿波宽度增加的倍数与恒流源充电电流减小的倍数是相同的，由于锯齿波电容为固定值，所以可保证在频率变化时锯齿波的幅值不变。图 6.5-3 给出了该电力电子变流设备设计的触发器电路原理图，图中比较器 IC8A、IC8B、IC8C 用来把三相交流正弦波电压变为三相交流方波信号，LM331 与运算放大器 IC7A 一起构成高精度频率–电压变换器，其输出电压经放大器 IC1A、IC3A、IC5A 进行匹配（实际上是调整转换系数，弥补三相中每相元器件分散性的要求）后作为恒流源 IC1B、IC3B、IC5B 的给定，从而实现恒流源的输出严格跟随输入电压频率按式（6.5-1）变化，进而保证了同步锯齿波幅值的恒定。图中应用三片 TCA785 作为触发脉冲产生单元，TCA785 的 9 号引脚悬空，决定了 TCA785 内部恒流源输出给接于引脚 10 的锯齿波电容充电的电流为零，该锯齿波电容的充电电流完全由外部恒流源 IC1B、IC3B、IC5B 决定，满足了图 6.5-2 所示的频率自适应触发器应具有的特性需要。图 6.5-3 给出具有频率自适应功能的晶闸管触发器原理图，分为自身工作电源（DY）、同步信号处理（TBCL）、频率电压转换（PYZH）、恒流源电路（HLY）、触发脉冲形成（MCXC）、脉冲功率放大（MCGF）、故障保护（GZBH）共 7 个单元。

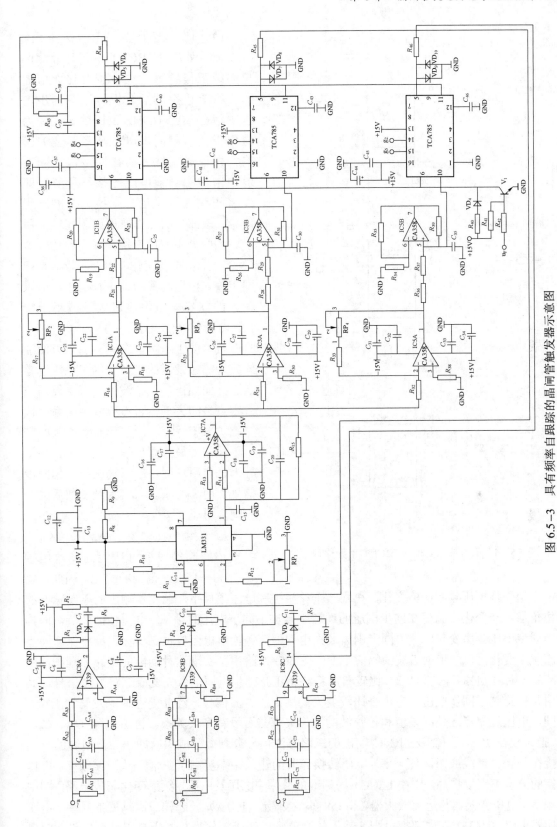

图 6.5-3 具有频率自跟踪的晶闸管触发器示意图

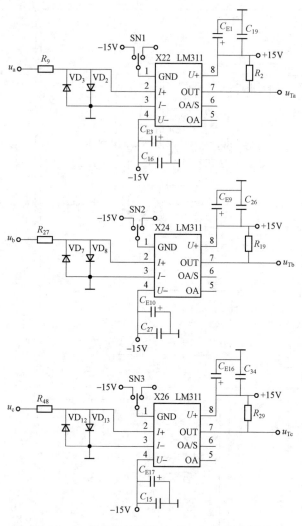

图 6.5-4 同步信号处理（TBCL）单元原理图

1）同步信号处理（TBCL）单元。同步信号处理（TBCL）单元是针对用户系统工作频率的大范围变化而增加的，由于该控制触发板可适应同步电压频率在 30～160Hz 范围的变化，为避免干扰引起同步电压波形畸变的影响，保证通用性，而在同步电压的通道中增加了同步电压的整形环节，即先将正弦波同步信号变换为方波同步信号，该部分的工作原理如图 6.5-4 所示。图中分别应用三块集成电路比较器 LM311 来承担此工作，因为比较器是把同步输入电压与参考地进行比较，所以输入的同步电压幅值可大于或小于零伏，而正负峰值可小于 +15V 与 -15V，具有较大的工作幅值范围。另一方面经此处理，触发器的工作与同步电压过零点之外的幅值，正弦波波形每半周两个过零点之间失真与否没有多大关系，该三路方波信号直接送后续触发脉冲产生单元作为最终同步信号。图中 u_a、u_b、u_c 为来自用户同步电路输出的三相同步信号，而 u_{Ta}、u_{Tb}、u_{Tc} 为经变换后的三相同步电压。

2）频率电压转换（PYZH）单元。由于该控制触发板可适应同步电压频率在 30～160Hz 范围的变化，因此，要保证无论同步电压频率如何变化，在同一个移相控制电压条件下，触发器输出的触发脉冲的相位角都不能变化，因而在同步电压的通道中增加了同步电压的频率-电压转换环节，即构成当同步电压频率变化时，给同步锯齿波充电的恒流源输出电流值也在变化，最终保证同步电压频率变化时，同步锯齿波的幅值不变。图 6.5-5 给出了实现这种功能的电路原理图。图中应用一片 LM339 内部的三个比较器，将三相正弦同步电压信号先变成三路方波信号，其作用是把正弦波同步电压与零电平比较变为同周期的方波信号，经此处理使触发器的工作，与同步电压过零点之外的幅值和正弦波的波形失真与否没有多大关系，再由电容 C_{29}、C_9、C_{42} 把比较器 IC8A、IC8B、IC8C 输出的三路方波信号分别微分成尖脉冲，三只电容的一端并接在一起，组成或门，使频率-电压转换环节的输入频率提高了三倍，从而使频率-电压转换的分辨率得以提高。图中 LM331 为标准的频率-电压及电压-频率变化集成电路，图中的频率-电压变换器与运算放大器 LM358 的 A 单元（IC7A）一起构成高精度的频率-电压变换器电路。LM331 在内部把引脚 6 输入的微分频率信号转化为与同步电压频率成比例的电压信号，并从引脚 1 输出，该电路通过电容 C_{39} 充放电（充放电电流大小由电阻 R_{43} 决定，充放电的时间由电阻 R_{24} 与电容 C_{32} 一起决定）。该电压信号的幅值与 LM331 引脚 6 输入的微分信号频率成正比（为了保证频率－电压变换器的分辨率，电容 C_{32} 的电容量不宜过大，且应随频率增高电容量有所减小），频率－电压变换器输出电压的高低除与同步电压的频率 f_T 成正比外，还与电阻 R_{43} 与电容 C_{39} 的值成正比。该频率－电压变换器的转换精度与电容 C_{32} 的取值有关，当频率较高时，则电容 C_{32} 的取值应相应减小，否则高频段则失真，不利于转换的线性度提高。图中 LM358 的 A 单元（IC7A）构成反相输入放大器，用来对频率－电压变换器的输出电压进行放大，同时具有提高频率－电压转换精度的效果，而 IC7B 是为了增加负载能力而添加的射极跟随器，电位器 RP_3 是为方便调试时增加的，它用在不需要频率跟踪的场合，此时将拨码开关 1 与 4 接通，而 2 与 3 断开。

3）恒流源电路（HLY）。恒流源电路用来将频率－电压转换环节的输出转换为随同步电压频率变化的可变恒电流，完成向锯齿波电容的充电，从而得到三相等幅值锯齿波，恒流源电路的原理如图 6.5－6 所示。图中应用了三片 LM358 集成电路（IC1、IC3、IC5）构成了三组放大器与恒流源，放大器 IC1A、IC3A 与 IC5A 用来对频率－电压变换器的输出电压进行放大和匹配，其各自的电位器 RP_1、RP_2、RP_5 用来调节放大器的放大倍数等效于调节了恒流源输入电压的大小，也就调整了给锯齿波电容 C_{12}、C_{22}、C_{30} 充电电流的大小，进而调整了锯齿波的幅值，以弥补三相锯齿波电容容量的偏差对锯齿波幅值的影响。图中运算放大器 LM358 的 B 单元构成恒流源，使用中为保证恒流源的线性度应充分保证电阻 R_{13} 与 R_6、R_{12} 与 R_{30}、R_{37} 与 R_{50} 的阻值分别不小于 R_5 与 R_7、R_{11} 与 R_{20}、R_{35} 与 R_{36} 的 10 倍，且 R_{13} 与 R_6、R_{12} 与 R_{30}、R_{37} 与 R_{50}、R_5 与 R_7、R_{11} 与 R_{20}、R_{35} 与 R_{36} 每组电阻之间的阻值误差要尽可能地小，只有这样才能保证锯齿波的线性度。有时调试时测得的锯齿波为下凹的，这是由于 R_5 与 R_7、R_{11} 与 R_{20}、R_{35} 与 R_{36} 小于电阻 R_6、R_{12}、R_{37} 的 10 倍，且 R_{13} 与 R_6、R_{12} 与 R_{30}、R_{37} 与 R_{50}、R_5 与 R_7、R_{11} 与 R_{20}、R_{35} 与 R_{36} 每组电阻之间的阻值有差别造成的。

4）触发脉冲形成（MCXC）单元。图 6.5－7 给出了触发脉冲形成环节的原理图。从该图可明显看出，本触发环节应用 TCA785 担当触发脉冲的形成芯片，该电路是一个专用的集成电路，它的引脚 13 接高电平则输出为窄脉冲，脉冲的宽度由引脚 12 所接的电容值决定。引脚 11 为移相电压输入端，引脚 5 为同步电压输入端，引脚 15 与引脚 14 分别为对应同步电压负正半周的触发脉冲输出端。在 TCA785 的内部集成了给外接于引脚 10 的锯齿波电容充电的恒流源，该恒流源输出电流的大小由其引脚 9 对接地端（引脚 1）所接电阻的大小唯一决定。图中引脚 9 悬空，相当于内部恒流源的输出电流为零，因而通过外部恒流源给接于引脚 10 的锯齿波电容充电形成锯齿波，该锯齿波与引脚 11 输入的移相控制电压进行比较，从而形成移相触发脉冲。图中 C_{11} 与 R_8 为抗干扰电容与电阻，而二极管 VD_4 与 VD_5、VD_9 与 VD_{10}、VD_{15} 与 VD_{14} 是因为 TCA785 单电源工作用来削波的，也就是说 TCA785 单电源工作时要求的同步电压峰值为±0.7V。图中应用 KJ041 专用双脉冲形成器集成电路对三个 TCA785 输出的 6 路脉冲进行补脉冲处理，从而在该触发板的输出形成 6 路相位彼此互差 60°的双窄触发脉冲。

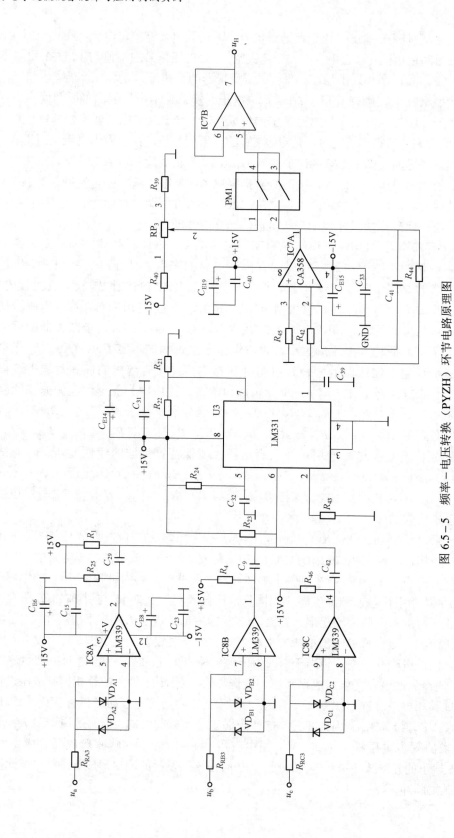

图 6.5-5 频率-电压转换（PYZH）环节电路原理图

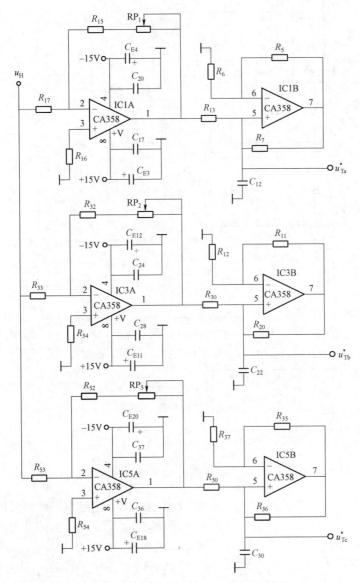

图 6.5 - 6　恒流源电路（HLY）原理图

5）故障保护（GZBH）单元。KCZ6-3T 触发板内设计故障保护环节，其原理图如图 6.5 - 8 所示。当用户从该控制板的故障保护输入端 F 与参考地端之间输入低电平信号，则晶体管 V_1 不导通，不置 TCA785 的引脚 6 为低电平，使 KJ041 的引脚 7 为低电平，不封锁 TCA785 输出的触发脉冲；反之，当用户从该控制板的故障保护输入端 F 与参考地端输入一高电平信号时，则晶体管 V_1 导通，置 TCA785 的引脚 6 为低电平，使 KJ041 的引脚 7 变为高电平，同时封锁 TCA785 与 KJ041 输出的触发脉冲。

6）脉冲功率放大（MCGF）单元。KCZ6-3T 控制板应用常规的 6 个分立的晶体管来作为脉冲功放单元，该部分的原理如图 6.5 - 9 所示。图中稳压管 $VS_1 \sim VS_6$ 用来为脉冲关断时提供一反向电压，防止后续脉冲隔离及整形部分应用脉冲变压器时，因脉冲变压器单方向直流工作而饱和。图中 $g_1' \sim g_6'$ 来自脉冲形成单元的输出，而 +24V 与 g_1、g_2、g_3、g_4、g_5、

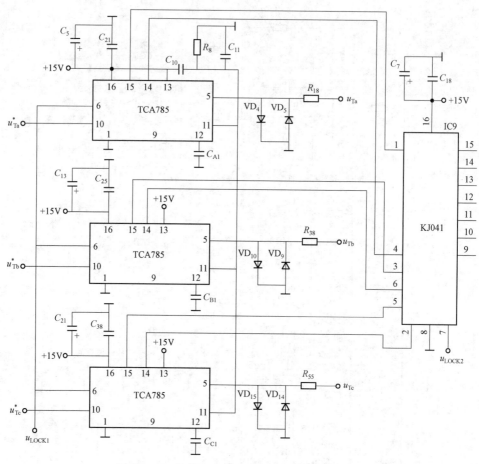

图 6.5 - 7　触发脉冲形成（MCXC）电路原理图

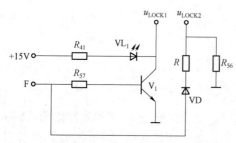

图 6.5 - 8　故障保护（GZBH）单元的原理图

g_6 通过输出端子接用户后续触发脉冲隔离及整形单元的对应输入端。从图可见来自脉冲形成电路 KJ041 输出引脚的输出脉冲 $g_1' \sim g_6'$ 控制晶体管 $V_1 \sim V_6$ 的导通，只有在 $g_1' \sim g_6'$ 为高电平时，晶体管 $V_1 \sim V_6$ 才导通，向整流柜中触发脉冲功放单元内光电耦合器中的光电发光二极管提供电流信号，因而保证了每一个 60° 范围内仅有两个互补的脉冲输出。图中 R_{A1}、R_{A2}、R_{B1}、R_{B2}、R_{C1}、R_{C2}、R_{D1}、R_{D2}、R_{E1}、R_{E2}、R_{F1}、R_{F2} 为限流电阻；而 $VL_1 \sim VL_6$ 为发光二极管，用来起脉冲正常与否的指示；电阻 R_{A1}、R_{B1}、R_{C1}、R_{D1}、R_{E1}、R_{F1} 及二极管 $VD_1 \sim VD_6$ 为抗干扰环节。

（2）监控与诊断和保护电路。每个分电力电子变流设备中应用西门子可编程控制器 S7 - 200 随时监控快速熔断器、母排温度，并检测各分电力电子变流设备输出电压和电流的大小。一旦发生故障，应立即给出故障报警信号，故障报警直接应用德国西门子公司配套的 TD200 文本显示器，以汉字形式给出故障位置和故障类型。图 6.5 - 10 给出了 PLC 监控部分的原理示意图。

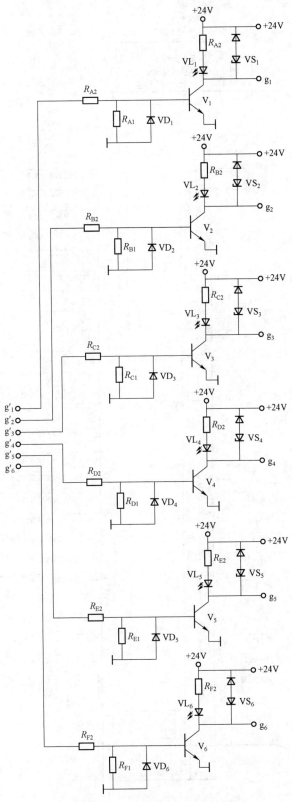

图 6.5-9　脉冲功率放大电路原理图

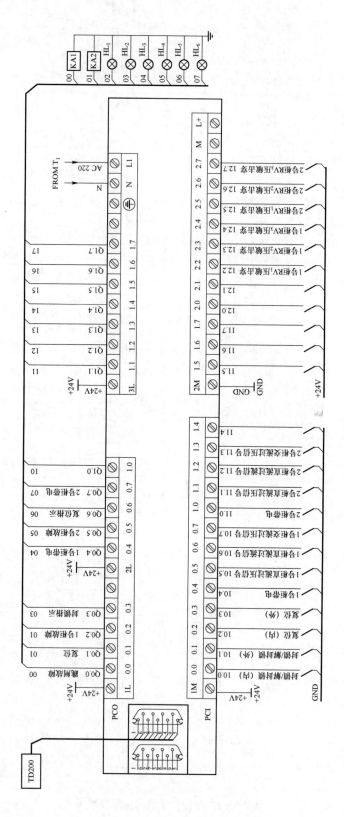

图 6.5-10 PLC 监控部分原理示意图

（3）电流的闭环调节。为了保证四台并联的分电力电子变流设备之间均匀分配负载电流，除在电路设计和现场安装布局上，尽可能使每台分电力电子变流设备从飞轮储能发电机输出至负载的电流流通路径长度相同外，还在两台构成 12 脉波整流的分电力电子变流设备之间增加了均流电抗器，同时对每个分电力电子变流设备的输出电流构成独立闭环调节，保证四台分电力电子变流设备在同一给定下，输出电流尽可能趋于相同。电流的检测应用了霍尔电流传感器。

（4）末级触发单元。本电力电子变流设备中为保证可靠性，每个整流臂中使用了 3 只 3800V/4000A 的晶闸管器件并联。为保证并联元件的均流，对同一个整流臂上并联器件采取挑选通态峰值压降，保证器件与导电母线之间接触良好，压装器件的正压力尽可能相同等措施保证静态均流系数尽可能高之外，为保证并联的 3 只晶闸管器件尽可能同时触发导通，选用了图 6.5-11 所示的电子式脉冲隔离放大单元，使触发脉冲的强触发尖脉冲幅值达 3A，脉冲的上升沿时间小于 0.4μs，同一个并联臂上不同晶闸管的触发脉冲出现时间前沿误差小于 0.2μs，很好地满足了并联晶闸管同时触发的需要。

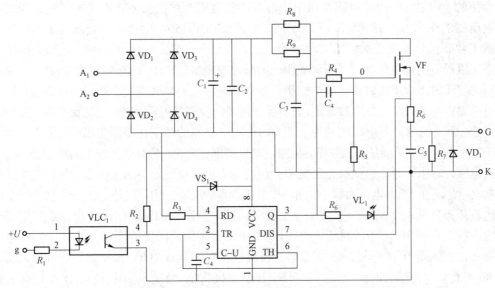

图 6.5-11　电子式脉冲隔离放大单元的原理示图

（5）抗干扰措施。本直流电力电子变流设备使用现场，大电流晶闸管变流设备累计 20 多台，加之发电机及变压器的容量相对本电力电子变流设备自身又不是很大，所以发电机输出波形畸变与干扰极为严重。为了保证可靠运行，针对检测取样和移相控制信号，采取了强弱电分开垂直走线，配线使用屏蔽线，采用多级去耦滤波等措施来提高抗干扰性能，取得了较好的效果。由于触发器的同步信号是飞轮储能发电机的输出经变压器降压后得到的，在向负载放电的工作过程中，飞轮的储能在下降，发电机输出电压的频率在很大范围变化；另一方面由于发电机的输出容量相对用户实际使用的负载容量不是很大，加之多台电力电子变流设备均为晶闸管可控调压工作，因而造成发电机输出电压波形远远偏离正弦波，引起触发器的同步电压波形严重畸变，如图 6.5-12 所示。上述两种原因使常规的滤波环节无法用来对同步电压进行滤波，因而应用了提高同步变压器输出电压幅值，然后再进行强滤波（滤波延迟 90°）的措施，以应对发电机输出电压的频率在很大范围变化及发电机输出电压波形严重畸变的问题。这种滤波方法，在滤波电阻与电容一定时，随着同步电压频率的大范围变化，滤波延迟角度变化很小，较好地满足了使用领域的需要。图 6.5－12 给出了采用强滤波措施后，畸变波形及滤波后的波形对照。

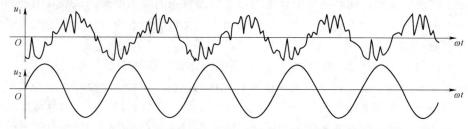

图 6.5－12　工作过程中电网电压的畸变情况与滤波后的同步电压波形

6.5.2　应用效果

介绍的 4×12kA/1000V 可跟踪供电电源频率宽范围变化的晶闸管电力电子变流设备和我们同期研制的 4×12kA/3510V、4×12kA/600V 及 110kV/150A 电力电子变流设备，同时在我国某核工业研究院的聚变科学所实验室投入运行，至今已稳定运行近 16 年。使用中因所有电力电子变流设备的供电都来自飞轮储能驱动的脉冲发电机，由于飞轮储能的有限性，在每个工作周期的起始段，因飞轮储存足额的能量，突然卸载时，驱动脉冲发电机以最高转速旋转，脉冲发电机输出电压频率最高约 120Hz，随着各变流器向负载的能量泄放，飞轮储存的能量逐渐减少，被飞轮驱动的脉冲发电机的转速在下降，其发出电能的频率在不断降低，最低降至 40Hz。在 15s 之内飞轮储存的能量泄放完毕，脉冲发电机便停止发电，此时晶闸管电力电子变流设备因无输入电压，输出为零，由此决定了文中介绍的电力电子变流设备的工作为重复周期型，即每周期输出电流工作 15s，电流为零 15min，在电流为零的 15min 内，飞轮又由一个功率较小的交流发电机拖动，从极低的转速开始加速至额定转速，使巨大的飞轮储满能量，重复下一个周期。因这种工作机理与使用条件，该电力电子变流设备中晶闸管的冷却方式设计为导电母线自然冷却。投入运行 16 年来，该电力电子变流设备每天运行 10h，每年运行 6 个月，已累计运行 96 个月，共计运行时间为 10×30×6×16h＝28 800h，经过了累计 113 311 个周期的脉冲运行，配合完成了多种有关核聚变科学的物理实验研究，取得了很好的研究成果。

实用效果表明，尽管多次承受这样的频率周期性负荷，电流的变化率较大，加之负载线圈电感达 0.23H，尖峰过电压很高，因尖峰过电压保护单元设计合理，触发电路频率跟踪性能良好，没有出现一个电力电子器件损坏，也未发生因该电力电子变流设备出现故障而影响一次实验。

6.5.3　结论与启迪

（1）对周期性工作的晶闸管电力电子变流设备，当变流设备工作时间与电流为零时间相对很短时，可以通过合理的设计导电铜排的截面与长度，使导电铜排既完成导电功能，又起到散热器的作用，从而使冷却方式可应用自然冷却，简化电力电子变流设备的结构。

（2）当供电电源宽频率范围变化时，晶闸管的触发脉冲形成电路，应具有很好的频率自跟踪和自适应性能，频率跟踪与自适应的关键是保证触发脉冲的电角度为定值，只有这样才能实现稳流或稳压闭环控制效果。

（3）在负载为大电感负载，且负载电流经常大范围变化的场合，因电流变化率较大，此时电路中会经常出现尖峰过电压，为保证所使用电力电子器件的安全，在设计尖峰过电压吸收回路时，不但应使用常用的 RC 阻容吸收网络，还应合理选用氧化锌压敏电阻，两者并联使用可确保电力电子器件免受尖峰过电压的危害。

（4）在脉冲性周期工作的电力电子变流设备中，选用防止短路和事故扩大的快速熔断器时，不能按连续输出时的常规设计方法来选用，应按工作波形，计算实际电流的有效值、平均值和脉冲电流幅值，对这几个方面的因素要综合考虑。同时，要认真对待频繁脉冲工作，对快速熔断器熔芯的疲劳作用，对熔断器内的石英砂与熔芯应采取可靠的固化措施。

（5）在多个电力电子变流设备同时运行的场合，供电电源总容量与多个分电力电子变流设备容量之和极为接近，且同时运行的电力电子变流设备中有多个为可控整流设备时，会造成供电电源的波形严重偏离正弦波，发生极为严重的波形失真与畸变，为杜绝晶闸管触发脉冲产生电路中，同步电压畸变对触发脉冲的严重影响，可采取文中介绍的 90° 强滤波措施，来解决干扰及波形畸变问题。

6.6 带有微分控制的 6t 真空自耗电极直流电弧炉用晶闸管电力电子变流设备

6.6.1 系统组成及工作原理

带有微分控制的 6t 真空自耗电极直流电弧炉用 20kA/82V 直流电力电子变流设备的系统总原理框图如图 6.6-1 所示。共包含整流变压器 T、整流主电路、控制脉冲形成及功放、电压电流检测及信号处理、闭环调节、保护电路、TA、TV、L 共 9 个单元。图中 TA 与 TV 分别为直流电流互感器及霍尔电压传感器，它们用来对主整流电路的运行电流和电压进行检测，以便经电压与电流检测信号处理环节后，为闭环调节和保护提供适配信号。电抗器 L 用来对输出电流进行滤波，扩大直流电流连续工作的范围，起平波电抗器的作用。多台自耗电弧炉供电系统的使用比较可以证明，不使用此电抗器，熔化钛或合金锭子的效率将降低。

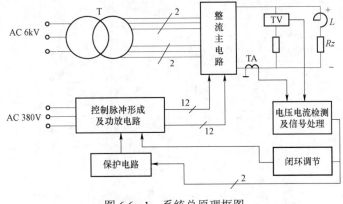

图 6.6-1 系统总原理框图

1. 整流主电路

整流主电路为主电路中的一部分，采用双反星形同相逆并联可控整流电路，其对应三相交流一相的整流主电路示意图如图 6.6-2 所示。同一时刻，整流变压器每相两个绕组中流过大小相等、方向相反的电流，且位于不同的双反星中，在主整流柜内相邻安装，从而使得大电流直流产生的空间磁场相互抵消，把直流空间磁场的影响降到了最低程度，并为各组之间的均流奠定了一定的基础。图 6.6-2 中每个晶闸管组采用 3 只额定参数为 KP3000A/600V，管芯直径为 ϕ77mm 的晶闸管器件并联，整个电力电子变流设备共有 12 个整流臂，使用 36 个晶闸管器件。为达到各并联器件的均流效果，除在结构上考虑每个器件的电路并联组中布线长度尽可能相等之外，还对各器件的通态压降及与之串联的快速熔断器内阻进行了挑选，同时晶闸管器件与母排的压接采取了对母排铣平面，压装应用专用油压机保证正向压力基本相同等处理工艺。经上述办法及工艺后实测并联元件及并联组的均流系数达到了 0.86 以上。

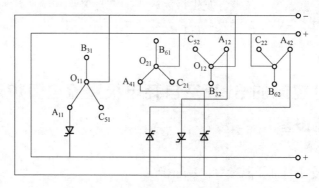

图 6.6-2　整流主电路原理简图

2. 控制脉冲形成电路

晶闸管直流电力电子变流设备的控制核心之一是触发脉冲的形成。在直流电力电子变流设备中，应用高性能晶闸管触发器集成电路 TC787，作为控制脉冲形成电路的核心单元，其原理如图 6.6-3 所示。图中 C_a、C_b、C_c 为决定对应三相同步电压的同步锯齿波电容，C_x 决定输出触发脉冲的宽度。1 号～6 号接后续脉冲隔离与功放电路。

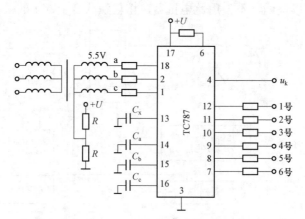

图 6.6-3　用 TC787 形成晶闸管控制触发脉冲原理图

3. 脉冲隔离与功放电路

晶闸管的脉冲隔离与功放电路，用来把脉冲形成环节输出的触发脉冲放大隔离后，提供给晶闸管门阴极。对多个晶闸管并联的电弧炉用电力电子变流设备来说，由于要求各并联晶闸管触发导通在时间上尽可能一致，就需要加到各并联晶闸管门阴极上的触发脉冲前后沿尽可能同步，同时触发脉冲的前沿要陡，触发功率要足够。本晶闸管直流电力电子变流设备采用了图 6.6-4 所示的电子式触发脉冲功放电路，经实测该触发脉冲的前沿上升时间 $t_r <$ $0.3\mu s$，脉冲前沿一致性极好，强触发脉冲电流幅值接近 6A，为保证并联晶闸管器件同时导通，提高并联晶闸管器件的均流能力，保证通断时间上的一致性，防止因导通时间的不一致，造成严重的电流分配不均损坏器件，起到了很好的作用。

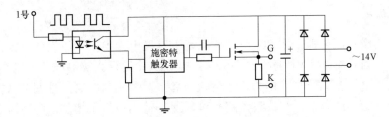

图 6.6-4　脉冲隔离与功放电路原理图

4. 输出电流与电压的检测及信号处理

本晶闸管直流电力电子变流设备，应用直流电流互感器来检测输出直流电流，而用直流霍尔电压传感器检测输出直流电压。同时专门设计了输出直流电流的微分单元来获得电流微分信号，对检测信号进行放大、滤波并按需要匹配，这些信号既作为反馈信号，又用来为保护电路提供一实际输出值测量信号。

5. 闭环调节器及提高调节器的快速性与防止振荡

真空自耗电极直流电弧炉系统，要求供电的电力电子变流设备输出电流稳定精度很高，加之运行中经常出现自耗电极与已熔化金属溶液短路，调节器设计不好常引起闭环系统振荡。为解决这些采用饱和电抗器调压直流电力电子变流设备长期存在的棘手问题，在一般恒流输出电力电子变流设备电流单闭环的基础上，增加了电流微分闭环，其原理电路如图 6.6-5 所示。经此改进使调节的快速性及稳定性得到了提高，并对抑制振荡起到了很好的作用。图 6.6-5 中 u_{gi} 为输出电流给定值，u_{fi} 与 u_{if} 分别为直流输出电流直接反馈与其微分反馈信号，调节器采用 PI 调节器。

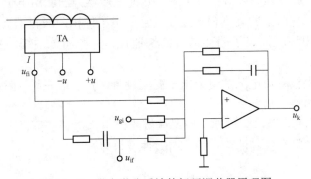

图 6.6-5　带有微分反馈的闭环调节器原理图

6. 保护电路

由于真空自耗电极直流电弧炉工作环境的特殊性，熔炼运行中不允许突然断电，由此决定了其保护电路不能采用简单的故障时立即封脉冲、跳闸等办法，本晶闸管直流电力电子变流设备中增加了过电流、电流截止、器件过热、冷却水过温、母线温度过高等保护，保护动作后的操作均由 PLC 完成。针对不同的故障，采取了不同的处理办法，对器件过热、冷却水过温、母线温度过高采取降低输出电流容量，同时增加冷却水流速，并给出声光报警，提醒操作人员注意，延时 1min 若温度仍不降低则跳闸。对过电流保护应用极硬的电流截止环节实现"挖土机"特性，如果电流截止失效，则迅速通过 PLC 强行使触发脉冲控制角度增大，降低输出电流，并报警延时一定时间；如果延时时间到，故障还不能消除则跳闸。

6.6.2　应用效果

真空自耗电极直流电弧炉用 20kA/82V 晶闸管直流电力电子变流设备，为国内首台晶闸管整流设备，在当时填补了国内空白，1997 年投入工业运行。实测稳流精度高达 0.5%，比原来使用的饱和电抗器调压直流电力电子变流设备提高了近 10 倍，且调节保护方便，输出电流可以从零开始连续调节，在负载短路时可以保证输出电流不增加，同整流臂并联晶闸管器件的均流系数达 0.88 以上，与原 10kA/82V 饱和电抗器调压整流管整流的直流电力电子变流设备并联运行一直稳定可靠。2005 年原 10kA/82V 饱和电抗器调压整流管整流直流电子变流设备，因故障率太高而无法运行，加之厂家需要熔化其他种类的钛合金，希望总运行电流达到 40kA，为此又生产了一台额定参数为 20kA/82V 的晶闸管直流电力电子变流设备，两台并联输出 40kA/82V 运行，全部淘汰了 3 套德国生产的、额定输出为 10kA/82V 饱和电抗器调压整流管整流电力电子变流设备。由于使用单位为我国大型有色金属加工企业，常年连续不停产生产，这套在钛合金熔炼行业填补国内空白的 20kA/82V 晶闸管直流电力电子变流设备，已连续稳定运行 23 年，既没有烧坏过器件，也没有因自身问题导致停产情况。其设计的合理性、可靠性、稳定性可以说达到了较高水平。

6.6.3　结论与启迪

（1）真空自耗电极直流电弧炉运行工况及工艺条件的特殊性，对供电电力电子变流设备提出了非常苛刻的稳流、保护、可靠性、稳定性等要求。

（2）本真空自耗电极直流电弧炉用晶闸管电力电子变流设备控制脉冲形成环节，仅用一片集成电路，脉冲功放及隔离环节一改传统的脉冲变压器方法应用电子式隔离与功放和整形电路，从而提高了脉冲前沿的陡度和一致性，且缩小了体积，减轻了质量。

（3）应用微分闭环既提高了闭环调节的快速性，又增加了系统的稳定性，防止了系统的振荡。

（4）真空自耗电极直流电弧炉电力电子变流设备保护功能完善，满足了真空自耗电极直流电弧炉系统使用的特殊需要。

（5）24 年的稳定运行经历，证明了该晶闸管直流电力电子变流设备使用于真空自耗电极直流电弧炉系统时，具有较高的可行性、有效性及鲁棒性。

6.7 10t 真空自耗电极直流电弧炉用 40kA 直流电力电子变流设备

6.7.1 系统组成及工作原理

国产 10t 真空自耗电极直流电弧炉,工艺及设计要求配套供电直流电力电子变流设备提供 40kA/60V 直流电能,其构成可分为主电路及控制电路两部分。其中可控整流部分的控制电路分为给定积分、闭环调节器、电压电流检测与处理、同步环节、触发脉冲形成和保护监控电路,在此仅介绍几个关键的单元电路。

1. 主电路

(1) 整流变压器部分。根据用户需求,整流变压器与整流柜、控制柜被设计为一体化结构,设计主电路采用交流 10kV,经两级变压器直接降压,再由晶闸管可控整流获得直流的方案。为降低注入电网的谐波含量,采用 12 脉波可控整流,考虑到熔炼过程中起弧电压为 60V,而熔炼电压约为 40V,功率因数很低的实际工况,主电路中增加了功率因数补偿环节。图 6.7-1 给出了主电路原理图,其中应用了两套双反星形可控整流单元并联组成 12 脉波整流系统。主电路的工作过程为:电网 10kV 先由第一级变压器 T_1 降为 690V,再由两台整流变压器 T_2 与 T_3 降压,这样设计是为了将第二级整流变压器与可控整流部分装在一个柜体中,构成一体化电力电子变流设备,解决了电力电子变流设备整流变压器放于柜外,整流变压器与整流柜之间大截面铜母排安装难,工作量大的问题。变压器 T_1 采用油浸自冷,而整

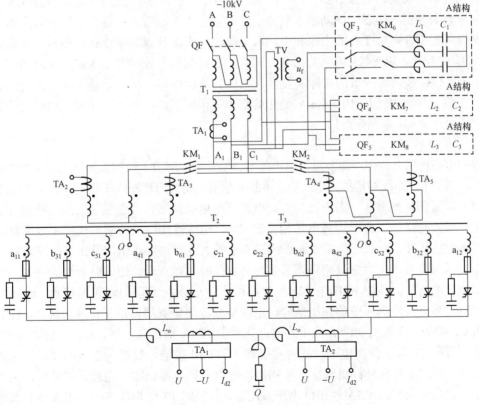

图 6.7-1 主电路原理图

流变压器 T_2 与 T_3 采用干式水冷。$TA_1 \sim TA_5$ 为进行 10kV 690V 侧交流电流取样的电流互感器，其作用有两点：

1）在直流霍尔电流传感器失效后，为原电流闭环系统变为开环运行故障的过电流保护提供电流取样信号。

2）为功率因数控制器提供计算功率因数的电流取样信号。在图 6.7-1 中，电压互感器 TV 用来把 690V 电压变为功率因数控制器需要的 100V 标准信号，作为功率因数控制器计算功率因数的电压依据。

（2）可控整流部分。该部分的电路原理构成如图 6.7-1 中的下半部分。采用两个双反星形可控整流电路并联，TA_1 与 TA_2 为霍尔电流传感器，用于检测每个分整流部分输出的实际电流值，提供给闭环调节器及保护单元与显示环节，保证在同一个输出电流设定值下，两个双反星形可控整流部分各承担负载电流的一半。另外，在对实际运行电流进行实时显示的同时，提供给保护电路监控运行状况，若超过实际值，则进行有效迅速的保护。

（3）功率因数补偿的主电路。几乎所有的真空自耗电极直流电弧炉都是空载起弧电压高，随单炉可熔炼金属材料质量的不同为 50～75V，熔炼过程中熔化电压一般为 30～45V，因此运行时其功率因数都很低，一般为 0.45～0.7。为解决 40kA 晶闸管直流电力电子变流设备运行时系统功率因数太低的问题，在可控整流晶闸管电力电子变流设备系统中，增加了根据负荷功率大小自动调节功率因数容量补偿的环节，其主电路原理如图 6.7-1 右上角所示。图中 $QF_3 \sim QF_5$ 为进行电容短路故障保护的低压断路器，$KM_6 \sim KM_8$ 为用来按实际功率因数大小自动投切补偿支路的接触器。$L_1 \sim L_3$ 和 $C_1 \sim C_3$ 分别为 3 个支路中防止谐波放大的电抗器和功率因数补偿电容器。该功率因数补偿主电路的工作原理为：装设于控制回路的功率因数控制器，根据 TV 与 TA_1 的电压和电流取样信号，实时计算功率因数；根据计算结果与目标值 0.97 的差别，以 8421 编码的组合方式，输出控制信号使接触器 $KM_6 \sim KM_8$ 中 1 个、2 个、3 个闭合。按功率因数的实际需要投入相应的补偿电容，满足无论是化一次锭还是化二次锭，在输出直流电流从 10～40kA 变化的整个工作范围内，都可以保证 690V 侧的功率因数，既不低于 0.97 又不高于 1。

2. 控制电路

控制电路包括电流闭环调节器、同步环节、触发脉冲形成、监控保护单元、熔速控制及自动给定、应用电流断续补偿扩大电流稳定不断弧范围、功率因数补偿环节控制等共 7 个部分。

（1）电流闭环调节器。由于真空自耗电极直流电弧炉工作有起弧、熔炼、补缩等工艺过程，空载起弧与熔炼工作时电弧电压相差近 1/2，熔炼过程中又希望构成稳定度很好的恒流源，为防止起弧时电压太低而无法起弧或起弧电压太高而击穿坩埚，设计了如图 6.7-2 所示的动态电压与电流两个独立双闭环调节器，其起弧时为稳压源，熔炼时为恒流控制，并可按负载工况自动转换。图中 IC4B 与 IC4A 分别和外围元器件一起构成 PI 调节器，u_F 与 i_F 分别为来自电压与电流检测环节的输出信号。电压与电流的检测均使用了霍尔传感器，IC2 为电子开关 CD4066，在起弧前因 i_F 几乎为零，比较器 IC3A 输出高电平，IC2 中引脚 6 与 13 为低电平，引脚 12 与 5 为高电平，其内部引脚 11 与 10 接通，反馈为电压反馈，电压闭环调节器工作，构成电压闭环；引脚 3 与 4 相接，对电流调节器锁零。当起弧成功后，由于电流值通常已达几千安培，IC3A 输出低电平，IC2 中的引脚 12 变为低电平，电压调节器输出支路因 IC2 的引脚 11 与 10 断开而退出运行，同时 IC2 的引脚 6 变为高电平，电流调节器输出支路因 IC2 的引脚 8 与 9 接通而投入运行。电流取样值作为调节器的反馈信号送入电流闭环调节器，从而保证直流电力电子变流设备输出为稳定度很好的恒流源，满足熔炼过程中高精度稳定输出直流电流的需要。

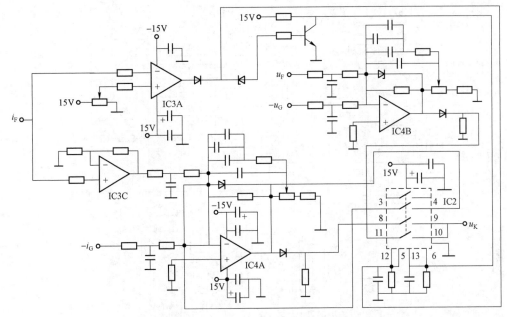

图 6.7 - 2　动态双闭环调节器原理图

（2）同步环节。10t 钛合金熔炼真空自耗电极直流电弧炉用 2×20kA/60V 晶闸管直流电力电子变流设备，采用了光耦合器作为触发脉冲形成单元前级的同步环节，使同步环节的体积及损耗都得以减小，为构成相序自适应的触发器奠定了很好的基础。图 6.7 - 3 中 6 个光耦合器 VLC$_1$~VLC$_6$ 均为 TLP521，由此决定了同步环节的输出为 6 路相位互差 60º 的方波脉冲信号。

（3）触发脉冲形成。触发脉冲形成环节的原理电路如图 6.7 - 3 所示，其核心单元 IC7 采用陕西高科电力电子公司用 CPLD 芯片开发的准数字化触发脉冲形成集成电路芯片 SGK198。该触发器将闭环调节器输出的电压信号变换为与此电压相适应的频率脉冲信号，在 SGK198 内对这一脉冲信号进行分频计数的方法来获得 6 路触发脉冲输出，6 路触发脉冲形成的计数器开始计数的时刻由同步环节输出的 6 路同步信号的后沿所决定。当差分器 IC2A 输出电压高时，压控振荡器 IC4C 输出的频率低，计数器计满的时间便长，输出触发脉冲距同步信号后沿距离远，相当于控制角 α 小，晶闸管的导通角增大，输出直流电压提高；当 IC2A 输出电压低时，压控振荡器 IC4C 输出频率高，计数器计满的时间短，输出触发脉冲的时刻距同步信号后沿距离变近，相当于控制角 α 增大，晶闸管的导通角减小，输出直流电压降低。

（4）监控保护单元。10t 钛合金熔炼真空自耗电极直流电弧炉用 2×20kA/60V 晶闸管直流电力电子变流设备，应用 PLC 完成运行状况的监控及故障时的保护工作，图 6.7 - 4 给出了监控与保护环节的软件流程框图。由于两台分晶闸管电力电子变流设备并联组成 12 脉波，共用了 36 只晶闸管器件，报警信号很多，为减小 PLC 系统的硬件配置，电力电子变流设备系统采用了一种矩阵式编程方法，从而使系统硬件得以简化。同时，在软件编程时根据电弧熔炼的特殊要求，增加了给定不为零不能合闸启动环节，主电路合分闸都在脉冲封锁状态下进行。功率因数补偿环节在电力电子变流设备输出功率达到一定值时才投入，在切除电力电子变流设备功率前先切除功率因数补偿单元，从而有效地防止了次谐波振荡及过补偿状况的发生。

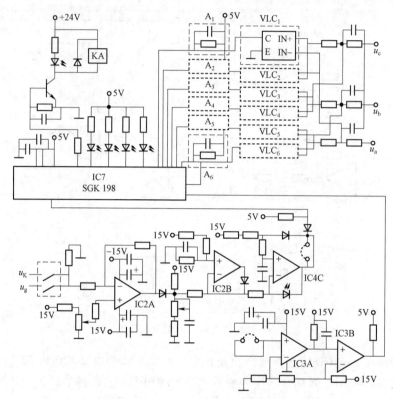

图 6.7-3 触发脉冲同步与形成环节

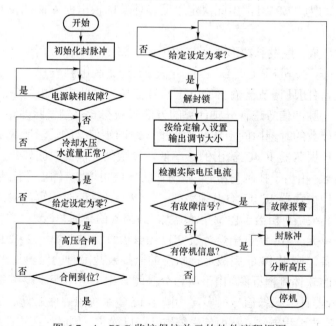

图 6.7-4 PLC 监控保护单元的软件流程框图

（5）熔速控制及自动给定。通过与真空自耗电极直流电弧炉运行工况及熔炼控制的上位计算机之间的通信，实现了自动熔炼时的按曲线给定，控制单元通过 PLC 接口接收上位计算机输出的按工艺设定输出电流指令，在 PLC 内转换为相应的模拟给定电压后，从 PLC 的模拟输出口输出，控制触发脉冲的控制角相位，达到调节及稳定输出电流的目的，实现了熔速控制，满足全自动熔炼的需要。

（6）应用电流断续补偿扩大电流稳定不断弧范围。由于真空自耗电极直流电弧炉运行有起弧、熔炼、补缩等工艺过程，为保证成品锭快熔化完时使锭子端口尽可能平整，提高熔化锭子的成品率，要求补缩电流尽可能小。尽管在主电路中直流输出端增加了平波电抗器 L_0，但也很难使输出直流电流达到全范围连续，因而在控制回路中增加了电流断续的补偿环节，使补缩时的电流连续稳定工作范围达到最小电流不大于 500A 的良好效果。

（7）功率因数补偿环节控制。由于真空自耗电极直流电弧炉工艺过程较为复杂，对应不同的工作段，要求输出稳定运行的电流与电压值不同，由此造成向其供电的晶闸管变流设备运行时，其功率因数会有很大不同，这就决定了对其功率因数补偿环节要采取变化的参数与结构。在该系统中，根据系统最小短路容量计算的注入电网谐波满足国标要求，因而设计仅仅考虑功率因数补偿，决定了功率因数补偿单元的控制电路既要满足起弧、熔炼、补缩、停机等工艺流程的需要，又要适应熔炼一次锭、二次锭、合金锭及锭子直径不同，对晶闸管变流设备输出电流的不同需要，为此设计了专门的控制器。对晶闸管电力电子变流设备运行的实时功率因数，按输入的电压和电流值随时进行计算，根据熔炼工况及所熔化锭子种类和实际使用电流的不同，自动按 8421 方式组合决定投入的实际补偿容量。既严格保证在整个工作周期中补偿后的功率因数大于 0.97，使谐波不被放大，又可靠地按当晶闸管变流设备负荷达到一定值时，功率因数补偿支路才投入。而当晶闸管变流设备负荷小到一定值时，功率因数补偿支路先切除；当晶闸管直流电力电子变流设备停机时，先退出功率因数补偿支路，再断开图 6.7-1 中的断路器 QF，保证不发生次谐波振荡及使谐波放大等不正常情况。

6.7.2　应用效果

10t 钛合金熔炼真空自耗电极直流电弧炉用 2×20kA/60V 晶闸管直流电力电子变流设备，已在 10t 真空自耗电极直流电弧炉熔炼系统中使用 11 年。随坩埚尺寸的不同，单炉可熔化锭子质量为 6t、8t、10t，最大锭子直径为 1020mm。整流变压器、直流平波电抗器、晶闸管整流单元、控制环节、纯水冷却器、进线断路器、功率因数补偿环节全部装于两个分柜体中，每个整流柜系统输出 20kA/60V，使用中两柜并联运行。经实测稳流精度高于 0.5%。不论是在熔化一次锭还是二次锭，在晶闸管变流设备输出稳定运行电流从 10~40kA 变化的全范围内，功率因数都不低于 0.95。注入电网的谐波电流含量低于国标允许值，补缩工况最小可连续稳定运行电流为 800A，现场安装仅需连接交流三相输入 690V 电缆线、直流输出正负母排、外循环水两根水管，安装方便，运行稳定可靠，达到了十分理想的设计与运行效果。图 6.7-5 给出了熔化纯钛二次锭子、使用直流电流为 36kA 时，该电力电子变流设备直流侧输出的直

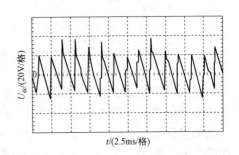

图 6.7-5　使用直流电流为 36kA 时直流侧的整流电压波形

流电压波形。

6.7.3 结论与启迪

（1）10t 钛合金熔炼真空自耗电极直流电弧炉用 40kA/60V 晶闸管直流电力电子变流设备，将整流变压器、平波电抗器、纯水冷却器、整流及控制和保护等单元安装于两个柜体中，使用中两个分电力电子变流设备并联工作，缩短了引线尺寸，减少了占地面积及现场安装工作量，是个较好的方案。

（2）同步环节及触发脉冲形成电路采用 6 只光耦合器的设计，可推广到低压可控整流系统。

（3）电压与电流可根据工况自动切换的闭环调节器设计，兼顾了同一晶闸管电力电子变流设备不同使用工况对稳定输出电压与输出电流的不同需要。

（4）采用 12 脉波可控整流，同时增加自动投切补偿容量的动态功率动态因数补偿环节，满足了真空自耗电极直流电弧炉的复杂运行工况要求，使运行时的功率因数较高，并保证了注入电网的谐波不被放大，在国内真空自耗电极直流电弧炉及凝壳炉供电的晶闸管电力电子变流设备的系统配置中具有推广性。

（5）本节介绍的 PLC 监控与保护单元应用矩阵式软件编程方法，使需要的硬件配置要求得以简化，节约了成本。

（6）理论分析和实用效果都证明了上述方案的可行性，有广阔的应用前景。

6.8 采用星点控制的交流调压电力电子变流设备

6.8.1 系统构成及工作原理

采用星点控制交流调压，获得高压直流输出的电力电子变流设备的系统原理框图如图 6.8-1 所示。图中 G 为由飞轮储能驱动的发电机，JTY-1 和 JTY-2 为两个星点控制的交流调压装置，GYZ_1 和 GYZ_2 是两个高压整流阀，TB_1 和 TB_2 为二次侧相位互差 30° 的两台升压变压器。其一次侧输入线电压为 660V，二次侧输出线电压最高为 38kV，这种结构可使直流输出串联或并联工作，等效构成 12 相整流，满足了用户需要的 110kV/150A 和 55kV/300A 两种工作参数需要，同时降低了工作时的谐波电流对储能发电机的危害。

该星点控制交流调压电力电子变流设备分为主电路、触发脉冲形成电路、控制电路和保护电路四大环节。

1. 星点控制交流调压电路的工作特点及谐波分析

由于图 6.8-1 所示的星点控制交流调压方案，控制的是流过变压器一次侧绕组中的电流，只要三相全控桥中的晶闸管被触发导通，则升压变压器一次侧绕组中的电压都为正弦，而仅是电流存在谐波含量，故这种交流调压方式比传统的在变压器一次侧绕组中串联双向晶闸管调压的方法，其电压谐波含量要小许多。另外，由于平波电抗器 L 的电感量可按用户的需求来设计选用，因而可保证一次侧绕组中的电流连续范围按需要选用，且由于一般升压变压器的变比很大，这种电路把保证高压侧电流连续的电感折算到了低压侧，其电感量较直接在高压阀整流后，串接平波电抗器保证电流连续的电感量小许多，且将高压系统应用的电抗器变为了低压系统中的电抗器，使加工难度大为下降，造价也降低了许多。

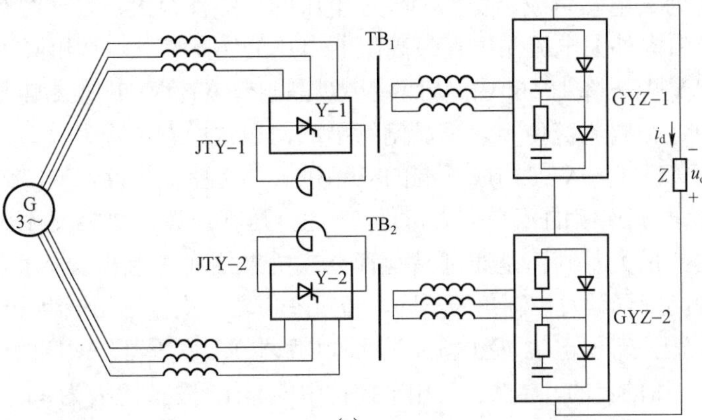

图 6.8-1　采用星点控制交流调压的高压直流电力电子变流设备的系统原理框图

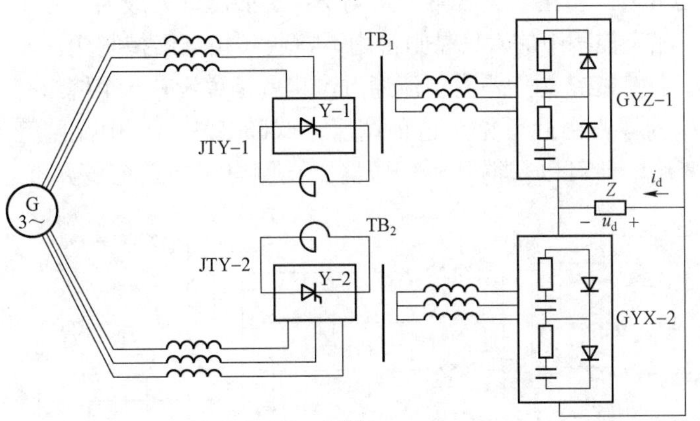

（a）串联连接输出 110kV/150A；（b）并联连接输出 55kV/300A

　　升压变压器二次高压整流后向负载供电时，变压器二次侧高压绕组中有电流流过，此电流按升压变压器变比的关系折算到一次侧，并且流过星点控制用三相可控整流电路中。星点控制的三相桥式可控整流电路中，不但流过负载电流等效折算到变压器一次侧的电流，而且流过变压器一次绕组的励磁电流；当星点控制交流调压电力电子变流设备不工作时，三相全控桥中的 6 组晶闸管均不导通，相当于升压变压器一次侧星点开路，则升压变压器一次侧没有电流流过，一次绕组没有电压，所以二次侧电压为零。当升压变压器二次侧空载时，此时接于升压变压器一次侧，星点控制的三相桥式可控整流电路中，仅流过变压器的励磁电流。

　　星点控制交流调压高压电力电子变流设备的另一个显著优点是故障条件下，可通过封锁变压器一次侧三相晶闸管整流桥中所有晶闸管的触发脉冲，使变压器一次侧三相绕组的星点打开，同时触发续流晶闸管 VT_7，即可使变压器二次侧电压快速降为零，也可为一次星点控制回路中保证电流连续的电抗器中存储的能量提供泄放通路，不但避免了电路中出现高压，而且能进行快速有效的保护。

　　2. 星点控制交流调压环节的主电路设计

　　（1）主电路结构设计。由于使用需要升压变压器二次输出电压可调范围为 0～38kV，而

207

输入电压来自飞轮储能的发电机，设计了图 6.8-2 所示的主电路原理图。基于工作可靠，同时考虑到使用系统为大电感负载，发生尖峰过电压的可能性很大，设计留有不小于 3 倍的安全余量。根据当时国内外大电流晶闸管最高阻断电压的实际现状，选用降压变压器 T_1，将飞轮发电机发出的 3kV 电压降为 660V，从而减小对晶闸管 $VT_1 \sim VT_6$ 阻断电压的要求，避免三相可控整流电路中每个整流臂使用多个晶闸管串联，导致通态压降太大，影响星点调压的控制效果。图中晶闸管 $VT_1 \sim VT_6$ 构成标准的三相桥式全控整流电路，VT_7 为续流晶闸管，平波电抗器 L 用来使电流连续的范围扩大，而 T_2 为升压变压器。这种交流调压电路与传统的三相交流调压方案的最大不同，是通过晶闸管全控桥来控制三相升压变压器一次侧的星点，随着三相全控桥中晶闸管触发控制角的不同，流过变压器一次侧三相绕组中的电流大小便不相同，也就是调节了升压变压器的励磁电流，从而也就调节了变压器一次侧的电压，达到了调节变压器二次侧输出电压的目的。显然若三相全控桥中的晶闸管控制角 α 为零度，则流过变压器一次侧绕组中的电流为最大，相当于变压器一次侧绕组上的压降为最大，升压变压器二次侧的电压最高；反之，若三相全控桥中的六只晶闸管均不导通（相当于控制角 α 大于或等于 120°），相当于升压变压器一次三相绕组中没有电流通过，也就是说没有一个绕组有电压降，自然变压器二次侧的输出电压为零。由此可见，这种调压方式随着三相桥中晶闸管触发脉冲控制角 α 从 120°～0° 之间变化，便可以获得升压变压器二次侧电压从零至最大值之间的调节。

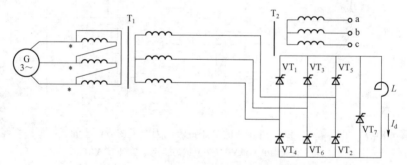

图 6.8-2　星点控制交流调压主电路原理图

（2）主电路参数计算。由于用户需要每台星点控制交流调压电力电子变流设备输出功率为 8.25MW，考虑效率为 96%，最小功率因数为 0.9，则可计算出：

1）变压器 T_2 一次电流 I_1：$I_1 = P/(1.732U_1 \times 0.9 \times 0.96) = 8353A$。

2）晶闸管承受的最高重复峰值电压 U_{RRM}：$U_{RRM} = 660V/1.732 \times 2.45 = 933V$。

3）流过晶闸管的平均电流 I_{dT}：$I_{dT} = 1/3I_1/0.816 = 3412A$。

4）选用电压安全裕量 k_U：$k_U = 4$，$U_N = 4 \times 933V = 3732V$。

5）由于脉冲工作，工作时间仅 15s，电流为零的时间为 15min，选用电流安全裕量 $K_I = 1.5$。

6）参数与个数 n 的确定。选用晶闸管额定电流为 4000A/3800V，考虑并联均流系数为 0.9，则

$$n = K_I I_{dT}/[K_{AI} I_{T(AV)}] = 1.5 \times 3412/(3000 \times 0.9) = 1.89 \approx 2$$

3. 触发脉冲产生电路

（1）触发脉冲产生电路应考虑的特殊问题。本星点控制交流调压方案的主电路中，应用

了标准的三相桥式全控整流电路，其对晶闸管触发脉冲的要求，与常规三相桥式可控整流电路并没有过大差别。但由于本星点调压的系统中，交流输入电压来自飞轮发电机，随着飞轮在发电过程中的卸能，飞轮本身储能在降低，飞轮发电机的转速在下降，由此决定了图 6.8-2 中三相桥式可控整流电路输入的三相电压频率在变化，交流调压类电力电子变流设备的频率在变化时，则应使用具有频率自跟踪性能的触发脉冲产生电路。另外应看到，由于星点控制电路中，三相全控整流桥的负载只有一个电感，所以其触发器输出触发脉冲的宽度不可太窄，应选用脉冲宽度比较宽的触发脉冲。

（2）对触发脉冲逻辑顺序的要求。由于新型星点控制交流调压主电路拓扑中，既有三相全控桥中的六只晶闸管，又有续流晶闸管，使用中调压时需要三相全控桥中的晶闸管工作在 $0° \sim 120°$ 移相范围之内，整流桥输出直流电压 u_d 瞬时值在 $0 \sim U_{dmax}$ 之间变化，电路正常工作又要求三相全控整流桥与续流用晶闸管的触发脉冲之间满足如下逻辑关系：控制系统得电时，整流桥中的晶闸管和续流用晶闸管都处于封锁状态，当接收到上位机的解封锁信号后，开通整流桥中的晶闸管，按照移相控制信号的大小调节整流桥的输出，一旦解封锁信号撤销，且整流桥直流侧有电流输出时，则封锁整流桥中的晶闸管，同时开通续流用晶闸管直到电流为零。无论在何时，只要接收到上位机的故障信号或整流桥本身的故障信号，都立即封锁整流桥中的晶闸管，并开通续流用晶闸管。为此设计了图 6.8-3 所示的逻辑控制电路，图中 JF 为解封锁信号，SH、OI、OT、LV、OV、LP 分别为短路、过电流、过热、反馈丢失、过电压、缺相保护电路的输出，时基电路 555 工作于无稳态多谐振荡器模式。用来产生续流用晶闸管的触发脉冲，A 为其输出，F 为三相全控桥中六只晶闸管触发脉冲的封锁（高电平）与解封锁信号输出端。

（3）三相全控桥中 6 只晶闸管的触发脉冲产生电路。由于星点控制交流调压控制电路中，既有三相全控桥中的 6 只晶闸管又有续流晶闸管，因而触发脉冲不但必须满足三相全控整流桥中的晶闸管依次轮流导通，准确无误地与续流晶闸管进行运行与故障保护条件下工作逻辑的正确切换需要，而且要能完全自动跟踪本系统中的交流电力电子变流设备工作频率在 $70 \sim 120Hz$ 内的变化，对三相全控桥中 6 只晶闸管的触发脉冲产生电路，设计了具有频率自跟踪性能的晶闸管触发器。图中 LM555 工作于无稳态多谐振荡器模式，LM331 与运算放大器 A 一起构成高精度频率–电压变换器，图中 TCA785 引脚 9 悬空，而使给电容 C 充电的恒流源由外部跟随频压变换器 u/f 输出变化的恒流源来给定，从而自动适应了同步供电电源频率的变化，使该触发器可自动跟踪同步电力电子变流设备供电电源频率的变化范围为 $30 \sim 160Hz$。

4. 保护电路

（1）过电流保护。为防止星点控制用于三相桥式电路中，晶闸管的损坏给控制效果带来较大的影响，星点控制调压电路中的过电流保护电路必不可少。星点控制交流调压电力电子变流设备设计过电流及短路保护环节，由于其输出电压较高，电流相对较大，因此过电流及短路保护环节只能通过低压侧控制来实现。在三相全控桥的直流输出侧，串联霍尔电流传感器，一是检测工作时星点控制调压器每相的电流，供显示仪表进行电流指示；二是检测出来的电流与设定门槛比较，通过比较器输出，来封锁晶闸管的触发脉冲，起过电流保护的电子式保护，同时，每个晶闸管串联有快速熔断器，用于严重过电流及短路状况下的保护。

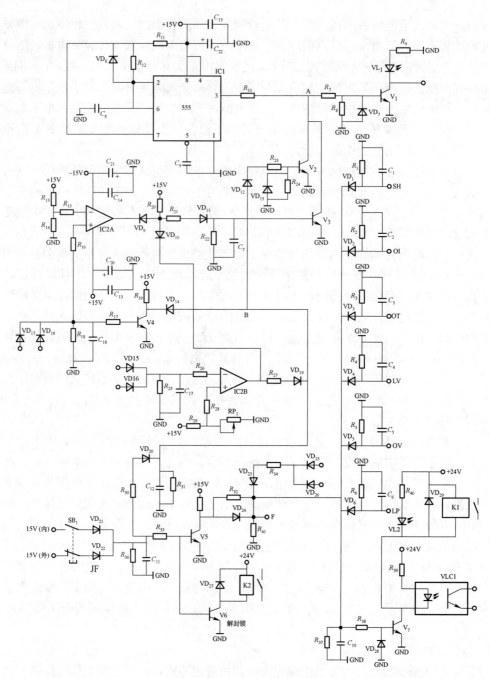

图 6.8-3　整流桥中的晶闸管与续流晶闸管触发脉冲的切换逻辑控制电路

注：IC1：LM555　IC2：LM358

（2）过电压保护。星点控制交流调压方案多用于输出功率较大或输出电压较高的场合，且由于控制的是变压器一次侧绕组的星点，在整流电路的输出又接有较大电感量的电感，因而要充分考虑尖峰过电压保护措施。为防止尖峰过电压击穿高压整流阀中的整流管及星点控制用三相全控桥中的晶闸管，对星点控制交流调压用三相全控桥中的每个晶闸管器件，并联无感电阻与无感电容串联的阻容吸收网络和氧化锌压敏电阻网络，进行尖峰过电压吸收。在三相全控整流桥的三相输入交流相线之间，并联阻容吸收网络和氧化锌压敏电阻进行尖峰过电压吸收，而对高压阀中的整流二极管，采用每个整流管旁并联静态均压环节进行静态过电压保护。动态均压网络不但启动态均压作用，而且兼有吸收尖峰过电压的作用。

6.8.2　应用效果

上述以星点控制进行交流调压，应用升压变压器隔离，最终由高压整流阀整流的高压直流电力电子变流设备方案，已成功的用于两台星点控制高压交流调压电力电子变流设备中。两台高压直流电力电子变流设备的一次侧输入线电压，均来自一台飞轮储能的发电机，在一个周期的工作过程中，发电机输出电压的频率在每个实验周期中，在 $70\sim120Hz$ 范围内变化，所用控制电路及触发脉冲产生电路均能非常好的适应系统工作。每台星点控制电力电子变流设备输出交流电压的调节范围为：升压变压器一次侧 $0\sim660V$，升压变压器二次侧 $0\sim38kV$，升压变压器一次侧额定电压为 $660V$，二次侧额定电压为 $38kV$，变压器的额定脉冲容量为 $8500kVA$，升压变压器输出经高压二极管整流阀整流为直流 $55kV/150A$。星点控制交流调压部分，每个整流臂选用单只容量为 kP3000A/3800V 的 2 只晶闸管并联，续流晶闸管为 3 只并联，共使用晶闸管 15 只，使用调节方便，输出电压谐波较小，保护也非常方便。

6.8.3　结论与启迪

（1）星点控制交流调压方案具有控制方便，可控制功率大，输出电压谐波含量较常规的以晶闸管反并联串联在变压器一次侧的调压方案要小，故障保护实现较方便的优点。

（2）本节介绍的宽频率范围跟踪的晶闸管触发器是一个很好的触发器，其跟踪电力电子变流设备频率变化的范围较宽。

（3）理论分析和实用效果都证明了星点控制交流调压电力电子变流设备设计方案及电路的实用性与有效性，应用前景将是十分广阔的。

6.9　65kA/85V 24 脉波真空自耗电极凝壳炉用晶闸管直流电力电子变流设备

6.9.1　系统组成及工作原理

用于真空自耗电极凝壳炉供电的 65kA/85V 晶闸管直流电力电子变流设备的系统构成原理框图如图 6.9－1 所示。从该图可见，其系统构成可分为主整流电路、闭环调节器、功率因数补偿与滤波、触发脉冲形成、脉冲功放与整形、信号检测与处理电路、保护电路、远程计算机给定以及上位机监控与调节共 9 个单元电路。下面分析几个主要单元电路的构成与工作原理。

（1）主整流电路。为了满足用户的 10kg、80kg、100kg、150kg、250kg、300kg、350kg、500kg、600kg、800kg 共 10 种真空自耗电极凝壳炉，分时使用同一台电力电子变流设备，需要该变流设备运行时不但要在输出电流为 $12\sim65kA$ 范围内，任一设定值下都具有很好的恒流特性，而且要求注入电网的谐波不超过国家标准，为此设计了如图 6.9－2 所示的主电路。

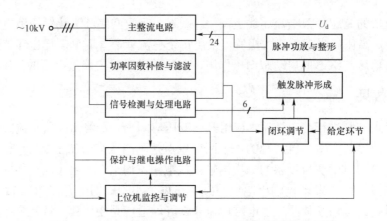

图 6.9-1 65kA/85V 直流电力电子变流设备的构成框图

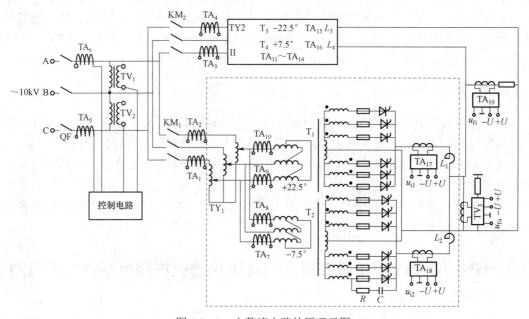

图 6.9-2 主整流电路的原理示图

系统先以整流变压器降压，然后晶闸管可控整流，为满足 10 台不同容量的凝壳炉对额定运行电流及运行电压的不同要求，在整流变压器中增加了独立的调压变压器，整流变压器一次侧采用外延三角形接线移相，共用 4 台移相角度依次为+22.5°、-7.5°、+7.5°及-22.5°的整流变压器，两台移相+22.5°及-7.5°的整流变压器，与配套的独立有载调压变压器装于一个油箱中，两台移相-22.5°及+7.5°的整流变压器与配套的独立有载调压变压器装于另一个油箱中，构成两套彼此独立的两个变压器组。当需要 12～15kA 输出时，两套整流变压器组仅有一套运行，与整流变压器配套的四个整流柜中仅有一个输出电流，系统运行为 6 脉波，其余 3 个整流柜脉冲封锁（10kg 凝壳炉工作）；当需要 20～30kA 输出电流时（80kg、100kg 或 150kg 或 250kg 凝壳炉工作），一套整流变压器与配套的两台整流柜同时运行，另外两台整流柜脉冲封锁，系统运行为 12 脉波；当需要 35～45kA 输出电流时（300kg 或 350kg 或 500kg 凝壳炉工作），两套整流变压器与配套 3 台整流柜同时运行，剩余的一个整流柜输出封锁，系统运行为准 18 脉波；当需要50～65kA 直流输出电流时（600kg 或 800kg 凝壳炉工作），两套整流变压器与配套的 4 台整流柜同时运行，整流系统为 24 脉波。每个整流柜内都使用了相同的电路结构，整流方式为双反星形非同相逆并联可控整流，图中 TA$_1$～TA$_4$ 及 TA$_7$～TA$_{14}$ 为高压侧的电流互感器，用来为显示每台变压器运行时，各支路及总的交流侧的实际工作电流获得信号，电流互感器 TA$_5$ 与 TA$_6$ 同时用来为功率因数补偿与滤波环节提供一实时电流取样信号；而电压互感器 TV$_1$、TV$_2$ 为显示交流侧的电压及功率因数补偿与滤波环节提供一实时电压取样信号，以利于实时计算该电力电子变流设备运行时的功率因数。依据计算结果，功率因数补偿控制器决定针对不同的实时功率因数投入合适的补偿容量。TA$_7$～TA$_{14}$ 为装于整流变压器一次侧的高压电流互感器，用来为交流侧的过电流保护提供一取样信号，以防直流霍尔电流传感器故障失效时，该电力电子变流设备从闭环变为开环运行引起过大的电流造成事故。直流霍尔电流传感器 TA$_{15}$～TA$_{18}$，一是用来为显示每个整流柜的实际输出电流提供取样信号；二是主要为各个可控整流电力电子变流设备提供一反馈电流值，保证几台分电力电子变流设备并联运行时，每个可控整流分电力电子变流设备仅承担总负载电流的 1/1～1/4（随着单台分电力电子变流设备、两台分电力电子变流设备、三台分电力电子变流设备或四台分电力电子变流设备运行的不同而不同），霍尔电流传感器 TA$_{19}$ 为总电流检测用传感器，用来随时提供总输出电流信号。QF 为高压真空断路器，而 KM$_1$ 与 KM$_2$ 为高压真空接触器，分别是为了满足故障保护及真空自耗电极凝壳炉工作时间仅十几分钟，需要频繁分压高压而添加的。电抗器 L_1～L_4 既用来防止熔炼工作时负载频繁短路对晶闸管的冲击，又用来使电流连续的最小电流值降低，与每个晶闸管并联的 RC 网络（图中仅画出了 36 路中的一路）起尖峰过电压吸收作用，防止回路中感性负荷通断造成的尖峰电涌电压击穿晶闸管；与每个晶闸管串联的快速熔断器，起晶闸管击穿时使该晶闸管退出运行的保护作用。应特别注意的是，图中每个晶闸管与快速熔断器串联支路的位置，应用了 3 只晶闸管与 3 只快速熔断器串联支路的并联。

　　主电路的工作原理可简析为：正常运行时，来自交流电网的 10kV 电压经两组整流变压器内的有载开关调压后，接供给各自连接的整流变压器，由一次侧为外延三角形的整流变压器移相，形成彼此相位互差 +7.5°、−22.5°、−7.5° 及 +22.5° 的 4 组三相电压。该 4 组三相电压经整流变压器降压，由双反星形可控整流电路根据用户给定电流及霍尔电流传感器检测到的实际电流之差，按闭环调节器输出控制电压，所确定的触发控制角度使晶闸管导通，输出相应于真空自耗电极凝壳炉需要的电压与稳定电流。一旦发生故障，则保护电路动作，先封锁晶闸管的触发脉冲，在负载电流为零的状态下，图中的高压真空接触器 KM$_1$、KM$_2$ 动作，分断用户的主电路。接于交流侧的补偿滤波环节，按检测到的高压侧电压和电流，计算出的功率因数及谐波电流情况，自动投入或切除需要的补偿滤波支路，保证运行功率因数不低于0.92，而注入电网的谐波不超过国标的允许值。

　　（2）闭环调节器。为满足用户对同一晶闸管电力电子变流设备，随时使用于不同容量真空自耗电极凝壳炉的需要，考虑到不同容量的真空自耗电极凝壳炉的负载会有不同，设计了如图 6.9−3 所示的起弧时为恒压控制，熔化时为恒电流控制，且随着使用炉体容量位置与工位不同，而可自动改变闭环调节器参数的变参数闭环调节器。

　　图 6.9−3 中应用两只电子开关集成电路 4066,实现了不同闭环调节器参数的选择及工作状况的选择；K 为选择不同炉体和工位的转换开关；u_{fl} 与 u_{fu} 分别为来自主电路中总霍尔电流传感器 TA$_{19}$ 及霍尔电压传感器的输出取样信号；而 u_i 为对应每个分电力电子变流设备输

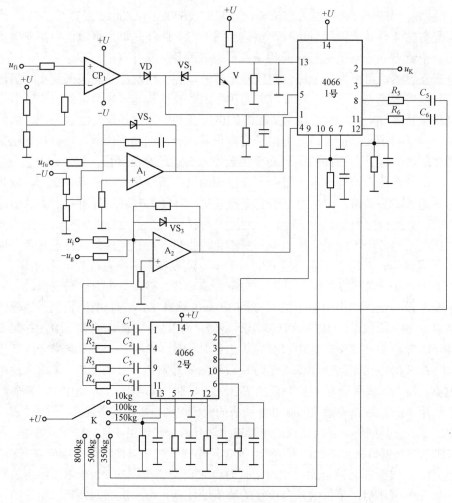

图 6.9−3 闭环调节器原理图

出的电流取样霍尔电流传感器 TA_3 输出信号。由于该电力电子变流设备系统共有 4 个分晶闸管电力电子变流设备，为保证每个分晶闸管电力电子变流设备输出电流的均衡，该电力电子变流设备系统中每个闭环调节器应用了同一给定，而各自的反馈来自主电路中的分霍尔电流传感器的输出。该电路的工作原理为：在真空自耗凝壳炉起弧之前，因 u_{fi} 为零，比较器 CP_1 输出低电平，接近 $-U$，二极管 VD 不导通，晶体管 V 截止，4066 的 1 号引脚 13 输入高电平，引脚 2 和引脚 1 接通，引脚 5 输入低电平，引脚 4 和引脚 3 断开，移相控制电压 u_K 为电压闭环调节器的输出电压，实现了起弧前为电压闭环，且为保证起弧电压相同，电压闭环调节器的给定电压为设定的固定电压。起弧后随着直流霍尔电流传感器 TA_{19} 输出电压 u_{fi} 的增加，当大于比较器 CP_1 反相端设定的门槛电压（一般设定为对应直流电流 1500A）时，比较器 CP_1 输出高电平，二极管 VD 导通，稳压管 VS_1 击穿导通，晶体管 V 导通，4066 的 1 号引脚 13 变为低电平，引脚 2 和引脚 1 断开，而引脚 5 变为高电平，引脚 3 和 4 接通，移相控制电压 u_K 为电流闭环调节器的输出电压，此时电流闭环调节器的比例积分时间常数（对应图 6.9−3 中的 R_i、C_i、$i=1\sim6$）根据选择开关 K 的位置，而使 4066 的 1 号或 4066 的 2 号对应通道的输入与输出接通，使电力电子变流设备系统稳定工作于相应的参数上。

（3）触发脉冲形成。触发脉冲形成电路原理如图 6.9-4 所示。触发脉冲形成电路具有缺

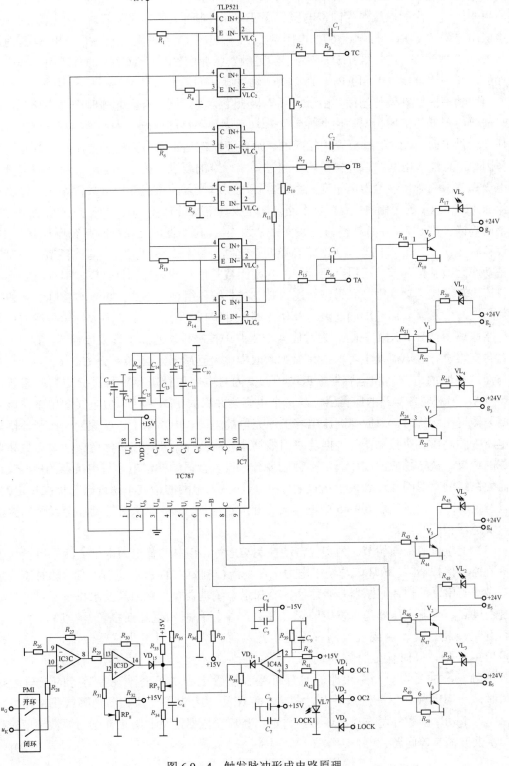

图 6.9-4　触发脉冲形成电路原理

相保护及脉冲相位自适应功能，图中同步电压来自图 6.9-2 中对应整流变压器的二次侧，为提高抗电扰性能，应用光耦合器 $VLC_1 \sim VLC_6$ 接成推挽输出来提供三相同步电压，且为了解决应用变压器二次侧电压作为同步电压，保证移相控制角 α 的零度刚好对应相电压的 30°，图中应用电阻 R_2，R_3，与电容 C_1，电阻 R_7、R_8 与电容 C_2 和电阻 R_{15}、R_{16} 与电容 C_3 对同步电压进行 T 型滤波。差分器 IC3D 是为了满足触发脉冲产生芯片 TC787 的负逻辑工作需要而添加的，图中电位器 RP_8 和 RP_7 分别提供了触发脉冲的最大与最小控制角度限幅。

（4）功率因数补偿与滤波。由于自耗电极真空凝壳炉同样存在起弧时需要电压高，而熔炼时需要电压低的使用工况，由此导致运行功率因数不高的问题。为实现向用户 10 种凝壳炉任一种供电时，在 10 种凝壳炉相应的直流电流状态运行，电力电子变流系统都有很高的功率因数，且注入电网的谐波含量均不超过国家标准的要求。在充分考虑针对不同容量的自耗电极真空凝壳炉，该电力电子变流系统，在使用时投入的整流变压器数量不同，输出直流电流在 $12 \sim 65kA$ 的范围内变化，且不同自耗电极真空凝壳炉工作时，产生的无功功率有很大的不同等诸多因素，设计将补偿与滤波支路分为 4 组，每个滤波支路同时起补偿与滤波作用，共设计有 5 次、7 次、11 次、13 次兼高通四个支路。每个支路对谐波为滤波环节，而对工频就是功率因数补偿环节，应用专门设计的功率因数补偿与滤波控制器，依据运行时的不同输出直流电流和实际功率因数和谐波情况，按 8421 编码组合的方式，投入与实际运行的功率因数与谐波含量需要而匹配的滤波与补偿支路。图 6.9-5 给出了功率因数补偿与滤波环节的主电路原理图。图中 $KM_3 \sim KM_6$ 为对应 4 个支路中控制投切的 4 个真空接触器，$TA_{15} \sim TA_{22}$ 为对各支路进行过电流及电容器击穿保护的取样电流互感器，$L_5 \sim L_8$ 及 $C_3 \sim C_6$ 为对应各补偿与滤波支路的电抗器和电容器，$FU_1 \sim FU_{12}$ 为对电容进行击穿短路保护的高压熔断器，$FA_1 \sim FA_{12}$ 为对应各支路的避雷器，与每个电容器并联的 $FD_1 \sim FD_{12}$ 放电线圈用来在该补偿与滤波器退出运行时，泄放掉高压电容上原充电的电荷。电路的工作原理为：接于补偿与滤波电路中的高压真空接触器，根据功率因数补偿与滤波控制器，按实际运行功率因数和谐波计算的结果，决定相应的高压真空接触器吸合，投入合适的补偿电容与电抗器的串联支路，从而使系统的功率因数达到大于 0.92 且小于 1，而注入电网的谐波不超过国家标准规定的值。一旦发生开路三角形或图 6.9-5 中电容器击穿或过电流故障，则系统控制环节设计的微机保护模块进行相应的保护。

（5）上位机监控与调节。为实现自动控制与运行，该晶闸管电力电子变流系统设计了上位机监控与保护环节，该环节与装于电力电子变流控制柜内的 PLC 进行通信，随时监测主电路与晶闸管串联的快速熔断器是否熔断、冷却水系统是否发生水温高及水流量不足、母线温度是否过高、整流变压器是否发生油温过高、产生轻瓦斯和重瓦斯报警等故障、整流系统是否发生缺相、交流侧或直流侧有无过电流故障发生。一旦发生这些故障，则进行相应的报警或处理，同时保证合闸启动时，给定不为零不可合闸；故障分闸或停机分闸时，先封锁触发脉冲后再分断主电路。且保证当晶闸管电力电子变流设备运行的无功达到一定值时，功率因数补偿与滤波环节才投入，晶闸管电力电子变流设备故障或正常停机运行时，先退出功率因数补偿与滤波环节，再退出整流变压器，从而防止补偿与滤波环节空投，引起次谐波振荡等问题。

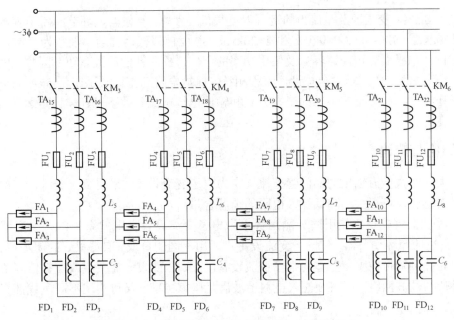

图 6.9 - 5　功率因数补偿与滤波的主电路原理图

（6）保护电路。为保证该真空自耗电极凝壳炉用晶闸管电力电子变流设备的长期可靠运行，在其控制回路中增加了三相控制电源缺相、交流侧过电流、直流侧过电流、晶闸管器件失效、冷却系统故障、变压器油温过高、变压器轻瓦斯、变压器重瓦斯、冷却水流量不足、冷却水温高和水冷母线温度过高、同一整流臂内一个晶闸管器件失效、同一整流臂内两个晶闸管器件失效、同一个快速熔断器臂内一个快速熔断器熔断、同一个快速熔断器臂内两个快速熔断器熔断、同一个快速熔断器臂内三个快速熔断器熔断的保护报警及指示功能。

（7）远程计算机给定。为了实现各真空自耗电极凝壳炉控制台位的独立互锁，计算机按工艺要求的曲线给定，在远程各真空自耗电极凝壳炉的分控制台位上设置了计算机终端。应用系统的 Profibus 总线，实现了计算机给定，用户可在各分操作台上的计算机键盘上直接输入设定曲线编号，该晶闸管电力电子变流设备，便可按曲线设定的电流给定输出自动运行，避免了每炉熔炼人工手动调节设置运行参数和曲线的麻烦，提高了自动化程度，极大地方便了使用。

6.9.2　应用效果

65kA/85V 晶闸管电力电子变流设备，已成功应用于真空自耗电极凝壳炉熔炼系统，该系统中有 10kg、80kg、100kg、150kg、250kg、300kg、350kg、500kg、600kg 和 800kg 共 10 种浇铸质量不同的真空自耗电极凝壳炉。使用中需要该直流电力电子变流系统输出电流最小为 15kA，最大为 65kA，输入交流电压为 10kV。按上述设计，选用两套容量各为 3000kVA 的整流变压器组，每个整流变压器组油箱内安装有独立的带有 27 级有载调压开关的自耦调压变压器，与两台彼此相移30°（一组 +22.5°、-7.5°；另一组 +7.5°、-22.5°）的整流变压器。每个整流变压器内部二次侧结构，都为双反星形非同相逆并联带平衡电抗器，其输出直接接双反星形非同相逆并联晶闸管可控整流柜，整流柜内每个整流臂上用 3 只额定容量为 3000A/600V 的晶闸管并联，整流柜采用水 - 水冷却，而整流变压器采用油浸自冷。调试运行结果表明，每个整流柜分担了负载电流的 $1/n$（$n=1$，2，3，4），并联整流柜输出电流的稳流精度优于 0.5%，变压器及整流柜的运行温度很低。另外，补偿滤波环节四路电容器的分组容量为 360kvar、720kvar、960kvar 和 1420kvar。补偿前最低运行功率因数为 0.42，随具体应用真空自耗电极凝壳炉浇铸容量及使用功率的不同，投入补偿后最高功率因数 0.98，最低 0.95，整个系统的工作逻辑完全与设计流程相符，保护电路动作灵敏迅速。65kA/85V 晶闸管电力电子变流设备，一直在不同的组合方式和输出电压电流参数下已连续稳定运行 11 年，运行效果良好。

6.9.3 结论与启迪

（1）大功率大电流输出的晶闸管整流型电力电子变流设备，采用整流变压器一次移相构成多相可控整流，可极大地降低注入电网的谐波含量。

（2）对多个负载对象使用同一晶闸管电力电子变流设备供电的系统，采用变调节器参数，实现自适应闭环调节器，使同一变流设备可适用不同的负载，取得很好的闭环控制效果。

（3）对晶闸管可控整流型电力电子变流设备，在高压侧设计随负载改变补偿与滤波参数的高压补偿与滤波网络，即可使注入电网谐波满足国家标准，又可实现不同负载都有很高的功率因数。

（4）应用光耦合器隔离构成同步环节，可以省去常用的同步变压器，使同步环节的体积和尺寸减小，在交流线电压低于几百伏的场合具有通用性。

（5）本节介绍的晶闸管电力电子变流设备，设计与制造具有可行性、鲁棒性、稳定性、可靠性，有很好的推广应用前景。

6.10 50kW 串联型晶闸管中频电力电子变流设备

6.10.1 系统构成及工作原理

4kHz/50kW 串联谐振型晶闸管中频电力电子变流设备包括主电路、可控整流桥触发脉冲形成电路、逆变桥触发脉冲形成模块、保护电路、继电操作回路共五部分，在此仅介绍前四部分的电路构成与工作原理。

1. 主电路

主电路原理如图 6.10-1 所示。$VT_1 \sim VT_6$ 构成三相桥式全控整流环节，并于每个晶闸管器件阳阴极间的电阻与电容串联网络起尖峰过电压吸收作用，以吸收电路中存在的分布电感在主电路中各晶闸管开关器件换流或同一电网其他电力电子变流设备投入或切除过程中，电流变化所引起的尖峰过电压 Ldi/dt，降低对各晶闸管开关器件造成过电压击穿威胁。平波电感器 L_d 及滤波电容 $C_7 \sim C_8$ 起滤波作用，以滤除功率调节过程中因整流用晶闸管的导通角变化引起的谐波电压及电流，使谐波电压主要降在 L_d 上，减小谐波电流对电解电容 $C_7 \sim C_{10}$ 的危害，向逆变桥提供一平直的近似恒压源的直流电压。电容 C_9、C_{10} 及非对称晶闸管 VT_7、VT_8 四个器件构成一个单相半桥逆变器，这种电路结构的优点在于，使逆变用电力电子器件及驱动电路个数减少一半。L_1、L_2 为中频换向电感，VD_1、VD_2 为续流二极管，并联于 VT_7 与 VT_8 阳阴极之间的 $R_9 - C_{11} - VD_3$ 及 $R_{10} - C_{12} - VD_4$ 网络，同样起尖峰过电压吸收作用。电容 C 为补偿电容，它与匹配用中频变压器 T 一次侧等效的电感串联谐振，且随着该电容 C

与中频变压器 T 一次侧等效电感量的不同，相当于负载 Q 值不同，从而使加到中频变压器 T 一次侧的电压为 QU_o，U_o 为逆变桥输出端口 H、I 之间的中频电压。主电路的工作原理为：三相全控整流桥电路，根据整流触发电路输入的调节触发脉冲控制电压，按用户给定的输出功率对应的触发控制角，将三相工频交流电压整流成直流，经 L_d、C_7 与 C_8 及 C_9、C_{10} 滤波成平直电流电压，提供给单相半桥逆变桥，逆变桥控制电路中的逆变桥触发脉冲形成模块，产生中频触发脉冲，交替触发非对称晶闸管 VT_7 与 VT_8 使之轮流导通，引起 C_9 与 C_{10} 的交替轮流充放电，从而在 C 与 T 一次侧串联支路两端形成与触发脉冲频率相适应的中频电压，该电压经 T 降压提供给负载感应圈。图 6.10-2 给出了主电路整流部分各关键点的正常工作波

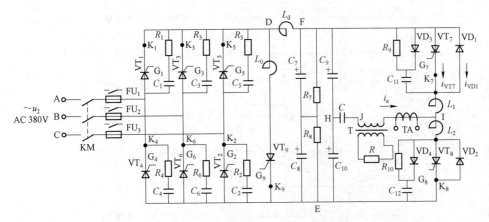

图 6.10-1　4kHz/50kW 串联谐振型晶闸管中频电力电子变流设备的主电路原理

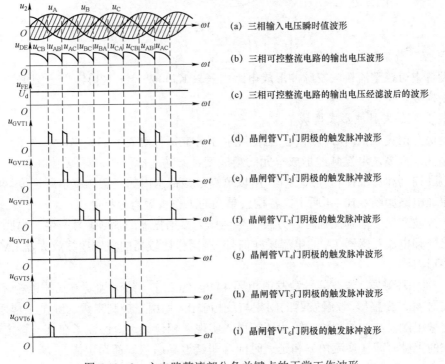

图 6.10-2　主电路整流部分各关键点的正常工作波形

形，图 6.10-3 给出了逆变环节各关键点的正常工作波形。应注意的是，由于串联型中频逆变类电力电子变流设备主电路为电压型逆变器，无法像电流型逆变器那样采用拉逆变进行保护，所以图 6.10-1 中 L_0 及 VT_9 为撬杠保护电路，用来在故障时使 VT_9 触发导通从而使交流侧的断路开关迅速过电流而起保护作用，并同时泄放掉 L_d 与 C_7、C_8、C_9、C_{10} 中储存的能量。

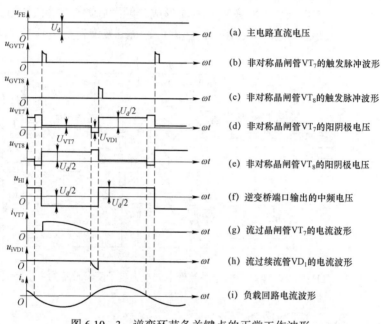

图 6.10-3　逆变环节各关键点的正常工作波形

2. 可控整流桥触发脉冲形成电路

本设备中可控整流桥触发脉冲形成电路由三只 KJ004、一只 KJ041 及一只 KJ042 共 5 片集成电路构成。

3. 逆变桥触发脉冲形成模块

该模块全由集成电路芯片组成，因而克服了分立器件触发器的缺陷，增强了逆变控制电路的可靠性，提高了触发脉冲形成单元的集成度。其输入脉冲的调频范围为 1Hz～10kHz，且可以他励控制和自励控制方式工作，所以可满足该范围内的任意频率串联逆变器的触发需要。其原理电路如图 6.10-4 所示。各构成单元的工作机理可分析如下：

（1）方波产生。他励控制时，方波信号由作为多谐振器的 555 1 号产生；自励控制时，由主电路中频电流互感器 TA 的电流采样信号，经用作比较器的集成运算放大器 LM347 的一个单元整形得到。

（2）锁相环触发。方波信号触发锁相环 4046，经工作于边沿触发方式的锁相环倍频后，再经触发器 4027B 整形，该触发器的同相与反相输出，均用来控制末级 556 是工作还是封锁，从而决定输出触发脉冲的相位。锁相环的引入实现了相位锁定，保证了在某一设定频率、主电路工作的重叠时间（换流角）和延迟时间（即延迟导通角）都为定值。

（3）同步移相环节。从图 6.10-4 可见，锁相环的输出除上述经触发器整形后用来触发末级 556 实现给定频率下的定角度控制外，又经 f/u 变换器 555 3 号变为电压信号，由跟随器 A_1 进行阻抗匹配后供给恒流源 A_2。A_2 的输出给电容 C_5 充电，其充电时间的长短由锁相环输出经 V_1、C_4、R_8 放大并微分后的脉冲控制，进而形成时间斜率随着输出频率而变的锯齿波。锯齿波与恒定直流电平比较后，经 555 2 号触发末级 556 分频，形成时间相位随着输出频率而变化且相位彼此相差 180° 的两路脉冲。应注意的是，恒流源的引入决定了该触发模块输出脉冲的角度斜率为恒值，不随工作频率的变化而变化，由此实现了该串联变频器的定角度斜率控制。

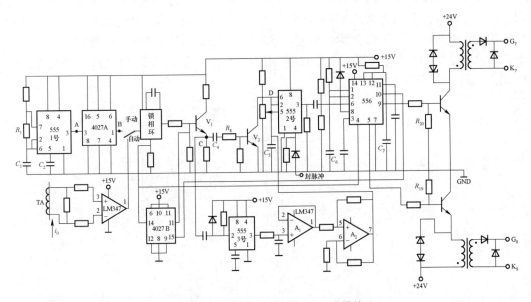

图 6.10-4　逆变桥触发脉冲形成模块

4. 保护电路

为保证串联谐振型晶闸管中频电力电子变流设备的可靠和稳定工作，本电力电子变流设备设计缺相、过电流、过电压和直通等保护电路。

（1）缺相保护。缺相电路如图 6.10-5a 所示。其工作原理为：正常情况下，中性点 N 对地电位接近 0，继电器 K_L 不动作。一旦发生缺相（缺一相或两相），则 N 点对地便有一直流电压（本系统经合理选用电阻 R 和 R_1 阻值的大小，匹配为 25V），二极管 VD 导通，继电器 K_L 动作，分断主电力电子变流设备，并给出相应指示。

（2）过电流、过电压保护。该保护功能由一片集成电路 556 完成，其电路如图 6.10-5b 所示。正常工作时，556 的引脚 2 和引脚 6 为低电平，二极管 VD_4 导通，引脚 9 为低电平，继电器 K_{IV} 不动作，引脚 1 与引脚 5 为高电平，封锁脉冲端不起作用。一旦主电路过电流（或过电压），二极管 VD_1（或 VD_2）导通，引脚 2 和引脚 6 变为高电平，引脚 1 与引脚 5 变为低电平，引脚 9 输出高电平，经 VD_4 自保，引脚 2 和引脚 6 仍为高电平，继电器 K_{IV} 动作，分断主电路。同时引脚 1 输出低电平，VD_3 导通封锁逆变桥触发脉冲。待故障排除后，重新启动系统，则引脚 2 和引脚 6 又重新变为低电平，同上的分析，继电器 K_{IV} 不动作。

（3）直通保护。该电路由两片 555 组成，其保护电路如图 6.10-5c 所示。其工作机理为：正常工作情况下，VT$_7$ 和 VT$_8$ 只有一个导通，电流互感器 TA$_1$ 和 TA$_2$ 仅有一个有信号输出，二极管 VD$_5$（或 VD$_6$）导通，与门输出低电平，VD$_7$ 不导通，555 1 号中引脚 2、6 为低电平，引脚 3 输出高电平，引脚 7 为高电平，封锁脉冲信号不起作用，因而 555 2 号引脚 3 输出低电平，晶体管 V 不导通，继电器 K$_{SH}$ 不动作，保护电路不起作用。一旦发生主电路直通（如一晶闸管受干扰导通或疲劳、过热击穿后另一晶闸管的再触发导通）则 TA$_1$ 与 TA$_2$ 均有信号输出，VD$_5$ 和 VD$_6$ 同时导通，经与门后输出高电平，VD$_7$ 导通，555 1 号因其引脚 2、6 为高电平，而使输出引脚 3 端变为低电平，引脚 7 变为低电平，VD$_8$ 导通，封锁逆变桥触发脉冲。此时 555 2 号因引脚 2 为低电平，其输出引脚 3 为高电平，晶体管 V 导通，继电器 K$_{SH}$ 动作，分断主电路，同时脉冲变压器 T 输出信号，触发撬杠支路中的晶闸管 VT$_9$ 导通，使 C$_7$、C$_8$、C$_9$、C$_{10}$ 原来充的电能沿 VT$_9$、L$_0$ 支路放掉（图 6.10-1），保证 VT$_7$ 和 VT$_8$ 不因直通后在较长时间内流过大电流而同时损坏。

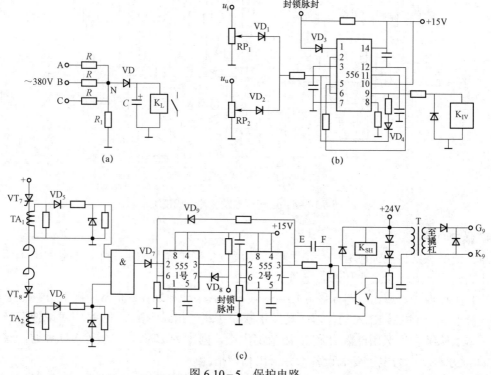

图 6.10-5 保护电路

（a）缺相保护电路；（b）过电流、过电压保护电路；（c）直通保护电路

6.10.2 应用效果

为了对串联谐振型变频方案的可行性进行分析验证，在研制的 Φ50 激光单晶炉生产用的感应加热中频电力电子变流设备中应用了本方案，并已投入工业运行近 26 年，装置额定输出功率为 50kW，额定输出频率为 4.2kHz。实用效果证明：本系统可靠性高，频率稳定性、跟踪性好，输出功率波动小，保护电路设计简单，动作灵敏、快速，其效果令人满意。图 6.10-6a、b、c

分别给出了输出频率为 4.2kHz 时该中频电力电子变流设备的负载端电压及电流和逆变桥中晶闸管两端的电压波形示意图。

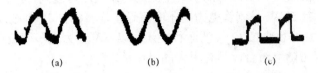

图 6.10－6　实际工作时负载端电压及电流和逆变桥中晶闸管两端的电压波形

(a) 负载端电压波形；(b) 负载端电流波形；(c) 逆变桥中晶闸管两端的电压波形

6.10.3　结论与启迪

通过上述理论分析和实用验证，可以得到下述几点结论与启迪：

（1）在使用小功率串联谐振型晶闸管中频电力电子变流设备领域，可以优先考虑采用单相半桥逆变器，以使变频器主电路得到简化，成本降低，可靠性提高。

（2）介绍的通用逆变器中频触发脉冲形成模块，其输出脉冲的调频范围很宽，既适用于单相半桥晶闸管无源逆变器，亦可用于单相全桥晶闸管无源逆变器，既适用于并联无源逆变器，又适用于串联无源逆变器，具有很好的适应性和通用性。

（3）全部采用集成电路来产生逆变桥控制所需要的触发脉冲，可使脉冲形成单元得到简化，提高集成度和可靠性，避免由分立元件产生触发脉冲易受温度漂移等外界因素的影响，为中频逆变器触发脉冲的产生开拓了一条途径，为串联谐振型晶闸管变频器的稳定可靠工作奠定了一定的基础。

（4）所介绍的保护电路，设计简单，使用方便，在串联谐振型晶闸管中频电力电子变流设备及诸如交流调速、直流调速、直流输电、不间断电源、中频电源等领域有一定的推广价值。

6.11　15MW 热工实验用 36 脉波晶闸管直流电力电子变流设备详细设计

6.11.1　研制背景

据有关资料统计，我国化石能源在国内能源结构中所占比例约为 80%，核电站是现在减少我国化石能源占能源结构的份额，降低我国碳排放量大的一个重要措施。目前全世界所有核电站仍然采用核裂变技术，核反应堆内元件及燃料棒的更换是极为困难的事情，为保证核反应堆内的元件不因温度太高而损坏，尽可能延长发热元件和燃料棒的使用寿命，核反应堆这些部件基本都是采用水冷系统。水冷却在水流动时，会在发热元件表面某个点形成严重影响散热效果的水泡，导致发热元件因冷却不良熔化而损坏，所以要进行发热元件从固态变为液态临界点的测试及运行中温度等参数的准确控制，以确保运行时发热元件的温度不能达到临界点。因这种温度达到临界点的状况不可能实际工作运行模拟，只能通过热工实验。在实验室模拟台架上进行，这是核反应堆研究的重要课题之一——空泡物理实验，这种实验通常采用直流大电流，对核反应堆内的导电元件，用实验室通电加热的方法进行模拟。15MW、

36脉波晶闸管直流电力电子变流设备就是为此实验目的，为我国某空泡物理国家重点实验室研制的试验用直流供电设备。为满足负载的阻值和功率随试验要求的变化而改变这一特殊要求，并保证输出直流的纹波含量尽可能小，电流的稳定度尽可能高，注入电网的谐波含量尽可能低等，设计了3台5MW晶闸管电力电子变流设备均可独立12脉波运行，也可任意两套并联24脉波运行，另一套独立12脉波运行，还可以三套电力电子变流设备同时并联36脉波运行，这三种工况可随意组合，具有很大的灵活性。

6.11.2 36脉波整流变压器组的设计

1. 整流变压器组的内部构成

3套5MW晶闸管直流电力电子变流设备，整流变压器的内部构成包含3套6台整流变压器，每套的接法完全相同，每套整流变压器组一个油箱内放置三个独立器身，即一台独立调压变压器，两台独立整流变压器。每套中两台整流变压器一次侧一个为三角形接线，一个为星形接线，彼此相互移相30°；二次均为两个构成同相逆并联的三角形接线。每套整流变压器与后接的两台三相桥式同相逆并联整流柜及前级调压变压器配合构成12脉波整流，两套整流变压器与后接的四台三相桥式同相逆并联整流柜及前级调压变压器配合构成24脉波整流，三套整流变压器与后接的六台三相桥式同相逆并联整流柜配合构成36脉波整流。三个5MW晶闸管直流电力电子变流设备的3台调压变压器，每台的接法基本相同，增加移相绕组，分别移相-10°、0°、+10°。整流变压器组接线原理如图6.11-1所示。

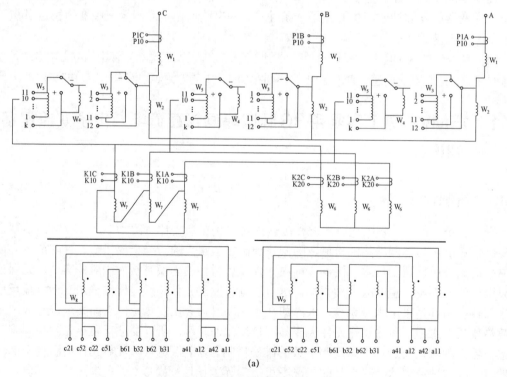

图6.11-1 整流变压器组接线原理图（一）

（a）移相角度0°

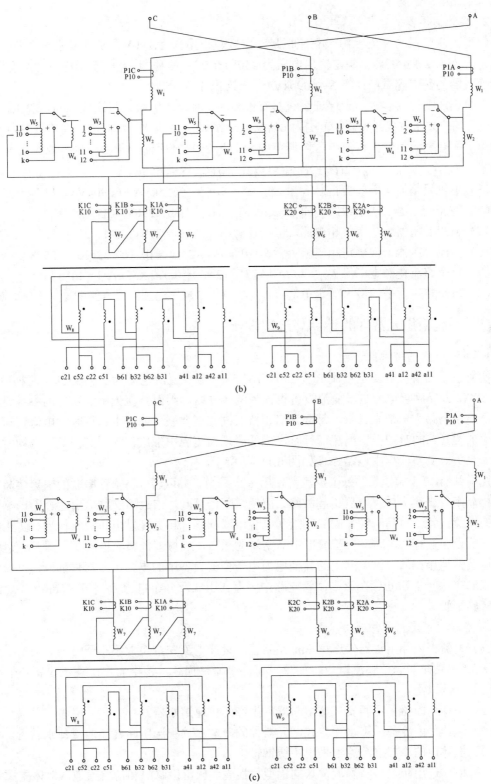

图 6.11-1 整流变压器组接线原理图（二）
（b）移相角度 -10°；（c）移相调度 +10°

2. 整流变压器的容量计算

（1）一次容量与电流。由于整流柜最高空载输出电压为 290V，负载要求每个整流柜输出额定电流为 20kA/32kA，额定输出电压为 250V/162.5V 两种，设计中要构成恒功率变压器，整流变压器的额定容量经计算 $S=6090kVA$，一次电流为 352A。

（2）调压变压器容量。为保证系统具有很高的运行功率因数，且适应不同实验工矿的需要，满足用户要求有载开关调压范围为 6%～10.5%，对应变压器一次侧电压调节范围为 0.6～10.5kV，配套整流柜输出直流电压可调范围为 15～250V，因而调压变压器有效容量为

$$S_T = 2(U_{max}/U_{min}-1)/(2U_{max}/U_{min})S = 7655kVA$$

（3）单机组整流变等效机总容量 S^*：$S^* = S_T + S = 7655kVA + 6090kVA = 13\,745kVA$

（4）整流变压器二次空载线电压 U_{VLo}：$U_{VLo} = U_{dio}/1.35 = 290V/1.35 = 215V$

（5）整流变压器二次空载相电压 U_{VO}：$U_{VO} = U_{dio}/2.34 = 290V/2.34 = 124V$

（6）整流变压器二次额定相电流 I_V：$I_V = 0.816I_{dn}/(2\times2) = 0.816\times32kA/4 = 6528A$

（7）每个整流臂额定电流 I_{VO}：$I_{VO} = 0.577I_{dn}/(2\times2) = 0.577\times32kA/4 = 4616A$

（8）每个整流臂平均最大额定电流：$I_{AV} = I_{dn}/(2\times3\times2) = 32kA/12 = 2667A$

6.11.3 整流柜用元器件的计算与选型设计

1. 整流柜主电路原理设计

实验系统需要提供额定直流电压 250V/162.5V，额定直流电流为 20kA/32kA 两种模式，每套 5MW 分晶闸管电力电子变流设备设计为两台并联。因而整流柜中元器件的参数设计要按最高电压与最大电流来选择，每台为三相桥式同相逆并联，以减少运行时大电流直流在空间产生的磁场，同时减少大电流运行时产生的磁场在柜壳中形成涡流引起发热，也同时提高了均流系数。其整流柜主电路原理如图 6.11-2 所示。

图中共有 12 个整流臂，每个整流臂使用多个晶闸管并联，与晶闸管串联的快速熔断器是为防止晶闸管击穿失效直通后引起故障，而使熔断器熔断，该故障支路退出运行不影响整流电路的继续运行。与晶闸管并联的电阻和电容串联网络，起尖峰过电压吸收作用，防止电力电子变流设备运行时，因本台整流柜中晶闸管的通断，或与该台整流柜同变压器并联运行的整流柜及其他接在同一供电网上的其他电力电子变流设备中的电力电子器件通断，引起电路中电流的变化产生 di/dt，在该晶闸管支路中因存在引线及分布电感 L，产生 Ldi/dt 尖峰过电压击穿晶闸管。

2. 整流柜主要元器件选用原则

（1）整流柜内晶闸管器件选用 3in 晶闸管，设计电流安全系数不小于 3，电压安全系数不小于 3.5，且在同一个整流臂内，如果只有一个器件损坏，该电力电子变流设备还能继续输出运行 48h 以上。

（2）快速熔断器采用西安三鑫熔断器厂生产的快速熔断器。

（3）元器件的冷却采用水冷方式，元器件的冷却水软管选用高性能的冷却水软管。

（4）柜体内的冷却水汇流管采用不锈钢管。

（5）柜体选用防磁与防涡流发热的铝型材柜壳，预留检修门和检修通道，柜体支撑能力强、长期使用不易变形，且在长期满负荷运行过程中，不发热，保证柜体表面的温度不高于室温 3℃。

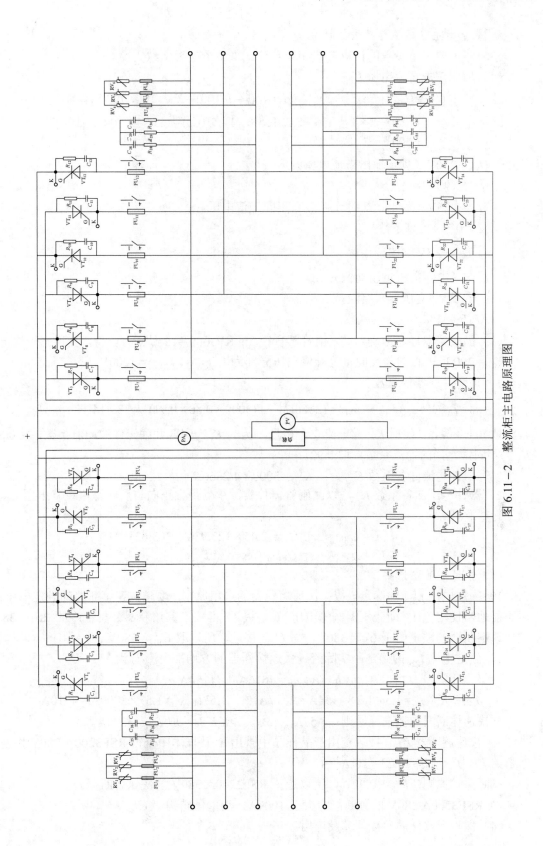

图 6.11-2　整流柜主电路原理图

3. 整流柜主电路主要参数的计算

主电路主要电量参数的计算方式和计算公式来源于参考文献［13］～［15］。

（1）理想空载直流电压 U_{dio}。

$$U_{dio} = (U_{dN} + Sn_S U_T + \sum U_s)/[\cos\alpha(1-b/100) - K_x e_x/100 - \Delta P/P_T]$$
$$= (250 + 2 \times 1 \times 1.35 + 2.5)/[\cos 0°(1-5/100) - 0.5 \times 12/100 - 1/100]V$$
$$= 290V$$

式中　$U_{dN} = 250V$（额定输出直流电压）；

　　　$S = 2$（换相数）；

　　　$U_T = 1.35V$（额定运行时元件最高正向峰值电压）；

　　　$K_x = 0.5$（折算系数）；

　　　$\sum U_s = 2.5V$（附加压降）；

　　　$b = 5$（电网电压负波动值）；

　　　$e_x = 12\%$（变压器短路阻抗）；

　　　$\Delta P/P_T = 1\%$（变压器铜损）。

（2）晶闸管器件参数确定。采用管芯直径 3in KP3000-12 晶闸管器件，其通态平均电流为 $I_{T(AV)} = 3000A$，正向与反向重复峰值电压分别为 $U_{DRM} = U_{RRMN} = 1200V$。

1）每臂并联器件只数

$$n_P = I_{A(AV)} K'_{AI}/(I_{T(AV)} K_I K_F) = (2666.7 \times 3)/(3000 \times 0.86 \times 0.91) 只 = 3.414 只 \approx 4 只$$

取 $n_P = 4$ 只，计算时 K'_{AI} 为电流安全裕量，取 3；K_I 为同臂并联元件的均流系数，取 0.86；K_F 为不同臂之间的均流系数，取 0.92。

实际器件电流储备系数 K_{AI} 为：$K'_{AI} = 3000 \times 4/2666.7$ 倍 $= 4.2$ 倍。

2）器件电压储备系数 K_{AV}。以晶闸管器件实际承受最大正向与反向峰值重复电压 U_{DM}、U_{RM} 为基准时

$$U_{DM} = U_{RM} = 2.45 U_{Vo} = 2.45 \times 123.93V = 303.63V$$
$$K_{AV2} = U_{RRM}/U_{RM} = 3.95 倍$$

（3）快速熔断器选择。

1）额定电压 U_{RN} 的确定。根据快速熔断器的选用原则，要求快速熔断器的额定电压 U_R 尽可能地与使用电压（即变压器阀侧电压）U_{VO} 接近。西安三鑫熔断器公司生产的 RSF-380V 型快速熔断器的额定电压 $U_{Nl} = 380V$，与 U_{VlO} 接近，所以取 $U_{RN} = 380V$。

2）额定电流 I_{RN} 的确定。实际流过快速熔断器的方均根电流 I_R 为

$$I_R = I_{VP}/n_P = 4616A/4 = 1154A$$

$$I_{RN} \geqslant K_i K_a I_R = 1.5 \times 1.2 \times 1154A = 2077A; \qquad 1.57 I_{T(AV)} = 1.57 \times 3000A = 4710A$$

按快速熔断器电流选择原则：$1.57 I_{T(AV)} \geqslant I_{RN} \geqslant K_i K_a I_R$，取 $I_{RN} = 3200A$。

3）快速熔断器 $I^2 t_R$（按规定由产品样品中查出）。从样本中查得 RSF3200A/380V 快速熔断器的 $I^2 t$ 为：$I^2 t_R \leqslant 13.23 \times 10^6 A^2 \cdot s$。

按照保护原则：$I^2 t_R \leqslant 0.9 I^2 t_Y$，所以选择 RSF3200A/380V 型快速熔断器。

4）RSF3200A/380V 的分断能力大于 100kA，为单体结构。

（4）保护元器件的参数计算及选用。

1）整流电路三相进线阻容尖峰电压吸收网络：

① 电容。将过电压保护网络接为三角形，变压器厂家告诉变压器励磁回路等效折算及线路引线电感之和为 50mH，考虑允许过电压倍数 K 为 1.15 倍，则查曲线和有关参数可得

$$C = 1/[(K \times 2\pi f)^2 L \times 3] = 51\mu F \qquad (6.11-1)$$

电容 C 的耐压设计为不低于 2 倍的输入线电压 $U = 2 \times 123.93 \times 1.732V = 429.3V$，取额定耐压为 500V，电容量为 56μF 的电容 12 只。

② 电阻。同样，查参考文献［13］中曲线和有关参数可得 K_2 与 K 值

$$R = 2 \times 3K_2 (\sqrt{L/CK}) \qquad (6.11-2)$$

$$R = 2 \times 3 \times 0.35 \times \left(\frac{\sqrt{5}}{\sqrt{5.6}} \times 31.623 \right) \Omega = 63\Omega, \quad 取 62\Omega$$

$$P_R = (\sqrt{3}U_{VO})^2 R / [R^2 + 1/(2\pi + C)^2] \qquad (6.11-3)$$

电阻的功率 $P = 1.732^2 \times 123.93^2 \times 62/[62^2 + 1\,000\,000/(6.28^2 \times 0.056^2)]$ W $= 0.339W$，最后选额定功率为 10W，阻值为 62Ω 的电阻，共 12 只。

③ 压敏电阻。由于整流输入额定交流线电压为 214.65V，所以选压敏电阻额定工作电压为 300V，额定吸收尖峰能量能力为 15kJ，共 12 只。

2）整流臂中每个晶闸管器件并联的尖峰电压吸收网络。

取线路引线电感之和为 10μH，流过电阻的尖峰电流值为 30A，考虑过电压倍数为 1.5 倍，查有关曲线和有关参数，按同样的计算选用方法可得电容 C 为 0.56μF/500V，48 只；电阻 R 为 6.2Ω/10W，48 只。

6.11.4　5MW 分晶闸管电力电子变流设备的控制部分和计算机监测系统设计

5MW 分晶闸管电力电子变流设备的控制部分采用彼此独立、集中布置的结构形式，即两个三相桥式同相逆并联整流柜共用 1 台主控制柜，另外在中央控制室把控制终端机统一装设计算机监测系统。它们彼此独立，各自进行控制及操作。

1. PLC 监控

整流系统采用可编程控制器 PLC 加可编程终端（即触摸屏）的方式来实现用户对电力电子变流设备监控、检测及保护与报警的功能。

（1）整流柜的监控。PLC 监控包括：整流柜配套去离子水冷却装置的启停；内外水的水压和流量；母线温度及冷却水的温度是否超限；变压器油温是否过高；变压器轻瓦斯监控及发生轻瓦斯时报警；变压器重瓦斯监控及重瓦斯时报警；熔断器是否熔断；系统运行是否发生过电压或过电流及过电压或过电流时故障的保护和报警；负责向本地计算机监测系统传送整流机组信息，同时接受本地计算机监测系统发出的控制指令；向实验室内变电站综合自动化管理机传送整流机组的运行状态及故障信号信息。各种送入 PLC 系统的模拟信号（4～20mA）经过隔离模块电气隔离，输出的开关量通过继电器方式隔离。考虑到功能扩展的需要，该部分预留监测与保护接口，方便用户增加这一部分的监控与报警功能。图 6.11-3 给出了 PLC 监控系统的程序流程图。

（2）机组运行参数的检测和处理。PLC 系统还通过霍尔电压和霍尔电流传感器的隔离后

采集直流端的输出电压、电流、并联整流桥的均流情况，用户给定电压，反馈参数等信号，内部运算后，通过 RS485 及现场总线以光纤冗余的形式，实现与上层主控制室综合自动化系统间的通信，同时把采集到的数据通过 RS485 接口，上传到本地计算机监测系统上的上位机打印和存储，实现自动报表、自动记录。

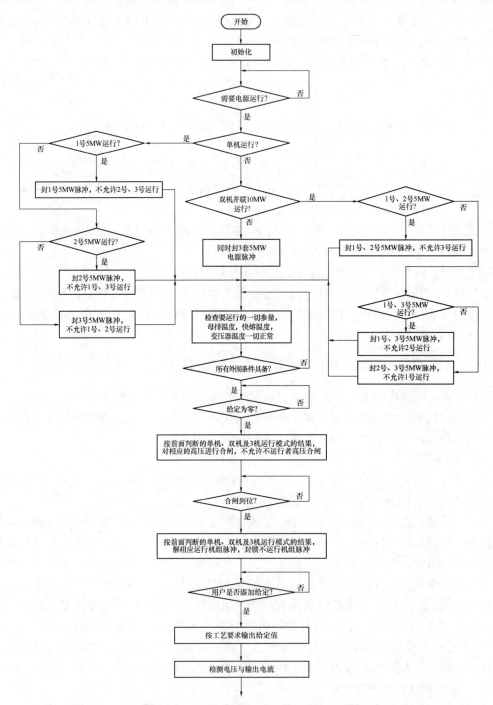

图 6.11-3 5MW 分晶闸管电力电子变流设备 PLC 监控系统的程序流程图（一）

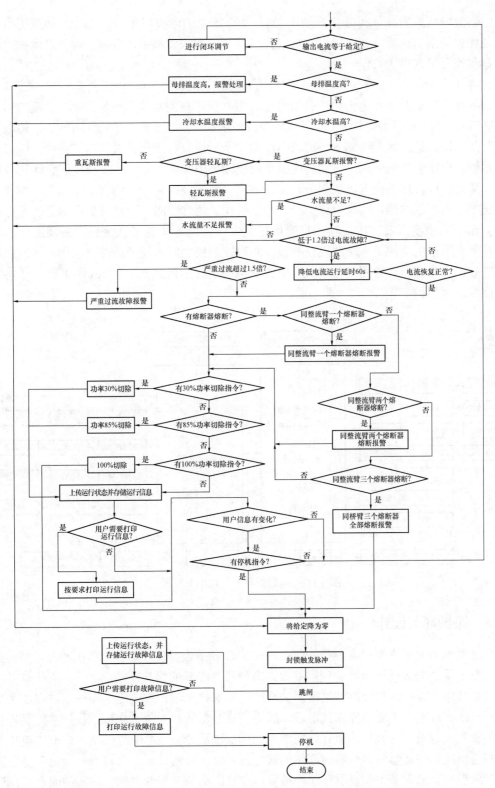

图 6.11－3　5MW 分晶闸管电力电子变流设备 PLC 监控系统的程序流程图（二）

（3）故障状态的显示和报警。选用与 S7-200 配套的触摸屏 TD400 终端，故障类型和故障点及保护类别的位置，直接以汉字形式在触摸屏终端报警显示，方便了检修及维护，给用户观察和处理带来极大方便。

2. 触发部分

该部分应用陕西高科电力电子公司具有自主知识产权的数字化触发控制器。控制器以数字处理芯片 DSP 和复杂可编程逻辑芯片 CPLD 为核心，配以高质量的外围器件，构成相序自对相及相位自适应触发控制器，可以跟踪并完全适应有载调压开关调压过程中，引起整流变压器输入电压幅值的变化，与高精度的电流反馈环节和高稳定性、高精度的数字调节器相适应，从而实现快速方便准确的调节，保证输出电流的高度稳定。调试中不需要对相序，几乎调试中不需要示波器，同时设计上经过巧妙处理，通过增加一次侧与二次侧之间不存在相移的升压型同步变压器，实现输出直流电压从零伏开始连续调节。另外为提高运行的可靠性，每个整流系统增加了一块触发控制板，两块控制板之间实现了动态热备用。触发器脉冲均衡性好，可内部自动检测工作状况，极大提高了运行的可靠性。图 6.11-4 给出了触发器的电路原理框图。

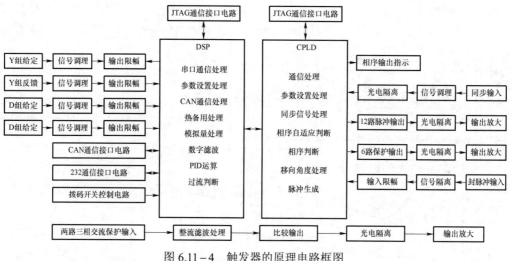

图 6.11-4 触发器的原理电路框图

6.11.5 保护环节设计

整流类电力电子变流设备参数的监控与保护设置是否合理、完善，动作是否可靠，直接影响到整个系统的运行可靠性和使用寿命。系统设有完备的保护功能。

（1）过电压保护。整流柜发生动态尖峰过电压的概率高。过电压分为外部过电压和内部过电压，外部过电压主要是操作过电压、静电感应过电压和大气过电压，保护措施是在整流器阀侧设置大容量、低残压的氧化锌压敏电阻加反向阻断式 RC 吸收电路；内部过电压主要是换相过电压和快速熔断器分断时产生的过电压，保护措施是在整流臂上并接电阻电容串联环节予以吸收。采取了下列过电压保护措施：在整流柜的三相输入侧，增加尖峰过电压吸收的阻容网络和设置高能氧化锌压敏电阻双重有效保护网络，在每个晶闸管器件旁并联阻容吸

232

收网络对静态过电压保护采用霍尔电压传感器检测直流输出电压，与设定门槛进行比较的保护方案，使静态过电压保护稳定可靠。当出现过电压保护时，送故障信号至 PLC，并发出声光报警信号。

（2）过电流保护。正常运行条件下，负载电流受控制系统闭环控制，由稳流系统和过电流检测电路控制及监视输出电流的变化。过电流故障出现在晶闸管器件失效，或用于电流反馈的直流侧电流检测霍尔电流传感器失效，或构成电流闭环的闭环调节器失效的情况下，分别采取不同的处理措施。发生低倍过电流时，延时向 PLC 发出报警信号，PLC 根据此信号联动升降设定情况对 OLCT 进行降挡操作。如果上述过电流处理措施还不能抑制负载电流的增加，PLC 立即向控制室发出紧急跳闸信号，分断主电路。

当控制系统失去控制作用或发生短路时，保护措施有：

1）在电流闭环调节器因参数变化失去调节性能或调节性能不佳，发生低倍过电流时，由于直流检测用霍尔电流传感器响应速度远高于交流侧的电流传感器，霍尔电流传感器输出的电流取样信号 u_{fi} 会变大。图 6.11-5 给出了直流过电流保护电路原理图，图中，因 u_{fi} 大于比较器中反向端设定的小倍数过电流门槛值，比较器 CP_1 翻转输出从低电平变为高电平。此高电平通过电阻 R 对电容 C 进行积分，当积分值大于第二级比较器 CP_2 反相端的电压时，CP_2 的输出从低电平转变为高电平，继电器 K_1 动作。

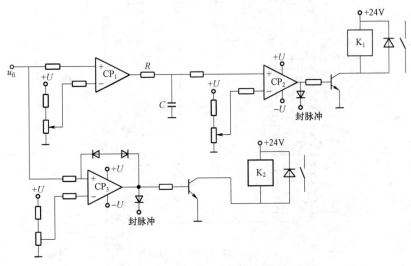

图 6.11-5 直流过电流保护电路原理图

2）直流侧发生短时间短路或非正常运行严重过电流时，如果闭环调节器的调节作用及霍尔直流电流传感器检测输出正常时，通常不会发生过电流，经过调节回到正常恒流状态。由于整流器设计可以承受直流短路过电流的能力为 $3I_{dn}$、时间 500ms，因而短路或短时间短路或严重过电流不会对晶闸管变流设备造成危害。但如果闭环调节器失去作用，则输出电流会不可控的快速上升，在霍尔传感器不失效时，直流过电流保护迅速动作（几十毫秒之内），图 6.11-5 中比较器输出高电平，封锁触发脉冲，给出报警信息，同时继电器 K_2 动作，分断主电路。晶闸管器件和快速熔断器在高压开关跳闸（短路时间小于 500ms）之前不会损坏。

3）整流臂内某支路晶闸管器件因反向击穿而损坏时，与其串联的快速熔断器熔断，迅速切断短路电流，并隔离故障部分，使非故障的晶闸管器件免受损坏。快速熔断器熔断后其微动开关会发出报警信号。当器件因击穿发生阀侧短路时，串联在故障支路的快速熔断器立即分断并隔离该支路，防止故障扩大。

4）如果用于直流侧输出电流检测的霍尔电流传感器失去检测作用或彻底失效，则图 6.11 – 5 中 u_{fi} 的检测信号始终为零，这时直流侧的过电流保护不能起作用，且闭环调节器因一直检测不到输出电流值的反馈，认为输出电流不足，电流值达不到用户设定值，所以一直在增加晶闸管的导通角，输出电流将极速不断增加，不采取保护，将导致严重的事故。图 6.11 – 6 给出了利用交流侧交流检测进行此保护的电路。图中 $TA_1 \sim TA_3$ 为接于整流变压器一次侧的交流电流互感器，$TA_4 \sim TA_6$ 为二级电流互感器。它们配合经两级变换把对应额定输出的电流变换为 $0 \sim 0.1A$ 的电流信号，由电阻 $R_1 \sim R_3$ 变换为 $0 \sim 10V$ 的交流电压信号，经三相整流电路整流，由电位器 RP_1 与电阻 R_0 分压后，提供给比较器 CP_0。当直流侧电流大于额定值时，此取样值大于比较器同相端输入的保护门槛值，比较器 CP_0 翻转，输出从低电平变为高电平，晶体管 V 导通，继电器 K_0 动作，其触点向 PLC 发出反馈丢失及严重过电流故障信号，PLC 根据此信号动作，封锁触发脉冲，分断主电路，并给出报警信号。

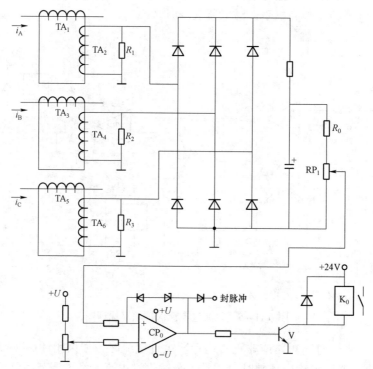

图 6.11 – 6　利用交流进行过电流及反馈丢失保护的电路原理图

6.11.6　应用效果

15MW 晶闸管直流电力电子变流设备已成功的在国内某空泡物理重点实验室运行 8 年，用来进行诸多有关核反应堆的综合热工安全试验。随着试验项目内容的不同，需要该晶闸管电力电子变流设备输出直流电流在 10～96kA 大范围变化，输出电压在 30～250V 宽范围内调节。为满足这些运行工况，设计使用中，此晶闸管电力电子变流设备按试验电流和电压的不同需求，可自动选择单机组（单个 5MW 分晶闸管电力电子变流设备独立运行）12 脉波运行，双机组（两个 5MW 分晶闸管电力电子变流设备并联）24 脉波运行和 3 机组（三个 5MW 分晶闸管电力电子变流设备并联）15MW 36 脉波运行。针对不同机组的运行工况，当地供电局在额定输出条件下（负载使用专门设计和加工的不锈钢管水冷回路），对注入电网 10kV 侧的 2～25 次谐波进行了测试，注入电网谐波含量低于 GB/T 14549—1993 的最大允许值要求，整个电力电子变流设备的运行满足输出电流稳定度高于 0.2%，其 15%、30%、100% 功率切除响应时间满足试验需要的分别小于 0.1s、0.2s 及 1s 要求。有的实验系统要求该电力电子变流设备按需求跟踪用户给定曲线，该晶闸管电力电子变流设备很好地满足了这些指标，且保护性能完备，响应快速灵敏。

图 6.11-7 给出了单机组 12 脉波运行时 5MW 分晶闸管电力电子变流设备 30% 功率切除的响应曲线。30% 切除前，5MW 分晶闸管电力电子变流设备直流侧输出电流为 24kA。30% 功率切除从 0.066s 开始响应，到 0.176s，输出电流已下降到原运行功率的 70%（等效电流小于 83%）之内。按控制理论的基本原理，功率已切除了 30%，扣除测控系统响应及线路传输信号延迟时间 0.022s 实际 30% 切除响应时间 $t_{30\%qie}$ 为 $t_{30\%qie}=0.176s-0.066s-0.022s=0.088s$ ＜0.1s，30% 切除响应时间满足要求。

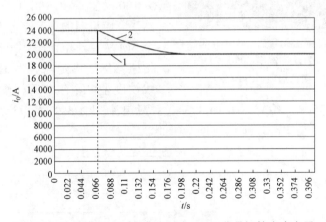

图 6.11-7　单机组 12 脉波运行时 5MW 分晶闸管电力电子
变流设备 30% 功率切除的响应曲线
1—电流给定；2—输出电流

图 6.11-8 给出了应用试验系统配置的专用高速数据采集系统采集的 100% 功率切除的响应曲线。切除前运行电流 I_{start}=24kA，按功率切除 100%。因切除前后为同一水电阻负载，曲线 2 为实际响应曲线，1 为给定曲线。100% 切除前，5MW 分晶闸管电力电子变流设备直流侧输出 24kA。100% 功率切除从 0.044s 开始响应，到 0.154s，输出已下降到零，功率已切除了 100%，扣除测控系统响应时间 0.022s，切除 100% 功率的总体响应时间为 $t_{100\%qie}=0.154s-0.044s-0.022s=0.088s$，100% 切除响应时间，远远高于 0.2s 的指标要求。

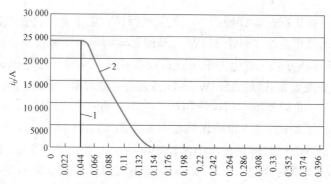

图 6.11-8　单机组 12 脉波运行时 5MW 分晶闸管电力电子变流设备 100%功率切除的响应曲线

1—电流给定；2—输出电流

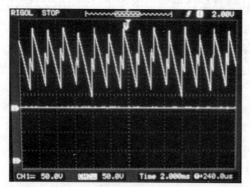

图 6.11-9　单机组 12 脉波运行时 5MW 分晶闸管
电力电子变流设备直流侧输出的电压波形
（控制角 $\alpha>0°$，横轴扫速：2ms/格）

　　图6.11-9给出了用示波器采集的单机组12 脉波运行时 5MW 分晶闸管电力电子变流设备直流侧输出的电压波形。图 6.11-10 给出了功率曲线跟踪试验的响应曲线，其中曲线 1 为电流给定；曲线 2 为单台 5MW 分晶闸管电力电子变流设备的输出电流跟踪响应曲线，使用高速数据采集系统测试，采集频率为 100 次/s，采集 100 个数据求平均值的记录结果。应说明的是，给定为 4～20mA 对应每个 5MW 直流电源输出 0～32kA，霍尔电流传感器选用额定电流为 35kA 的高精度与高线性度型，霍尔传感器输出信号 4～20mA对应直流电流 0～35kA，给定以 0.1mA/3s（对应电流 2kA/3s）为步长递增的实际功率响应曲线，可见电流完全跟踪，延迟时间非常小。

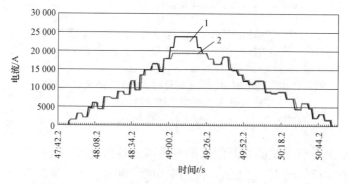

图 6.11-10　变步长输出功率曲线跟踪试验的响应曲线

1—电流给定；2—响应曲线

6.11.7　结论与启迪

　　通过对 15MW 晶闸管直流电力电子变流设备构成及工作原理的分析，以及对使用效果的介绍，可得到下述几点结论和启迪：

（1）通过对主要单元工作原理的分析和 6 年实际使用效果的证实，理论及实际测试曲线对比数据，充分证明了 3×5MW 晶闸管直流电力电子变流设备设计的完善和运行的可靠性。

（2）对于 12 脉波可控整流电力电子变流设备系统，整流变压器接法采用两台一次侧分别为三角形和星形接法，相互相位互差 30°。在设计和制造中，合理匹配匝数，充分保证两台整流变压器二次侧对应线电压误差很小（通常小于 1%）时，可以构成对输出总电流的闭环稳流系统，这样尽管两个并联的 6 脉波整流单元输出电流会有差别，但差别不会很大，这种结构便于霍尔电流传感器的安装，且有利于闭环系统电流稳定调节。

（3）在整流变压器一次侧之前，增加独立调压变压器，独立调压变压器接为自耦调压方式，应用多级有载调压开关，调压变压器二次侧输出，供给两台一次侧分别接为三角形和星形的整流变压器，可以解决 12 脉波晶闸管直流电力电子变流设备输出直流电压大范围内调节，而又不想通过使晶闸管导通角太小来实现，导致功率因数很低的措施这一矛盾。

（4）对于输出电压调节范围很宽的晶闸管直流电力电子变流系统，应用独立调压变压器中的有载开关粗调，晶闸管可控制角度在 15° 之内微调的方法，可以同时兼顾宽范围调压和高功率因数两者的需求，是一个很好的解决方案。

（5）在大电流晶闸管直流电力电子变流设备中，可以设计调压变压器移相一定的角度，而以两台整流变压器一次侧分别为三角形和星形接线；整流变压器二次侧都为三角形或星形接线，一台调压器拖动两台如此接法的整流变压器，构成 12 脉波可控整流。以这种 12 脉波可控整流拓扑为一个单元，多个单元串联或并联，仅仅对调压变压器的移相角度进行不同的调整，就可以获得 12 倍数脉波的整流效果，方便地实现 12 脉波、24 脉波、36 脉波、48 脉波、60 脉波、72 脉波整流，且这种方案简化了整流变压器的设计和制造难度，优化了设计方案，降低了系统成本。

（6）对于输出电流因不同负载要求大范围变化的晶闸管直流电力电子变流系统，可以采用多个晶闸管电力电子变流设备并联组合，按输出电流大小的不同要求，设置运行晶闸管电力电子变流设备的台数。按运行容量的不同构成 12 脉波、24 脉波及 36 脉波整流系统，不但满足了输出电流大小的不同需求，而且保证了注入电网的谐波电流不超过国家标准。

6.12　节能型电机试验用晶闸管电力电子变流设备

6.12.1　研制背景

所有新型发电机或电动机在设计生产样机完成后，都要进行功率及温升等全面实验，以验证设计和制作工艺的合理性，随着实验电机是交流与直流电机的不同，需要电网提供不小于被试验电机功率的能量供给，其试验系统如图 6.12-1 所示。实验系统从电网吸收功率，输出功率被负载（通常为电阻）白白消耗掉，试验系统功率大，损耗大，不利于控制。为了克服图 6.12-1 中的试验系统从电网吸收的无功功率大、功率因数低、试验中消耗的功率大等问题，多年前我们参与了国内某大型电机厂试验站改造工程，在供电局增容因线路限制不太可能的情况下，利用电力电子变流技术，将系统中的能量循环利用。整个试验过程中电网仅提供系统损耗的能量，解决了该用户的技术难题，且节能型试验系统控制灵活，调节方便，满足了不同的被试电机的试验需要。

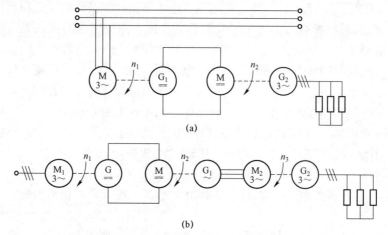

(a)

(b)

图 6.12-1 传统的交流电机试验系统

(a) 发电机试验（G₂ 为被试交流发电机）；(b) 电动机试验（M₂ 为被试交流电动机）

6.12.2 系统构成及工作原理

节能型电机试验装置系统原理如图 6.12-2 所示。图 6.12-2a 为进行交流电机试验，被试验交流电机可以为同步亦可为异步，可为电动机亦可为发电机，M_1、G_1 为直流电机，G_2、M_2 为交流电机。图 6.12-2b 为进行直流电机试验，被试电机同样可为发电机，也可为电动机，图 6.12-2 中 M_1 和 G_1 均为直流电机，其中 M_1 为直流电动机，G_1 为直流发电机。

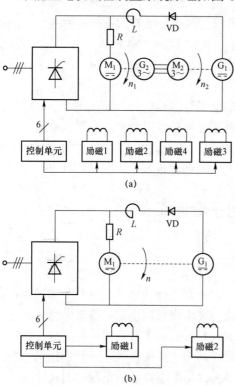

(a)

(b)

图 6.12-2 节能型电机试验装置系统原理图

(a) 交流电机试验；(b) 直流电机试验

1. 试验系统工作原理分析

图 6.12-2 所示系统利用晶闸管电力电子变流设备来完成交流到直流的变换，从而省去了图 6.12-1 中的交流拖动电动机和直流发电机，降低了系统的工作噪声，提高了运行效率。根据进行的是交流还是直流电机，是电动机还是发电机试验的不同，其工作过程可分析如下：

（1）交流电动机试验。如图 6.12-2a 所示，系统构成需要四台电机。对交流电动机 M_2 进行试验时，M_1 为电动机运行，G_1 为发电机运行，G_2 为交流同步发电机；M_2 为被试交流电动机，可以为同步电动机也可以是异步电动机。此时电网供给三相交流电，经三相桥式晶闸管可控整流后，供给直流电动机电枢。直流电动机 M_1

励磁 1 调节器为恒流工作模式，保证提供恒定励磁，晶闸管三相全控整流电路以直流电动机的转速作为反馈，实现转速闭环控制，保证直流电动机 M_1 转速 n_1 恒定。直流电动机 M_1 拖动交流同步发电机 G_2，G_2 的励磁 2 闭环反馈为其发电机输出电压，通过励磁控制使交流同步发电机 G_2 输出为恒压源模式，G_2 输出提供给被试交流电动机 M_2。如 M_2 为同步电动机，则其励磁 4 按恒定励磁电流模式工作，交流电动机 M_2 此时的负载为直流发电机 G_1，直流发电机 G_1 的励磁反馈为其电枢回路输出的电流。控制目的是通过控制发电机 G_1 的励磁 3，实现直流发电机发出的直流电，以恒流源输出方式工作，该恒定反馈电流反馈给拖动直流电动机 M_1。

（2）交流发电机试验。如图 6.12-2a 所示，系统构成仍然需要四台电机。对交流发电机 G_2 进行试验时，M_1 仍然为电动机运行，G_1 仍然为发电机运行，G_2 为交流同步发电机；M_2 是 G_2 的负载交流电动机。此时电网供给三相交流电，经三相桥式晶闸管可控整流后，供给直流电动机电枢。直流电动机 M_1 励磁 1 调节器仍然为恒流工作模式，保证提供恒定励磁，晶闸管三相全控整流电路仍然以直流电动机 M_1 的转速作为反馈，实现转速闭环控制，保证直流电动机 M_1 转速 n_1 恒定。直流电动机 M_1 拖动交流同步发电机 G_2，G_2 的励磁 2 闭环反馈仍然为其发电机输出电压，通过励磁控制使交流同步发电机 G_2 输出为恒压源模式，G_2 输出提供给负载交流电动机 M_2，交流电动机 M_2 此时可为同步电动机，也可为异步电动机。如为同步电动机，其励磁 4 仍然按恒定励磁电流模式工作，作为被试交流同步发电机 G_2 负载的交流电动机 M_2，此时的最终负载为直流发电机 G_1，直流发电机 G_1 的励磁反馈仍然为其电枢回路输出的电流。控制目的是通过控制发电机 G_1 的励磁 3，实现直流发电机 G_1 发出的直流电以恒流源输出方式工作，该恒定反馈电流反馈给拖动直流电动机 M_1，恒流工作的发电机 G_1 发出的电能作为直流电动机 M_1 能量的补充。

（3）直流电动机试验。直流电动机试验的原理电路如图 6.12-2b 所示。此时系统构成比较简单，仅仅需要两台电机，M_1 仍然为电动机运行，G_1 仍然为发电机运行，被试电机为直流电动机 M_1，此时电网供给三相交流电，经三相桥式晶闸管可控整流后供给直流电动机 M_1 电枢。直流电动机 M_1 励磁 1 调节器为恒流工作模式，保证提供恒定励磁，晶闸管三相全控整流电路，以直流电动机的转速作为反馈，实现转速闭环控制，保证直流电动机 M_1 转速 n_1 恒定。直流电动机 M_1 拖动直流发电机 G_1，直流发电机 G_1 的励磁反馈为其电枢回路输出的电流，控制目的是通过控制发电机 G_1 的励磁 2，实现直流发电机发出的直流电，以恒流源输出方式工作，该恒定反馈电流反馈给拖动直流电动机 M_1，恒流工作的发电机 G_1 发出的电能作为直流电动机 M_1 能量的补充。由此可见，原拖动直流电动机 M_1 在整个实验过程中，虽然作为原动机，但仅仅从电网吸收实验过程中系统内部（两台电机及母线和传动部分）损耗掉的那部分功率，因而实验所需功率大部分在系统内部流动，从电网吸收的功率仅仅为系统运行中的损耗，系统有很高的运行效率。

（4）直流发电机试验。直流发电机试验的原理电路如图 6.12-2b 所示，此时系统构成也比较简单，也仅需要两台电机，M_1 仍然为电动机运行，G_1 仍然为发电机运行，被试电机为直流发电机 G_1。此时电网供给三相交流电，经三相桥式晶闸管可控整流后供给直流电动机 M_1 电枢。直流电动机 M_1 励磁 1 调节器为恒流工作模式，保证提供恒定励磁，晶闸管三相全控整流电路以直流电动机的转速作为反馈，实现转速闭环控制，保证直流电动机 M_1 转速 n_1 恒定，直流电动机 M_1 拖动直流发电机 G_1，对直流发电机 G_1 的励磁进行闭环控制，闭环反馈为其电枢回路输出的电流。控制目的是通过控制发电机 G_1 的励磁 2，实现直流发电机 G_1 输出的直流电流变化，响应用户给定的直流发电机 G_1 功率的大小，此时通过对直流发电机 G_1 的励磁 2 进行控制，而改变发电机输出功率的大小，达到对发电机 G_1 性能试验的目的。直流发电机 G_1 以恒流源输出方式工作，该恒定反馈电流反馈给拖动直流电动机 M_1，恒流工作的发电机 G_1，发出的电能作为直流电动机 M_1 能量的补充。

2. 试验系统使用中的控制与操作

（1）交流电动机试验。启动后先通过晶闸管直流电力电子变流设备触发控制角的调节，使 M_1 电枢电压从最小上升到额定值，而拖动同步发电机 G_2 启动被试验的交流电动机 M_2，系统设置使在此过程结束后，发电机 G_1 发的电不足以使整流管 VD 导通。当晶闸管输出电压稳定后，对 M_1 弱磁，使其转速上升，而让 G_2 达到同步转速，G_1 发出的电压便高于晶闸管直流电力电子变流设备的输出，串联在发电机与整流类电力电子变流设备输出之间的整流管 VD 导通，给电动机 M_1 提供主要电流，通过调节 G_1 的励磁可以改变 M_2 负载的大小，从而满足了不同交流电动机试验的需要。

（2）交流发电机试验。启动后先通过晶闸管直流电力电子变流设备触发控制角的调节，使 M_1 电枢电压从最小上升到额定值，而拖动被试验的同步发电机 G_2 启动交流电动机 M_2，拖动直流发电机 G_1 发电，系统设置使在此过程结束后，发电机 G_1 发出的电压不足以使整流管 VD 导通。当晶闸管输出电压稳定后，对 M_1 弱磁，使其转速上升，而让 G_2 达到同步转速，M_2 转速跟着上升，G_1 发出的电压便升高，当其高于晶闸管直流电力电子变流设备的输出，串联在发电机 G_1 与整流类电力电子变流设备输出之间的整流管 VD 导通，给电动机 M_1 提供主要电流，通过调节 G_1 的励磁，可以改变 M_2 负载的大小，从而满足了不同交流同步发电机试验的需要。

（3）直流电动机试验。如图 6.12－2b 所示，启动过程中不给直流发电机提供励磁，调节晶闸管直流电力电子变流设备的输出，达到直流电动机 M_1 电枢绕组的额定电压，使电动机 M_1 运行到额定转速后，逐步增加发电机 G_1 的励磁，使 G_1 发出的电压稍大于 M_1 的额定电压，则发电机 G_1 便向电动机 M_1 提供了能量。调整发电机 G_1 的励磁电流大小，等效调整了该能量的大小，也就调节了直流电动机 M_1 负载的轻重，完成了直流电动机 M_1 的功率试验。

（4）直流发电机试验。如图 6.12－2b 所示，启动过程中不给直流发电机提供励磁，调节晶闸管直流电力电子变流设备的输出，达到直流电动机 M_1 的额定电枢绕组电压，使电动机 M_1 运行到额定转速后，逐步增加发电机 G_1 的励磁，使 G_1 发出的电压稍大于 M_1 的额定电压，则发电机 G_1 便向电动机 M_1 提供了能量。调整该能量的大小也就调节了直流发电机 G_1 负载的轻重，完成了直流发电动机 G_1 的功率试验。

3. 主要控制单元的构成及工作过程分析（以进行交流电动机试验为例）

（1）主晶闸管整流单元的控制系统。该单元采用三相桥式全控整流，其触发电路应用高性能单片三相晶闸管触发器集成电路 TC787，其触发控制来自闭环调节器，闭环调节器的反馈为直流电动机的转速，从而实现了使晶闸管整流供电的直流电动机转速的稳定，稳定了直流电动机的转速，也就稳定了同步发电机的转速，该系统原理如图 6.12－3 所示。

（2）直流电动机 M_1 的励磁控制。M_1 的励磁调节器为恒流控制，反馈电流为其自身励磁电流，由于励磁电流稳定，所以进一步保证了 M_1 转速的稳定，该系统原理如图 6.12－4 所示。

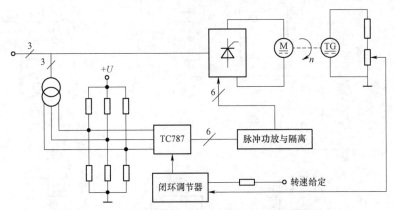

图 6.12 - 3　主晶闸管整流供电的直流电动机系统原理图

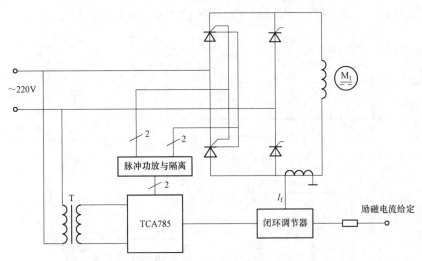

图 6.12 - 4　直流电动机 M_1 的励磁控制系统原理图

（3）交流同步发电机 G_2 的励磁控制。交流同步发电机的转速由 M_1 转速确定，工作方式为恒速运行，为保证其输出电压的稳定，其励磁调节器为恒压控制，反馈电压为该同步发电机的输出电压，从而保证了供给被试交流电动机工作电压的稳定。该部分的原理电路如图 6.12 - 5 所示。

（4）直流发电机 G_1 的励磁控制。直流发电机 G_1 应为恒流源方式运行，否则难于和晶闸管整流电力电子变流设备并联工作，所以直流发电机 G_1 的励磁调节器工作于恒流方式，其反馈来自直流发电机的输出电流，电流的检测通过霍尔电流传感器来实现。该部分的原理电路如图 6.12 - 6 所示。

4. 顺序控制及保护

该试验系统可进行 4 种不同的试验，多种工况比较复杂，需进行晶闸管三相桥式可控主电路、各调节器部分的保护，冷却风机故障等异常情况下的保护，这些工作选用一台 S7 - 200 系列的 PLC 完成。

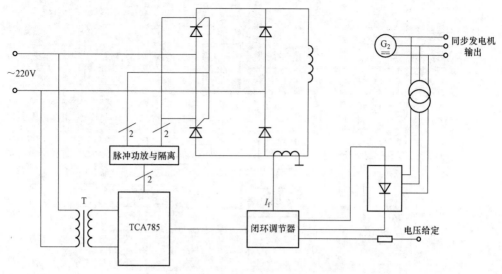

图 6.12-5　交流同步发电机 G_2 的励磁控制系统原理图

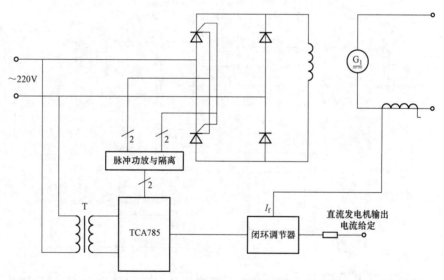

图 6.12-6　直流发电机 G_1 的励磁控制系统原理图

6.12.3　应用效果

节能型电机试验系统方案，我们在 1997 年研制成功首台投入运行，先后生产多套设备用于国内外企业。试验系统功率分别为 100kW、200kW、600kW 和 1000kW。最早投入工业运行的 100kW 系统到今天已稳定运行近 24 年，最晚投运的 1000kW 系统，至今也已运行 18 年，证明了其可靠性和稳定性。累计已进行了数万种不同功率容量和不同规格的交直流电机试验，使用证明系统设计合理、运行稳定，保护灵敏，控制精度很高。

6.12.4　结论与启迪

通过对节能型电机试验用晶闸管电力电子变流设备的系统构成和工作原理分析，以及对小批量生产的不同容量试验系统使用效果的介绍，我们可得下述几点结论与启迪：

（1）以晶闸管可控整流输出作为试验系统损耗功率的补充，以本节介绍的方案所组成的电机试验系统，较好地利用了试验系统自身产生的能量，使得系统试验时的能量在系统内部流动，实现了能量的循环利用。

（2）随着被试验电机是交流和直流的不同，有两种组合方案，通过对系统结构中三相全控整流单元及各自励磁部分的不同闭环控制，可以进行不同功率的交流或直流电机的试验，但在四种试验组合中，可以看出系统结构中，三相全控整流单元及各自励磁部分的闭环控制量，并不随着被试验电机是交流还是直流的变化而变化，具有一定的通用性。

（3）不论进行何种试验，系统中都需要构成多个闭环控制，涉及多个子系统的综合及相互配合。这对系统正常运行极为关键。

（4）由于试验系统属于机电一体化系统，所以安装时相互联系的电机同轴度直接影响各个电动机及发电机的转速稳定性，也就间接影响了试验系统的调试和效果，对此应有充分的重视。

（5）尽管文中给出的应用实例功率还不是很大，且仅仅给出直流电动机和发电机的试验，但可以断言其推广到大功率系统是完全可行的，对系统构成进行适度调整，是可以推广到诸如柴油发电机等的功率试验系统中。

6.13　6×13kA/670V 72 脉波晶闸管直流电力电子变流设备

6.13.1　研制背景

随着电力电子变流设备使用数量的不断增加，造成电网的谐波污染日益严重，导致测量仪表经常受到干扰，严重影响了计量的准确性。因谐波电流的逐渐增加，引发公用电网其他电力电子变流设备的谐波过电压损坏（如谐波造成供电电缆被高压击穿短路、电容击穿等）。为了解决谐波污染问题，国家不断提高对接入电网运行的电力电子变流设备的谐波含量指标要求，要求必须自行治理运行中产生的谐波。从而出现了两种解决方案，一种是将产生谐波的直流电力电子变流设备设计为 6 脉波，然后在高压侧再增加谐波滤波器的方法，由于电力电子变流设备在运行中输出电流的大小会变化，由此引起注入电网的谐波电流大小也在随时变化，在高压侧增加谐波电流滤波器的方法很难在电流变化时都适应其变化，达到很宽的跟随负载变化范围。另一种是在设计电力电子变流设备时，提前设计为多脉波系统，从产生谐波的源头上，使运行产生的谐波本身就很小，且最低次谐波次数又很高，这种方法是一个最合理的方案。6×13kA/670V 72 脉波晶闸管直流电力电子变流设备，设计系统时对谐波处理正是采用第二种方案。

6.13.2　系统组成及工作原理

6×13kA/670V 72 脉波晶闸管直流电力电子变流设备为 6 个电解锰生产线中的电解槽提供直流供电，为了将供电电网的谐波电流降低至最小值，设计每个直流电力电子变流机组（输出 13kA/670V）运行状态为 12 脉波晶闸管可控整流，由两个三相桥式可控整流单元并联，额

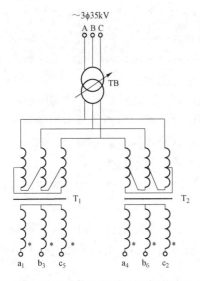

图 6.13-1　整流变压器组内部原理

定输出 13kA/670V。每个电力电子变流系统电气是由整流变压器、可控整流主电路、控制电路、保护电路及辅助电路等构成。本节分别介绍各主要组成单元的工作原理。

1. 整流变压器组

图 6.13-1 给出了主电路中整流变压器组的设计方案。整流变压器组每个生产线配置一台，用来将 35kV 的高压交流根据电解槽需要的直流电压变为给整流柜供电的适配电压，6 个生产线公用 6 套整流变压器组。每个变压器组内，同一油箱中装有一台仅仅调压不移相的调压变压器和两台一次侧为外延三角形接线，二次侧为三相桥式非同相逆并联接线的整流变压器。6 套整流变压器组内，整流变压器的移相角度分别为：$+3.75°$、$-26.25°$；$+7.5°$、$-22.5°$；$+11.25°$、$-18.75°$；

$+15°$、$-15°$；$+18.75°$、$-11.25°$；$+22.5°$、$-7.5°$。因每台整流变压器容量达 10 250kVA，因而选用强油水冷却。为了适应运行过程中，电解槽个数因生产量和成品出槽，运行电流不变而运行电压会有很大变化这一工况，保证不论什么运行电压下，运行的电网侧功率因数都很高，而晶闸管的导通角度都较大，移相控制角都较小。设计每套 12 脉波晶闸管电力电子变流设备，运行在有载调压开关粗调，晶闸管细调的最佳工况，调压变压器二次侧设计有 27 级有载调压开关，调压范围为 30%～100%（对应直流输出电压 201～670V）。

2. 主整流柜原理

考虑电压与电流安全裕量均为 3 倍，同一整流臂上两只晶闸管并联，并联整流用晶闸管的均流系数不小于 0.9。因输出直流电压较高，为使整流变压器及整流柜结构简单，每个生产线用整流机组，主电路选用两台三相桥式非同相逆并联。图 6.13-2 给出了主电路整流柜原理图。图中为保证两个并联的三相桥式非同相逆并联整流电路输出电流差别很小，对每个整流单元应用了一台额定电流为 10kA 的霍尔传感器，TA_1 和 TA_2 检测实际电流，构成自己的闭环调节单元。图 6.13-3 给出了主电路整流电路原理图，每个整流桥应用了 12 只晶闸管，每个整流臂采用两只晶闸管（3000A/2400V）并联，为防止运行时，同一整流机组内晶闸管的通断，引起的尖峰过电压击穿晶闸管，在每个晶闸管旁，并联了电阻与电容串联后与压敏电阻再并联的瞬态过电压吸收网络。为防止晶闸管失效后导致相间短路，使事故扩大，在每个晶闸管的阳极串联了快速熔断器 FU_{11}～FU_{62}（RS4-3200A/500V）。另一方面为防止同电网中其他电力电子变流设备投入或切除运行引起过电压，通过变压器耦合到整流单元危害晶闸管的安全，在每个三相整流桥的输入回路并联有 R_1、C_1～R_3、C_3 构成的交流侧过电压吸收环节。图中 TV 为霍尔电压传感器，R_4 为保证霍尔电压传感器精确测量直流电压，并保证霍尔电压传感器一次侧不过电流的限流电阻，该电阻阻值可按式（6.13-1）来计算

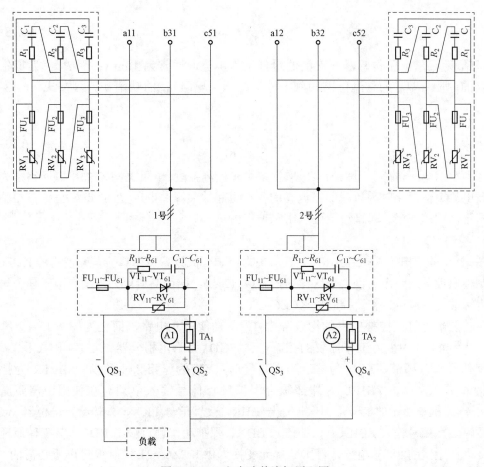

图 6.13 - 2　主电路整流柜原理图

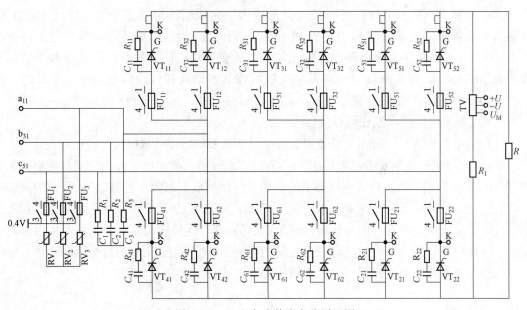

图 6.13 - 3　主电路整流电路原理图

$$R_4 = \frac{U_{dN}}{I_{TV}} - R_{TVin} \qquad (6.13-1)$$

式中：I_{TV} 为霍尔电压传感器一次侧的最佳工作电流，通常为 10mA；而 R_{TVin} 为霍尔电压传感器的内阻；U_{dN} 为整流电路的额定输出电压，电阻 R_4 的功率 P_{R4} 可按式（6.13-2）计算

$$P_{R4} = \frac{U_{dN}^2}{R_4} \qquad (6.13-2)$$

图中霍尔电压传感器用来为电压取样提供一检测手段，电阻 R 与 C 的串联网络是为了防止负载电流突然变化时因负载回路电感的存在引起的尖峰过电压 $L\,di/dt$，危害三相整流桥中晶闸管器件的安全，起直流侧过电压保护作用。

3. 控制电路

图 6.13-4 给出了 6×13kA/670V 直流电力电子变流设备每个整流单元使用的 KCZ6-2T 主控制板原理图，整个项目共用这样的控制板 12 块，陕西高科电力电子有限责任公司将其开发为标准 6 脉波可控整流控制板 KCZ6-2T。

从功能上可将该控制板内的构成分为 12 个功能单元电路，简化为图 6.13-5 所示的框图。其中，DY 为板内工作需要的控制电源、GDJ 为给定积分器、XF 为限幅环节、FKR 为反馈信号输入环节、TGL 为同步隔离与整形、YX 为移相脉冲形成、MF/TR 为脉冲放大及同步输入环节、ZBHR 为外部综合保护触点信号输入单元。在使用中需要提供图 6.13-5 虚线框外所示的信号，即保护信号 BHR、反馈信号 FKX、外接给定电位器 WGD、外部故障触点信号输入 ZBHX、保护信号 BHX、保护动作触点输出 BDC。其工作原理可简述为：来自电网的 380V 电压，经 DY 单元变换为供 KCZ6-2T 控制板工作所必需的 +24V 和 ±15V 三路电源。该电源作为板内各控制功能块的工作电源，外部给定的阶跃信号，经给定积分环节，变为斜坡信号与反馈信号输入单元输出的反馈信号进行比较，经 IP 调节器调节后，由限幅单元限幅提供给 PI 或 BL 单元，作为移相单元的控制信号。该控制信号与 MF/TR 单元输入的同步信号相比较，然后变为相应的触发脉冲，由脉冲功放与整形环节整形后去触发晶闸管。一旦发生反馈量或其他信号超过设定值的非正常状态，则保护综合环节输出，按相应信号的大小，要么封锁脉冲，要么进行截止保护。

主要部分的详细工作原理可以分析为：

（1）闭环调节器 IP。闭环调节是为了满足用户需要的恒流（或恒压）特性而设计的，其工作原理电路如图 6.13-6 所示，图中 $-u_{g1}$ 为给定积分单元的输出，u_{fi} 为电流检测单元的输出，IC3C 为比例调节器，应用电位器 RP_8 来调节其比例放大系数。而 IC2C 为带有偏置的积分调节器，应用电位器 RP_{10} 来调节积分时间常数。IC2D 为加法器，它用来将比例作用和积分作用相加，从而实现 IP（积分比例）调节的目的；IC3D 为同相输入放大器，用以来对反馈信号进行放大与匹配，以满足与给定匹配的需要。图中 IC2C 同时有差分器的作用，电阻 R_{57} 与 R_{88} 分压构成一固定偏置，它用来满足 TC787 负逻辑的工作需要。

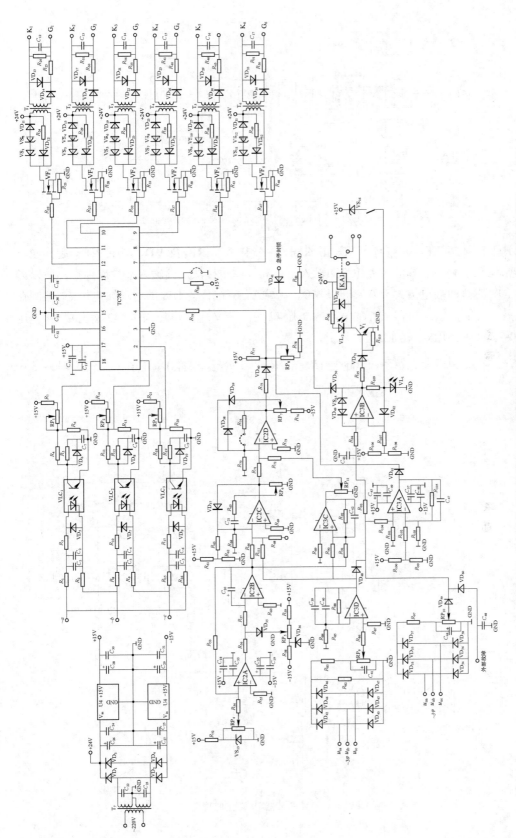

图 6.13 - 4 6×13kA/670V 直流电力电子变流设备每个整流单元使用的 KCZ6 - 2T 主控制板原理图

注：U_{ia}、U_{ib}、U_{ic} 为三相交流电流取样值；U_{ua}、U_{ub}、U_{uc} 为三相交流电压取样值

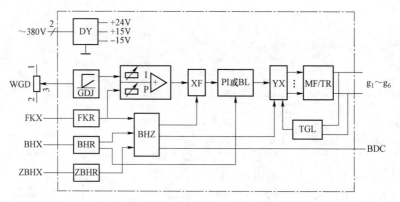

图 6.13-5 KCZ6-2T 板的内部电路构成及工作原理框图

（2）限幅环节 XF。限幅环节 XF 由图 6.13-6 中 R_{58}、RP_5 及 VD_{25} 与 IC2D 一起构成，其工作原理在于利用运算放大器 IC2D 输入阻抗高，图中接法反向输入端为虚地点，所以当电位器 RP_5 的滑动端电位大于 0.7V 时，VD_{25} 就导通，将电位器 RP_5 的滑动端电位 U_Q 限制在 0.7V。另一方面，因电位器 RP_5 的滑动端电压 U_Q 由 -15V 电源电压与 IC2D 输出端 14 电压分压决定，其关系用式（6.13-3）计算

$$U_Q = U_{14}/(R_{58} + R_{RP5}) \times (R_{RP51} + R_{58}) - 15/(R_{58} + R_{RP5}) \times R_{RP52} \qquad (6.13-3)$$

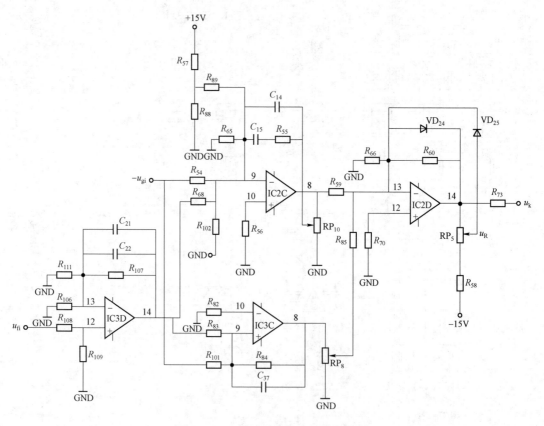

图 6.13-6 闭环调节器 IP 工作原理图

式中：U_{14} 为 IC2D 输出端 14 号引脚的电压；R_{RP51} 为电位器 RP$_5$ 滑动端与电阻 R_{58} 之间的电阻；R_{RP52} 为电位器 RP$_5$ 滑动端与 IC2D 输出端 14 号引脚之间的电阻；R_{RP5} 为电位器 RP$_5$ 两固定端的总阻值。由此式可以计算出 IC2D 输出端 14 号引脚的电压 U_{14} 为

$$U_{14} = [U_Q + 15/(R_{58} + R_{RP5})\, R_{RP52}]/(R_{RP51} + R_{58})\,(R_{58} + R_{RP5}) \tag{6.13-4}$$

由此可以看出，U_{14} 与电位器 RP$_5$ 滑动端的电压 U_Q 密切相关，因 U_Q 被 VD25 限幅在 0.7V，所以

$$U_{14} = (0.7 + 15/(R_{58} + R_{RP5})\, R_{RP52})/(R_{RP51} + R_{58})\,(R_{58} + R_{RP5}) \tag{6.13-5}$$

由此可见，因 $R_{58} + R_{RP5}$ 为定值，所以 U_{14} 与 R_{RP52} 大小成近似正比，与 $R_{RP51} + R_{58}$ 大小成近似反比，R_{RP52} 与 R_{RP51} 调节确定后，U_{14} 就成了定值，这就是该限幅电路的工作原理，因 IC2D 的开环放大倍数很大，所以这种限幅电路有很强的限幅效果。

（3）同步隔离与整形环节 TGL。本晶闸管直流电力电子变流设备由于改进了常用同步变压器作为同步环节的方法，而以光耦合器对主回路电压进行隔离耦合来获得同步信号，同步信号直接取自整流电路中晶闸管的阳阴极电压，所以触发脉冲具有相位自适应功能。图 6.13-7 给出了同步隔离与整形环节 TGL 的工作原理图。图中光耦合器用来起隔离及整形作用，接在光耦合器一次侧发光二极管阳阴极的二极管 VD$_1$～VD$_3$ 是为了限制反向电压，防止发光二极管承受过高的反向电压而损坏。在光耦合器二次侧增加的电位器 RP$_1$～RP$_3$，用来调整同步信号正、负半波宽度的对称性，而 $-u_a$、$-u_b$、$-u_c$ 直接来自主整流变压器二次侧。图 6.13-8 给出了同步隔离与整形环节 TGL 输入、输出的电压波形。

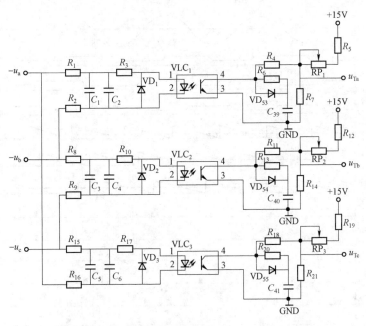

图 6.13-7　同步隔离与整形环节 TGL 工作原理图

注：VLC$_1$～VLC$_3$ 均为 TLP521

（4）移相脉冲形成环节 YX。移相脉冲形成环节采用大规模集成电路 TC787，该集成电路集三相、六路触发脉冲形成功能于一体，具有外围接线简单、输出脉冲一致性好等优点。图 6.13-9a 给出了脉冲形成环节的电路原理图。图中 C_{29}、C_{30}、C_{31} 为对应的三相锯齿波

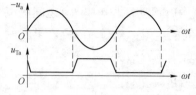

图 6.13-8　同步隔离与整形环节 TGL
输入、输出的电压波形

电容，LOCK 为来自保护环节的输出，u_{Ta}、u_{Tb}、u_{Tc} 为来自同步环节的输出，C_{32} 为决定输出脉冲整个宽度及调制脉冲频率的电容，1 号～6 号为 TC787 输出的对应主电路中 6 个晶闸管 VT_1～VT_6 的六路触发脉冲。图 6.13-9b 给出了脉冲形成环节中 TC787 各引脚的正常工作波形。其中纵坐标物理量中的下标为 TC787 芯片的引脚序号，而 $-u_a$、$-u_b$、$-u_c$ 为同步变压器二次侧的相电压。

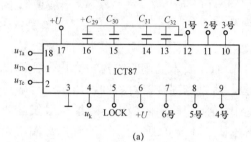

(a)

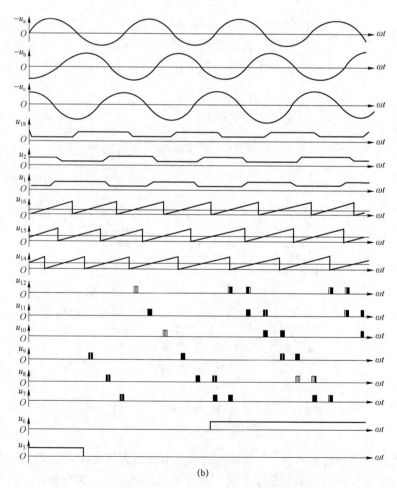

(b)

图 6.13-9　移相脉冲形成 YX 环节工作原理及波形图

（a）电路原理；（b）TC787 各引脚的正常工作波形

（5）保护综合环节 BHZ。保护综合环节分为截止保护和封锁保护两部分。截止保护用于对输出电流进行截流，而封锁保护瞬时封锁触发脉冲使输出变为零。图 6.13-10 给出了保护综合环节的电路原理图。图中 IC3A 与 IC3B 均为比较器，当 u_{fi} 及 u_{fu} 均小于 5V 时，IC3A 与 IC3B 输出都为接近-15V，TC787 的工作不受影响，一旦 u_{fi} 与 u_{fu} 有一个高于 5V，则 IC3A 从接近-15V 向接近+15V 积分，当积分使 IC3A 输出大于 U_k 在 TC787 引脚 4 的等效分压值时，VD_{31} 导通，U_k 与 IC3A 输出相叠加，使 TC787 的引脚 4 等效电压上升，TC787 输出脉冲控制角 α 增大，使整流输出电压降低，u_{fi} 下降，从而把输出电流截止在对应 5V 的值下；而当 u_{fu} 或 u_{fi} 大于 6V 时，IC3B 同样从接近-15V 向接近+15V 积分，当积分到大于+10V 时，TC787 封锁端（引脚 5）输入高电平，输出脉冲瞬时被封锁，使输出直流电压立刻变为 0V，另一方面继电器 K_{IU} 动作分断主电路。图中 GZ 用于直接接入+15V 封锁输出脉冲，用于冷却水压不足（对应 K_4 闭合）、冷却水过热（对应 K_5 闭合）、直流输出电流过电流或输出电压过电压（对应 K_3 闭合）及熔断器熔断（对应 K_2 闭合）的相应继电器动作后，其常开触点闭合后瞬时封锁 TC787 输出的触发脉冲。

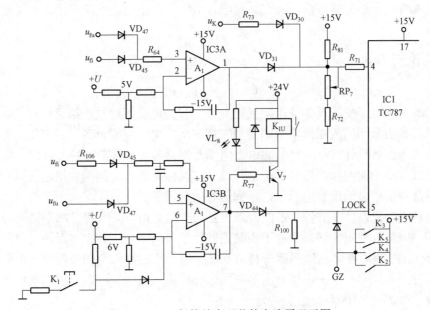

图 6.13-10　保护综合环节的电路原理示图

6.13.3　应用效果

设计时将 8 套整流变压器的移相角度综合错相考虑，每台内部都采用独立调压变压器加两个整流变压器的一拖二结构，与各自的整流柜配合构成 12 脉波。6×13kA/670V 晶闸管直流电力电子变流设备，已成功的用于某投资集团下属的锰业公司金属锰和二氧化锰生产线中，共用直流输出 13kA/670V 的变流设备 6 套于金属锰生产线，在 35kV 侧等效成 72 脉波，另外还有直流输出 17kA/380V 的 12 脉波变流设备两套于两条二氧化锰生产线，在 35kV 侧等效为 24 脉波，8 套电力电子变流设备总装机变压器容量为 75MVA。8 套整流变压器的供电一次侧均来自 35kV，每个变压器组中调压变压器不移相，其输出供给给两台移相的整流变压器，移相角度分别为+3.75°、−26.25°、+7.5°、−22.5°、+11.25°、−18.75°、+15°、−15°、+18.75°、−11.25°、+22.5°、−7.5°、+26.25°、−3.75°、0°、+30°，整流变压器的 35kV 供电来自两台容量为 40MVA 的降压变压器，降压变压器将 110kV 降为 35kV，每个降压变压器向 3 套 13kA/670V 的金属锰和一套 17kA/380V 电解二氧化锰生产线电解整流所供电，因而在每个 40MVA 降压变压器的二次侧近似形成 48 脉波（因电解二氧化锰变压器容量为 7200kVA，小于电解金属锰的 10 000kVA）。两台 40MVA 降压变压器接于同一电网的 110kV 供电母线上，因此在 110kV 侧近似形成 96 脉波，注入电网的谐波含量极小。良好的谐波设计思路，将注入电网的谐波降到了最低，保证了供电的 110kV 侧的波形中，电流谐波甚小，总谐波含量不到基波的 2%。由于是切断谐波产生的根源，而不像常规交流−直流电力电子变流设备，将整流系统设计的脉波数较少，然后对较大的谐波再进行滤波被动处理。因而运行效率高，整个系统占地面积小（设有常规的谐波滤波器），高压电网侧的谐波含量较小，供电电压波形失真度极小，运行功率因数较高。加之有良好的抗干扰性能设计，又采用集成电路控制，PLC 监控，投入运行近 15 年来，一直稳定可靠，保护灵敏，未发生一个晶闸管器件损坏，未有一个熔断器熔断，所有 8 套电力电子变流系统均恒流工作，表现出了良好的电流稳定性。

6.13.4 结论与启迪

通过对 6×13kA/670V 晶闸管直流电力电子变流设备的详细分析，以及对其与 17kA/380V 二氧化锰直流电力电子变流设备使用效果的介绍。我们可得下述几点结论与启迪：

（1）对需要多套相同或相近参数的晶闸管直流电力电子变流设备同时使用的单位，在进行整体变流设备方案设计时，应将全部电力电子变流设备的谐波治理统一考虑，按运行中尽可能不产生或少产生谐波作为指导思想进行设计，从而使注入电网的总谐波含量达到最小，保证用户以最小的谐波治理费用投入，达到最好的滤波效果。

（2）上述设计思路，既节省了谐波治理设备的专门费用，又节省了产生谐波后进行谐波治理的长期高额运行费用，同时节省了安装谐波滤波器的空间，减少了系统总占地面积。

（3）介绍的方案，在多脉波晶闸管整流系统中有一定的推广性和通用性，特别是文中提到的触发脉冲产生电路与保护电路。经多年的运行检验，稳定、可靠、抗干扰性强，可以在同类电力电子变流系统中直接应用。

（4）随着我国节能减排、控制电网谐波污染及淘汰落后产能措施的进一步加大实施力度，对电力电子变流设备的单套功率要求越来越大，对电力电子变流设备注入电网的谐波要求也越来越小，因而可以断言，文中介绍的降低总体运行谐波的设计理念和具体方案，对相近行业或相同用途的领域将有很大的启迪作用。

6.14 120t 电渣炉用晶闸管单相低频电力电子变流设备

6.14.1 研制背景

电渣炉是冶炼高性能钢的主要设备之一，国内最大电渣炉的单炉炼钢质量已达 630t。由于大型电渣炉冶炼钢材质量大、供电功率大，炉型尺寸大，其不可避免与供电电网之间的短网距离长。电渣炉的供电电源，基本都是沿用将高压用工频电炉变压器降压后，直接向电渣炉内提供单相或三相工频 50Hz 交流电。因工作电流很大，加之电炉变压器到炉内电极之间引线较长，感抗压降较大，降低了功率因数，通常功率因数仅 0.62～0.8，电耗严重，浪费巨大；另一方面，因单相或三相电渣炉都因负载原因无法实现真正三相平衡，引起波形畸变，导致电网谐波严重，进一步降低了供电功率因数。

2012 年我们开始了 120t 低频电渣炉及供电用电力电子变流设备系统的攻关，并研制成功该电渣炉供电用电力电子变流设备系统，成功冶炼出了 120t 电渣钢，取得了良好的效果。

6.14.2 电渣炉低频供电节能的依据

提高功率因数的关键是降低系统中的感性无功，而感性无功在电流一定时与感抗压降大小成正比，电渣炉容量一定时，现场安装布局确定后，母线长度成为定值，而熔炼功率的需求决定了电流无法降低，从式（6.14−1）可见，唯一可减小感抗压降的措施就是降低供电电源频率。如果将供电电压频率降低为工频的二十分之一，则从式（6.14−1）中可见 Q_L 可降为工频的 1/20，实际上因感抗压降降低，功率因数提高，熔炼同样的钢锭需要的有功功率为定值，功率因数高时，供电需要的交流电流 I_2 低于功率因数低时的供电电流，所以当供电电源频率降为工频的 1/20 时，感抗压降降低的实际倍数将高于供电电源频率降低的20 倍。

$$Q_L = U_L I_L = 2\pi f l I_2 \qquad\qquad (6.14-1)$$

6.14.3 系统构成及工作原理

1. 系统构成原理框图

电渣炉供电电源有三相和单相之分，在炉体设计完成以后，供电模式就确定了，图 6.14−1 给出了 120t 电渣炉供电用晶闸管单相低频电力电子变流设备的原理框图，其内部构成从大的方面可分为给定积分（GD）、闭环调节器（BHTJ）、移相触发器（YXCFQ）、数据处理（SJCL）、保护单元（BHDY）、脉冲功率放大及隔离（MCGLFD）、主电路（ZDL）共7 部分。

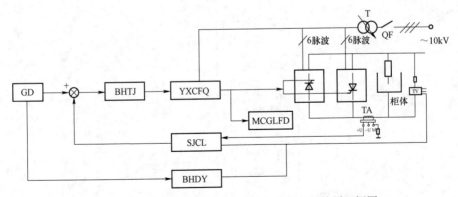

图 6.14−1　120t 电渣炉用 92V/90kA 低频电源的原理框图

2. 主要构成单元的工作原理分析

（1）主电路。图 6.14−2 为 120t 电渣炉供电用晶闸管单相低频电力电子变流设备（90kA/

92V）的主电路原理图。主电路由两个 6 脉波的双反星型同相逆并联可控整流电路反向并联构成。考虑到熔炼不同直径或不同品种的电渣钢锭时，需要低频电源输出的电压与电流不同，为保证系统运行有较高的功率因数，主电路调压变压器一次侧增加有27级有载调压开关。有载开关的粗调范围为 40%～100%（对应直流 36.8～92V），由此得到有载调压每级级差为2.04V，决定了晶闸管细调范围为2.04V，保证了晶闸管的控制角在15°之内，所以系统具有

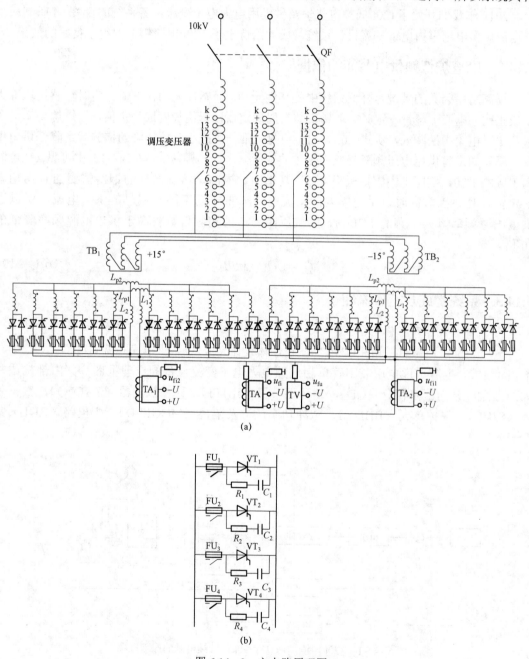

(a)

(b)

图 6.14－2 主电路原理图

（a）主电路图；（b）每个晶闸管阀组构成原理

很高的运行功率因数。T_1 与 T_2 为两台一次侧均为外延三角形接线、二次侧为双反星形同相逆并联接线的整流变压器。每个整流变压器二次侧的 12 个绕组直接连接晶闸管，晶闸管串联快速熔断器后并联输出。这里，快速熔断器用来防止晶闸管失效后事故扩大，起分断故障支路作用；霍尔电流传感器 TA_1 与 TA_2 用来检测并联的两个晶闸管整流电路的输出电流；而霍尔电流传感器 TA_3 及霍尔电压传感器 HLV 分别用来检测总输出电流和总输出电压，为过电压和过电流保护以及闭环调节控制提供检测结果。由于输出电流较大，加之设计中考虑了 3 倍安全裕量，所以图 6.14-2 中每个整流臂内部，实际由四只晶闸管与快速熔断器串联的支路并联，如图 6.14-2b 所示，图中并联在晶闸管两端的电阻与电容起瞬时过电压吸收作用，防止运行时因电流变化及换相产生的尖峰过电压 Ldi/dt 击穿晶闸管。

（2）触发脉冲形成。120t 电渣炉供电用晶闸管单相低频电力电子变流设备是通过三相可控整流并联来实现交-交变频，达到将 50Hz 变为 1~5Hz 低频的，因而其触发脉冲自然依据基本的三相 6 脉冲机理。主电路需要触发脉冲产生电路，对应每个低频周期，正负半周内分别按三相 6 脉波可控整流的基本要求，提供 6 路彼此相位互差 60° 的双窄触发脉冲，两组触发脉冲之间相互依次移相 30°。由此决定了 12 路触发脉冲之间依次相差 30°。触发脉冲形成电路应用陕西高科电力电子有限责任公司开发的智能低频电源触发控制板 SGKKCZ6-12，它以 DSP 为核心来产生触发脉冲，而应用 CPLD 来实现脉冲分配和工作状态监控。运行时系统使用两块触发脉冲形成环节，在以 CPLD 为核心的系统监控管理板的作用下，实现热备用功能。正常运行时一块触发控制板作为主板运行，另一块触发控制板在线作为热备用，一旦正运行的触发控制板发生非正常状况，则系统自动转为备板运行，且切换过程在 10ms 时间内完成，达到无扰动切换，全部数字化给定。数字式 PID 调节器，可远程监控调试运行。图 6.14-3 给出了应用 SGKKCZ6-12 智能低频控制板以 CAN 现场总线实现远程控制与监控的网络原理图。

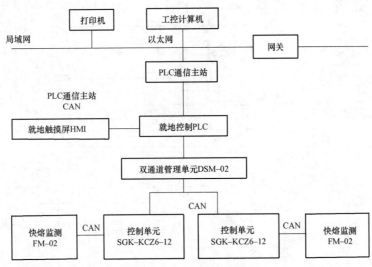

图 6.14-3　应用 SGKKCZ6-12 智能低频控制板以 CAN 现场总线实现
远程控制与监控的网络原理图

（3）触发脉冲功率放大及隔离传输。由于该低频电力电子变流设备输出运行电流大，每个整流臂应用 4 只晶闸管并联，且正组与反组对应每个低频工作的半个周期，正半周与负半周需要换流工作，所以运行中的电场和磁场干扰都较大。同时因输出容量大，每个整流臂又多只晶闸管并联，所以从触发控制板输出至晶闸管门阴极之间的引线长度较长，综合这些因素，脉冲隔离与传输采用了光纤。图 6.14-4 给出了脉冲隔离的光纤电路图，经光纤传输后的触发脉冲，由脉冲功率放大和整形电路放大后直接触发晶闸管，整个电力电子变流设备中共有这样的脉冲功率放大和整形电路 192 个，而应用光纤隔离与传输环节共 24 组。

（4）输出电流检测和正反组脉冲切换频率控制。从图 6.14-2 可见，由于整流变压器二次侧的每个绕组接有正反并联的晶闸管组，正常工作时仅有正组或反组按输出低频频率的要求，在半个周期内仅有一组工作，但当两个半周期进行换流时，必须保证原工作的正组（或反组）晶闸管可靠关断后才能触发反组（或正组）晶闸管导通运行，绝对不允许正组（或反组）中某个整流臂中的晶闸管还未彻底关断，反组（或正组）中的晶闸管就能触发导通，否则将导致整流变压器二次侧不同相的绕组因正组与反组晶闸管的同时导通而短路，引起严重的故障。保证正组与反组晶闸管可切换的前提是正组工作时，按控制逻辑，当发出封锁正组脉冲的指令后，先检测原来工作的正组整流臂电流降为零之后，才能允许反组触发脉冲输出。图 6.14-5 给出了实现这个功能的电路原理图。图中 TA_X（$X=1\sim24$）为检测主电路中正反组整流环节工作电流的霍尔电流传感器，电路中将检测结果与零电流门槛值进行比较，确认其接近零时，允许反组触发脉冲输出，图中低频控制信号为设定输出频率的环节，它来自控制电路中 DSP 部分的编程输出。

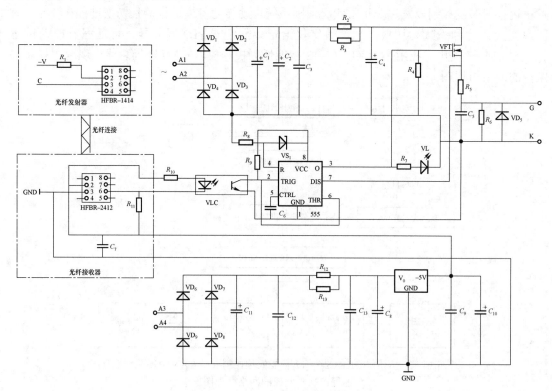

图 6.14-4 脉冲隔离的光纤电路图

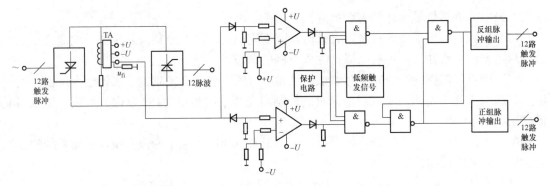

图 6.14-5　臂电流为零检测和正反组脉冲切换频率控制电路原理图

6.14.4　实用效果

上述单相低频电力电子变流设备的设计方案，已成功的用于 120t 电渣炉低频供电系统，已在某大型重机集团投入工业化运行，至今稳定运行 6 年。主要技术参数为电网供电电压 10kV/50Hz，运行额定输出低频电压 92V，额定输出电流 90kA。随着冶炼钢材品种的不同，实际使用频率为 1～3Hz，已成功治炼出 50t、80t、100t、120t 电渣锭。实用效果证明：其运行电网功率因数达 0.9 以上，三相输入电流的不平衡度小于 3%，熔炼中功率恒定，保护功能完善，冶炼成的电渣钢锭偏析小，质量和性能远远高于常规工频电渣炼钢产品。图 6.14-6 给出了工作时，频率变化过程中，低频电压变化过程的输出电压波形，稳定后频率为 1.43Hz（横轴为时间，每格 0.25s，纵轴为电压，每格 50V）及熔炼完成后电渣炉开炉后剩余电极头的现场和电渣炉的照片。

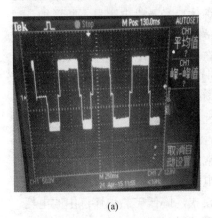

| (a) | (b) | (c) |

图 6.14-6　工作时输出的低频电压波形及熔炼完成后电渣炉开炉后剩余电极头的现场和电渣炉照片

（a）工作时输出的低频电压波形；（b）熔炼完成后电渣炉开炉后剩余钢锭头现场照片；（c）电渣炉实物照片

6.14.5　结论与启迪

通过对 120t 电渣炉用单相低频晶闸管电力电子变流设备（90kA/92V）系统构成和工作原理的分析，以及对实际使用效果的详细介绍，可以得下述几点结论与启迪：

（1）低频供电是解决长期困扰工频电渣炉功率因数低、三相电网不平衡，熔炼中功率波动大，影响炼钢质量等问题的有效措施。

（2）低频电力电子变流设备在设计时，因电流很大，以多个整流变压器一次侧移相的六脉波可控整流电路并联，可有效降低注入电网的谐波。

（3）因不同炼钢锭熔炼时，对熔炼电流和电压的需求是有差别的，在调压变压器一次侧增加有载调压开关粗调，变流用晶闸管的控制角在较小的角度（15°以内）细调，可以明显提高功率因数。

（4）采用远程上位计算机监控，可以实现无人值守电力电子变流系统，提高系统的自动化程度，方便应用和维修。

（5）类似于120t电渣炉供电电力电子变流设备这样的大功率系统，其完善的保护是极为重要的，这对设备长期可靠的运行具有极为重要作用。

（6）电渣炉炼钢的恒流或恒功率控制，可以提高运行效率，提高冶炼产品质量，并且对供电电力电子变流设备的过电流及短路保护有利。

6.15 12 500kA 矿热炉用三相低频电力电子变流设备

6.15.1 研制背景

矿热炉是冶炼硅铁、镍铁、铬铁、电石、硅锰等材料的必用设备。由于矿热炉供电及熔炼需要的电流很大，电压又不是很高（通常160V左右），多年来国内的矿热炉供电，基本都是采用电炉变压器，将高压交流 35kV 或 110kV 或 10kV 直接降压为需要的交流电压，引至矿热炉内的电极上。随着近几年国家节能减排及环境治理的需要，强制要求对小容量的矿热炉进行拆除，新建矿热炉系统单电炉冶炼容量越来越大，炉体口径及供电容量不断增加，通常相电流多在 40kA 以上。由此导致矿热炉炉内电极无法做的距电炉变压器很近，常应用较长尺寸的多根水冷铜管作为导电母线，因引线较长必然存在电感，大电流通过连接水冷铜管时，造成引线上通过大电流产生较大的感抗压降。该压降通常为额定工作电压的15%左右，导致产生较大感性无功，决定了传统矿热炉系统功率因数都较低（通常仅 0.6～0.8）。同时因炉内三个电极分布在不同区域，在熔炼时，被熔化材料的性能差异，使不同电极相对应区域的被熔材料熔化速度不同，引起三相电极的负载电阻不同，造成供电电网的三相电流严重不平衡，使电网供电波形严重畸变，产生较大的谐波危害。常规矿热炉系统的这两点不足，导致矿热炉采用常规变压器降压供电的粗放供电方式，势必电耗严重。为了弥补这两点现矿热炉供电系统的不足，提高功率因数，探讨矿热炉供电的新模式，降低矿热炉熔炼中的电耗，我们参考俄罗斯的有关资料，对某企业的工频供电矿热炉系统进行改造，于 2013 年开发了 12 500kVA 矿热炉用低频供电电源系统。

6.15.2 矿热炉用三相低频电力电子变流设备的结构

（1）低频供电的矿热炉结构。按 6.14 节中介绍的矿热炉低频节能原理，在电炉变压器与矿热炉之间增加一个低频电力电子变流设备，从图 6.15－1a 变为图 6.15－1b 便可实现功率因数的提高和节能。

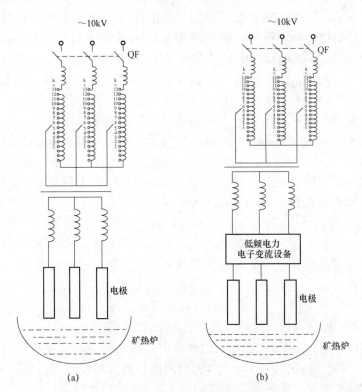

图 6.15－1　矿热炉低频节能原理

（a）常规矿热炉；（b）增加低频电力电子变流设备后的矿热炉系统

（2）传统矿热炉供电变压器的结构。图 6.15－2 给出了在原 12 500kVA 矿热炉供电系统进行低频供电改造的电炉变压器内部原理图和变压器二次侧引出端子图。这种变压器因矿热炉工作相电流较大，为避免每根导线截面积过大的趋肤效应，利于散热，合理选择多根导线并

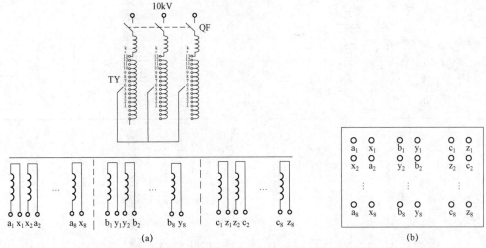

图 6.15－2　12 500kVA 矿热炉供电变压器内部原理及二次侧出线端子

（a）内部原理图；（b）二次侧引出端子图

259

联时每根导线的截面，每相使用了 8 个独立绕组，且为了保证大电流磁场相互抵消，减小变压器损耗，热炉工作时需要相电流特别大，12 500kVA 矿热炉相电流为 45 000A，所以为了减小每根导线引出针对炉箱体时磁场感应导致钢质箱体的涡流发热，设计制造时专门将变压器二次侧低压出线按同名端交叉引出，使同一时刻相邻的两个引出端子通过的电流大小相等，方向相反，而使电流磁场相互抵消。为了实现三相低频变换需要，外部电路将三相中每相独立的 8 个绕组，采用星形或三角形接线构成 8 个三相绕组。

（3）低频变换的主电路方案。从工频向低频变换的原理是采用交-交变频，即以两个互为反并联的三相可控整流电路，对正组和反组整流单元的触发脉冲，按我们的需求输出低频频率进行控制便可。所以有三相半波、三相桥式和双反星形可控整流三种方案。半波电路与双反星型电路，随着是共阴极接法还是共阳极接法的不同，又分别分为两种电路原理，从而构成 5 种电路拓扑，在 12 500kVA 矿热炉供电系统中，我们选择了三相半波可控整流的变换形式。图 6.15-3 给出了将原系统电炉变压器二次三相每相中的 8 个独立单相绕组，人为接为三角形或星形的连接原理图；图 6.15-4 给出了将原来电炉变压器中二次侧三相中每相一个独立绕组接为一个三角形连接，采用我们设计电路的三相低频变换电路原理图。整个低频变换中，因图 6.15-3 有 8 个三相绕组，所以有这种低频变换电路 8 组。在图 6.15-4 中，每个独立三相绕组中，应用两组互为反并联的三相半波可控整流电路，将原工频交流电按需要变为低频电压，如果要求输出低频电压为 0.1Hz，则由 $VT_{11} \sim VT_{13}$、$VT_{31} \sim VT_{33}$、$VT_{51} \sim VT_{53}$ 组成的三相正组变流器，按三相半波可控整流的原理工作 50s；由 $VT_{41} \sim VT_{43}$、$VT_{61} \sim VT_{63}$、$VT_{21} \sim VT_{23}$ 组成的三相反组变流器，也按三相半波可控整流的原理工作 50s；三相中的每相，如 $VT_{41} \sim VT_{43}$ 按三相半波可控整流的原理工作 50s。由于矿热炉内被冶炼材料的导电性，每相正组与反组交替工作时，因三相之间重叠工作，输出三相相位互差 120° 的低频电压。举例来讲，如 a 相电压最高，b 相电压瞬时值最低，

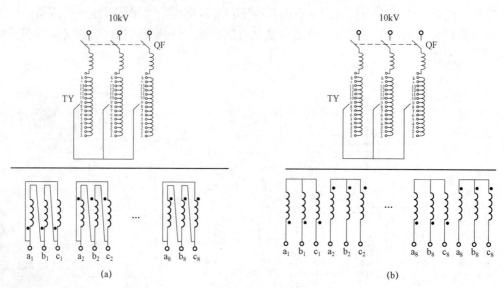

图 6.15-3 将原系统电炉变压器二次三相中每相中的 8 个独立单相绕组人为
接为 8 个三相绕组示图

（a）三角形连接；（b）星形连接

在控制电路产生的触发脉冲作用下，正组的 VT_{11} 与反组的 VT_{62} 导通工作，电流通路为 a_1—FU_{11}—VT_{11}—电极 11—电极 12—VT_{62}—b_1。此时加在电极 11 与电极 12 之间的电压为电炉变压器二次侧 a_1 与 b_1 相之间的线电压。图 6.15-4 中与晶闸管串联的快速熔断器，在电流很大的故障发生时，分断主电路，起防止事故扩大的保护作用，并联在每个晶闸管旁的电阻与电容串联网络，同样起尖峰过电压吸收作用。接于电炉变压器二次侧三相母线上的电阻和电容 R_1、C_1～R_3、C_3 及压敏电阻 RV_1～RV_3 用来进行交流输入尖峰过电压保护，防止电路中因某种原因产生的尖峰电压，经变压器耦合后加到晶闸管两端，危害变流器的安全。串联在输出三相中的三个霍尔电流传感器，用来检测三相低频电流，为同一相中两个反并联的晶闸管（如 VT_{11} 与 VT_{41}、VT_{31} 和 VT_{61}）进行换相提供依据，确保同一相中原导通的正组（或反组）晶闸管确实关断，该相电流为零时，才能使要导通的反组（或正组）晶闸管导通，防止同一时刻同一相的两个晶闸管，同时导通造成相间短路事故。

12 500kVA 低频电力电子变流设备，因电炉变压器二次侧每相具有 8 个独立绕组，可以组合成 8 个独立三相星形或三角形接线的绕组，因而系统共有图 6.15-4 所示的 8 个三相变换单元。但因矿热炉内仅有三个电极，所以可以将 8 个独立低频变换输出的 8 组 3 相在电极上接为星形或三角形。图 6.15-5a 与 b 分别给出了在电极上接为三角形与星形的接线原理图，图中 a_i、x_i、b_i、y_i、c_i、z_i（i：1～8）为电炉变压器接为三相后的输出端子，而 a'_j、b'_j、c'_j（j：1～8）代表三相低频变换后的输出端子。

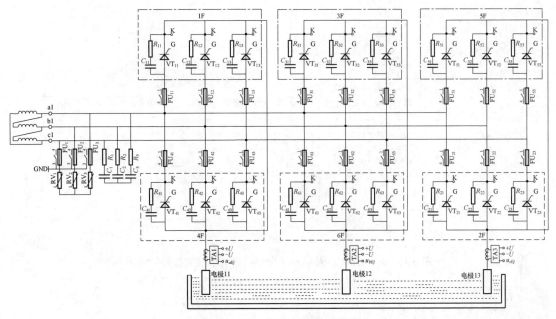

图 6.15-4　低频主电路原理图

6.15.3　矿热炉低频电力电子变流设备的控制电路

根据图 6.15-4 及图 6.15-5 电路的控制需要，矿热炉低频电力电子变换系统，需要有三相半波可控整流触发脉冲产生环节，控制产生低频的三相相位互差 120° 低频控制信号。其内部结构可分为触发脉冲分配电路、电流检测与判断电路、故障保护电路、功率因数控制电路，本节仅介绍主要单元的工作原理。

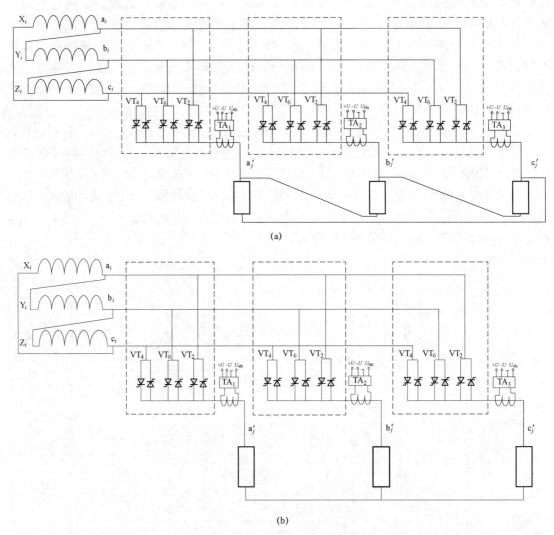

图 6.15-5　12 500kVA 矿热炉低频供电与电极的接线原理图
（a）三角形连接；（b）星形连接

1. 触发脉冲产生电路

该电路的作用是产生针对工频的正组与反组触发脉冲，这些脉冲保证图 6.15-4 中 6 个晶闸管组 1F～6F 中，每一组按三相半波可控整流电路的触发顺序要求导通。由于正组三相共阴极半波与反组共阳极三相半波，分别在交流电网电压的正半周与负半周导通工作，由此决定了 1F、3F、5F 3 组共阴极可控整流电路中的晶闸管，都要按低频切换控制脉冲形成电路的输出。在三相低频切换脉冲形成电路，输出三相控制信号中每一相的正半周内，对应每组都要按工频三相半波可控整流电路的工作逻辑，产生三路相位互差120°，频率为 50Hz 的晶闸管触发脉冲，并控制 1F、3F、5F 3 组共阴极晶闸管中的每一组，按工频三相半波可控整流电路中的顺序轮流触发导通，产生对应三相低频中每一相正半周的三相低频输出电压的正半周电压；而 4F、6F、2F 3 组共阳极可控整流电路中的晶闸管，都要按低频切换控制脉冲形成电路的输出，在三相低频切换脉冲形成电路输出三相控制信号中每一相的负半周内，对应每组都要按工频三相半波可控整流电路的工作逻辑，产生三路相位互差 120°，频率为 50Hz 的晶闸管触发脉冲，并控制 4F、6F、2F 3 组共阳极晶闸管中的每一组，按工频三相半波可控整流电路中的顺序轮流触发导通，产生对应三相低频中的每一相负半周的三相低频输出电压的负半周电压。通过这种分析，三相低频输出在同一相，如输出 U 相的正负半周内，对触发脉冲产生电路的要求，仍然是工频三相半波共阴极和三相半波共阳极的组合要求，仅仅是需要产生六路相位关系满足三相低频切换控制脉冲逻辑需要的电路。该控制脉冲逻辑关系，用来提供工频三相半波共阴极和三相半波共阳极整流的组合触发脉冲。所以触发脉冲产生方案有两种，方案一是产生共用的一个工频三相半波共阴极和三相半波共阳极组合要求的触发脉冲，然后按三相低频切换控制脉冲电路输出逻辑关系，将其分配为六路；方案二是按三相低频切换控制脉冲电路输出的逻辑关系，直接产生六个工频三相半波共阴极和三相半波共阳极组合要求的触发脉冲。本 12 500kVA 晶闸管低频电力电子变流设备中我们选用了方案一，图 6.15-6 给出了共用的工频三相半波共阴极和三相半波共阳极的组合要求之触发脉冲产生电路原理图。陕西高科电力电子有限责任公司已将此触发脉冲产生电路设计成标准的触发控制板，标准型号为kCZ6F-8。

2. 触发脉冲分配电路

为了使图 6.15-6 触发脉冲形成环节产生的触发脉冲，保证 1F～6F 6 组晶闸管中每一组按三相半波可控整流电路对触发脉冲的要求轮流导通，满足三相低频切换控制脉冲电路输出的逻辑关系，触发 1F～6F 6 组晶闸管按三相低频输出的要求逻辑工作，将三相 50Hz 交流电变换为三相低频交流输出。为此设计了图 6.15-7 所示的脉冲分配电路，整个 12 500kVA 三相低频电力电子变流设备共有此电路 6 套。这个电路的工作原理可分析为：电路组成应用了一个三态控制逻辑器件 CD4066，该集成电路的 6 路输入脉冲来自图 6.15-6 触发脉冲形成环节的输出。其输出公共控制端（引脚 4）接高电平时，输出端为无效低电平，而当公共封锁输出引脚 12 为低电平时，其输出 Q_i 端（i：1～6）将输出输入端 D_n（$n=1$～6）的非信号。图中引脚 12 的信号来自低频正组与反组切换控制电路的输出，图 6.15-8 给出了该电路一个周期中的工作逻辑，假设输出低频信号为 3 个工频周期画出了工作波形的逻辑部分，u_{1F}～u_{6F}信号为低频逻辑切换电路输出的导通信号，这个信号用来选通图 6.15-4 主电路中 1F～6F 单元中的晶闸管在什么时间被触发导通。在 12 500kVA 晶闸管低频电力电子变流设备中，该逻辑信号来自判断电流是否为零的信号检测与处理电路，在 PLC 中应用软件编程的方法来实

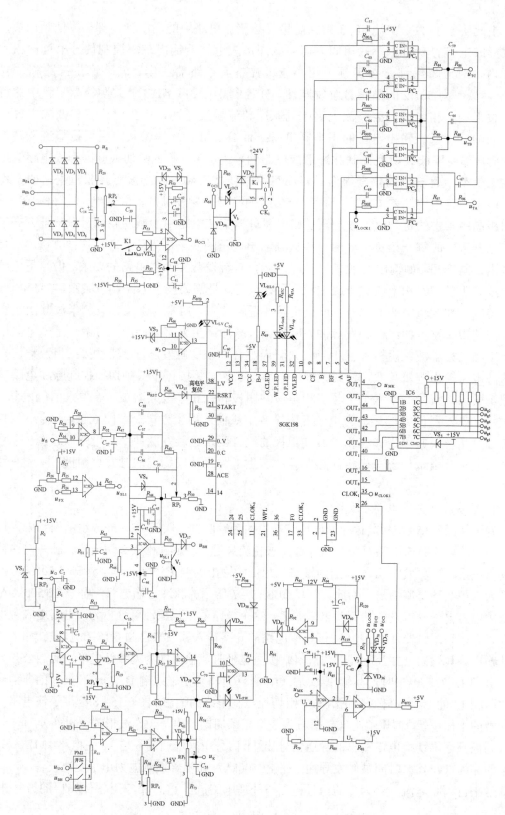

图 6.15-6　KCZ6F-8 触发脉冲产生电路原理图

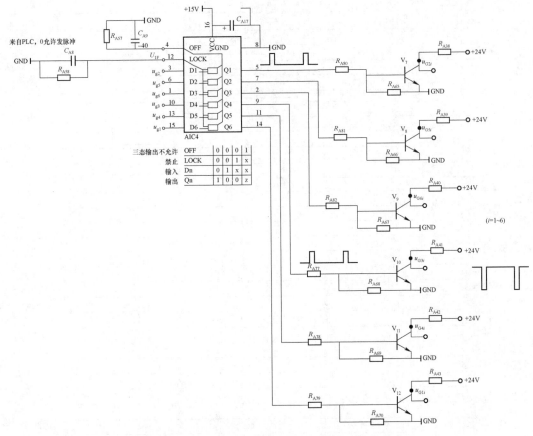

图 6.15-7　三相可控整流电路需要的脉冲分配电路

现。其硬件电路原理如图 6.15-9 所示，图中电位器 RP_1 设定输出频率，RP_2 设定同一相正反组的死区时间。图 6.15-10 给出了为判断电流是否为零的信号检测与处理环节的原理电路图，图中 u_{imj}（$i=1\sim8$，$j=$a、b、c）为串接于 12 500kVA 矿热炉用晶闸管低频电力电子变流设备中，同一相输入母线上的霍尔电流传感器 $TA_{1a}\sim TA_{8a}$，检测电流的输出信号 $0\sim1V$。由于该低频电力电子变流设备是对原工频矿热炉系统的低频化改造，原系统应用的电炉变压器二次侧每相具有独立的 8 个单相绕组，改造时人为将其接为了 8 个三相绕组，所以整个电力电子变流设备每相有 8 个相同的、由图 6.15-4 所示的变流电路并联而成。每相中有 8 个分相，故每相需用 8 个霍尔电流传感器，来检测每相中的 8 个分相电流是否都达到了零，只有原正组运行的电流达到零后，延时一段时间后，才能去输出反组触发脉冲，即满足同一相中正组逻辑信号（如 u_{1F}）变为高电平后，延时一定时间后，才能使反组（如 u_{4F}）变为低电平，反之亦然。图 6.15-10 中，IC_{A1B} 与电阻 $R_{A17}\sim R_{A24}$ 一起构成带有正负限幅的加法器，限幅的目的是便于后续电路比较判断，IC_{A1D} 为反相器，其对 8 个霍尔电流传感器输出的信号进行加法运算后，提供给电流为零判断电路。

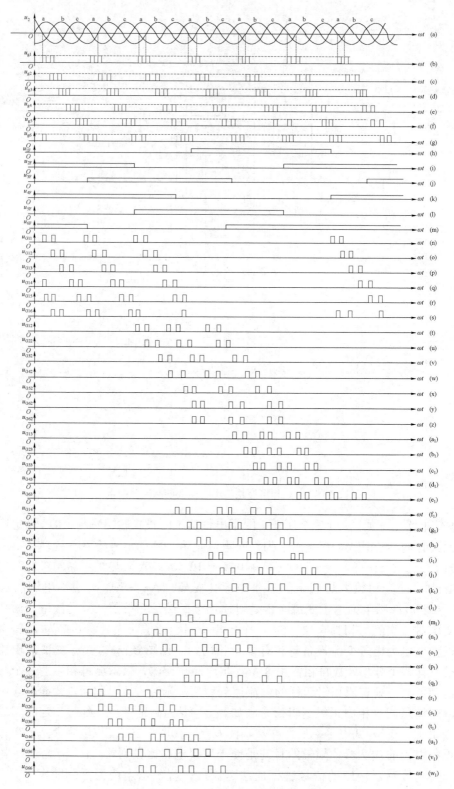

图 6.15-8　脉冲分配电路的工作波形

3. 电流是否为零的判断与切换控制信号产生

图 6.15-11 给出了电流是否为零的判断电路。其输入分别来自图 6.15-10 相电流检测及处理电路。在该电路中，把来自为判断电流是否为零的信号检测与处理电路输出的电流取样值 I_{JC}，接入正组与反组电流是否为零的判断比较器，与接近为零电流的门槛值比较。图中 IC_{A2B} 与 IC_{A2C} 分别为正组与反组电流是否为零的比较器，一旦正组电流取样值小于零为负值，且 I_{JC} 小于 IC_{A2B} 反向端设定的门槛值，其引脚 1 输出低电平，晶体管 V_{AP} 截止，输出高电平施加到三态选通电路的使能端（与图 6.15-7 相同的 6 套脉冲分配电路对应正组的引脚 4），可以封锁正组输出脉冲，此时因 I_{JC} 为负值，小于 IC_{A2C} 同相端设定的门槛电压，则 IC_{A2C} 引脚 1 输出高电平，晶体管 V_N 导通，输出低电平施加到反组三态选通电路的使能端（与图 6.15-7 相同的 6 套脉冲分配电路对应反组的引脚 4），允许反组电路输出触发脉冲，反之亦然。

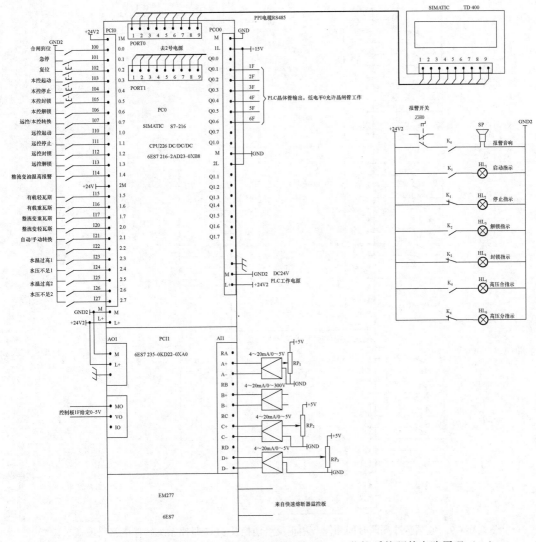

图 6.15-9　低频脉冲死区时间和同一相正反组切换及 PLC 监控系统硬件电路原理（一）

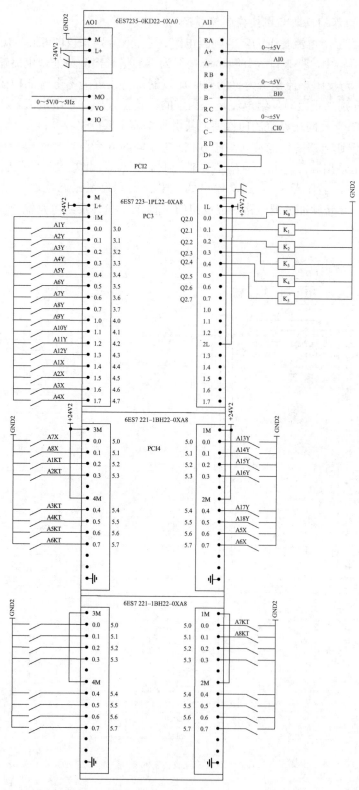

图 6.15-9　低频脉冲死区时间和同一相正反组切换及 PLC 监控系统硬件电路原理（二）

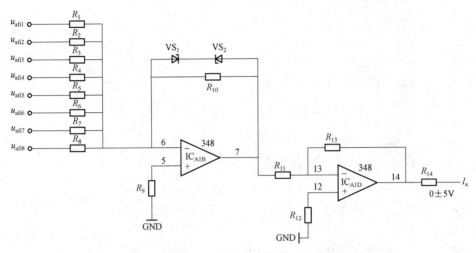

图 6.15－10　判断电流是否为零的相电流信号检测及处理电路

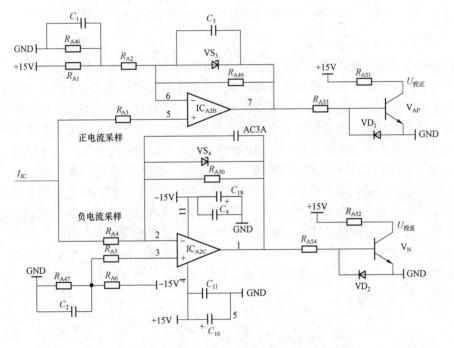

图 6.15－11　正组与反组电流是否为零的判断电路

4. 电流检测与放大电路

低频矿热炉电力电子变流设备，因矿热炉内的三个电极，在被熔炼材料炉区冷却熔炼过程中有可能发生塌料，所以极易发生过电流或负载短路问题。为防止过电流使主电路中的晶闸管或快速熔断器损坏，设计使该电力电子变流设备运行在输出恒流状态。图 6.13－12 给出了为闭环恒流调节，进行电流检测与放大电路的原理图。同样，图中 $u_{afi1} \sim u_{afi8}$ 来自主电路中每相 8 个分相的霍尔电流传感器，电阻 $R_7 \sim R_{14}$ 与 IC_{C1A} 及电阻 R_{15} 实现加法器功能，IC_{C1C} 与电阻 R_{26}、R_{27} 为比例系数为 1 的反相器，该电路为闭环调节器提供电流反馈信号 u_{fi}。

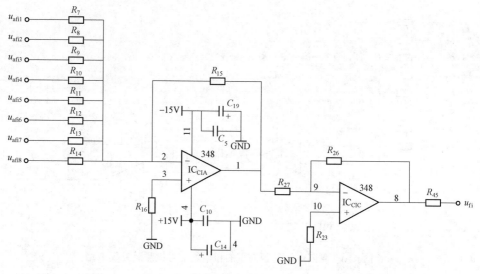

图 6.15 - 12　闭环恒流调节进行电流检测与放大电路原理图

5. PLC 监控与快熔检测模块

考虑到该电力电子变流设备主电路应用了近 150 个晶闸管器件，每个变流臂由多个晶闸管并联，为防止晶闸管器件失效后使事故扩大，对每个晶闸管串联了一个快速熔断器；考虑到主电路中母排较多，为防止水冷系统冷却不良，在每个母排上又安装有温度继电器；因电炉变压器采用强油水冷方式，增加了变压器的油温、轻重瓦斯等监控。由于需要监控的变量较多，为提高此电力电子变流设备的自动化水平，选用 S7-200 PLC 监控系统对运行工况随时监控。为了不使 PLC 监控系统应用的扩展模块太多，简化 PLC 监控系统的结构，在监控系统中，配置了陕西高科电力电子有限责任公司具有自主知识产权的快速熔断器监控模块，图 6.15 - 13 给出了其电路原理框图。该快速熔断器监控模块以 CPLD 芯片为核心单元，外配以其他器件，内部通过软件设计，可准确监控该电力电子变流设备中近 100 个快速熔断器的运行状况，其与 PLC 之间采用网络通信，可随时向 PLC 及上位计算机系统提供所有快速熔断器的运行状态。一旦任一个快速熔断器发生熔断或不正常运行工况，则直接指示出具体位置，便于用户进行更换。

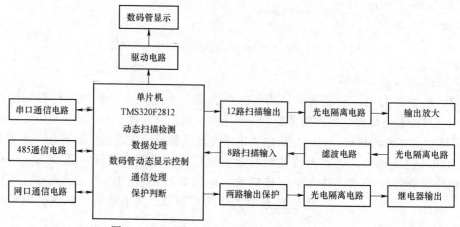

图 6.15 - 13　快速熔断器监控模块电路原理框图

6.15.4　应用效果

12 500kVA 低频电力电子变流设备已成功的用于某硅锰生产企业。该矿热炉供电的电炉变压器一次电压为 35kV，二次侧每相有 8 个独立的单相绕组，经外部连接将二次接为了独立的 8 个三相绕组，每个三相绕组均为三角形连接，低频变换电路应用本节介绍的主电路和控制电路及保护电路，额定输出容量 12 500kVA，额定输出交流电压为 168V，额定输出相电流 43 000A，由 8 个相同的三相低频变流单元并联构成。每相每个变流臂应用了 4000A/1200V 的 4in 晶闸管两只并联，串联快速熔断器参数为 4500A/380V，型号分别为 KP4000A/1200V 和 RS₄－4500A/380V，每相使用了额定电流为 6kA/5V 的霍尔电流传感器，输出低频电压可调频范围为 0.01～3Hz，实际运行频率为 0.1Hz。使用效果表明，从工频改为低频后，从电炉变压器至矿热炉内电极上的感抗压降降为原值的近 1% 之内，功率因数从原来的不足 0.7 提高到 0.92。熔炼每吨硅锰电耗降低了近 8%，每吨硅锰熔炼节电近 260kW·h，石墨电极消耗量比原来降低了近 30%，节电效果非常好，PLC 监控单元提供了完善快速的保护与监控功能。

6.15.5　结论与启迪

通过对 12 500kVA 矿热炉用晶闸管电力电子变流设备系统构成和工作原理的详细分析，以及对实际使用效果的详细介绍，我们可得下述几点结论和启迪：

（1）矿热炉因单炉功率越来越大，耗电严重，属于高耗能行业，将矿热炉供电从工频改为低频，是提高矿热炉系统运行效率，降低系统损耗，提高运行功率因数的一种极为有效的措施。

（2）对三相低频矿热炉系统来说，因在低频输出的正负半周内，构成低频变换的三相可控整流电路，是以常规三相可控整流电路的工作逻辑进行工作的，对触发脉冲的要求与常规三相可控整流电路相同。

（3）应用快速熔断器监控模块，不但可以简化 PLC 单元的硬件结构，使 PLC 的扩展模块数量得到减小，而且可以降低系统成本，提高运行可靠性。

（4）对三相低频变换来讲，需要 6 组按主电路拓扑结构决定的三相触发脉冲，可以直接单独产生 6 组相位满足一定逻辑关系的三相 6 路触发脉冲，也可以仅仅设计一个共用的三相 6 路触发脉冲形成单元，然后应用 6 个相同的脉冲分配电路将触发脉冲变换为 6 组，无疑后者具有电路结构简单，使用可靠的特点。

（5）三相低频变换，需要三相低频的 6 个逻辑切换控制逻辑信号，这些信号可以应用硬件电路产生，也可以应用 PLC 或 DSP 软件编程的方法产生。应用 PLC 软件编程的方法是一个很好的实用方案。

（6）三相半波低频变换主电路，正组与反组通过被熔化材料导电，形成两个三相半波可控整流串联、达到三相桥式变换的结果，这种电路变换既可实现三相低频变换，还具有可防止产生环流、不同相之间短路的问题，是一个很好的主电路拓扑。

（7）以三相半波为基本单元的低频变换之触发脉冲产生、脉冲分配、保护与监控电路，在其他电路拓扑（如以三相桥式、双反星形、三相桥式同相逆并联、双反星形同相逆并联为基本单元）的三相低频变换系统具有通用性。

第7章　MOSFET 类电力电子变流设备

7.1　概述

电力电子器件中，还没有一种器件的工作频率，可与电力场效应晶体管（MOSFET）相媲美。尽管目前限于材料和半导体工艺等原因，还难以制造出同时兼有高电压、大电流的电力 MOSFET，但是 MOSFET 优良的自均流特性使其极易并联，所以其扩大功率使用并不存在很大障碍。目前电力场效应晶体管的实用高频开关频率已达近 1MHz。美国国际整流器公司（IR）生产的电力场效应晶体管，额定电压 20V 系列的通态压降已降至 $2m\Omega$，而额定电压 600V 系列的通态压降已降至 $100m\Omega$。正由于此，MOSFET 已成为当今开关电源、家用电器等领域使用的小功率电力电子变流设备中广泛应用的器件。

中国电力电子行业协会对国内 3 家电力 MOSFET 生产厂家的统计数据表明，2017 年这 3 家单位共生产 MOSFET 857 675 888 只，其中国内使用 774 678 573 只，这些数据表明，我国主功率器件为电力 MOSFET 的电力电子变流设备的应用越来越多，市场前景喜人。

7.2　MOSFET 的保护问题

由于 MOSFET 为高速电力电子器件，且为电压驱动器件，所以其完善保护极为重要。从大的方面来看，MOSFET 的保护可以分为过电压保护和过电流保护，短路保护可以看作是严重的过电流故障。

7.2.1　过电压保护

过电压保护又分为以 MOSFET 为主功率器件的电力电子变流设备主电路母线过电压保护、MOSFET 栅极驱动电路过电压的监控保护、MOSFET 栅源极过电压保护及漏源极过电压保护。其中，以 MOSFET 为主功率器件的电力电子变流设备的主电路母线过电压保护，属于电力电子变流设备的保护，可参见本书第 3 章有关电路，本节仅仅讨论 MOSFET 栅极驱动电路电压的监控保护、MOSFET 栅源级过电压保护及漏源过电压保护。MOSFET 栅源过电压保护又分为防止真正过电压和防止静电感应过电压保护两种。

1. MOSFET 栅极驱动电路电压的监控保护

由于电网电压的非正常波动直接影响着被驱动 MOSFET 的可靠工作，这就要求一个较理想的 MOSFET 栅极驱动电路，应有自身工作电源电压高低的检测和监控功能。当驱动电路自身工作电源电压低于一定值时，则通过自身封锁逻辑，自动停止被驱动 MOSFET 的导通，防止因驱动电路电源电压过低，不能使被驱动 MOSFET 正常导通或可靠关断而损坏。因而众多 MOSFET 的栅极驱动电路在设计制造时，自身就设计有栅极驱动电压的监控电路。例如可用于 MOSFET 驱动的驱动器集成电路 HL202，在这方面就显示出了它的优良性能，尽管 HL202 为驱动 GTR 的专用集成电路，它可以用于系统工作频率不是很高（＜10kHz），导通压降不是很高（＜3V）的 MOSFET 驱动。它的正电源电压为+9V，而负电源电压为−6V，本身带有负电源电压监控功能，监控门槛值可通过调节接于其引脚 16 与正负电源之间的电位器 RP 在 0～−U（−6V）之间调节，如图 7.2−1 所示。

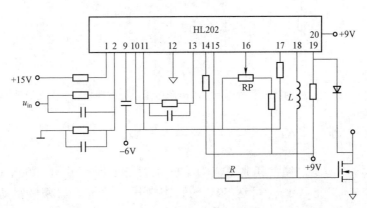

图 7.2−1　应用 HL202 构成具有驱动电源电压监控的 MOSFET 栅极驱动器

2. 非静电引起的栅源报过电压保护

由于电力 MOSFET 的结构，决定了它的 MOS 栅承受耐压的能力较弱，其最大允许栅源极耐压极限为±20V，所以过电压保护的目的是限制加到 MOSFET 栅源极的电压。

图 7.2−2 给出了应用分立器件构成的另一种 MOSFET 驱动器原理示意图。正常工作时，因稳压管 VS_1 的稳压值（5V）低于稳压管 VS_2 的稳压值（18V），所以比较器 A 同相端电压低于反相端 1V，因而比较器 A 输出低电平，晶体管 V_1 不导通，驱动电路按脉冲整形电路的输出状态，V_2 与 V_3 交替导通，驱动 MOSFET VF 正常工作，正向驱动电压幅值 16V，反向驱动电压−8V。一旦电源电压低于 18V，比较器同相端输入电压仍然为 5V，而反相端输入电压远远低于 5V，比较器 A 输出高电平，晶体管 V_1 导通，将加到 V_2 与 V_3 基极的驱动电压信号一直置为低电平，V_3 导通，向 MOSFET 栅源极一直提供一负向电压，确保 VF 一直可靠关断。

（1）引起栅源极过电压的原因。通常引起栅源极过电压的主要原因有三个：

1）结电容耦合漏源极电压变化。MOSFET 工作时，因工作频率很高，且有分布结电容，所以很容易将 MOSFET 漏源极的工作电压耦合到 MOSFET 栅源极。如图 7.2−3 所示，在开关过程中，u_{DS} 的变化会通过漏源极间的结电容 C_{GD} 影响到 u_{GS}，并且驱动电路输出电阻 R 越大，影响越严重。当 R 很大或栅极开路时，u_{GD} 变化 Δu_{GD} 造成的该电压影响，即为 C_{GD} 和 C_{GS} 的分压，不考虑驱动电路输出栅源极间驱动电压的影响时，则该电压值可按式（7.2−1）进行计算

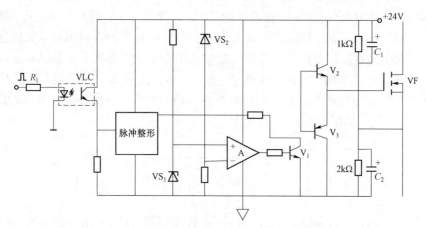

图 7.2－2　应用比较器对栅极驱动电源电压监控的栅极驱动电路原理图

$$\Delta u_{GS1} = \Delta u_{DS} \frac{1/\omega C_{GS}}{1/\omega C_{GS} + 1/\omega C_{GD}} = \Delta u_{DS} / (1 + C_{GS}/C_{GD}) \qquad (7.2-1)$$

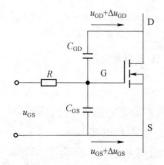

图 7.2－3　C_{GD} 对 U_{GS} 的影响
原理示意图

通常其典型值为 1/6。也就是说即 Δu_{GD} 有 300V 的瞬时变化时，Δu_{GS} 可达 50V 的瞬态电压。此电压与栅极驱动电路输出的驱动电压进行叠加，则电力 MOSFET 实际栅源极承受的电压就更高。

2）栅极电流变化时因栅极驱动电路引线电感存在引起的尖峰过电压。由于通常电力 MOSFET 栅极驱动电路输出的驱动信号，是通过引线连接到电力 MOSFET 栅源极的，引线不可避免的有引线电感 L，频率很高的栅极驱动电流信号变化，定会引起尖峰电压 $L di_G/dt$，这导致了栅源极最终承受的实际电压升高，更加导致了栅源极的过电压。

3）栅极驱动电路设计不可靠，引起栅极驱动电路实际输出信号电压超过正常值。如果栅极驱动电路设计不好，或栅极驱动电路故障，造成栅极驱动电路输出信号超过正常允许值，导致栅源极承受过电压，图 7.2－4 给出了这种电路的实际例子。正常工作时，两个等值电阻对两个电解电容进行均压，每个电解电容两端电压为供电电源电压 36V 的一半，所以在前级驱动信号为高电平时，晶体管 V_1 导通，提供电力 MOSFET 栅源极的驱动电压为 18V；如果电容 C_2 击穿短路，则电容 C_2 两端电压变为零，而电容 C_1 两端电压变为了 36V，在前级驱动信号为高电平时，V_1 导通时，36V 电压直接加到了被驱动电力 MOSFET 的栅源极，造成电力 MOSFET 严重栅源极过电压。

（2）非静电引起的栅源极过电压的保护方法。非静电引起的栅源极过电压常用的保护方法为限幅方法，如图 7.2－5 所示。应当尽量减小驱动电路输出电阻 R，防止栅极开路（R 左端要接地或接负电源），并且栅源并联连接阻尼电阻 R_{GS} 及反向串联稳压二极管，稳压管的稳压值应小于 20V，且对稳压管的频率特性要求高，在两端电压超过 20V 时，很快瞬时发生齐纳击穿，限制过电压。

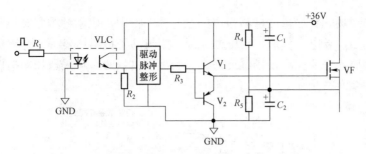

图 7.2－4　栅极驱动电路故障造成 MOSFET 栅源过电压示意图

3. 静电引起的栅源过电压保护

静电是相对于另一表面或相对于地的一物体表面上电子过剩或不足。过剩电子的表面带有负电，电子不足的表面带有正电。静电一般由摩擦或感应产生。电力 MOSFET 的最大优点是具有极高的输入阻抗，因此在静电较强的场合难于对静电导致输入栅源极之间过电压，引起栅源极静电击穿。静电击穿有两种形式，一种是电压型，即栅极的薄氧化层发生击穿而形成针孔，使栅极和源极间短路，或者使栅极和漏极间短路；另一种是功率型，即金属化薄膜铝条被熔断，导致栅极开路或者是源极开路。导致静电击穿的电荷源可能是

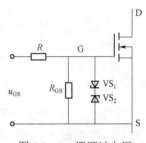

图 7.2－5　栅源过电压
保护电路原理图

器件本身，也可能是与之接触的外部带电物体，或带电人体。在干燥环境中，活动的人体电位可达数千伏甚至上万伏，所以人体是引起电力 MOSFET 静电击穿的主要电荷源之一。引起电力 MOSFET 静电击穿所需的静电电压为 1000V 或更高（取决于芯片大小）。对于带电的电力 MOSFET，当它与周围物体的几何位置发生相对移动时，器件与外界组成的相对空间电容数值会发生相应变化，这会使器件电压升高，从而造成器件损坏。有时，如带电荷的器件与地短接，则放电瞬间会造成器件损坏。在电场中，由于静电感应电力 MOSFET 将产生感应电场，故当器件处于强电场中时，会发生栅极绝缘体击穿。防止静电击穿时应注意：

（1）在 MOSFET 测试和接入电路之前，应存放在静电包装袋、导电材料或金属容器中，不能放在塑料盒或塑料袋中。取用时应拿管壳部分而不是引线部分。工作人员需通过腕带良好接地。

（2）将 MOSFET 接入电路时，工作台和烙铁都必须良好接地，焊接时电烙铁功率应不超过 25W，最好是用内热式烙铁。先焊栅极，后焊漏极与源极，最好使用 12～24V 的低电压烙铁，且前端作为接地点。

（3）在测试 MOSFET 时，测量仪器和工作台都必须良好接地，并尽量减少相同仪器的使用次数和使用时间，尽快完成作业。MOSFET 的三个电极未全部接入测试仪器或电路前，不要施加电压。改换测试范围时，电压和电流都必须先恢复到零。

（4）注意栅极电压不要过限。有些型号的电力 MOSFET，内部输入端接有齐纳保护二极管，这种器件栅源间的反向电压不得超过 0.3V，对于内部未设齐纳保护二极管的器件，应在栅源间外接齐纳保护二极管或外接其他保护电路。

（5）使用 MOSFET 时，尽量不穿易产生静电荷的服装（如尼龙服装）。

（6）在操作现场，要尽量回避易带电的绝缘体（特别是化学纤维和塑料易带电）和使用导电性物质，例如，导电工作服、导电性底板、空气离子化增压器等，并避免操作现场放置易产生静电的物质，保证操作现场湿度适当。当湿度过低时，可采取加湿措施。正确的操作防静电对策如图 7.2－6 所示。

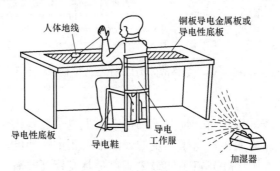

人体地线

铜板导电金属板或导电性底板

导电性底板

导电鞋

导电工作服

加湿器

图 7.2－6　操作时的防静电对策

（7）实际安装时的防静电对策。在印制基板上安装仪器之后，还应注意静电。

1）保管。保管（或搬运）MOSFET 或带有 MOSFET 的印制基板（安装过仪器的）时，要装入导电袋或导电性塑料容器或导电架中。不要放入易带电的塑料箱、乙烯袋、聚乙烯容器中。捆包多个 MOSFET 或带有 MOSFET 的印制基板时，不要使它们之间相互接触，并且在箱内装入填料，不要留有空隙。印制基板的接触柱要通过铝箔和基板短路杆短路。使用挡尘板时，需用导电性薄板或棉制性薄板。

2）人体地线。对实际安装后的 MOSFET 或印制基板进行试验、检查或组合时，在使用半导体仪器的情况下，需接人体地线。此时要防止操作人员触电，万一操作人员触电时，作为静电对策的有效人体地线通常也会暴露其危险性。因此，通常需要在人体与地线之间串联电阻，如果电阻值过大，地线就会失效；如果电阻值过小，人体触电时就会产生大电流，对人体也会造成危险。此值可取 250kΩ 到 1MΩ 即可。

（8）使用印制基板时，需戴上手套，切勿裸手使用。在接拆接线柱时，务必在切断电源后进行。因为加异常电压时，会破坏 MOSFET，所以必须按上述原则进行。

4. MOSFET 漏源极间的过电压保护

如果 MOSFET 器件接有感性负载，则 MOSFET 器件关断时漏极电流的突变（di/dt），会产生比外电源电压还高的漏极电压过冲，导致器件的击穿。电力 MOSFET 关断得越快，产生的过电压就越高。电感在实际电路中总是不同程度地存在着，因此器件关断时总是存在感应过电压的危险。

为防止器件损坏，最简单的防护方法是在感性负载上并接一个钳位二极管，如图 7.2－7a 所示。二极管将钳位掉大部分瞬变电压，但不会是全部。U_{DS} 将依然超过 U_{DD}，超过数值受二极管正向恢复特性、二极管引线电感和寄生串联电感大小的综合影响。

如果负载的串联电阻小于它的感抗，在 MOSFET 关断之后的一段时间内，简单的二极管钳位仍可允许电流通过负载和二极管环路而循环流动，产生振荡。当这种振荡电流大到不可接受时，可把一个电阻串联到二极管支路中，但这会增加漏源端反向恢复电压的峰值。

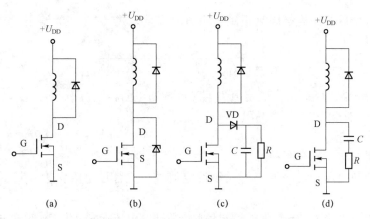

图 7.2 – 7　电力 MOSFET 漏源端瞬变电压保护

（a）用二极管钳位；（b）用齐纳二极管钳位；（c）用二极管—RC 网络钳位；（d）用 RC 网络钳位

用宽频带齐纳二极管限制漏源端瞬变电压是另一种简单而有效的办法，如图 7.2 – 7b 所示。除了引线电感的效应之外，齐纳二极管击穿所需的时间是可以忽略的。齐纳二极管将把瞬态电压钳位在它的击穿电压范围之内。由较慢的 du_{DS} / dt 引起的瞬态电压将被完全钳位掉，而由快的 du_{DS} / dt 引起的瞬态电压可能瞬时超过齐纳二极管的击穿电压值。显然，齐纳二极管的功率额定值应保证它能把钳位能量完全耗散掉。

图 7.2 – 7c 是一个 RC – VD 钳位网络。电容在整个开关周期内维持几乎恒定的电压值，仅当瞬态过程时电容吸收能量，而在其余时间内把能量馈送给电阻器。虽然这是一个通用的有效电路，但当 MOSFET 的开关速度太快时，会出现这种保护方法来不及对它进行衰减。如果反向恢复电压在前 50ns 就达到峰值，则钳位二极管的正向恢复特性及线路杂散电感将削弱这个电路的保护效能；在这种情况下，采取适当的措施，包括选择击穿电压稍高于钳位电压的齐纳二极管。当齐纳二极管并接在漏源端时，连线的长度应足够短，齐纳二极管的响应速度应快到足以吸收掉大部分瞬变电压。由于齐纳二极管仅用来限制最初的反向恢复电压峰值，而不是吸收电感上的全部能量，因此齐纳二极管的功率额定值，可小于只单独用作钳位元件所需的值。

另一种保护电力 MOSFET 免受大的瞬变电压伤害的方法，是使用如图 7.2 – 7d 所示的 RC 缓冲网络。虽然它也能有效地降低峰值漏极电压，但不如 RC – VD 钳位电路那么有效。钳位电路在发生瞬态过程时才消耗能量，但 RC 缓冲器在 MOSFET 不再受到过电压应力的稳态时间内也吸收能量。这种结构由于增加了漏源之间电容的放电，也使导通的时间变慢。

7.2.2　过电流保护

同一母线或同一电网中，若干负载的接入或切除均可能产生很高的冲击电流，以致超过 I_{DM} 的极限值，此时必须用电流传感器和控制电路使器件回路迅速断开。在脉冲应用中不仅要保证峰值电流 I_{PK} 不超过 MOSFET 的最大额定值 I_{DM}，而且还要保证其有效值电流 $I_{PK} \sqrt{D}$ 不超过（其中 D 为占空比）I_{DM}。

电力 MOSFET 性能指标中给出的额定最大连续电流，并不表示实际系统中器件能安全工作的连续电流，因为对于电力 MOSFET，还要考虑导通电阻功耗的限制，使用时，应根据导通电阻并结合器件的结壳热阻来正确选用电流容量，式（7.2-2）给出了一种计算可使用电流 I_D 值的方法。

$$I_D = \sqrt{(T_{jmax} - T_C)/(R_{DS(on)}R_{th(jc)})}$$

（7.2-2）

式中　$R_{DS(on)}$——结温度在最大额定值 T_{jmax} 时的导通电阻极限值；

　　　$R_{th(jc)}$——MOSFET 结壳热阻；

　　　T_C——壳温。

过电流检测方法一般有两种：

（1）检测漏源电压 U_{DS}。当 U_{DS} 大于设定值时，进行过电流保护，其工作原理电路如图 7.2-8 所示。

（2）检测源极电流 I_S。当 I_S 大于设定值时，进行过电流保护，其工作原理电路如图 7.2-9 所示。检测元件可以是电阻、电流互感器、霍尔传感器。

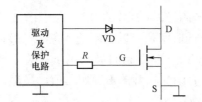

图 7.2-8　检测 U_{DS} 进行过电流保护工作原理图

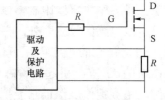

图 7.2-9　检测 I_S 进行过电流保护工作原理图

7.3　50A/12V 开关型直流电力电子变流设备

7.3.1　系统组成及工作原理

50A/12V 开关型直流电力电子变流设备的构成，从大的方面可分为主电路和控制电路，控制电路可以进一步分为 PWM 脉冲形成及闭环稳压和过电流保护电路、栅极驱动电路、保护电路三大功能块。

1. 主电路

主电路工作原理如图 7.3-1 所示，图中二极管 VD_1~VD_4 为单相整流模块，它的作用为把单相交流电整流成直流，电容 C 用来对单相整流后的脉动直流电压滤波，把其滤成平直直流电压，VF_1、VF_2、VF_3、VF_4 构成单相桥式场效应晶体管逆变器。其工作原理可分析为：在控制电路产生的控制脉冲的作用下，VF_1 和 VF_4 与 VF_2 和 VF_3 交替导通，从而在高频变压器 T 的一次侧形成一高频交流电压，经高频变压器降压隔离后，由二极管 VD_5、VD_6 全波整流，由电感 L_1 和电容 C_5 滤波后提供给负载。图中电容 C_3、C_4 和电阻 R_3、R_4 构成阻容吸收环节，它们用来对 MOSFET 及输出级整流二极管进行过电压吸收，防止 MOSFET 或输出级整流二极管在通断过程中，承受过高的尖峰电压而击穿损坏。电容 C_2 及电阻 R_2 为交流侧阻容吸收环节，其作用是防止感性负载通断过程中，在电网造成的尖峰电压损坏整流桥中的二极管。而接触器 KM、KM_1 及电阻 R_1 构成预充电环节，其工作过程为，电源开关 K 合上后，由于控制电路的作用，KM 的线包还未得电，电流经其常闭触点 KM_1、R_1 及整流桥给电容 C

充电；当充到一定值时，控制电路使 KM 线包得电，常开触点 KM 闭合，短接限制充电电流的电阻，常闭触点 KM_1 断开，此种结构限制了合闸过程中给电容 C 的充电电流，避免了电容 C 在合闸过程中遭受过大的冲击电流而损坏。图中 TA_2、TA_1 为电流取样环节，它用来为过电流与短路保护提供一取样信号，而电位器 RP_0 为过电压、欠电压保护提供一取样信号，电位器 RP_1 用来为闭环稳压提供一反馈信号，剩余的常闭触点 KA_1、KA_2 为过电压、欠电压及短路保护电路动作后分断主电路的继电器触点。

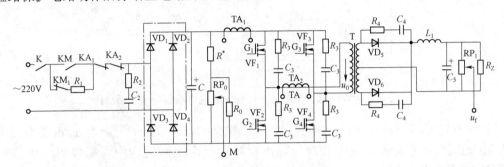

图 7.3-1　主电路工作原理图

2. 控制电路

（1）PWM 脉冲形成及闭环稳压和过电流保护电路。为了获得良好的调压性能，采用了脉宽调制技术，构成脉宽调制（PWM）逆变器来进行调压，PWM 脉冲的形成选用集成电路 SG3524 来完成。SG3524 为一双列直插式的 16 引脚大规模集成电路，其输出 PWM 脉冲的调频范围为 1Hz～400kHz，自身具有完备的脉宽调制电路和功率限制电路，内部集成有用户可构成闭环调节器的运算放大器，整个芯片的稳定性好，温度对芯片输出 PWM 波频率稳定性的影响小于 2%，具有优良的性能和高的性能价格比。选用 SG3524 构成的 PWM 脉冲形成及闭环稳压和过电流保护电路原理如图 7.3-2 所示。图中应用集成于 SG3524 芯片内部的运算放大器（2 管脚为运放的同相输入端，1 管脚为运放的反相输入端，9 管脚为运放的输出端）构成闭环调压的 PI 调节器。R、C 为闭环调节器反馈支路的电阻和电容；C_3、R_4 为补偿环节；TA 为接于主电路中的交流电流传感器，它用来为过电流保护提供一个取样信号。正常运行情况下，由于电阻 R_8 两端的电压便低于 SG3524 内部整定的过电流保护门槛值，此时输出 PWM 脉冲的宽度仅受给定与反馈电压之间的误差控制。当给定电压大于反馈电压时，闭环调节器的作用，使 SG3524 输出 PWM 脉冲的宽度变宽；反之，使输出 PWM 脉冲的宽度变窄。一旦发生过电流，则电阻 R_8 两端的电压便高于 SG3524 内部整定的门槛值，此时 SG3524 内部过电流保护电路动作，强迫 SG3524 输出的 PWM 脉冲宽度变窄，直到负载电流低于用户的整定值为止。同时利用 SG3524 输出的参考基准电压 U_{REF}（+5V），作为整个电力电子变流设备调压的给定电压，由于 U_{REF} 高度稳定，因而提高了给定电压的稳定性，进一步提高了整个开关型直流电力电子变流设备输出电压的稳定性。

（2）栅极驱动。MOSFET 的栅极驱动电路，在它的应用中有着特别重要的作用。MOSFET 对栅极驱动电路有下述要求：

1）在 MOSFET 开通过程中，栅极驱动电路输出电压波形的上升率 $\mathrm{d}u/\mathrm{d}t$ 要足够高，以使 MOSFET 快速开通，降低开通损耗。

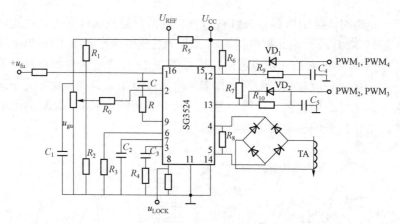

图 7.3 - 2　PWM 脉冲形成及闭环稳压和过电流保护电路原理图

2）在 MOSFET 关断过程中，栅极驱动电路输出的电压波形的下降率 du/dt 要充分大，以便 MOSFET 快速关断，减少关断损耗，同时在整个关断过程中，栅极驱动电路应给 MOSFET 的栅源极施加一定的反向电压，以利于 MOSFET 的可靠关断，防止误驱动导通。

3）栅极驱动电路输出的电力场效应晶体管的驱动电压波形，其正向电压与反向电压的峰值均应小于被驱动电力场效应晶体管，栅源极间允许施加的最大正反向电压，一般不超过±20V。

4）栅极驱动电路应尽可能简单，并具有很强的抗干扰能力，以防止电力场效应晶体管的误导通。

考虑到上述要求，本电力电子变流设备中设计使用的驱动电路如图 7.3 - 3 所示。它的工作原理为：正常情况下，由于系统没有发生短路现象，所以光耦 VLC_2 不工作，当驱动输入信号 u_A 为高电平时，光耦 VLC_1 输出低电平，555 引脚 3 输出高电平，晶体管 V_1 饱和导通，V_2 截止，提供电力场效应晶体管 VF_1 所需正向驱动电压；反之，驱动输入信号 u_A 为低电平时，光耦 VLC_1 截止，输出高电平，555 引脚 3 输出低电平，晶体管 V_1 截止，V_2 导通，给电力场效应晶体管 VF_1 的栅源极间施加反向电压。一旦发生短路故障，则短路保护电路输出高电平，使光耦 VLC_2 快速导通，晶体管 V_1 迅速截止，V_2 导通，给 MOSFET 栅源极间施加反压，使其快速关断。

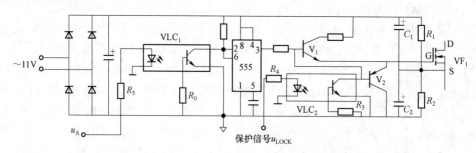

图 7.3 - 3　栅极驱动电路

该栅极驱动电路的优点为：

1）由于光电耦合器 VLC_1、VLC_2 可隔离 2.5kV 的电压，所以栅极驱动电路完全与 PWM 脉冲形成及保护电路隔离，实现了主电路与 PWM 脉冲形成及保护环节的隔离。

2）时基电路 555 用作施密特触发器，因而极大地提高了栅极驱动电路的抗干扰能力，电阻 R_0、R_3 的引入防止了光耦 VLC_1、VLC_2 的误导通，使栅极驱动电路的抗干扰能力进一步增强。

3）通过电阻 R_1、R_2 及电容 C_1、C_2 给 MOSFET 栅源极间提供关断过程中所需的反向电压，避免了常规用法中需另加的负电源，使栅极驱动电路的电源结构得以简化，通过调节 R_1 与 R_2 的比值，便可调节加到 MOSFET 栅源极间的正向与反向电压的大小，因而可适用于不同的电力场效应晶体管的栅极驱动。

3. 保护电路

为了提高开关电源系统运行的可靠性，除设计过电流保护环节外，还设计过电压、欠电压及短路保护。应特别注意，这时因使用的主功率器件为 MOSFET，其工作频率达几十千赫兹，所以保护电路中的比较器要使用高速型，使用常规的运算放大器 LM324 代替比较器，因频率特性原因，这时已经不满足要求，建议使用专用比较器（如 LM339），或高速运算放大器（如 LM347、LM348）。使用专用比较器时，一般为集电极开路，千万注意不要忘记上拉电阻。

（1）短路保护。短路保护是为防止逆变桥同桥臂中两个 MOSFET 同时导通（如一个击穿后另一个再导通）或电源输出短路而设计的，对它的要求是动作迅速、灵敏。短路保护电路原理如图 7.3－4 所示。它的工作原理为：正常运行时，由于来自主电路电流取样环节 TA_1 输出的直流电压低于比较器 A_1 反相端整定的门槛值，因而 A_1 输出低电平，晶体管 V_1 不导通，光耦 VLC_2、VLC_3、VLC_4、VLC_5 不工作，栅极驱动电路中 PWM 脉冲不被封锁；比较器 A_2 输出低电平，晶体管 V 不导通，继电器 K_1 不动作，主电路不被分断。一旦发生短路（或直通）事故，则因 TA_1 输出的电流信号，经电阻变换为电压信号，大于比较器 A_1 反相端整定的门槛值，A_1 输出高电平，晶体管 V_1 导通，光耦 VLC_2、VLC_3、VLC_4、VLC_5 导通，从栅极驱动电路的末级直接封锁掉 PWM 脉冲，使逆变器中 MOSFET 的栅极驱动信号全被封锁；比较器 A_2 输出高电平，晶体管 V 导通，继电器 K_1 动作，分断主电路，并给出短路指示。

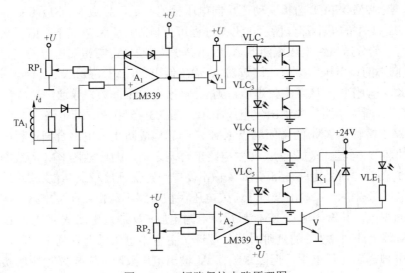

图 7.3－4　短路保护电路原理图

（2）过电压保护。过电压保护是为了防止电网电压超过交流 220V（1＋10%）时，主电路整流电压过高，损坏主回路整流模块及 MOSFET 而设计的。它的原理电路如图 7.3－5 中上半部分所示。正常运行时，由于来自主电路分压电位器 RP_0 的取样电压经跟随器 A_1 后低于比较器 A_2 反向端整定的过电压门槛值，而高于比较器 A_3 同向端整定的欠电压门槛值，因而 A_2 与 A_3 输出低电平，二极管 VD_1 与 VD_2 截止，晶体管 V 截止，继电器 K_2 不动作，主电路不被分断；一旦发生过电压，即电源电压高于额定电压的 10% 时，来自主电路分压电位器 RP_0 上的电压取样值，经电压跟随器 A_1 后，高于比较器 A_2 反向端整定的过电压门槛值，A_2 输出高电平，并经稳压管 VS_1 及二极管 VD_8 自锁，二极管 VD_1 及晶体管 V 导通，分断主电路，并给出过电压指示。

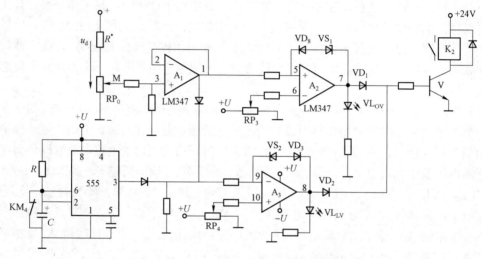

图 7.3－5　过电压及欠电压保护电路原理图

（3）欠电压保护。欠电压保护是为了防止当电网电压低于额定值的 10% 时，引起控制电路电压过低，造成 MOSFET 栅极驱动正反向电压幅值不足，导致 MOSFET 损坏而设计的，其电路如图 7.3－5 中的下半部分所示。工作过程可分析为：正常情况下，由于来自主回路分压电位器 RP_0 上的分压值经电压跟随器 A_1 后，高于比较器 A_3 同相端整定的欠电压门槛值，而低于 A_2 反向端的过电压门槛值，比较器 A_3 输出低电平，VD_2 截止，V 不导通，分断主电路的继电器 K_2 不动作；一旦发生欠电压，则 A_3 输出高电平，VD_2 导通，晶体管 V 导通，继电器 K_2 动作，分断主电路，并给出欠电压指示。图 7.3－5 中，时基电路 555 与电容 C 及电阻 R 和主电路中接触器 KM 的常闭触点 KM_4，一起构成防止主电路合闸过程中欠电压保护电路误动作的环节。其工作过程为：在主电路未合闸之前，因接触器 KM 的线圈未得电，其常闭触点 KM_4 闭合，时基电路 555 引脚 3 输出高电平，保证比较器 A_3 反相端的电压高于其同相端的欠电压门槛值，A_3 输出低电平，欠电压保护电路不动作；在主电路合闸后，因接触器 KM 的线圈得电，其常闭触点 KM_4 断开，电源电压 $+U$ 通过电阻 R 给电容 C 充电，电容 C 两端电压从零上升到 $2/3U$ 的延时时间，保证了主电路电压已上升到正常值，之后尽管时基电路 555 引脚 3 输出低电平，但因跟随器 A_1 输出电压反映了主电路电压的实际状态，所以过电压与欠电压保护电路的动作与否，已与时基电路 555 没有关系了。

7.3.2　应用效果

本开关型直流稳压电力电子变流设备，已成功地用于某省电力公司 50MW 火电厂模拟培训装置中，共有 10 台 5～18V 可调，输出电流为 50A 的直流稳压电力电子变流设备。用于"50MW 火力发电厂计算机模拟培训装置"中作为整个灯光显示环节的直流供电电源，每台电力电子变流设备不但实用情况有所不同，而且使用输出电压及负载电流并非相同，在整个模拟培训装置开机后的 10min 内，各台电力电子变流设备都要承受 0～50A 的周期冲击负荷，且冲击频率为 30 次/min，然后变为非周期性的空载或满载。由于白炽灯丝冷态与热态电阻值相差数倍，冷态电阻最小，也就是说冷态供电给白炽灯，需要开关电源输出电流为白炽灯热态电流的数倍或数十倍，使这批开关型电力电子变流设备的过载性能接受了检验和考验，此 10 台电力电子变流设备已投入运行近 23 年，使用效果表明稳定可靠。图 7.3-6 中给出了本系列电力电子变流设备中功率场效应晶体管的栅源极驱动电压波形，图 7.3-7 给出了运行过程中电力场效应晶体管漏源极间的电压波形。应说明的是这 10 台电力电子变流设备中限于光耦的频率特性，我们选用 SG3524 输出 PWM 脉冲的频率为 20kHz，末级驱动电路中的光耦选用美国 MOTOROLA 公司生产的高速光耦 MOC5007。由于 MOSFET 工作频率高于音频范围，因而整个电力电子变流设备运行中没有音频范围的噪声，同时极大地减小了直流滤波电感尺寸及输出滤波电容容量。经实测在满载 50A/12V 输出时，其最大纹波峰－峰值仅 40mV，电压稳定度高于 1%。各种保护电路动作灵敏、迅速。

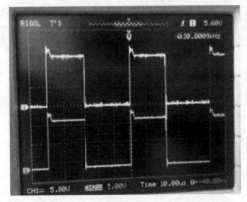 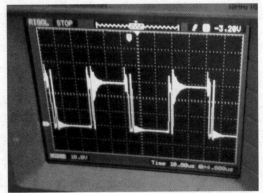

图 7.3-6　栅源极驱动电压波形　　　　图 7.3-7　漏源极电压波形

7.3.3　结论与启迪

通过上述对 12V/50A 开关型直流电力电子变流设备，各组成部分工作原理和实际使用效果的介绍，可得如下几点结论与启迪：

（1）应用 MOSFET 作为主功率元件构成高频逆变器，可使逆变器的频率做得较高，因而可极大地减小输出滤波器的尺寸。

（2）采用 SG3524 产生 PWM 脉冲信号，可使 PWM 脉冲形成部分大为简化。应用其内部的运算放大器构成闭环调节器，发挥其自身电路的作用进行过电流保护，从而可以提高脉冲形成、闭环调节、保护环节的紧凑性、集成度和可靠性。

（3）实用效果表明，短路保护、过电压、欠电压保护线路设计简单、动作灵敏、保护可靠。

（4）保护电路在诸多电力电子变流设备（如交流调速、直流调速、不间断电源、变频电源、中频电源、直流输电等领域）中有一定的推广价值。

（5）理论分析和实用效果都表明了，开关型直流稳压电力电子变流设备设计的合理性、有效性、实用性和可推广性，应用前景广阔。

7.4 超低纹波组合开关型直流电力电子变流设备

7.4.1 系统组成及工作原理

超低纹波组合开关型直流电力电子变流设备的组成和工作原理框图如图 7.4-1 所示。可分为主电路及控制电路，其中主电路包括整流电路、有源滤波电路、全桥逆变电路、高频变压器、高频整流电路、高频滤波电路，而控制电路包括脉冲形成电路、栅极驱动电路、保护电路、电压检测与电流检测电路。

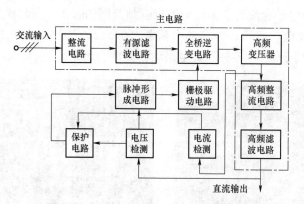

图 7.4-1　超低纹波组合开关电源的组成

1. 主电路

（1）整流、有源滤波及逆变电路。主电路中整流和有源滤波及逆变电路原理如图 7.4-2 所示，图中应用三相整流桥将三相交流电整流成脉动直流电压，C_1、C_4 及 R_1、R_2、R_3、C_2、C_3、V_1、V_2 是为了滤去三相整流后的六倍基频的低频纹波，其中 R_1、C_2、R_2、C_3、R_3 及 V_1、V_2 一起构成两级有源滤波器。由于滤去的是低频纹波，加之等效滤波电容值很大，所以经滤波后的电压几乎为一条直线，V_1 集射极压降较小，V_1、V_2 自身功耗不是很大，R_4 为几百千欧的电阻，其作用表现在停机时，使储存在 $C_1 \sim C_4$ 中的能量缓慢释放掉，以利于打开机箱维护及检测。图中 K 与 R 并联的网络是软启动环节，在合闸启动的过程中，使 V_1 集电极的电压与发射极的电压均缓缓上升，以防不加 R，K 时，因有源滤波在 V_1 发射极的等效电容很大，集电极电压上升过快而发射极电压上升缓慢，在 V_1 集射极之间产生很大的压差而损坏晶体管 V_1。图中 $VF_1 \sim VF_4$ 构成标准的单相桥式电压型逆变器，运行时 VF_1、VF_4 与 VF_3、VF_2 交替导通，从而将直流电压变换成高频交流方波电压，先提供给高频变压器 T 升压（或降压）后，按输出直流电压的不同提供给高频整流及输出滤波环节。本组合开关型直流电力电子变流设备，应用 MOSFET 作为主功率开关元件，所以逆变桥的工作频率为 100kHz。TA 为高频电流互感器，它用来为过电流保护环节提供实际电流检测信号。

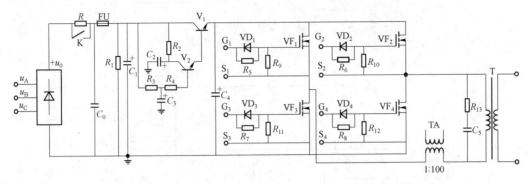

图 7.4 - 2　主电路中整流和有源滤波及逆变电路原理图

（2）高频整流及纹波处理。由于开关型直流电力电子变流设备中，诸电力电子器件均工作在高速开关状态，差模及共模纹波远大于一般线性直流电力电子变流设备，而且共模纹波很难采用常规的滤波器滤去，所以如何滤去差模与共模纹波电压，成为开关型直流电力电子变流设备的一个重要课题。本组合开关型直流电力电子变流设备用来取代原来的线性开关型直流电力电子变流设备，纹波指标基本上按原线性开关型直流电力电子变流设备提出，采用了图 7.4 - 3 所示的滤波器，取得了较好的滤波效果。图中 L_1、C_1 及 C_8 用来滤去较低频纹波（即 6 倍频交流纹波），而 L_2、C_2、C_3、C_4 及 L_3、C_7、C_6、C_5 主要用来滤去高频共模纹波。

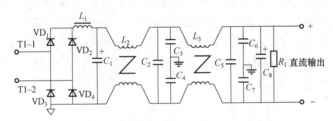

图 7.4 - 3　高频整流及纹波处理原理图

2. 控制电路

如图 7.4 - 4 所示，控制电路包括 PWM 脉冲形成电路、电压与电流检测电路、栅极驱动电路、保护电路四大部分。

（1）PWM 脉冲形成。本组合开关型直流电力电子变流设备，选用专用 PWM 脉冲形成器集成电路 SG1526 来产生 PWM 波，SG1526 产生 PWM 波的实际应用电路如图 7.4 - 4 所示。图中接于引脚 9 与 10 的电阻 R_T 及电容 C_T 决定输出 PWM 脉冲的频率，为了保证给定的稳定，图中应用 SG1526 自身输出温度特性极佳的参考电压 U_{REF}（引脚 18）来作为整个系统的给定，供电电源，接于引脚 11 的电阻 R_D 决定输出两路互差 180° 的 PWM 脉冲 PWMA 与 PWMB 之间的死区时间间隔，以防止逆变器中同桥臂两个 MOSFET 管的同时导通。该 PWM 脉冲形成单元，应用 SG1526 内部的误差放大器作为闭环调节器，而以 SG1526 内的比较器用作过电流保护比较器，图中 u_F、i_F 为电压与电流检测环节的输出，而 LOCK 信号来自过电压保护或其他故障保护电路的输出，起故障时封锁 SG1526 输出脉冲的作用。

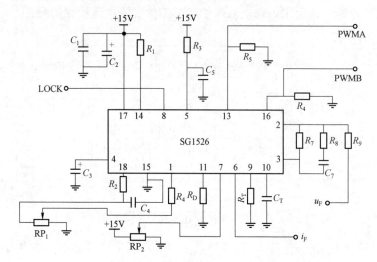

图 7.4－4　应用 SG1526 构成的 PWM 脉冲形成电路

（2）电压与电流检测环节。电压与电流检测环节的作用有两个，一是为闭环调节器提供一被控输出量的反馈，二是为故障保护提供一个实际输出信号的取样值。本组合开关型直流电力电子变流设备的交流电流检测，通过专门设计的特殊电流互感器串入高频变压器一次侧来进行，而直流电压反馈使用霍尔电压传感器来实现。

（3）栅极驱动单元。考虑到本组合开关型直流电力电子变流设备中每个分变流设备输出功率不是很大，所以应用 IR2110 作为 MOSFET 的栅极驱动器，栅极驱动电路原理如图 7.4－5 所示。图中 LOCK$_1$ 来自保护电路的输出，当其为高电平时使 IR2110 的输出被封锁，驱动电路的输出 G$_1$～G$_4$ 分别接主回路中 VF$_1$～VF$_4$ 四个 MOSFET 的栅极，四个与门用来进行脉冲整形及分配，把 SG1526 输出的两路 PWM 脉冲分配为四路，同时增加了 LOCK$_2$ 低电平封锁的保护功能。

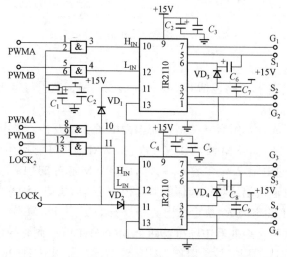

图 7.4－5　栅极驱动电路原理图

7.4.2　应用效果

上述开关型直流电力电子变流设备方案，已成功地在 2000 年应用，取代了该系统中原来使用的固定电压输出的线性直流电力电子变流设备，并在中国电力电子产品质量监督检测中心进行了合格检测及环境试验。试验项目有高温、低温、潮湿试验，还进行了跑车及振动试验。结果表明，该系列组合开关型直流电力电子变流设备，线路设计合理，保护迅速可靠，工作稳定性好，效率高，体积小，输出电压调节方便。表 7.4-1 给出了由国家电力电子产品质量监督检测中心检测的组合开关电源主要参数。

表 7.4-1　　　　　　　　　　　　组合开关电源主要参数

交流输入电压/V	直流输出电压/V	可调范围/V	负载电流/A	纹波电压/mV	稳压精度（%）
三相 220V	+150	±50	0.5	10	≤1
三相 220V	-150	±50	0.3	9	≤1
三相 220V	+250	±50	0.4	11	≤1
三相 220V	-250	±50	0.2	8	≤1
三相 220V	+300	±50	0.5	22	≤1
三相 220V	-300	±50	0.3	12	≤1
三相 220V	+450	±50	0.3	10	≤1
三相 220V	-450	±50	0.2	10	≤1
三相 220V	+600	±50	0.3	30	≤1
三相 220V	-600	±50	0.3	30	≤1
三相 220V	+1800	±100	0.01	用户不要求	
三相 220V	-1800	±100	0.01		

7.4.3　结论与启迪

（1）理论分析和实用效果均证明了本节的开关型直流电力电子变流设备设计方案的有效性及实用性，因而在小电流输出开关型直流电力电子变流设备行业有推广价值。

（2）用 MOSFET 构成开关型直流电力电子变流设备中的主功率器件，可以使开关型直流电力电子变流设备的容量及品质得以大幅度提高。

（3）对小功率小电流输出开关型直流电力电子变流设备，在逆变器的前级直流输入回路中增加有源滤波，直流输出采用多级滤波，对低频和高频纹波采用不同的滤波回路进行处理，可以使开关电源的纹波指标接近线性电源的水平。

（4）上述开关型直流电力电子变流设备，完全可以用于原来使用线性直流电力电子变流设备的同类场合，在需较高电压输出的小功率直流电力电子变流设备的场合应用前景广阔。

7.5 6kW 8×45° 多相位可变频交流输出电力电子变流设备

7.5.1 电路构成及工作原理框图

6kW 多相位可变频调压交流输出电力电子变流设备，其系统构框图如图 7.5－1 所示，包括主电路、工作电源、多相位正弦波参考基准产生、三角波形成、SPWM 脉冲形成、驱动电路、信号检测与显示、继电操作、保护电路 9 大功能单元，后 8 个单元属于控制电路。下面分别介绍每个单元的电路构成和工作原理。

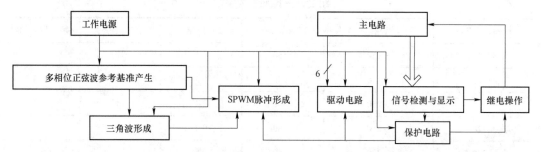

图 7.5－1　6kW 多相位可变频调压交流输出电力电子变流设备系统构成框图

1. 主电路及信号检测与显示

主电路及信号检测与显示环节原理电路如图 7.5－2 所示，4 个逆变桥共用一个三相整流桥。KM_1 为交流接触器，用来实现交流供电电源与主电路的接通与分断，一是提供正常运行时交流供电电源的合分控制，二是用在故障时分断主电路。VD_1～VD_6 构成标准的三相不控整流电路，用来将交流电整流成直流，为防止电路中电力电子器件的导通或关断，电流变化产生较大的 di/dt，因电路中分布电感的存在引起的尖峰过电压 Ldi/dt 击穿整流管，在每个整流管旁并接有吸收尖峰过电压的阻容网络；电容 C_7～C_{10} 与电感 L_1～L_4 构成直流电压滤波环节，以便为后续逆变电路提供一平直的直流电压，另一方面电感在此还能限制不同的单相逆变桥工作时，在直流母线上引起的相互干扰，使各分电力电子变流设备工作时直流相互解耦；霍尔电流传感器 TA_1～TA_4 分别用来检测四路逆变桥工作时流过直流母线的电流，为进行过电流及短路保护提供取样信号；电力场效应晶体管（MOSFET）VF_1～VF_4，VF_5～VF_8，VF_9～VF_{12}，VF_{13}～VF_{16} 分别构成 4 个单相桥式逆变器，用来在配套驱动电路输出的 SPWM 脉冲作用下，将直流电压逆变为相应的 SPWM 交流电压提供给负载，同样为防止尖峰过电压击穿电力 MOSFET，并降低缓冲电路的损耗，在每个逆变桥臂上最靠近电力场效应晶体管的位置，并联缓冲用高频无感电容 C_{11}～C_{26}；为方便观察并随时了解每个逆变桥的工作情况，在逆变桥的输入直流母线上还串接有直流电流表。图 7.5－2 主电路部分变压器 T_1～T_4 为升压变压器，用来将 4 个单相逆变桥的输出电压升高到使用时需要的最高电压 5kV，电压表 V_1～V_4 及辅助绕组用来显示实际工作时输出的交流电压。由于该系统进行试验时要求输出交流电压的变化范围达 500～5000V，且对系统的纹波要求很严，为了减少滤波电感和电容的数量和容量，在该系统中三相整流桥电路未应用可控整流电路，而直接选用了交流调压器 TYQ 与三相全桥整流管整流电路配合工作的调压方案。

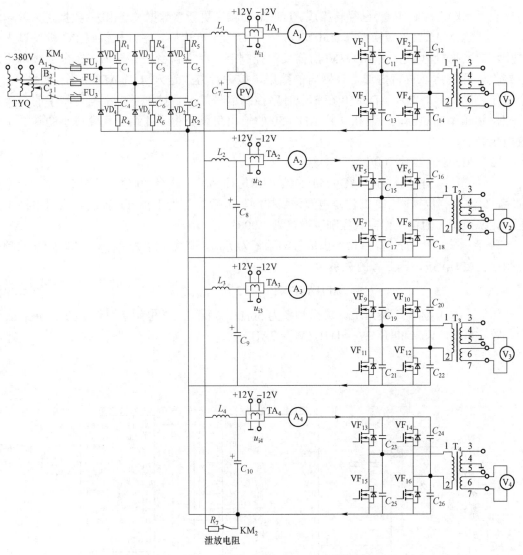

图 7.5 - 2　主电路及信号检测与显示环节原理电路

2. 多相位正弦波参考基准产生电路

（1）电路硬件构成。由于该多相位可变频与调压交流输出电力电子变流设备，要求输出交流电压的相位与频率要在较大范围内可调，为保证调整的精度、方便性并尽可能减少参考正弦波的失真度，选用单片机与 4 片专用集成电路芯片 AD9850 构成的最小系统来实现，图 7.5 - 3 给出了 4 路参考正弦波基准产生电路的原理示意图。AD9850 为美国模拟器件公司（Analog Device Company）生产的可编程正弦波与方波发生器芯片，应用中仅需要给其控制寄存器与数据寄存器中送入相位控制字，便可在其引脚上获得失真度极小的正弦波，该正弦波的频率与相位均可通过从数据总线输入的控制字来设定。考虑到实验室系统中需要经常调节输出正弦波的频率和相位，选用单片机 89C51 作为中央微处理器芯片。其与上位机通过串行口进行通信，因而构成了 4 路正弦波产生电路，并应用 C 语言编写了相应的控制软件。首先在用户应用程序中输入所要产生的第一相正弦波的相位，自动算出相位控制字，计算机串口在应用程序的控制下，将已经转换成 AD9850 的频率更新字数据发送出去。数据进入 RS485 接口，通过 MAX232 转换成 TTL/CMOS 电平后送入单片机，单片机接收 PC 机发过来的数据，把数据处理后得到 AD9850 所需的控制字，存入自身寄存器内，在全部频率更新字接收处理完后，再将内部寄存器内的数据，按并行方式送入 4 片 AD9850，同时给出 5 个时序控制信号。4 片 AD9850 在 5 个时序控制信号的配合控制下，根据控制字的内容进行相位和频率的更新，从而在 4 片 AD9850 的输出引脚获得了 4 路失真度很小的基准正弦波电压。

（2）AD9850 芯片简介。

1）控制字与控制时序。AD9850 的频率/相位控制字一共有 40 位，其中 32 位为频率控制字，5 位为相位控制字，1 位是电源休眠控制，最后 2 位为工作方式控制，应用中将 1 位电源休眠控制、两位工作方式控制字设置为"000"。

2）频率控制字的计算。设输出信号的频率为 f_{OUT}，参考频率为 f_{CLKIN}，AD9850 的频率控制字为 ΔPHASE，则三者的关系为

$$\Delta PHASE = (f_{out} \times 2^{32}) / f_{CLKIN} \tag{7.5-1}$$

例如，参考频率为 48MHz，输出频率为 50Hz，则相应 32 位频率控制字的 16 进制表示为：$W_1 = 00H$，$W_2 = 00H$，$W_3 = 11H$，$W_4 = 7AH$。

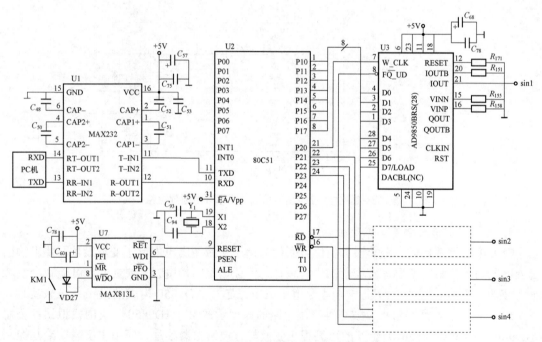

图 7.5-3 4 路参考正弦波基准产生电路原理图

3）相位控制字的计算。AD9850 的控制字中有 5 位用于相位控制，所以，相位控制的精度为 $360°/2^5 = 11.25°$，用二进制表示为 00001，根据实际需要，设置不同的相位控制字，就可以实现精确的相位控制。表 7.5-1 给出了 AD9850 相位与相位控制字之间的对应关系。

表 7.5－1　　　　　　　　　AD9850 的相位与相位控制字之间的对应关系

相移（°）	0	22.5	45	67.5	90	112.5	135	157.5
相位控制字	00000	00010	00100	00110	01000	01010	01100	01110
相移（°）	180	202.5	225	247.5	270	292.5	315	337.5
相位控制字	10000	10010	10100	10110	11000	11010	11100	11110

（3）AD9850 外围支持电路的选择与硬件连接。

1）AD9850 外围支持电路的选择。由于计算机串口进行异步通信时数据是按帧发送的，每一帧可能有 5～8 位数据，但每帧数据前后都会加上起始位和停止位。如果将带有起始位和停止位的数据直接送入 AD9850，则 AD9850 无法区分真正的数据，故需将数据处理后再送出。本电路中设计应用 AT89C51 单片机来完成数据格式的转换，并产生 AD9850 工作时所需要的两个控制信号。

用单片机实现对 AD9850 的控制，具有编程控制简便、接口简单、成本低、容易实现系统的小型化等优点。单片机与 AD9850 的接口，既可采用并行方式也可采用串行方式，但为了充分发挥芯片的高速性能，应在单片机资源允许的情况下尽可能选择并行方式。

I/O 方式的并行接口电路比较简单，但占用单片机资源相对较多，4 片 AD9850 数据线 D0～D7 均与 89C51 的 P1 口相连，FQ_UD 均与 89C51 的 RD 相连，WCLK0－WCLK3 分别与 89C51 的 P20（21 引脚）、P21（22 引脚）、P22（23 引脚）和 P23（24 引脚）相连，所有的时序关系均可通过软件控制实现。

2）硬件设计与调试时应注意的事项。在电路设计及调试过程中，需要注意以下几点：

① 提供给 AD9850 的时钟信号必须用屏蔽线，其屏蔽层应可靠接地，且其时钟信号频率不能低于 1MHz，低于这个数值时，芯片将自动进入休眠状态，高于此频率时，系统恢复正常工作。

② AD9850 输出频率的最高数值要低于参考频率的 33%，以免混叠或使谐波信号进入有用输出频带内，这样可降低对外部滤波器的要求。

③ MAX813 的工作电压要在 4.65V 以上，否则 MAX813 一直给单片机提供复位信号，使单片机一直运行在复位状态，无法正常工作。根据我们实验的结果，电源电压要达到 4.9V 以上，MAX813 才可稳定工作。

④ 在实际应用中，用户需要双极性的正弦波，而 AD9850 的 21 脚（IOUT）发出的正弦波是单极性的，需要采取外加双电源运放或其他措施将其变为双极性。

⑤ AD9850 本身可以产生方波，当频率较大时，产生的正弦波幅度偏小，片内的高速比较器产生的方波边沿不好或无法产生方波，此种情况下可采用片外连接电压比较器将正弦波转化为方波。

（4）软件设计：

1）程序设计中应特别注意的问题。在本正弦波基准电压产生程序中，可应用 VB 程序语言来设计整个控制软件，VB 提供了三种方法实现串口通信，一种是用 VB 提供的 MSComm 通信控件；另一种方法是调用 WINDOWS API 函数编写应用程序；第三种方法是利用文件的输入/输出完成。本正弦波基准电压产生程序采用第一种方法。

通过 VB 程序发送频率与相位控制字，因为 4 片 AD9850 的频率相同，故只发一组，而相位每路互差 45°，所以相位控制字要发 4 组，设计中采用前 4 字节为 4 个相位控制字，后 4 字节为频率控制字，一起送入单片机，由单片机程序再进行处理。

值得注意的是，通信控件 MSComm 有 INPUTMODE 属性，这个属性指明了当前发送缓冲区的数据是以什么格式被发送出去的，一是文本格式，二是二进制格式。在进行程序设计时是将这个属性定义为二进制格式。使用一根串口线将 COMM1 端与 COMM2 端相连接，编制程序令两串口一发一收，理应能够实现串口传输的功能，但有时对电路板进行调试时，却会出现虽然串口送出的数据进入到单片机，读取单片机的数据，结果发现并不是所发送的数据，尽管在设置属性时设成二进制格式，但还是以文本形式发送。发送数据时要将每四位转换成十进制数，再利用函数 CHR( ) 将这个十进制数作为某个字符的 ASSCII 码发送出去，接收端的单片机接收到的恰好就是所需要的16进制数。之所以是每四位一组进行转换，是由于发送的数据大于 128 时接到的数据全为 0。所以本设计中发送的控制字共占 16 个字节。

2）单片机程序设计。单片机与 AD9850 的接口既可采用并行方式也可采用串行方式，但为了充分发挥芯片的高速性能，应在单片机资源允许的情况下尽可能选择并行方式。首先将 VB 发送过来的 16 字节控制字存在设定的缓冲区中，单片机在接收时需要进行数据处理，将 16 字节转换成 8 字节，前 4 字节分别为 4 片 AD9850 的相位控制字，后 4 字节为频率控制字。程序设计中要注意 AD9850 的时序要求，对每一片 AD9850 来说，在并行加载方式时，每次加载通过 8 位数据线，连续 5 次将数据写入 AD9850。WCLK 和 FQUD 时序信号用来确定地址及加载数据次序，WCLK 的上升沿写入 W_i（$i = 0$，1，2，3，4），所以在 WCLK 的上升沿，数据（DATA）应准备好并且保持稳定，FQUD 的上升沿将 40 位数据写入频率/相位数据寄存器，同时地址指针指向第一个寄存器地址 Wo。初始化时，将 FQUD 设置为高电平，WCLK 设置为低电平，并行写入方式写入过程如下：FQUD 由高电平转变为低电平，将数据 Wo 输出之后，控制信号 WCLK 由低电平转为高电平，再由高电平转为低电平，此时写完控制字 Wo；AT89C51 按照写入 Wo 的过程，依次写入 W_1、W_2、W_3、W_4；AT89C51 控制 FQUD，使其由低电平转为高电平，完成 40 位数据的写入，并将地址指针指向 Wo，为下次写入频率/相位控制字做好准备。软件设计程序框图如图 7.5 – 4 所示。

3）设计效果简介。应用上述电路和程序软件设计的多相位正弦波参考基准电压波形产生环节，作为多相位可变频与调压交流输出电力电子变流设备的极为重要环节，可输出的四路正弦波表现出了良好的性能，其正弦基准波形的可调范围为 500Hz～8kHz，四路输出正弦波电压的相位可由使用者在 0°～90° 范围内任意设定，其正弦波的失真度很小，图 7.5 – 5 给出了用示波器测得的其中两路相位互差 45° 的正弦参考基准电压波形图。

3. 三角波与 SPWM 脉冲形成

考虑到多相位可变频与调压交流输出电力电子变流设备要求输出多路交流电压，且要求

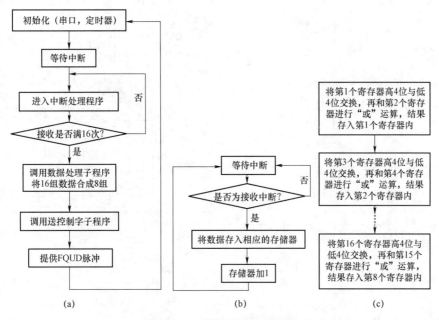

(a)   (b)   (c)

图 7.5−4   软件设计程序框图

（a）主程序；（b）中断处理子程序；（c）数据处理子程序

波形的瞬时值误差要尽可能地小，所以为避免分散性的影响，在图 7.5−6a 中对每个 AD9850 输出的正弦波幅值，通过配套的运算放大器 $A_1 \sim A_4$ 进行了放大，电位器 $RP_1 \sim RP_4$ 用来调节放大倍数，从而保证了提供给后续三角波与 SPWM 脉冲产生电路的 4 路正弦波，不但具有很小的失真度，而且幅值和相位误差都极小，图中电容 $C_1 \sim C_4$ 用来进行隔直。

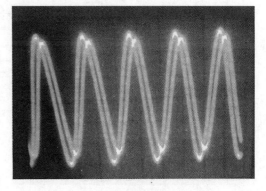

图 7.5−5   两路相位互差 45° 的
正弦基准参考电压波形图

为了实现交−直−交变频，获得具有一定功能的 8 路可变频与变相位交流电压输出，设计了图 7.5−6b 所示的三角波与 SPWM 脉冲形成电路。图中 ICL8038 多种波形发生器用来产生双极性三角波，它可以通过改变接于引脚 10 的电容 C_{14} 和接于引脚 4 与 5 之间的电阻 R_{13}、R_{14} 及调节电位器 RP_5 一起用来改变输出三角波的频率，此电源中选用三角波的工作频率为 30kHz，由此决定了四个单相逆变器中，各电力场效应晶体管的开关频率都为 30kHz。图 7.5−6a 中比较器 CP_1 与 CP_2 用来把一路正弦波参考电压基准与定频三角波进行比较，从而获得两路双极性 SPWM 脉冲波；由于电路中共用了 4 个与图 7.5−6a 中上半部分相同的电路（相同部分用虚线框给出），因而实现了将 4 路正弦波参考电压基准与定频三角波进行比较，从而共获得了系统工作所需要的 8 路双极性 SPWM 脉冲波。

4. 保护电路

本多相位可变频与调压交流输出电力电子变流设备，除在驱动电路中应用了具有对被驱动 MOSFET 进行过电流短路等故障条件下的就地式保护外，还设计有集中式过电流、过电

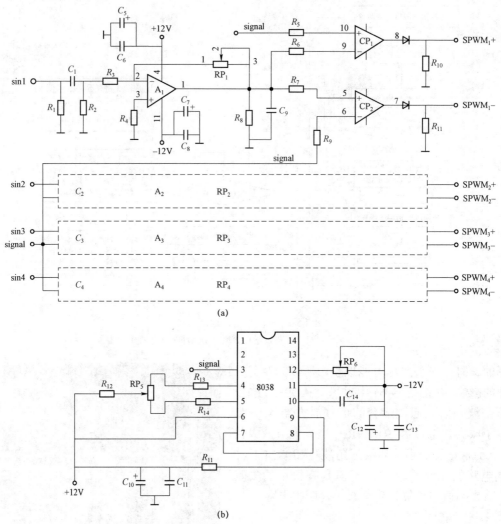

图 7.5-6　三角波与 SPWM 脉冲形成电路原理图

(a) SPWM 电路；(b) 三角波电路

压、短路及控制电源故障等保护功能。图 7.5-7 仅画出了第 4 个分电力电子变流设备所用的过电流及短路保护电路的详细原理图，整个电力电子变流设备系统中共用了与该图完全相同的 4 组电路，相同部分图中以虚线框画出。图中 $u_{fi1} \sim u_{fi4}$ 为来自主电路中霍尔电流传感器的电流取样输出信号，该取样信号经二极管 VD_9、VD_{50} 削去其负半周送保护电路。对过电流保护电路来说，图 7.5-7a 所示电路具有反时限功能，对较短时间的过电流，尽管比较器 CP_3 已翻转输出低电平，晶体管 V_5 已截止，但积分器 CA 的积分输出值，不会高于比较器 CP_4 反向端设定的门槛，因而比较器 CP_4 输出状态维持低电平，过电流保护无法动作。而当发生较长时间的过电流时，由于比较器 CP_3 输出为低电平的时间较长，故晶体管 V_5 截止的时间也较长，积分器积分值高于比较器 CP_4 反向端设定的门槛值，所以比较器 CP_4 翻转，输出高电平，保护电路动作。从图还可看出过电流值较大，则积分器输出达到比较器 CP_4 反向端的时间便短，反之，时间较长，因而这种过电流保护电路具有反时限的功能。由于系统由 4 个独立的单相逆变电力电子变流部分构成，故与图中晶体管 V_5 类似，整个多相位可变频与调压交流

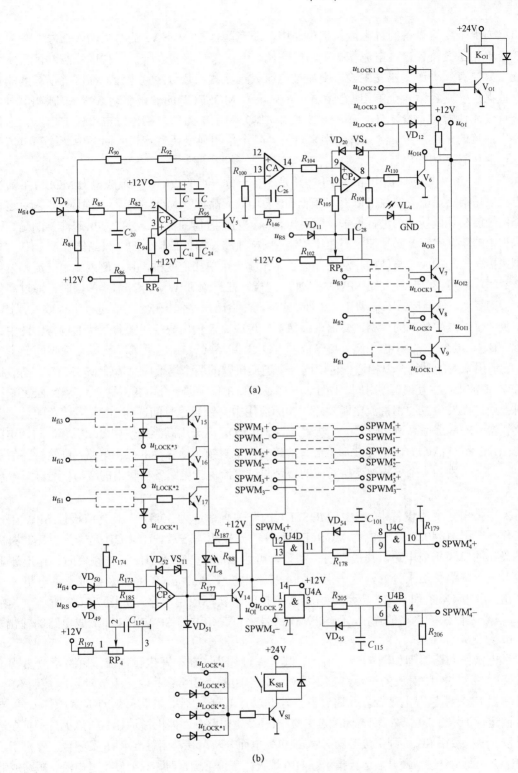

(a)

(b)

图 7.5-7 过电流保护与短路保护电路原理图

（a）过电流保护原理图；（b）短路保护原理图

输出电力电子变流设备的过电流保护电路中，还有晶体管 $V_7 \sim V_9$ 的基极输入信号，来自另外 3 个单相逆变桥各自过电流保护电路的输出，并且集电极接在一起，构成线与功能，从而保证了只要有一个逆变器发生输出交流过电流或直流侧正负母线过电流，都可进行有效的保护。该保护一则封锁 4 个单相逆变桥中 16 只电力 MOSFET 的栅极驱动 SPWM 脉冲信号，同时通过晶体管 V_{OI} 的导通，使继电器 K_{OI} 动作分断主电路，并给出过电流保护指示。另外应特别注意的是，图中 $u_{fi1} \sim u_{fi3}$ 分别来自另外三个单相逆变桥直流输入回路中，检测电流的霍尔电流传感器的输出。

图 7.5-7b 为短路保护电路。由于短路是一个十分严重的故障，其造成电力 MOSFET 流过的电流远高于额定电流的数倍以上，为保证电力场效应晶体管 MOSFET 不致损坏，要求对这种故障信号要在几微秒之内进行保护，因而短路保护为瞬时值的保护。要特别引起注意的是，短路保护中的 4 个比较器必须使用高速比较器，同样 4 路短路保护输出的 4 只晶体管 $V_{14} \sim V_{17}$ 的集电极接在一起构成线与结构，从而保证了无论哪一个单相逆变桥，直流侧或输出交流侧发生短路故障，都可及时封锁 8 路 SPWM 脉冲。同样，在封锁 SPWM 脉冲信号的同时，通过晶体管 V_{SH} 的导通，使继电器 K_{SH} 动作，分断主电路，并给出短路保护指示。既进行了有效的保护，又避免了仅对发生故障的单相逆变器进行保护，造成交流输出缺相对实验系统的危害。图中二极管 VD_{54}、电容 C_{101} 和电阻 R_{178} 与二极管 VD_{55}、电容 C_{115} 和电阻 R_{205} 构成互锁时间产生电路，它们用来对加于每个单相逆变桥中同一个逆变桥臂的两个场效应晶体管 MOSFET，栅射极的 SPWM 波形产生互锁延迟时间，防止同一个逆变桥中位于同一个逆变桥臂上的两个 MOSFET 同时导通，而发生直通将直流电源短路。实际应用中互锁延迟时间选为 $2\mu s$，应注意的是，图中比较器 CP_5 应选用高速比较器，二极管 VD_{54} 和 VD_{55} 应选用高频超快恢复二极管，与门电路 U4C、U4B 和 U4A、U4D 构成波形整形与故障条件下封锁驱动脉冲的保护电路；自然封锁信号 u_{LOCK} 与 u_{OI} 分别为 4 个单相逆变桥对应的短路与过电流保护电路各自输出的线与信号。

5. 栅极驱动电路

本电力电子变流设备中，电力 MOSFET 的开关频率选为 30kHz，且为双极性 SPWM 方式工作，选用 HL402B 作为电力 MOSFET 器件的栅极驱动芯片。HL402B 是专为 IGBT 栅极驱动设计的厚膜集成电路，其最高的工作频率可达 60kHz，在 40kHz 工作频率时，输出波形的上升及下降沿仍然十分好，这一点是日本富士电机生产的 EXB 系列及日本三菱电机公司生产的 M579XX 系列 IGBT 驱动器所无法比拟的。实际应用电路，如图 7.5-8 所示。其中 u_{LOCK} 信号来自保护电路的输出，而 SPWM 信号来自三角波与 SPWM 脉冲形成电路的输出。

6. 继电操作回路

继电操作回路原理如图 7.5-9 所示。其工作过程为：在未发生过电流、短路及散热器过热故障时，这些故障对应的指示灯都不发光，其常闭触点闭合；此时按下启动运行按钮 SB_1，主接触器 KM_1 线包得电吸合，并通过自身辅助触点 KM_1 自保，其常开触点 KM_1 闭合，主电路合闸运行指示灯 HL_1 亮；而常闭触点 KM_1 断开，主电路分闸停机指示灯 HL_2 熄灭。一旦在运行时按下停机按钮 SB_2，则主接触器 KM_1 线包失电而分断，其常闭触点 KM_1 又闭合，停机指示灯 HL_2 亮，而常开触点断开，运行指示灯 HL_1 熄灭。在正常运行时，只要发生过电流、短路或散热器过热故障，则主控制板上的继电器 K_{OI} 与 K_{SH} 及装于散热器上的温度继电器 $KT_1 \sim KT_4$，变压器油温接点 K_{TB}，主电路中快速熔断器熔断电接点 $FU_1 \sim FU_3$ 任意一个动作，对应的中间继电器线包得电而动作，常闭触点断开分断主电路，而相应的常开触点闭合给出声光报警。

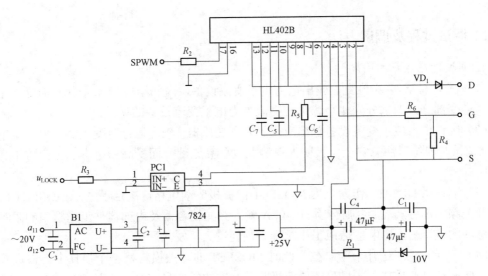

图 7.5-8　每个 MOSFET 所用的栅极驱动电路

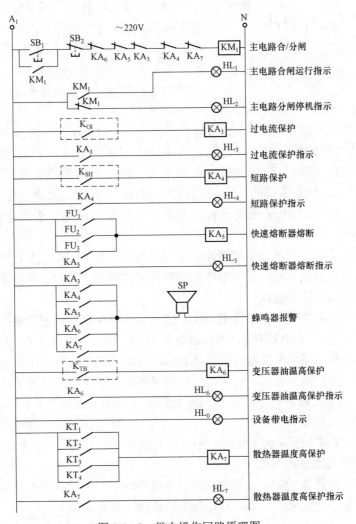

图 7.5-9　继电操作回路原理图

7.5.2 调试过程及调试方法

1. 调试时应注意的问题

（1）由于 6kW 多相位交流输出电力电子变流设备，内部结构为 4 个独立的分单相逆变器，其逆变部分的调试分为 4 个分单相交流电力电子变流设备的调试。

（2）因该电力电子变流设备输出应用了升压变压器，额定运行时变压器输出交流电压达 5kV，调试时要绝对注意安全，谨防人身触及设备高压部分而受高压电击，更应防止高压侧的短路。

（3）因使用 HL402A 作为电力 MOSFET 的栅极驱动电路，决定了电力 MOSFET 的实际工作开关频率不可太高，否则会因 HL402A 输入级光耦合器及内部器件工作频率的限制使前后沿脉冲的陡度受到影响，造成工作时开关损耗过大，发热严重。

（4）因开关频率达几十千赫兹，此时 MOSFET 的开关损耗在整个损耗中占很大部分，所以对此要有足够重视，要尽可能使栅极驱动脉冲的幅值足够高，而且前后沿尽可能陡峭。

图 7.5－10　直流母线上的电流波形

（5）由于工作时开关频率较高，加之 4 个单相逆变桥共用了一个整流桥，所以在直流母线上的电流波形如图 7.5－10 所示，因而，若应用普通的分流器串入直流母线检测直流电流，则因平均电流取样值的毫伏值太小，故直流电流表上直流电流显示很小。

（6）为了显示交流输出电压，在绕制输出升压变压器时，专门增加了一个绕组来间接显示输出电压，从而导致显示值与实际输出电压值之间稍有差异，如果主输出绕组因负载电流增大时，内部压降增大而导致输出电压降低，但用于测量的绕组仅接一个输入阻抗很高的交流电压表，负载电流很小，该绕组内部几乎无压降，因而决定了显示值不太准确，这就可能造成该电力电子变流设备，在运行时输出电压显示表上显示的电压值比实际输出电压稍高。

（7）由于该电力电子变流设备的输出基波频率为 100Hz～6kHz，变化范围很宽，所以要求显示交流电压与电流的表头，必须适应此宽频范围的要求，且为了防止干扰，仪表的配线应使用双绞线或同轴电缆屏蔽线。

（8）再应特别注意的是，多相位电力电子变流设备由 4 个单相逆变器组成，每个单相桥式逆变器，应用 4 只电力 MOSFET，因而系统共用 16 只电力 MOSFET。如果用双踪示波器观测不同的电力场效应晶体管漏源极的电压波形，或不同逆变桥的逆变输出波形时，应选取电压互感器或其他电位隔离措施，也可每一时刻仅使用一个通道的参考地测试波形。不可用具有多通道输入的示波器各自的参考地同时测量未采取隔离措施的不同参考地电位的电压波形，否则会因同一示波器多通道的参考地在示波器内部是相通的，该电力电子变流设备的逆变部分会因示波器两个通道地线相通出线短路，导致严重的人为损坏问题，这一点务必注意。

2. 主要单元关键部件的调试

（1）主控制板的调试。6kW 多相位交流输出电力电子变流设备的主控制板，除工作电源部分及单片机与给定上位机单元外，另有四个功能相同单元，现仅以其中的一个单元为例说明其调试。

1）主控制板工作电源的调试。6kW 多相位交流输出电力电子变流设备主控制板的工作电源电路如图 7.5-11 所示，从图可见其工作电源内应用了三个三端稳压器、变压器二次侧为三个绕组。此部分的调试过程为：先检查电路的连接正确性，无误时接入变压器的交流供电 220V，用万用表交流挡测量电源变压器二次侧的三个交流输出电压，应与设计值误差不超过 2V，然后用万用表直流挡测量 7812、7912 及 7805 三只三端稳压器的输入电压，应分别不低于 +15V、−15V 及 +8V，而不大于 +35V、−35V、+35V，其输出电压分别为 +12V、−12V 与 +5V，且各自与标准值误差不超过 ±0.5V。

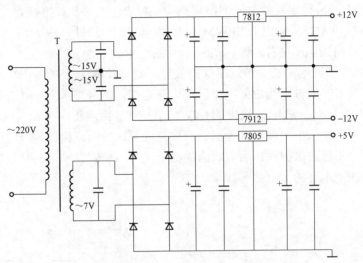

图 7.5-11　6kW 多相位交流输出电力电子变流设备主控制板的工作电源电路

2）用万用表检测主控制板上集成电路电源引脚的供电电压应与图 7.5-11 相符，没有把 +12V、−12V 与 +5V 三种电源用错的情况，此测量与检测应在集成电路未插上插座前进行。

3）断电，插上所有集成电路，重新通电后，7805、7912、7812 三只三端稳压器及所有集成电路应无一存在严重发热情况，3 路控制工作电源的直流电压都未有明显下降，且用示波器 mV 挡观察，其纹波电压均不超过正负 20mV。

4）接通上位计算机与主控制板上的 RS485 接口，向 AD9850 写入合适的控制字，按所编的程序对 4 路参考基准正弦波程序进行调试，仔细检查与分析软件的正确性。调试完成后，用示波器分别测试四片 AD9850 各自的输出引脚 21 及图 7.5-12 所示的四个放大器 $A_1 \sim A_4$ 的输出引脚 1，并按需要调节 4 个运算放大器的各自放大倍数（即调节电位器 $RP_1 \sim RP_4$ 见图 7.5-6），可以用具有 4 通道输入的示波器观测到正弦度很好的、相位依次互差 45° 的 4 路正弦波，如图 7.5-12 所示。

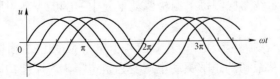

图 7.5-12　经隔离耦合后得到的 4 路相位依次互差 45° 的正弦波

5）参考图 7.5-6，调整电位器 RP_6 及电阻 R_{13}、R_{14}、电位器 RP_5 和电容 C_{14} 的大小，使 ICL8038 引脚 3 输出的三角波频率可在 25～40kHz 内调节，其频率为 40kHz 时的波形如图 7.5-13 所示。

6）在过电流、短路保护无效状态时，调整脉宽调制给定电压的大小，并测量与门 CD4081 中 U4A 的引脚 3 与 U4D 的引脚 11，可以观测到相位互差 180°的两路 SPWM 波形，而 CD4081 2 号及 CD4081 3 号和 CD4081 4 号对应引脚得到的 SPWM 波形完全相同，仅是相位依次对应互差 45°。

7）参考图 7.5-7b，整定互锁时间间隔电路中电阻 R_{178} 与 R_{205} 和电容 C_{101} 与 C_{115} 的参数，使 CD4081 1 号（U_{4B}）引脚 4 输出的 $SPWM^*_{4-}$ 与 CD4081 1 号（U_{4C}）引脚 10 输出的 $SPWM^*_{4+}$ 信号之间的死区时间为 1μs 左右，如图 7.5-14 所示。

8）人为模拟设置过电流及直通短路保护故障，则比较器 CP_3 的输出由高电平变为低电平，比较器 CP_4 及 CP_5 的输出均由低电平转变为高电平，CD4081 1 号～CD4081 4 号各自对应的与门 U_{1D}～U_{4D} 与 U_{1A}～U_{4A}，输出的 $SPWM_{1+}$～$SPWM_{4+}$ 及 $SPWM_{1-}$～$SPWM_{4-}$ 信号，均变为全低电平，证明保护电路正确无误。应注意的是，过电流保护为反时限保护，而短路保护为瞬时保护。相应的保护动作后，对应的指示发光二极管发光，同时相应的保护用继电器动作，给出分断主电路的接点信号。

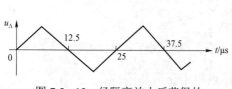

图 7.5-13 经隔离放大后获得的参考三角波波形（40kHz）

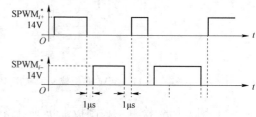

图 7.5-14 合适的死区时间示意图
注：$i=1～4$

（2）电力场效应晶体管 MOSFET 栅极驱动电路的调试。6kW 多相位交流输出电力电子变流设备的 MOSFET 栅源极驱动电路，选用专用驱动集成电路 HL402B，该驱动电路的调试过程如下：

1）首先检测 16 个栅极驱动电路二次侧的参考地，相互之间应严格隔离，且隔离高压不小于 2500V，采用测试仪器检测，检测应在不安装器件时进行。

2）安装好所有电力电子器件后，检查 16 个栅极驱动电路的工作电源，应满足最高输入交流电压不低于交流 19V，而不高于 21V，经三端稳压器 7824 后的供电电压为 24V，且滤波电容加的足够大，电压纹波峰峰值与平均值之差绝对值不大于±10mV。

3）在主控制板输出信号正常无误的情况下，接通主控制板控制脉冲输出与栅极驱动电路输入端的连接线，用示波器检测每个栅极驱动单元中 HL402A 各引脚的波形，应与正常波形一致。

4）当主控制板任一保护环节动作时，对应 4 个电力 MOSFET 栅极驱动电路输出的栅源极之间驱动信号，全部从最初的正常驱动电压变为负电压，说明保护功能正常。

5）检测主控制板输出的 SPWM 信号与电力 MOSFET 栅极驱动电路输出加到 MOSFET

栅源极信号的对应关系，应保证对应的逻辑关系一致，如图 7.5－15 所示。此种校核因主电路未通电，可用双踪示波器一个通道地线接 MOSFET 的栅极及源极（地线接源极），一个通道接主控制板输出的 SPWM 或 SPWM⁻（该通道地线接主控制板的 GND）来核对。

6）一旦断开 MOSFET 栅极驱动电路与被驱动 MOSFET 漏极的连接线，正常状态下，则栅极驱动电路的输出脉冲信号应迅速变为欠驱动的信号，如图 7.5－16 所示，此功能要逐个校验。

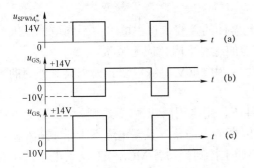

图 7.5－15　主控制板输出 SPWM 脉冲与 MOSFET 栅源极驱动信号的对应逻辑关系校验波形

（a）主控制板输出的 SPWM 脉冲信号；（b）MOSFET 栅源极驱动电路输出驱动信号与控制板控制脉冲逻辑关系变反；

（c）MOSFET 栅源极驱动电路输出驱动信号与控制板控制脉冲逻辑关系正确

注：$i=1\sim4$

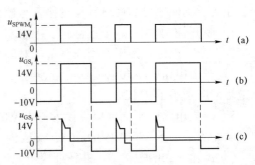

图 7.5－16　栅极驱动电路输出与被驱动 MOSFET 漏极连接线断线或驱动不良时的波形校验

（a）主控制板输出的 SPWM 脉冲信号；（b）未发生欠驱动或驱动电路输出与被驱动 MOSFET 漏极连接线正确时的正常波形；

（c）发生欠驱动或驱动电路输出与被驱动 MOSFET 漏极连接线断开时的正常波形

注：$i=1\sim4$

7）在主控制板上，为保护正常输出波形，连接好 MOSFET 栅极驱动电路输出与被驱动 MOSFET 漏极、栅极和源极之间的连接线。在连接线可靠的情况下，让 MOSFET 栅极驱动板与主控制板连续运行 1h，观测所有元器件的发热情况，应满足正常使用条件不存在温升超过 +40℃ 的元器件。

8）在带负载情况下，根据被驱动 MOSFET 关断时漏源极电压的过冲大小及导通时漏源极导通压降 $u_{DS(on)}$ 的大小，选择调整 MOSFET 栅极驱动电路输出、与 MOSFET 栅源极之间串联的电阻 R_6 或调整 MOSFET 栅源极间并联电阻 R_4 的阻值大小，使 MOSFET 关断过程的漏源极间电压 $u_{DS(off)}$ 过冲，与通态漏源极间压降 $u_{DS(on)}$ 达到最好的折中。

（3）继电操作回路的调试：

1）如图 7.5－7 所示，在继电操作回路未送电时，先用万用表测量 A_1、N 之间是否短路，无短路时送继电操作电路的供电电源 220V，此时主电路分闸停机指示灯 HL_2 及设备带电指示灯 HL_0 应发光，其余指示灯应熄灭。

2）按主电路合闸按钮 SB_1，主接触器 KM_1 吸合，主电路合闸运行指示灯 HL_1 发光，主电路分闸停机指示灯 HL_2 熄灭。

3）按主电路分闸按钮 SB_2，主接触器 KM_1 释放，主电路合闸运行指示灯 HL_1 熄灭，主电路分闸停机指示灯 HL_2 重新发光。

4）重新按下主电路合闸按钮 SB_1，使 KM_1 吸合，然后模拟过电流、直通、短路及散热器过热，快速熔断器熔断、变压器油温过高故障，则每次都可使主接触器 KM_1 释放，变为主电路分闸停机指示灯 HL_2 发光、主电路合闸运行指示灯 HL_1 熄灭的状态，同时所模拟故障对应的中间继电器吸合动作，相应的故障报警指示灯发光。

（4）主电路部分的调试准备：

1）在主电路连接安装之前，应对图 7.5-2 所示主电路的所有元器件的参数（包括电抗器）等进行绝缘耐压性能的检测与复测，应正常无误。

2）对已安装好的主电路中所用的电力 MOSFET 和电解电容、电抗器及快速熔断器等的安装连接正确性与可靠性进行反复检查与校核，应正确无误。

3）断开控制板及检测元器件与主电路中各元器件的接线，将主电路中不同电位点人为短接为一个等电位点，用万用表测量其对外壳及地的绝缘电阻，应无短路。

4）在主电路中不同电位点接为等电位的条件下，用 500V 绝缘电阻表摇测其对外壳的绝缘电阻，应不小于 $2M\Omega$。

5）在主电路中不同电位点接为等电位的条件下，用专用耐压测试仪测量主电路对外壳的耐压，应不小于 2500V/50Hz，在 1min 内应无闪烁放电现象，且漏电流不大于 10mA。

6）拆除人为的短接线，并仔细检查无误；接通主控制板与各 MOSFET 及主电路的所有接线，并核对无误，为负载调试做好准备。

（5）整体调试：

1）检查各单元电路及整体电力电子变流设备之间的连接线与装配质量，确认其正确无误后，进入空载调试。

2）将主控板上对应第 4 路短路保护的门槛设为很小的数值，即将图 7.5-5b 中间的电位器 RP_4 中点电压调的很小，对短路保护功能进行复检，断开另外三组逆变桥（即第一～第三组逆变桥）的直流输入连线，先对第 4 组逆变桥进行调试。

3）连接好各主要单元电路之间的连线，在图 7.5-2 所示的电路中，先将交流调压器二次输出调为 0V，按下主电路合闸按钮 SB_1，主接触器 KM_1 吸合。

4）先将示波器输入通道接于 VF_{13}～VF_{16} 中任意一个 MOSFET（如 VF_{13}）的漏极与源极之间，观察工作波形，逐渐调高调压器输出电压。一是观察 MOSFET 漏源极间的 SPWM 波形；二是当调压器输出调高到某一值时，短路保护电路动作，输出脉冲被封锁，同时主电路被分断。

5）把短路保护门槛及过电流保护门槛调至正常值（调节霍尔电流传感器输出经分压后的取样值为 2V，将短路保护门槛设定为 6V，过电流保护门槛调整为 3V），继续增加交流调压器的输出电压至额定值（线电压 220V），观察主电路的运行状态，电压与电流仪表指示应无异常。在未发生保护的正常工作过程中，输出电压表 V_4 指示交流输出电压已为 5kV，同时工作波形应正确无误。

6）逐个观察正常工作时，MOSFET 由导通变为关断时漏源极的电压过冲情况。如果漏源极电压过冲大，则应增大栅极驱动电路 HL402A 与被驱动电力 MOSFET 栅极之间串联的电阻值。观察电力 MOSFET 导通区间漏源极间电压的导通压降。若导通压降 $u_{DS(on)}$ 偏大，则应减小 HL402A 与被驱动电力 MOSFET 栅极之间的串联电阻，或增大被驱动电力 MOSFET 栅极与源极的并联电阻。如果漏源极间关断过程中电压 $u_{DS(on)}$ 过冲偏大，则应增大 HL402A 与被驱动电力 MOSFET 栅极之间的串联电阻，或减小被驱动电力 MOSFET 栅极与源极之间的并联电阻。最终根据电力 MOSFET 的通态压降 $u_{DS(on)}$ 与关断过程中 MOSFET 漏源极电压 $u_{DS(off)}$

过冲电压大小，折中确定栅极驱动电路输出与被驱动 MOSFET 栅极的串联电阻值，合理选择电力 MOSFET 栅射极并联电阻的阻值。

7）重复上述 2）～6）的调试步骤，对另外 3 路单相 MOSFET 逆变器进行调试，使 4 路单相 MOSFET 逆变器都能正常工作。

8）通过上位机的串口向控制面板的单片机中输入改变输出频率的控制字，将工作频率设置为 100Hz～6kHz 范围中的某个值。重复上述调试过程，正常时该多相位可变频与交流调压电力电子变流设备在每个设定频率下，随着上位机给定频率的不同，可在 100Hz～6kHz 范围内任一频率稳定工作，且随着所调节交流调压器输出电压的不同，其输出电压可在 0～5kV 范围内调节。

9）在主电路输出与输入电压正常工作时，逐个人为模拟变压器油温过高、输出过电流、散热器过热、输出短路、熔断器熔断五种故障，则相应的故障指示灯亮，对应的故障保护继电器动作。同时任一故障动作时控制输出脉冲都被封锁，主电路交流接触器都可靠动作，分断主电路。

10）设法使升压变压器二次侧的负载达到额定负载，观察每个逆变桥中各电力 MOSFET 漏源极间的电压及输出电压波形，在正常无误时，测量霍尔电流传感器的实际输出电压值，调节此电压值为 2V。再次整定过电流保护门槛为额定值的 1.5 倍，短路保护门槛为实际取样值峰值的 3 倍。

11）人为制造逆变交流输出侧过电流或短路实际故障 2 次或 3 次，保护电路的保护应准确无误（对短路保护试验可通过先短路负载侧后全电压输入，使该多相位可变频与调压电力电子变流设备直接启动，或在正常全电压运行时，通过开关接通或接触器闭合制造短路故障）。务必注意这种短路实验是破坏性实验，如果保护电路性能不好，便很难通过实验，但作为正常工业运行的设备，运行中发生短路故障的可能性非常大。过电流与短路保护对电力电子交流设备制造厂家是必不可少的出厂实验项目。

12）在 4 路逆变桥输出升压变压器二次侧都接上 8 路额定负载，在额定输入电压条件下运行 2～3h，测量各电力电子器件的温度、变压器的温度，应在国标规定的允许范围之内。

13）至此，该 6kW 多相位可变频与调压交流输出电力电子变流设备的调试完成。设备交付用户使用后，要观察长期运行的可靠性和稳定性。

7.5.3　应用效果

6kW 多相位可变频与调压交流输出电力电子变流设备，选用 30A/500V 的 MOSFET，输出电压最高值为 6500V，输出频率可调节范围为 0.1～8kHz，输出 8 路交流正弦波的相位差可人为在 0°～90°范围内直接设置。实际应用中根据试验系统的需要设置为 45°，此时 8 路交流构成坐标平面的 8 个向量，平均分配一个圆周 360º 平面。该电力电子变流设备中每个单相逆变器输出功率为 1.5kW，共应用了 4 台升压变压器，四台升压变压器共油箱，采用油浸自冷和一体化结构。实际应用效果表明，该电力电子变流设备的保护功能完善，其输出频率及相位均单独解耦可调，满足了试验系统的需要，完成了特种装备模型试验，达到了令人满意的设计与使用效果。

7.5.4　结论与启迪

通过对多相位可变频与调压电力电子变流设备组成及工作原理和调试方法、运行结果的介绍，我们可以得到以下结论与启迪：

（1）电力场效应晶体管，因具有很高的工作频率和极小的驱动功率，所以在小功率高频率的电力电子变流设备中具有很好的应用前景。

（2）对需要多路变频输出的小功率电力电子变流设备，可以共用整流电路。将逆变电路分开单独控制，并对每个逆变电路设立独立保护，可以简化主电路结构，给使用带来很大方便。

（3）尽管 HL402A 是为驱动 IGBT 而设计的专用驱动电路，因其可靠的保护和很好的驱动性能，亦适合驱动 MOSFET。

（4）应用专用三角波发生器集成电路与 AD9850 专用集成电路组合，产生单相 SPWM 脉冲的方案，在单相正弦波变频的电力电子变流设备中具有推广性。

（5）8 相位正弦波变频方案，仅需要将主电路中单相逆变器的数量增加，并将参考正弦波之间的相位差值变化，是可以很方便地推广到 12 相、15 相、18 相、24 相、30 相、36 相输出系统，所以电路拓扑具有通用性。

第 8 章　IGBT 类电力电子变流设备

8.1 概述

20 世纪 80 年代中后期，电力电子行业发明了兼有 GTR 和 MOSFET 两者优良性能的双机理器件，用电压控制电流的复合器件，即绝缘栅控双极型晶体管 IGBT（Insolate Gate Bipolar Transistor）。兼具 MOSFET 的高输入阻抗和 GTR 的低输出导通压降两方面的优点，具有驱动功率小、开关频率高、输出功率大、安全工作区宽和较大短路承受能力等优良特性。经过近 40 年的发展，IGBT 已成为电力电子器件家族中应用最为广泛较为先进的器件之一，它属于电压控制型的少数载流子器件。在众多电力电子变流系统，诸如交流电动机的变频调速、开关电源、照明电路、牵引传动等领域得到了广泛的应用。如今其单只可控制功率已仅次于电力二极管、晶闸管和 GTO，排在所有电力电子器件家族中的第四位，现在它的单管容量已达 3500A/2500V。

目前 IGBT 已在大中小功率及以上的电力电子变流系统中取代了电力 MOSFET，不但完全取代了电力晶体管，而且逐步挤占着晶闸管和 GTO 的应用空间。

8.2 IGBT 对保护的特殊要求

与诸多全控型电力电子器件类似，IGBT 应用的关键问题体现在三个方面：一是驱动；二是故障时的保护；三是正常的选用参数和保证运行条件。其中故障情况下的快速保护显得极为重要，只有快速准确的保护，才能保证 IGBT 在使用中产生非正常驱动或超出正常运行状态时不致损坏。IGBT 对保护的特殊要求体现在以下几个方面：

（1）在 IGBT 输出级发生过电流时，IGBT 的保护电路应能迅速地检测到过电流程度，并迅速通过增加驱动来防止 IGBT 输出级退出饱和而损坏。

（2）在 IGBT 的输出级发生严重的过电流或短路，保护电路检测到此过电流或短路，是无法通过驱动电路增大驱动能力，防止退饱和而能避免 IGBT 损坏的，则保护电路应及时封锁 IGBT 的驱动脉冲输出，使 IGBT 迅速从导通变为关断，通常是通过给 IGBT 的射栅级之间施加一个反向驱动电压来实现的。保护电路应有能力使驱动电路从向 IGBT 的栅射级提供正向电压，快速变为反向驱动，该转换时间在不导致 IGBT 因快速关断，引起过高的集电极电流 i_c 变化率 di_c/dt，产生因电路中分布电感存在尖峰过电压 Ldi_c/dt 损坏 IGBT 的前提下，尽可能地要短。

（3）由于 IGBT 的开关频率通常在几十千赫兹范围，其开关时间相对很快，如果保护电路是通过封锁 IGBT 的栅射极驱动脉冲信号来对 IGBT 进行保护的，则应考虑到通常 IGBT 工作的电路中分布电感（引线电感及负载回路电感）总是存在的，所以 IGBT 的驱动电路应能使 IGBT 的驱动电路先降栅压，即将栅射级驱动电压在较短时间内降低，然后再使 IGBT 软关断，以减小 IGBT 快速关断过程中，过于快速的关断引起极高的 di_c/dt 与电路中分布电感的相互作用，产生较高的 Ldi_c/dt 击穿 IGBT 器件。

（4）由于 IGBT 承受过电压及过电流的能力相对晶闸管要弱，所以 IGBT 的保护电路要考虑 IGBT 栅射极及集射极的过电压。对栅射极来讲要确保不因任何原因，使栅射极驱动电压峰值的绝对值超过 20V。对集射极来讲，应有可靠防止集射极过电压的电路，这种电路在 IGBT 的保护电路中常称为缓冲电路，缓冲电路的常用构成方案如图 8.2－1 所示。该缓冲电路应保证 IGBT 在电路中工作时，不因任何原因而承受超过集射极额定电压 u_{CEO}，并确保不因缓冲电路的存在，导致 IGBT 由关断转为导通时承受过高的尖峰电压冲击电流。

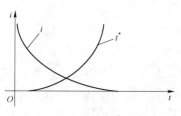

图 8.2－1　IGBT 过电流大小与保护动作时间 t^* 的关系

（5）由于 IGBT 开关频率较高，其承受过电流时间长短与过电流大小近似成反比，并具有图 8.2－1 所示的近似曲线，这就要求 IGBT 的过电流保护电路应具有根据 IGBT 承受过电流大小调节保护动作时间的能力，即 IGBT 承受过电流的倍数越大，则保护动作时间越短。

（6）由于 IGBT 在几微秒内会过电流损坏，所以对 IGBT 的保护动作时间要求是从检测到 IGBT 的过电流故障到保护动作完成时间在几微秒之内。

（7）由于 IGBT 是电压驱动，属于电压控制电流的双机理复合器件，要得到 IGBT 输出级的可靠饱和导通，IGBT 的栅射极驱动电压幅度极为关键，栅射极驱动电压幅度不足，势必造成 IGBT 的欠驱动和退饱和。因退饱和后 IGBT 的损耗过大，是超出其安全工作区而损坏的重要原因，所以可靠的 IGBT 驱动电路，应具有对驱动电路工作电源电压及加到 IGBT 栅射极驱动脉冲电平高低，进行检测和判断的能力。一旦发生驱动电路电源电压或驱动幅值不足，应快速使 IGBT 的栅射极处于反向偏置状态。

（8）通常 IGBT 是通过检测集射极压降来进行欠饱和或过电流保护的。对不同额定集射极电压及不同类别的 IGBT，其正常工作时的集射极饱和压降是不相同的。所以通过 IGBT 的集射极压降进行过电流与欠饱和保护时，IGBT 应具有保护门槛自行根据使用状况进行调节或保护电路自我适应的能力。

（9）正是 IGBT 对保护的快速性要求较高，所以与 IGBT 保护有关的电路中的所有元器件都应该是特高频器件，对二极管来讲其反向恢复时间应小于几十纳秒，对电阻与电容来说其应是真正无感的，用于过电流保护的元器件，从检测到判断与执行都必须是特高频的。用于过电压保护的元器件，如果用在 IGBT 的集射极或射栅极之间，不但要求真正无感，且额定耐压应不低于 IGBT 自身的额定耐压值。

（10）由于 IGBT 对保护的快速性要求很高，所以所有与保护有关的检测，信号传输及信号执行引线，都应采用无分布电感的双绞线或同轴电缆屏蔽线，且引线长度要尽量做到最短。

（11）为了保证保护电路的动作灵敏，准确可靠，保护电路设计中要充分考虑电力电子变流设备的抗干扰性、可靠性，要杜绝假性保护。

（12）保护电路有对每个 IGBT 的就地保护及对整个 IGBT 变流器的集中式保护，因而保护电路要正确处理就地保护与集中保护的关系，做到相互配合，相互协调，准确可靠完成 IGBT 的快速有效保护。

（13）IGBT 的保护电路应尽可能简单且有很好的环境适应性，应稳定可靠。

8.3　IGBT 的保护

电力电子设备应用 IGBT 时，对 IGBT 的自身保护措施通常有以下三种：利用过电流信号的检测来切断栅极控制信号；利用缓冲电路抑制过电压，并限制过高的 du/dt；利用温度传感器检测壳温控制主电路跳闸，以实现过热保护。

8.3.1　过电流保护

IGBT 的过电流保护电路可分为两种类型：一种是低倍数（1.2～1.5 倍）的过载电流保护；另一种是高倍数（不加保护时可达 8～10 倍）的短路电流保护。对于过载保护，由于不必快速响应，可采用集中式的保护，即检测输入端或直流环节的总电流，当此电流超过设定值后，比较器翻转，封锁电力电子变流设备中所有 IGBT 驱动器的输入脉冲，使电力电子变流设备的输出电流降为零。这种集中式的保护具有保护的彻底性，一旦保护动作发生，需通过复位才能恢复正常工作。

IGBT 的过电流保护还可采用集射极电压识别法，因为 IGBT 的通态饱和压降 $u_{CE(sat)}$ 与集电极电流 i_C 呈近似线性关系，如图 8.3－1a 所示，所以 IGBT 的过电流保护可以采用集电极电压检测的方法来实现，即利用测量 $u_{CE(sat)}$ 的大小来判断 IGBT 集电极电流的大小。由图还可知，IGBT 的结温较高时大电流情况下的通态饱和压降会增加，这种特性有利于过电流的识别，其原理如图 8.3－1b 所示。需注意两点：一是识别时间；二是保护切断速度。从识别出电流信号至切断栅极控制信号的总时间必须小于允许短路过电流的时间。过电流时切断 IGBT 漏极电流不能和正常工作中切断速度相同，因为过电流幅度大，过快的切断会造成 di_c/dt 过大，在主电路电感中引起很高的反电动势而形成尖峰电压，这种尖峰电压足以损坏 IGBT。因此，应采取措施使得在允许的短路时间内进行慢速切断，图 8.3－1c 给出了对被驱动 IGBT 进行合理驱动及保护的电路原理框图，图 8.3－1d 给出了在短路或过电流情况下慢速切断波形。

8.3.2　短路保护

在用 IGBT 构成的变流器中发生负载短路或同一桥臂出现直通现象时，主电路直流或交流电压直接加到 IGBT 的 C、E 两极之间，流过 IGBT 的集电极电流将会急剧增加，此时如不迅速撤除栅极驱动信号，就会烧毁 IGBT。图 8.3－2a 所示为一模拟直通短路的测试电路，图 8.3－2b 为直通短路时的输出特性。IGBT 能在不被损坏前承受短路电流的时间称为允许短路时间，用 t_{SC} 表示。t_{SC} 的长短与电源电压 U_{CC}、栅射驱动电压 U_{GE} 以及结温 T_j 有密切的关系。图 8.3－3 给出允许短路时间 t_{SC} 与电源电压 U_{CC} 的关系。

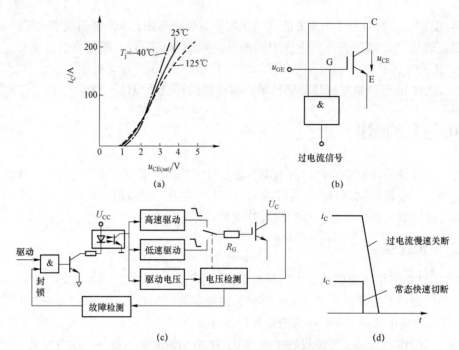

图 8.3－1　IGBT 的过电流检测方法、正确驱动和保护电路与波形
（a）通态饱和压降与集电极电流的关系；（b）过电流保护的识别原理；
（c）对 IGBT 进行合理驱动和保护的原理框图；（d）短路或过电流慢速切断波形

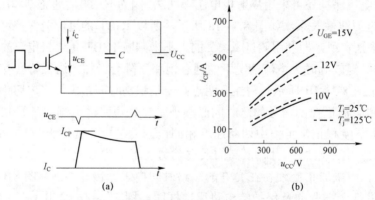

图 8.3－2　模拟直通短路（IGBT：2MBI50－120）
（a）测试电路；（b）输出特性

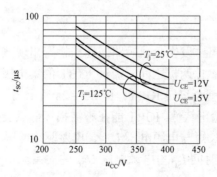

图 8.3－3　允许短路时间与电源电压的关系（IGBT：MG50J2YS1）

为了防止由于短路故障而造成 IGBT 损坏，必须有完善的故障检测与保护环节，及时检出过电流故障，并迅速切除。实际应用中，引起短路故障的主要原因有：

（1）直通短路产生的原因是桥臂中某一个器件损坏或反并联二极管损坏。

（2）桥臂短路产生的原因是控制回路、驱动回路的故障或干扰噪声引起的误动作，造成一个桥臂中的两个 IGBT 同时开通。

（3）负载电路接地短路。

（4）输出短路。

IGBT 能承受很短时间的短路电流。能承受短路电流的时间与该 IGBT 的导通饱和压降有关，并随着饱和导通压降的增加而延长。如饱和导通压降小于 2V 的 IGBT，允许承受的短路时间小于 5μs；而饱和压降 3V 的 IGBT，允许承受的短路时间可达 15μs；当饱和压降增加到 4～5V 时，可达 30μs 以上。存在以上关系是由于随着饱和导通压降的降低，IGBT 的阻抗也降低，短路电流同时增大，短路时的功耗随着电流的二次方加大，造成承受短路的时间迅速减小。

为了封锁短路电流，过去常采用软关断降低栅压的方法。采用软关断是为了避免发生过大的电流下降变化率，以免产生的感应过电压使 IGBT 击穿损坏。为了避开续流二极管的过冲电流和吸收电容器的放电电流，栅极的封锁需延迟 2μs 后动作，栅极电压软关断的下降时间约需 5～10μs，使小于 10μs 的过电流不能响应。采用这种保护方式，无法对饱和压降小于 2.5V 的 IGBT 实现可靠保护。采用这种过电流保护方式，因无法对开始时的最大短路电流实现限制，极易因瞬时电流过大而造成 IGBT 发生锁定，使得无法封锁电流而造成损坏。

为了提高保护功能，如减少保护动作的延迟时间，这又不利于辨别真假故障过电流，还会因瞬时的续流二极管恢复电流或干扰造成误封锁，影响 IGBT 变流设备的正常运行。

比较理想的短路保护方案是出现过电流时立即降低栅压，使过电流值不能达到最大短路峰值，这样可避免 IGBT 出现锁定损坏。随着栅极电压降低，IGBT 进入放大区，其压降增加，短路电流明显减小，短路的承受时间延长。这有利于在短路承受时间延长的这段时间内，判断是否为故障过电流。如果是瞬时过电流，可在过电流结束后立刻将栅射极电压恢复到正常电压；如果是真故障电流，可在延长时间的末端将栅射极电压软关断降到零，使过电流被封锁。

随着栅射极电压的降低，短路电流减小，短路承受时间延长与栅射极电压的关系如图 8.3－4 所示。由此图可以看出，采用降低栅射极电压的办法保护 IGBT，以避免短路故障导致器件损坏是可行的。

由图 8.3－5 表明，随着栅射极电压 U_{GE} 的降低，短

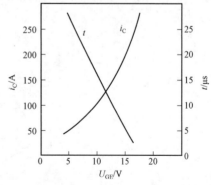

图 8.3－4　短路电流、短路承受时间与栅射极电压的关系

路电流 I_{SC} 明显减小，而短路允许时间 t_{sc} 相应增大，这样也就延长了"故障检测"时间，这种延长"故障检测"时间的方法称为"延时封锁"。在"延时封锁"结束时，如果故障仍然存在，则必须立即关断 IGBT，切除故障；如果在"延时封锁"结束之前故障自行消失，则为"假过电流"现象，可以让电路恢复正常工作。

图 8.3－6 所示为利用降低 U_{GE} 使短路电流 I_{SC} 减小的工作波形。正常工作时，栅射极驱

动电压 U_{GE} 为 15V，发生短路故障时，I_{SC} 急剧增长，U_{CE} 也随之增大，此刻及时将 U_{GE} 降至 10V 左右，则短路电流显著减小；在"延时封锁"结束时故障仍存在，则将 U_{GE} 降至 0V 使故障切除。

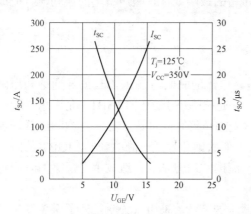

图 8.3-5　栅射极电压 U_{GE} 与短路电流 I_{SC} 和短路允许时间 t_{sc} 之间的关系

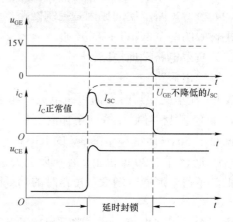

图 8.3-6　利用降低 U_{GE} 使短路电流 I_{SC} 减小的工作波形

　　图 8.3-7 所示 IGBT 短路保护驱动电路的功能原理图。在正常导通期间，IGBT 的饱和压降小于给定电压 U_{ref}，比较器输出低电平，MOS 管 VF_1 与 VF_2 均截止，IGBT 的栅极驱动电压不变。发生过电流故障时，IGBT 的集射极间压降 u_{CE} 增大，当超过 u_{ref} 时，比较器输出高电平，定时器启动；与此同时，VF_2 开通，使 IGBT 的栅极电压降至稳压管的稳压值 U_Z。如果在定时周期结束之前，故障消失，比较器输出又返回低电平，VF_2 转回截止，恢复正常栅极电压，IGBT 继续正常工作。如果在定时周期结束时，故障仍存在，则定时器输出高电平，VF_1 开通，IGBT 的驱动电压被切除，迫使 IGBT 关断。

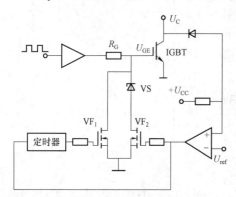

图 8.3-7　IGBT 短路保护驱动电路功能原理图

　　图 8.3-8 给出一个具有"延时封锁过电流保护"功能的 IGBT 驱动与过电流保护电路。其工作原理如下：正常工作时，晶体管 V_1 处于正偏压导通状态，控制电压 $U_{cc} \approx U_{cc}^* = +20V$。当控制信号有效时，6N136 快速光耦合器的 5 号引脚输出信号为高电平，V_3 管导通，栅控电压 $U_{GE}^* = +15V$，IGBT 快速导通。由 R_6、C_1 组成的延时电路，使 V_5 管保持截止状态，约经 1.5μs 的信号传输时间后，虽然 C_1 的端电压按充电规律上升，但因 IGBT 已饱和导通，且导通压降 U_{CE}^* 很低，通过 VD_F 的钳位作用，U_M 只能为低电平，所以在 IGBT 正常工作时，V_5 管总是处于截止状态。一旦发生过电流现象，IGBT 的管压降 u_{CE} 升高，这时 VD_F 反向关断，阻止主电路高压窜入控制电路，于是电压 U_M 随 C_1 充电电压上升而增加。当过电流现象持续发生 1.5μs 左右时，电压 U_M 值使得稳压管 VS_2 得以导通，V_2 管也随之导通，并使 V_1 管截止，控制电压 U_{CC} 降至 +15V，U_{GE} 降至 +10V。在 10μs 之内，如 U_M 又恢复到低电平，则为假过电流现象，电路恢复正常工作。如过电流现象发生在 10μs 以上，即出现真过电流故

障，则电压 U_M 继续上升，致使稳压管 VS_1 导通，V_5 管立即导通，栅极电压信号被封锁，且由于 C_2 的放电作用，达到使 IGBT 低速关断的目的。同时通过 TLP521 光耦合器发出本路过电流信号去触发 RS 锁存器 A_2 并使其翻转，Q 端输出"0"，经过 GAL16V8 可编程逻辑器件 A_3 逻辑控制去封锁本路及其他各路 IGBT，起到分散式就地过电流检测与保护的作用。

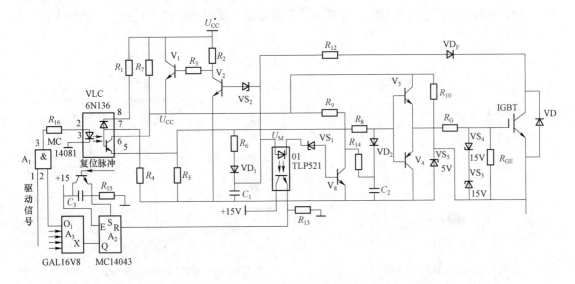

图 8.3−8　IGBT 驱动与过电流保护电路

试验证明，当出现短路过电流故障时，如果保持驱动电压 U_{GE} 为 15V 不变，50A IGBT 能承受 250A 过电流的冲击，时间仅为 5μs。采用图 8.3−8 电路，则在过电流开始瞬间，便将 U_{GE} 由 15V 降至 10V，使得过电流幅值由 250A 降至 100A 左右，并可将 IGBT 过电流承受时间延长为 15μs。因此，这种带有"降低 U_{GE}、延时封锁"的过电流保护功能的驱动电路，对可靠保护 IGBT 是很有益处的。

8.3.3　过电压保护

电力电子变流设备的主电路中包含用于功率传递的感性元件变压器和引线电感，变流器中电力 IGBT 快速开关时会因引线电感中积蓄的能量释放或辅助回路中续流二极管反向恢复而产生开关电涌电压。根据电涌电压的强度和持续时间，可能会危害 IGBT 的安全工作。当然，通过减小变压器的漏感和合理布线来减小电感，对减小 IGBT 的过电压是有利的，但还应采取各种过电压抑制措施。

图 8.3−9 给出了 IGBT 的反偏安全工作区（RBSOA），即由图中最大集电极电流 I_{CM}，最高集射极电压 U_{CEM} 和最大允许功耗 P_M 三段曲线组成的区域。当上述的开关电涌电压在关断时的工作波形超过了 RBSOA 时，IGBT 就会损坏。过电压抑制网络就是为了抑制开关电涌电压，把 IGBT 开关工作波形控制在 RBSOA 内而设置的。

图 8.3−10 给出了用于桥式变流器的 IGBT 模块的三种抑制电路。其中图 8.3−10a 适用于 50A 以下的 IGBT 模块，但它容易产生由 $L-C-R$ 串联电路引起的电压振荡，因此要特别注意减小 L、减小电容及连线的电感，可采取增加阻尼电阻等措施。图 8.3−10b 所示适用于

200A 以下的 IGBT 模块，该电路为防止振荡，要通过二极管对电容 C 充电，因而可适用于较大容量，使用中应注意的问题是尽量选用软恢复特性的二极管，并尽可能减小二极管到电容的布线电感。图 8.3–10c 适用于 300A 以下的 IGBT 模块，该电路属放电阻止型，它解决了在大容量变流器中，如直接在每个 IGBT 旁并联 $RC-D$ 吸收电路带来的缓冲电路容量增大、配线电感增大、二极管选择困难、续流二极管反向恢复引起的电压过冲等问题。该吸收电路中，实际是电容由供电电源充电，且减小了配线电感，使缓冲电路损耗减小，同时抑制了开关过电压。

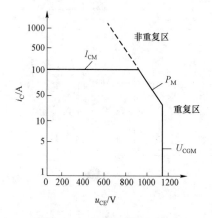

图 8.3–9　IGBT 的 RBSOA
（2MBI50–120）曲线

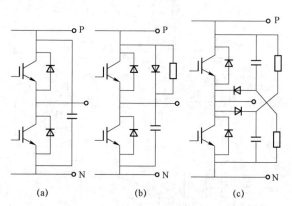

图 8.3–10　IGBT 模块的过电压抑制网络

（a）适用 50A 以下模块；（b）适用于 200A 以下模块；

（c）适用于 300A 以下模块

上述吸收电路中，吸收电容 C_s 可按下式来选取

$$C_s = L \ (I^2/\Delta U^2) \qquad\qquad (8.3–1)$$

式中：L 为引线电感；I 为 IGBT 关断时的电流；ΔU 为 C_s 上的过冲电压。

当 L 为 1μH/m 时，IGBT 的容量与 C_s 选择的关系见表 8.3–1。

表 8.3–1　　　　　　　　　IGBT 为额定电流时缓冲器中电容的推荐值

IGBT 的集电极电流额定值/A	C_s/μF	IGBT 的集电极电流额定值/A	C_s/μF
75	0.15～0.33	200	0.47～1.5
100	0.22～0.68	300	0.68～2.2
150	0.33～1.0	400	1.0～3.3

应注意的是，过电流或短路保护过程中，集电极电流迅速下降时，du/dt 在引线电感上产生的反电动势必加到关断的 IGBT 上，造成 IGBT 的集射极间电压强烈过冲。理论上，这个过冲电压可由图 8.3–10 所示的抑制网络加以吸收，但实际上，由于 IGBT 的开关频率较高，在快速关断大电流时，回路中引线电感的存在引起 Ldi/dt，受二极管开通速度的限制，该电路难以吸收尖峰过电压。为了解决这个问题，在过电流时应放慢关断速度，宜采用软关断方式。

缓冲网络中的电阻 R 以每周期放电量为电容 C_2 积蓄电荷的 90%以上为条件，可由下式

求得

$$R \leqslant 1/\left(2.3C_{\mathrm{S}}f\right) \qquad\qquad (8.3-2)$$

式中，f 为 IGBT 工作的开关频率，应注意的是式中 R 为配线阻抗和缓冲器电路的电阻 R_{S} 之和。另外，为防止振荡，R 应满足下式要求

$$R \geqslant 2\sqrt{L/C_{\mathrm{S}}} \qquad\qquad (8.3-3)$$

电阻 R 的功率 P_{R} 由下式求得

$$P_{\mathrm{R}} = \Delta U^2 C_{\mathrm{S}} f/2 \qquad\qquad (8.3-4)$$

8.3.4　防静电保护

IGBT 的输入级为 MOSFET，IGBT 也存在静电击穿的问题，防静电击穿保护极为重要，本书第 7 章 7.2 节第 3 款关于 MOSFET 防静电保护的内容完全适用于 IGBT 的防静电保护，此处不再重复赘述。

8.4　IGBT 斩波型电力电子变流设备

8.4.1　系统组成及工作原理简介

1. 主电路

主电路结构如图 8.4-1 所示。图中 KM 为系统主接触器，$VD_1 \sim VD_6$ 构成三相整流模块，KM_1 为预充电接触器，电阻 R_1、R_2 及电容 C_1、C_2、R_3、R_4 及 C_3、C_4 构成直流滤波环节，电阻 R、二极管 VD 及电容 C 为主功率开关元件 IGBT 的过电压吸收网络，L_0 及 VD_0 构成续流环节，TA 为霍尔电流传感器，L 为平波电抗器。该主电路的工作原理可简述为：系统启动后，主接触器 KM 吸合，来自电网的三相交流电经三相桥式不控整流电路整流为直流，此时由于控制电路的作用，预充电接触器 KM_1 还未吸合，电流经电阻 R，给电容 C_1、C_2 充电，限制了合闸瞬间给电容 C_1、C_2 充电的电流，当 C_1、C_2 上的电压充到一定值时，控制电路动

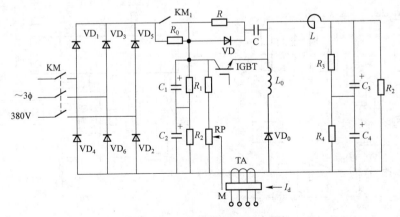

图 8.4-1　主电路原理示意图

作，使 KM_1 吸合，电阻 R_0 短接。在控制电路产生的 PWM 脉冲作用下，主功率开关元件 IGBT 户需求的电压，以一定的占空比导通或关断，经电感 L、电容 C_3、C_4 滤波后给负载 R_Z 提供一平直直流电压。R_1、R_2、R_3 与 R_4 分别为 C_1、C_2、C_3 与 C_4 的均压电阻。

2. PWM 脉冲形成电路

为了方便地调节直流斩波器的输出电压，系统中应用了 PWM 调压方式，其 PWM 脉冲形成电路选用专用集成电路芯片 TL494 来完成。TL494 是一种频率可以宽范围调节的脉宽调制控制器，它的内部结构示意图如图 8.4-2 所示，是一对外引出有 16 个引脚的大规模集成电路，在它的内部集成有一个振荡器 OSC，四个比较器（或放大器）A_1、A_2、A_3、A_4，一个触发器 FF，两个与门及两个或非门，一个参考电压源 U_{REF} 及两只晶体管 V_1、V_2，两只二极管 VD_1、VD_2，一个恒流源 I 及两个电压源。其内部含有振荡频率由它的第 6 管脚所接电阻 R_T 及其 5 脚的外接电容 C_T 确定的锯齿波振荡器，该振荡器的振荡频率

$$f_{osc} = 1.1 / (R_T C_T) \qquad (8.4-1)$$

式中，R_T 及 C_T 的可用取值范围为 $R_T = 5 \sim 100 k\Omega$。该脉宽调制器输出脉冲的宽度调制是由电容 C_T 两端的正向锯齿波电压和另外两个控制信号进行比较综合后完成的，只有当外接电容 C_T 上的锯齿波电压小于 TL494 的 3、4 管脚输入的控制信号时，触发器输出的时钟脉冲才处于低电平。因此随着控制信号幅值增加，输出脉冲的宽度将减小，即占空比将缩小。TL494 内部集成有两个误差放大器 A_3、A_4 和一个反馈信号输入端。在应用中这两个放大器可用作电压或电流调节器来完成闭环调节。也可用作保护比较器用来完成过电压、过电流等保护功能。还应提到的是 TL494 的 13 脚是输出模式控制端，当把它接地时，输出脉冲最大的占空比可达 96%，当把该端接基准电压时输出变成推挽型，此时 PWM 脉冲的最大占空比为 48%。TL494 的 4 号管脚为死区时间控制端，该端所接电平的大小决定了两路输出脉冲高电平之间的死区时间，这一功能可用在逆变器系统中来防止主电路中同桥臂两开关元件的直通。TL494 的 3 脚为反馈调制器的输入端。

系统中应用 TL494 构成的 PWM 脉冲形成电路原理图如图 8.4-3 所示。应用 TL494 内部的误差放大器 A_3 作为过电流保护比较器，而应用内部集成的误差放大器 A_4 作为电压闭环调节器，该闭环调节器的给定来自给定积分单元，其反馈由主回路的输出电压经线性隔离放

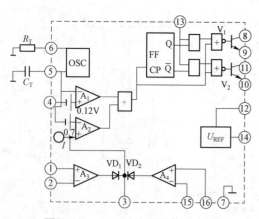

图 8.4-2 TL494 内部结构示意图

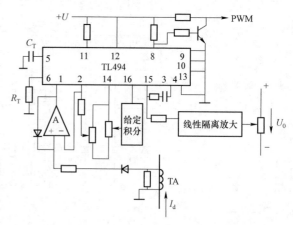

图 8.4-3 应用 TL494 构成的 PWM 脉冲形成环节原理

大后提供。整个 PWM 脉冲形成部分的给定及保护参考电平都取自 TL494 自身参考电压源输出的电压，由于该参考电压源电压高度稳定，故保证了整个 PWM 脉冲形成部分保护门槛及给定的高度稳定。该 PWM 脉冲形成电路的优点表现在：

（1）电路简单，仅用一片 16 引脚的集成电路便实现了 PWM 脉冲的生成。

（2）过电流保护及闭环调节均利用了 TL494 内部的误差调节器，既充分发挥和利用了 TL494 内部的电路单元，又简化了整个系统的电路结构，提高了抗干扰能力及可靠性。

3. 栅极驱动

在斩波器系统中经过分析和比较，选用日本富士公司生产的 EXB840 作为主功率开关器件 IGBT 的栅极驱动电路，EXB840 是日本富士公司生产的快速型 IGBT 栅极专用混合集成驱动电路，其最高工作频率可达 40kHz。该驱动电路的优点在于，驱动电路简单且集成化，抗干扰能力强，速度较高，保护功能较完善，可实现被驱动电力 IGBT 的最优驱动。系统中应用 EXB840 构成的电力 IGBT 的栅极驱动电路原理如图 8.4－4a 所示。图 8.4－4b 给出了工作频率为 40kHz 时，被驱动电力 IGBT 的栅极驱动电流 i_g 及栅射极驱动电压 u_{GE} 的示波图。

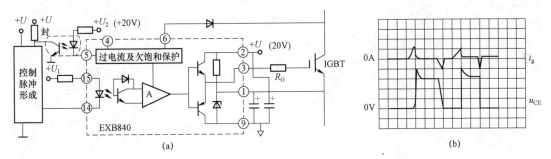

图 8.4－4　应用 EXB840 来驱动电力 IGBT 原理图

（a）原理电路示图；（b）栅极驱动波形（横轴：5μs/div）

4. 过电压及欠电压保护

为了提高斩波器系统运行的可靠性，延长电力电子变流设备的使用寿命，避免电力 IGBT 的损坏，系统中，除有前述过电流、欠饱和保护外，又增加有主电路的过电压及欠电压保护。过电压保护是为了防止电网电压超过一定值时，造成主电路电压过高而使电力 IGBT 因集射结耐压不足而击穿；欠电压保护是为了避免电网电压过低使继电操作部分动作不正常及栅极驱动电路因电源电压过低影响电力 IGBT 的正常工作。其原理电路如图 8.4－5 所示。正常工作时，来自主回路分压电阻 R_2 上的电源电压取样值 u_M 高于电位器 RP$_2$ 整定的欠电压门槛值而低于 RP$_1$ 整定的过电压门槛值，比较器 A$_1$、A$_2$、A$_3$、A$_4$ 均输出低电平，过电压 VL$_{OV}$ 及欠电压（VL$_{LV}$）指示灯不亮，晶体管 V 不导通，分断主回路的继电器 KA$_V$ 不动作；一旦发生过电压，即主回路分压电阻 R_2 上的取样电压 u_M 大于电位器 RP$_1$ 整定的门槛植，A$_1$ 输出高电平，过电压指示灯 VL$_{OV}$ 亮，A$_2$ 输出高电平，V 导通，主回路被分断。如果发生欠电压，即 R_2 上的分压值 u_M 小于 RP$_2$ 整定的久压门槛值时，比较器 A$_3$、A$_4$ 输出高电平，在欠电压指示灯 V$_{LV}$ 亮的同时，晶体管 V 导通，继电器 KA$_V$ 动作，主回路被分断。应说明的是，过电压及欠电压保护动作后都封锁栅极控制脉冲。

另外应说明的是为了解决在该斩波器启动运行时，因 U_d 为零欠电压保护动作，不能启动的问题，图 8.4－5 中 A$_4$ 的反相端在启动前，通过用作施密特触发器的 555 输出引脚 3 输入一高电平信号，该电平信号大于 RP_2 滑动端设定的欠电压保护门槛，确保启动前和启动后主电路电压 U_d 建立前欠电压保护电路不动作，而在启动过程完成之后，主接触器 kM 触点闭合，电容 C_1 充电，555 引脚 2 与 6 电压上升到大于 $2/3U_2$ 的时间内，主电路电压 U_d 已达到正常值，这时 555 输出引脚 3 电压自动降为零。担负起主电路电压是否过电压或欠电压的监测和保护工作。

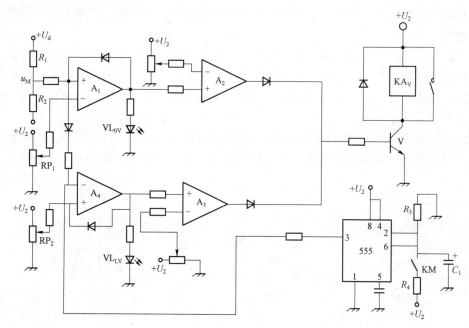

图 8.4－5　过电压及欠电压保护原理示图

8.4.2　应用效果

上述高频直流斩波器系统已成功地应用于为某单位开发的直流稳压电源系统中，主电路所用电力 IGBT 为 IXYS 10N100，其实用最大负载电流为 3A，直流电源输出直流电压的可调范围为 0～480V，稳压精度优于 1%，实用斩波频率为 43kHz。图 8.4－6 给出了主功率开关器件 IGBT 的集射极电压 $u_{CE(下)}$ 及其集电极电流 i_c 波形。实用效果表明，该直流斩波器输出直流电压稳定，调节方便，保护电路动作灵敏、可靠。

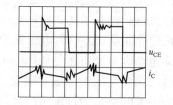

图 8.4－6　IGBT 的集射极电压 $u_{CE(下)}$ 及其集电极电流 i_c 波形

8.4.3　结论与启迪

（1）IGBT 由于具有双极型晶体管 GTR 及电力场效应晶体管 MOSFFT 两者共有的优点，在电力电子变流设备中必将发挥越来越大的作用，已取代电力双极型晶体管 GTR，电力场效应晶体管 MOSFET，并向 GTO 发起挑战，是电力电子技术发展的必然趋势。

（2）应用电力 IGBT 作为主功率开关元件，其栅极驱动采用专用混合集成驱动电路 EXB840 来完成，PWM 脉冲形成部分应用专用 PWM 集成电路来实现，并配以快速灵敏的保护电路构成的高频直流斩波系统，具有装置体积小、质量轻、运行无噪声、功率因数高等优点，这种方案在直流电机的斩波调速、斩波型直流电源等领域有广阔的应用前景。

（3）介绍的 PWM 脉冲形成电路，仅用一片 16 引脚的集成电路便同时完成了闭环调节、过电流保护、PWM 脉冲形成等功能，简化了控制电路，提高了控制系统的可靠性。

（4）虽然介绍的实用系统功率并不大，随着电力 IGBT 模块的应用及电力 IGBT 制造工艺及技术的不断完善，IGBT 单个器件容量的不断扩大，对介绍的直流斩波器方案稍做修改（主要是对驱动电路的驱动能力进行功率放大），该种直流斩波系统会在大功率直流电源、大功率直流调速领域有推广价值。

8.5　75kW 无刷直流电动机调速电力电子变流设备

8.5.1　系统基本构成和工作原理

1. 主电路

主电路原理如图 8.5－1 所示，三相 380V 交流输入电压 A、B、C 通过交流接触器 KM_1 后，经电抗器 L_1 及快速熔断器 $FU_1 \sim FU_3$ 提供给三相二极管整流桥整流成直流，再由电容滤波后，由三相逆变桥按控制单元输出的驱动脉冲控制，通过三相 IGBT 逆变桥逆变为无刷直流电动机工作需要的三相六状态交流电压，完成对直流无刷电动机的驱动。图中主接触器 KM_1 用来在正常运行时对主电路进行合分控制，在故障时其用来分断主电路，起集中保护及控制作用。电抗器 L_1 用来滤除无刷直流电动机调速过程中因逆变器或斩波器中 IGBT 在通断工作时引起的高频尖峰电流脉冲直接进入电网，干扰接于同电网的其他设备的正常稳定运行。快速熔断器 $FU_1 \sim FU_3$ 用来进行过电流或短路电子式保护万一失灵后，防止事故扩大的保护。电阻 R_1、R_2 和接触器 KM_2 为软启动环节，该环节用来防止启动时因电容两端起始电压为零，合闸启动后其两端电压不能突变，对三相整流桥（$VD_1 \sim VD_6$）中二极管模块的冲击。该环节的工作原理为：在启动合闸过程中，由于电容两端电压较低，主控制单元中的切除 R_1、R_2 的控制电路输出为低电平，该电路中继电器 K_{MC} 不动作，接触器 KM_2 线圈不得电，其触头断开，滤波电容 $C_1 \sim C_8$ 及 C_{12} 及 C_{13} 通过电阻 R_1 和 R_2 充电；当 $C_1 \sim C_8$ 及 C_{12} 和 C_{13} 两端的电压充到一定值时，主控制单元中的切除 R_1 与 R_2 控制电路输出为高电平，继电器 K_{MC} 动作，接触器 KM_2 线圈得电，其触头闭合短接电阻 R_1 和 R_2，软启动过程完成。电阻 R_3、R_5 与 R_4、R_6 起均压作用，使串联的电解电容不因内阻差别过大引起不均压而承受过电压损坏。霍尔电流传感器 $TA_1 \sim TA_7$ 用来进行工作电流取样，一是为主控制单元中的电流闭环调节器提供反馈信号，二是为主控制单元中的过电流及短路保护环节提供实际工作电流的检测取样信号；霍尔电压传感器 TV，用来为主控制单元中的过电压保护和软启动切除单元以及防止被控制电动机发电运行中，母线电压过高时能耗制动单元投入工作，提供实际直流电压的检测取样信号。压敏电阻 $RV_1 \sim RV_3$ 与电容 $C_{y1} \sim C_{y3}$ 起抑制尖峰过电压作用，既防止主电路斩波器及逆变器中的 IGBT 工作换流时，因回路中分布电感引起的 Ldi/dt 尖峰过电压耦合到电网，又可防止外部供电电网因同网别的设备投入运行或切除，引起的尖峰过电压进入无刷直流电动机调速器而击穿或损坏主电路中的有关器件。串于主电路中的电流互感器 $TA_1 \sim TA_3$ 进行交流输入电流取样，供电流表显示运行时各相的电流，电流互感器 $TA_{11} \sim TA_{33}$ 检测交流输入电流，为防止三相二极管整流桥相间及滤波用电解电容过电流或短路保护提供电流取样

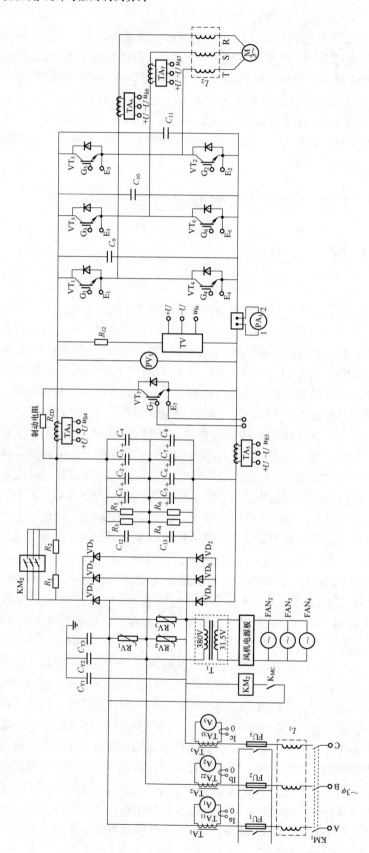

图 8.5-1 75kW 无刷直流电动机调速用电力电子变流设备主电路原理图

信号。IGBT 模块 $VT_1 \sim VT_6$ 组成标准的三相桥式逆变电路，它们用来将直流回路的平直直流电压逆变为标准的无刷直流电动机调速所需要的三相六状态交流电压；每个 IGBT 模块旁并联的电容（$C_9 \sim C_{11}$）起尖峰过电压保护，防止尖峰过电压击穿 IGBT 模块；三相 IGBT 逆变器输出与无刷直流电动机定子绕组之间串联的电抗器 L_2 用来滤除逆变器输出交流电压中的高次谐波，降低高频辐射对用户测量设备的干扰，并减少尖峰过电压对无刷直流电动机定子绕组的危害。主电路中剩余的 IGBT 模块 VT_7 用来与制动电阻一起构成能耗制动单元，该单元的作用有两点：一是当无刷直流电动机为电动运行时，在应用本调速用电力电子变流设备中的逆变器进行变频减速，由于系统惯性，无刷直流电动机为发电运行，通过三相逆变桥中续流二极管的整流作用，向电容 $C_1 \sim C_8$ 及 C_{12}、C_{13} 充电使主电路直流母线电压升高，为防止主电路中直流母线电压过高而威胁 IGBT 及电容的安全，通过主控制单元的控制作用，使 IGBT 模块 VT_7 导通，让制动电阻 R_{ZD} 消耗掉一部分能量，从而保证主电路正负母线间的电压在一定的范围之内；二是如果由于负载或别的其他原因，无刷直流电动机一直为发电运行时，通过主控制单元的控制作用，使 IGBT 模块 VT_7 导通，让制动电阻消耗掉一部分能量，构成闭环控制，使无刷直流电动机运行在闭环斩波调速的状态。

2. 控制脉冲形成电路

控制脉冲形成电路应用了美国 MOTROLA 公司生产的专用无刷直流电动机驱动控制芯片 MC33035，有关该芯片的内部结构及工作原理和各引脚功能的详细分析与介绍可参文献 [54]，本章仅给出其应用电路原理图，如图 8.5-2 所示。图中三路位置信号 SA、SB、SC 来自转子相位信号检测电路的输出，而转速调节信号 u_K 来自双闭环调节器的输出。由于 MC33035 引脚 19、20、21 输出的三路 PWM 脉冲信号（PWM_1^*、PWM_3^*、PWM_5^*）可直接驱动主电路三相逆变器中的高端 PNP 型达林顿晶体管或 P 沟道 MOSFET 或 IGBT，而图 8.5-1 给出的三相逆变器中六个 IGBT 均为 N 沟道，所以在图 8.5-2 中应用了 3 只 NPN 晶体管 $V_1 \sim V_3$ 对 MC33035 输出的驱动三相逆变器中三路高端信号进行倒相，以使其与 N 沟道 IGBT 的工作要求一致。图中接于 MC33035 引脚 10 与引脚 8 之间的电阻 R_{222} 和接于引脚 10 与地之间的电容 C_{114} 决定了 PWM 脉冲的占空比与工作频率。当闭环调节器输出的控制电压 u_K 较低，即被调速电动机转速较低时，MC33035 输出为 6 路带调制的 PWM 脉冲信号；当 u_K 值较大，即被调速电动机转速较高时，MC33035 输出为 6 路不带调制的方波信号。这种设计使加到电动机定子侧的谐波含量得到了最大程度的减小，改善了电动机的工作波形。图中 SH、Ln、OV、OI、OT_1、OT_2、On 分别为短路、反馈丢失、过电压、过电流、内部及外部过热及超速保护电路的输出，因 DRV 端为末级驱动单元提供工作电源，所以 IC9A 与晶闸管 VT_2 组成控制板工作电源欠电压保护环节，S_1 与 S_2 分别为无刷直流电动机正/反转及三相逆变桥控制脉冲电路启动/停机输出控制开关。

3. 信号检测与处理电路

为了保证被控制无刷直流电动机的调速精度和性能，既不但要求对无刷直流电动机的位置进行精确检测，同时要求对无刷直流电动机转速信号进行准确测量。另一方面，为使故障时保护电路迅速准确地动作，更需要对该无刷直流电动机调速器的运行电压和电流及时进行检测和反馈，这便是信号检测与处理电路的工作。系统中电压与电流的检测应用霍尔电压与电流传感器，而转速信号检测采用在电动机轴上安装光电编码器的方法，位置信号的测量使用在电动机内部每隔 120°安装一个霍尔位置传感器的方法。考虑到一般使用场合无刷直流

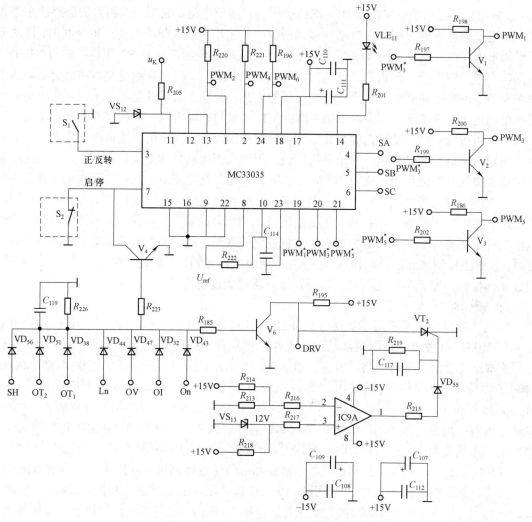

图 8.5-2　控制脉冲形成电路原理图

电动机的安装位置距离控制调速器相对较远，为防止干扰，3 路位置信号及转速反馈信号均通过光耦合器隔离再整形的方法进行。由于霍尔位置传感器输出位置信号对应无刷直流电动机转速每转仅一个脉冲，频率相对较低，而转速光电编码盘的反馈信号对应电动机转速每转为 500 个脉冲，脉冲频率非常高，所以选用了不同频率的光耦合器。图 8.5-3 给出了转速及位置信号的隔离与处理电路。图中 n_f 为装于无刷直流电动机转子上的转速检测用光电编码盘输出的脉冲信号，TLP559 为高速光耦合器，4013 为 D 触发器，此处两片双 D 触发器 4013 的三个单元串联用作 8 分频器，采用它们的目的是解决转速检测用光电编码器在无刷直流电动机最高转速为 9000r/min 时，光电编码盘输出为 75kHz，而 LM331 作为频率－电压转换器时可线性工作频率最高为 10kHz 的矛盾。图中 SA^* 为装于直流无刷电动机转子上的位置检测用霍尔传感器的输出；LM331 用作频率/电压转换器；运算放大器 A 对 LM331 的转换结果进行放大，与 LM331 一起构成高精度频率电压变换器，用来将经过隔离与处理后的转速脉冲信号变换为电压信号，作为转速反馈提供给给定与闭环调节回路中的转速闭环调节器。图中

555 电路用作施密特触发器，这种用法可极大地提高控制电路的抗干扰性能，使位置信号和转速反馈信号几乎不受干扰的影响。

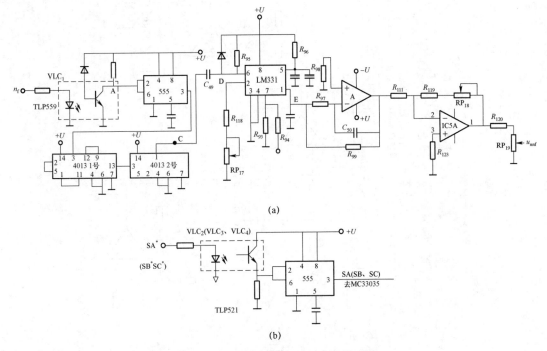

(a)

(b)

图 8.5－3　信号检测与处理电路原理图

（a）转速反馈信号隔离与处理电路；（b）位置信号隔离和处理电路

4. 给定积分与转速电流双闭环调节器电路

由于试验系统负载对 75kW 无刷直流电动机的调速精度要求为不大于 0.1%，为保证调速性能的平滑稳定，控制部分增加了给定积分器，并构成了内环为电动机定子电流，外环为电动机转速的双闭环调速系统，设计了如图 8.5－4 所示的转速给定积分与转速和电流双闭环调节器电路图。图中运算放大器 IC7C 与 IC6B 分别为转速外环调节器及电流内环调节器，IC7D 为反相器，使用它们的目的是按电路工作的逻辑需要提供相应的极性。电位器 RP_{25} 与 RP_{21} 分别用来调节转速与电流闭环调节器的放大倍数及积分时间常数，运算放大器 IC9B 与外围元件兼有反相器与限幅匹配器的作用，电位器 RP_{29} 与 RP_{30} 用来调节反相器 IC9B 的放大倍数及加到 MC33035 输入端控制电压幅值的最大值，稳压管 VS_8、VS_7 及 VS_9 是内限幅用稳压管，u_{nnf} 及 u_{fif} 分别为来自转速及电流交流输出反馈信号检测与处理单元的输出。电子开关 IC7A 及积分器 IC7B 配合构成给定积分环节，电位器 RP_{28} 为积分上升时间调节电位器，电位器 RP 为用户调节电动机实际转速的外接给定电位器，该电路各部分工作原理的详细讨论，由于在前述章节电路中已进行过分析，此处不再赘述。

5. 保护电路

保护电路性能的好坏，对无刷直流电动机调速电力电子变流设备能否长期可靠的运行，具有十分重要的意义。设计有整流桥过电流与短路，逆变器输出过电流与短路，直流正负母线短路，电动机过热，电动机转速反馈丢失，电动机转速超速，输入交流电压缺相，主电路冷却系统故障，控制电源欠电压等保护单元，具有完善的保护性能。

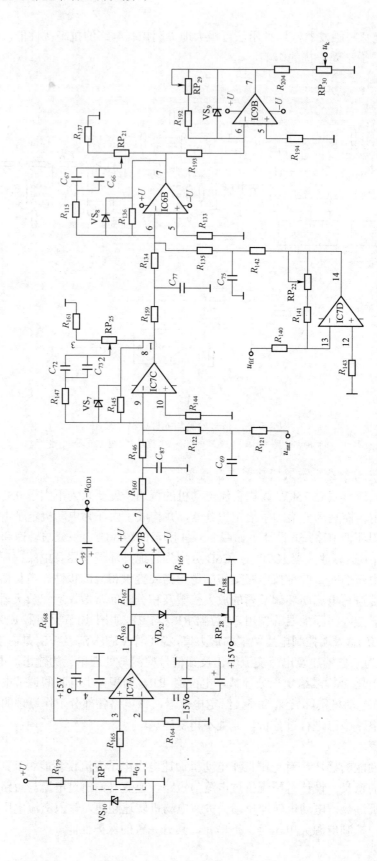

图 8.5-4 给定积分与转速及电流双闭环调节器原理电路图

（1）交流输入侧电流取样、过电流及短路保护电路。为防止三相不控整流电路中整流二极管击穿、整流后滤波用电解电容击穿、逆变桥发生直通短路或交流输出侧短路、过电流、接地等引起交流输入侧电流过大，而增加了交流输入侧过电流及短路电子式保护。这两种保护可防止串于交流输入侧的快速熔断器熔断，除非这两种电子式保护不起作用，串于交流输入侧的快速熔断器才可熔断。

图 8.5-5 给出了其电路原理图。电路的工作原理可分析为：在 75kW 无刷直流电动机调速系统 380V 三相输入侧供电母线上串联的交流电流互感器检测的电流信号，通过并于电流互感器二次侧的电阻，变换为对应三相电流的电压信号 u_{ia}、u_{ib}、u_{ic}，该三相电压先经三相二极管不控整流桥整流成直流电压，由电阻 R_{12} 与 RP_5 和 R_{13} 与 R_{14} 分压，再分别经电容 C_{18} 及 C_{13}、C_6 滤波后，为短路和过电流保护提供实际交流输入电流取样。过电流与短路保护门槛分别由电位器 RP_7 及 RP_2 设定，正常运行时，交流输入电流取样值均小于门槛值，比较器 IC1：B 输出高电平（接近 +15V），IC1：C 输出低电平（接近 -15V）；一旦发生交流输入侧过电流，则比较器 IC1：B 输出低电平（接近 -15V），后续电路（见图 8.5-6）中晶体管 V 截止，积分器 AC 积分到比较器 CP 的动作门槛值时，一是 OI 变为高电平，封锁 MC33035 的输出；二是晶体管 V_2 导通，继电器 K_{OI} 动作，分断主电路。由于过电流保护是延时保护，在过电流保护未动作且延时这段时间内交流输入电流还未下降时，则交流输入电流还将继续增大；当交流输入电流增大到大于 RP_2 所设定的门槛值时，比较器 IC1：C 输出 u_{SH} 变为高电平，给出交流输入侧短路保护指示，封锁 MC33035 输出的逆变桥驱动控制脉冲，同时分断主电路。另外应看到，在过电流保护的延时时间内，若过电流信号消失，则 IC1：B 输出变为高电平，u_{OI} 为接近 +15V（见图 8.5-6 的后半部分），过电流保护执行电路的晶体管 V 导通，积分器 AC 不积分，过电流比较器 CP 输出低电平，封锁 MC33035 输出的信号 OI 为无效低电平，晶体管 V_2 不导通，过电流保护继电器 K_{OI} 不动作，主电路不被分断。还应注意的是图 8.5-5 及图 8.5-6 中的所有 u_{SH} 及 u_{OI} 是分别接在一起的，也就是说 K_{OI} 及 K_{SH} 继电器及比较器 CP 与积分器 AC 是共用的。

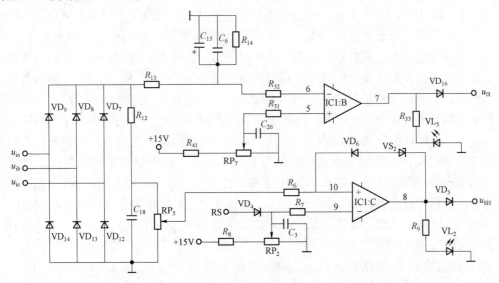

图 8.5-5　交流输入侧电流取样及过电流和短路保护电路原理图

注：图中 RS 为保护后的用户复位信号

（2）直流母线过电流（短路）、逆变桥同桥臂直通（短路）及交流输出相间过电流（短路）与接地保护电路。如图 8.5-1 所示的 75kW 无刷直流电动机调速主电路原理图中，电动机定子采用水冷，发生接地或对地短路及相间短路的可能性及概率很高，所以在设计交流输入侧电流取样、过电流及短路保护与中频交流输出检测与短路保护的基础上，又设计有直流母线侧短路、逆变桥同桥臂直通（短路）、交流输出相间短路、交流输出对地短路与接地保护电路。

电路的原理电路如图 8.5-6 所示。图中 u_{fi4} 与 u_{fi5} 为主电路中直流正与负母线上串联的两只霍尔电流传感器之输出，这里使用两个霍尔电流传感器的原因可参图 8.5-1 分析如下：当在三相交流输入电压 A 相正半周发生 R 相接地时，则电流通路为交流输入 A 相—VD_1—KM_2—TA_4—VT_1—TA_6—L_2—大地。TA_4 中有输出，电流检测值为正。而当在三相输出 A 相负半周发生接地时，电流通路为大地—L_2—VT_4—TA_5—VD_4—A 相。TA_5 检测出接地，电流检测输出为负，因而在交流输出侧发生接地故障时，串于主电路中直流母线上的霍尔电流传感器检测出的电流信号有可能为正，也有可能为负，所以图 8.5-6 中应用 VD_{10}、VD_{11} 及 VD_{18}、VD_{19} 分别组成正输入与负输入或门，不论 u_{fi4} 与 u_{fi5} 为正或负，这种电路结构总能对 u_{fi4} 与 u_{fi5} 中绝对值大者进行选择。正由于此，图中使用了 IC2A～IC2D 4 个比较器及积分器 AC 和比较器 CP 共同完成过电流与短路保护。当 u_{fi4} 与 u_{fi5} 中最大值为正值时，比较器 IC2B 与 IC2C 起作用，其中 IC2C 为过电流比较器，过电流保护门槛由电位器 RP_4 中点电压设置，其实际电流取样值为 u_{fi4} 与 u_{fi5} 中数值大者，短路保护门槛由电位器 RP_8 的中点电压设置，其实际电流取样值为 R_{36} 与 R_{37} 的分压值，此时保护门槛值都为正值。在正常状况下，过电流比较器输出高电平，一旦过电流，其输出低电平，一是给出过电流指示，二极管 VD_{11} 截止，后续电路中积分器 AC 进行积分，积分到比较器 CP 的动作门槛值时，过电流保护执行电路动作，进行相应的保护，在未发生短路时，比较器 IC2B 输出为低电平，一旦发生短路（或接地）故障，则比较器 IC2B 输出高电平，二极管 VD_{26} 导通；二是给出封锁 MC33035 输出脉冲的信号 SH，同时使晶体管 V_1 导通，继电器 K_{SH} 动作分断主电路。当 u_{fi4} 与 u_{fi5} 为负值时，比较器 IC2A 与 IC2D 起作用，其中 IC2D 为过电流比较器，过电流保护门槛由电位器 RP_5 中点电压设置，其实际电流取样值为 u_{fi4} 与 u_{fi5} 中数值绝对值大者，短路保护门槛由电位器 RP_6 的中点电压设置，其实际电流取样值为 R_{16} 与 R_{15} 的分压值，此时保护门槛值都为负值。

（3）逆变输出交流电流的取样与逆变输出过电流及短路保护电路。逆变输出电流的取样与逆变输出过电流及短路保护电路原理图如图 8.5-7 所示。图中 u_{fi6} 与 u_{fi7} 分别为串于交流输出三相母线中两相上的霍尔电流传感器的输出。放大器 IC3：A 为比例系数为 1 的反相器，电路利用三相平衡负载时，三相输出电压或电流的瞬时值之和为零的三相交流电路基本特性（$u_{fiR}+u_{fiS}+u_{fiT}=0$），来获得等效的另一相交流电流取样值 u_{fiT}，这种方法可使用户方便地在主电路输出中仅用两个霍尔电流传感器就可获得三相输出电流取样信号，简化了电路的结构，方便了安装，而且使成本降低。而 IC3：B、IC3：C、IC3：D 用作仅选择电流取样值正半周的单方向信号放大器。其工作原理为：u_{fi6} 的正半周，IC3：B 输出为负电压，二极管 VD_{36} 截止（相当于开路），VD_{33} 导通，放大器的放大倍数为 R_{67}/R_{79}，u_{fiR}^* 点有信号输出；在 u_{fiR} 的负半周，IC3：B 的引脚 7 输出正电压，VD_{36} 导通，将引脚 7 电压限幅在 0.7V 左右，二极管 VD_{33} 截止相当于电路断开，u_{fiR}^* 输入接近零伏电压（IC3：C 及 IC3：D 对 u_{fiS} 及 $-(u_{fiR}+u_{fiS})=u_{fiT}^*$ 的放大原理可同理分析）。由此 u_{fiR}^*、u_{fiS}^* 及 u_{fiT}^* 端得到了对应主电路中输出三相交流电流削去正半波的电流取样信号，该三相信号经加法放大器 IC1：C 相加并放

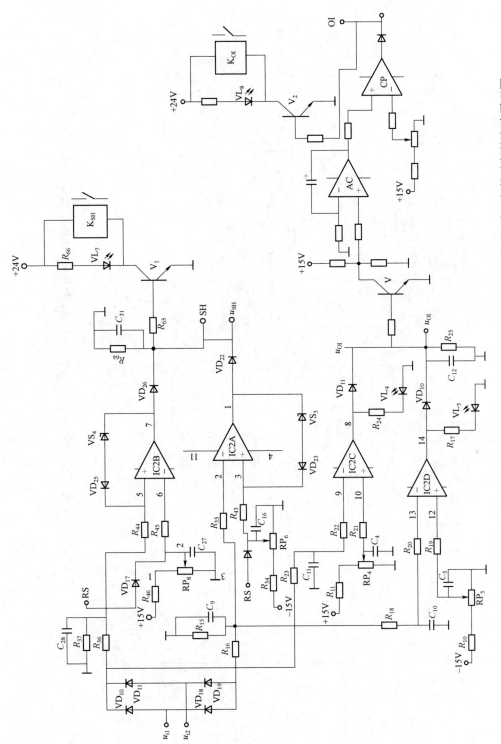

图 8.5－6　直流母线过电流（短路）或逆变桥同桥臂直通（短路）及交流相间过电流（短路）与接地保护电路原理图

注：图中 RS 为保护动作前用户施加、故障处理后重运行前用户施加的复位信号

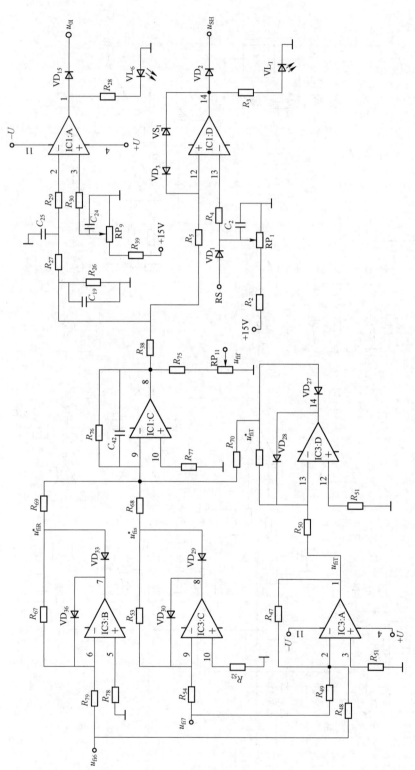

图 8.5－7 中频输出电流的取样与中频输出过电流及短路保护电路的原理图

大，在 IC1：C 的输出端得到了三相输出电流的平均值，由电位器 RP_{11} 分压后提供给双闭环的内环调节器，作为电流反馈的取样值。另一方面，经电阻 R_{38} 与 R_{26} 分压后提供给交流输出过电流及短路保护电路作为实际电流取样值，与过电流保护门槛（由电位器 RP_9 中点电压设定）及短路保护门槛（由电位器 RP_1 中点电压设定）进行比较，一旦发生交流输出侧过电流或短路故障，则相应的比较器 IC1：A（或 IC1：D）翻转，输出 u_{OI} 由高电平（接近 +15V）变为低电平（接近 −15V），输出 u_{SH} 由低电平（接近 −15V）变为高电平（接近 +15V），使后续电路动作，封锁控制电路中 MC33035 输出的逆变桥六路控制脉冲，分断主电路，并给出相应指示。

图 8.5−8 给出了方波信号输入时，该电路中有关电流放大环节各点的主要工作波形。应特别注意的是图中的短路保护有时并不一定是真正意义上的输出交流侧相间或对地短路，而是当交流电流取样值为过电流设定值的 2～3 倍时，则认为是短路故障。图 8.5−7 中 RS 为保护后故障处理完毕，重新运行时的复位信号，电容 C_{24}、C_2 及 C_{42}、C_{19} 为抗干扰电容，为保证短路保护的快速性，电容 C_{42} 及 C_{19} 的电容值不可过大，一般取几千皮法便可。

（4）超速保护。由于试验系统无刷直流电动机设计的额定转速为 8500r/min，高速电动机的配套件（轴承、润滑脂等）及试验负载都不允许超速运行，否则会造成这些部分的严重损坏。为此设计了转速超速保护电路，其电路原理如图 8.5−9 所示。图中 u_{nnf} 为来自转速信号检测及处理环节的输出，u_n^* 为转子位置反馈环节的输出，K_{ON} 为超速故障后迅速分断主电路的继电器，on 为封锁控制电路中 MC33035 输出的 6 路逆变桥驱动脉冲的信号。需要特别强调的是，如果仅用转速检测环节的输出信号 u_{nnf} 进行超速保护，则当转速反馈环节出问题时，u_{nnf} 便无信号输入，此时转速环开环运行，转速将变得很高，此时转子位置信号检测环节输出值增加起转速过高保护，这种设计有双重保险的作用。

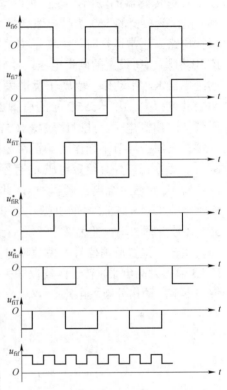

图 8.5−8　逆变输出交流电流的取样环节各主要工作波形

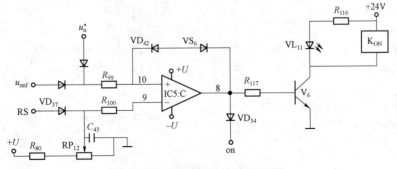

图 8.5−9　超速保护电路原理图
（注：图中 RS 为保护后的手动复位信号）

（5）转速位置丢失保护电路。无刷直流电动机调速及正常运转需要时刻提供转子位置的三相位置信号。主控制芯片根据三相转子位置信号，产生三相六状态的输出 PWM 脉冲（或方波）信号，经过驱动电路去驱动三相 IGBT 逆变器中的 6 个 IGBT 器件，将直流回路的电压逆变为三相可变频的交流电压，供给直流无刷电动机定子绕组，一旦转速位置丢失，则 MC33035 输出的三相 6 路驱动信号将变得面目全非，有可能导致逆变桥中同桥臂的 IGBT 直通或短路，引起严重的后果。为防止此问题的发生，系统中设计了图 8.5-10 所示的转子位置反馈信号丢失保护原理电路图。图中 u_{SA}、u_{SB}、u_{SC} 来自装在无刷同步电动机转子轴上的霍尔转速传感器的输出，该三相位置脉冲信号经三只二极管组成的或门电路后，由用作频率-电压变换器的 555 1 号电路转换为电压信号，提供给转子位置丢失保护电路及转速超速保护电路。正常运行时，因转子位置检测环节（即 555 1 号引脚 3）的输出电压高于比较器 IC5B 引脚 5 所设定的同步电压，比较器 IC5B 输出低电平，晶体管 V_7 不导通，分断主电路的继电器 K_{Ln} 不动作，因转子反馈丢失而封锁 MC33035 输出的信号 L_n 为无效低电平。在合闸启动过程中，由于 555 2 号的引脚 2 通过主接触器 KM_1 的常闭触点实现输入为低电平，其引脚 3 输出高电平，此时比较器 IC5B 的反相端信号高于同相端的门槛值，同上的分析转子反馈丢失保护环节不起作用。正常运行时在主接触器 KM_1 吸合及用户控制面板的运行按钮 S_1 置于运行挡，并且给定电压 u_g 有不为零的给定，给定有否判别比较器 IC5A 输出高电平，晶体管 V_8 导通，继电器 K_G 动作，此时无刷直流电动机便缓慢转动起来，图中 S_2、KM_1 与 K_G 触点均断开，555 2 号的引脚 6 与引脚 2 的电压经延时充电后变为接近电源电压的高电平，555 2 号引脚 3 输出便为低电平。后续主电路的保护完全取决于转子位置检测环节的输出。当发生转子位置反馈信号丢失故障时，则 555 1 号引脚 3 输出为接近零伏的低电压，比较器 IC5B 输出为高电平，转子位置反馈丢失封锁信号 L_n 封锁 MC33035 的输出，晶体管 V_7 导通，继电器 K_{Ln} 动作分断主电路。

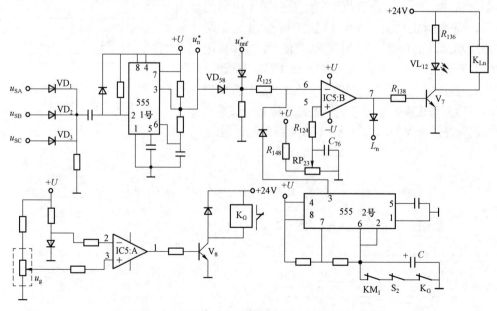

图 8.5-10　转子位置反馈信号丢失保护电路原理图

（6）启动电阻切除判断、能耗释放能量及过电压保护电路。由于系统中直流无刷电动机的转速很高，在制动过程或因某种原因风机负载拖动无刷直流电动机旋转（此时无刷直流电动机运行在发电状态），此时三相逆变桥中 IGBT 模块内部并联的续流二极管构成三相桥式不控整流，向主电路中的电解电容 $C_3 \sim C_8$ 充电，使主电路中正负直流母线间电压上升，为防止电压过高危及 IGBT 模块或二极管模块，造成过电压损坏而击穿，在保护电路中设计了过电压保护及能耗能动环节，其电路原理图如图 8.5-11 所示。图中 u_{f2} 为来自主电路中正负母线之间并联的霍尔电压传感器 TV 取样的输出，电位器 RP_{24} 与 RP_{15} 分别用来设置能耗制动电路动作的门槛与过电压保护电路动作门槛。当 u_{f2} 高于 RP_{24} 设定的门槛时，比较器 IC6A 输出低电平，二极管 VD_{48} 导通，向能耗制动用斩波 IGBT VT_7 的栅极驱动电路输出控制脉冲信号 u_{BRAKE}，使斩波用 IGBT VT_7 导通，泄放主电路中电解电容 $C_3 \sim C_8$ 两端充电的能量。此泄放电路泄放的速度快于发电运行状态，无刷直流电动机通过逆变桥中续流二极管整流桥给主电路中电解电容充电的速率时，则主电路直流电压将下降。如果降到电位器 RP_{24} 所设定的主电路直流过电压需要进行能耗泄放的门槛值以下，则比较器 IC6A 又重新输出高电平，二极管 VD_{48} 截止，给斩波用 IGBT VT_7 的栅源极驱动电路提供的控制脉冲便停止，泄放斩波用 IGBT 管 VT_7 停止导通；如果泄放能量的 IGBT 导通，泄放能量的速度慢于工作发电状态的直流无刷电动机经三相不控整流后，向大容量电解电容充电的速度，或者因电网电压高于 380V＋10%的标准时，则 u_{f2} 将继续上升，在 u_{f2} 的值大于电位器 RP_{15} 设定的过电压保护电路动作门槛值，比较器 IC6C 输出高电平，一是封锁 MC33035 输出的逆变桥中 6 路 IGBT 的驱动控制脉冲；二是晶体管 V_5 导通，给出过电压指示，过电压保护继电器 K_{OV} 动作，分断主电路。

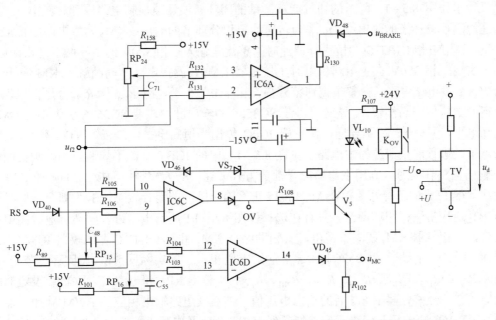

图 8.5-11　启动电阻是否切除判断与能耗释放能量控制及过电压保护电路原理图

还应提到，由于 75kW 无刷直流电动机主电路中是通过三相整流管不控整流桥将三相交流电压整流成直流的（见图 8.5-1）。为防止主接触器 KM_1 合闸后三相整流电路输出电压瞬时值达 510V 时，电解电容 $C_3 \sim C_8$ 两端的初始电压为零，而电容两端电压不能突变，给三相整流桥中的二极管造成很大的电涌电流冲击，致使这些二极管损坏，系统中设计了图 8.5-11 中由比较器 IC6D 与电位器 RP_{16}、R_{101}、R_{104}、R_{103}、二极管 VD_{45} 及电阻 R_{102} 构成的启动电阻是否切除判断电路。在启动过程初始，由于 u_{f2} 从零开始上升，其值小于 RP_{16} 设定的门槛值，比较器 IC6D 输出低电平，二极管 VD_{45} 不导通，接触器 K_{MC} 常开触点不闭合；主电路中在三相二极管整流电路输出与电解电容 $C_3 \sim C_8$ 之间串入充电限流电阻 R_1 与 R_2（见图 8.5-1）给电解电容 $C_3 \sim C_8$ 充电，当 $C_3 \sim C_8$ 上电压上升到一定值时，u_{f2} 值大于电位器 RP_{16} 中点电压设定的门槛值，比较器 IC6D 输出高电平，二极管 VD_{45} 导通，u_{MC} 输出为接近 +15V 的电压值，经启动电阻切除执行电路（见图 8.5-15）放大后，给接触器 K_{MC} 的线包供电，使 K_{MC} 动作常开触点闭合，使接触器 KM_2 主触点接通，切除充电限流电阻。从前述分析可以得出，电位器 RP_{24}、RP_{16} 与 RP_{15} 三个中点门槛电压设定的关系，只有满足 $U_{RP15} > U_{RP24} > U_{RP16}$ 时，该电路才可正常工作。

（7）以能耗制动方式进行无刷直流电动机调速。75kW 无刷直流电动机调速系统拖动的为风机类负载，在无刷直流电动机运行于电动状态时，可以通过主控制芯片 MC33035 按双闭环调节器输出控制电压 u_K 所设定的三相六状态运行调速。当风机负载受外风吹动风叶旋转拖动无刷直流电动机转动时，电动机的转速无法通过三相逆变桥进行控制，原因在于三相逆变桥中的六路 IGBT 驱动信号使 IGBT 全部截止，实验风洞中 10m/s 的强风也会吹动风机类负载桨叶，拖动无刷直流电动机旋转而变为被动机发电运行，原运行状态的三相 IGBT 逆变桥无法对此时发电运行的无刷直流电动机进行调速。

为满足此时对无刷直流电动机进行闭环调速，使其转速稳定度满足 0.1% 的全范围实验要求，设计了如图 8.5-12 所示的通过能耗制动的闭环斩波调速控制电路原理。图中 u_{nnf} 为实际转速检测反馈环节的输出；$-u_{GD1}$ 为转速给定积分环节的输出；KM_1 为主电路中正常运行情况下，利用三相 IGBT 逆变桥进行调速时给整流侧输入三相 380V 的主接触器之常闭触点，其用来实现三相 380V 向主电路供电时主接触器 KM_1 线圈得电，其辅助触点 KM_1 断开，比较器 IC8A 输出低电平。在整个调速范围内，由于 u_{nnf} 小于电阻 R_{180} 与 R_{171} 分压在电阻 R_{171} 上分得的电压值，晶体管 V_9 导通，封锁 SG3526 的输出脉冲，使 SG3526 引脚 14 的状态始终为高电平，晶体管 V_8 不导通，比较器 IC8C 输出为恒高电平，二极管 VD_{49} 截止，U_{BRAK} 为高电平，进行能量泄放的主电路（见图 8.5-1）中的 IGBT VT_7 不导通。当控制柜面板上的选择开关 S_3 闭合时，利用主电路能量泄放方式调速；S_2 为控制柜面板上封锁 MC33035 输出脉冲运行/停止的选择开关，在 MC33035 正常输出脉冲的运行状态，S_2 为断开，此时用三相 IGBT 逆变桥进行闭环调速。只有在选择以图 8.5-12 所示电路进行闭环调速时图中接点 S_2 闭合，主接触器 KM_1 线圈不得电，其辅助触点 KM_1 闭合，S_3 闭合，比较器 IC8A 输出高电平，晶体管 V_9 不导通，SG3526 按 $-u_{GD1}$ 的给定值和 u_{nnf2} 的实际反馈值，按闭环调节器 IC8B 中电阻 R_{174}、R_{175}、R_{170}、R_{169}、R_{173}、R_{181}、R_{182}、电位器 RP_{26} 和电容 C_{79}、C_{80} 所设定的闭环调节器状态，经差分器 IC8D 后的输出电压值，使后续电路输出相应的 PWM 脉冲，经主电路中 IGBT VT_7 斩波后，使直流回路能量经 IGBT VT_7 及电阻 R_{ZD} 泄放（见图 8.5-1）。能量消耗在电阻 R_{ZD} 上，发电状态运行的无刷直流电动机转速越高，调整 SG3526 输出 PWM 脉冲的宽度，也就调整了电阻 R_{ZD} 上流过的电流大小，相当于调整了无刷直流电动机负载的大小。在吹动无刷直流电动机负载风机转动的风速一定时，作为发电机运行的无刷直流电动机发出的电压是一定的，其对外可供的能量是一定的，当用户给定转速高，即 $|-u_{GD1}|$ 大时，

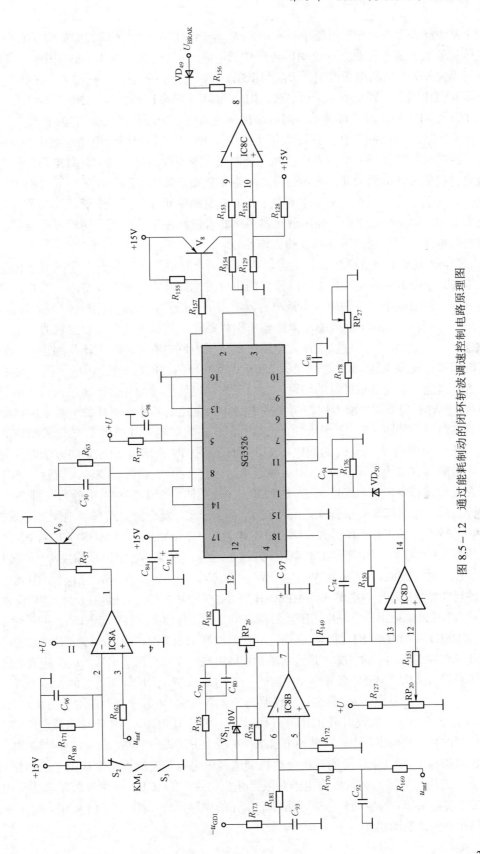

图 8.5 - 12　通过能耗制动的闭环斩波调速控制电路原理图

需要 PWM 脉冲变窄。即主电路中通过电阻 R_{ZD} 与 IGBT VT_7 泄放掉的能量要相对小；反之，当实际试验流程需要无刷直流电动机转速较低，即用户转速给定电压 $|-u_{GD1}|$ 小时，需要 PWM 脉冲宽度便宽，主电路中通过电阻 R_{ZD} 与 IGBT VT_7 泄放掉的能量相对要大。图中 C_{97} 为软启动电容，在电阻 R_{178} 及电容 C_{81} 一定时，RP_{27} 为调节 PWM 脉冲频率的电位器，R_{175}、R_{182}、C_{79}、C_{80} 及 RP_{26} 配合调节可满足不同电动机调速系统的闭环稳定性的需要。

（8）IGBT 的栅极驱动电路板。为尽可能缩短 IGBT 的栅极驱动电路与被驱动 IGBT 栅极之间引线的长度，系统中专门设计了独立控制板。控制板共包含三大部分电路，即为栅极驱动板自身提供工作电源的开关电源部分，7 路完全相同的以 HL403B 为主芯片的 IGBT 栅极驱动电路（其中用于三相逆变桥中 6 个 IGBT 的驱动单元 6 个，用于能耗制动及泄放能量式调速的 IGBT 驱动单元一个），控制散热器风机和直流回路启动过程中切除串联电阻的接触器功放控制电路，现分别介绍各部分的工作原理。

1）栅极驱动电路板自身工作电源。栅极驱动电路板上共安装有 7 个电位互相隔离与独立的 IGBT 栅极驱动单元，共需 7 路独立的电位彼此隔离的直流工作电源，且对该电源要求是电网掉电时要晚于主电路中大容量电容器上的储存能量接近泄放完时才可断电，否则将使逆变桥中，同桥臂 IGBT 栅极驱动电路输出栅极驱动电平状态变乱而导致直通或短路故障。设计选用了两路输入，一路以直流主电路中滤波用电解电容器两端电压作为输入，用于正常运行时的直接变频调速；另一路为交流 220V 经单相整流滤波后的输入，用于在主接触器 KM_1 不吸合，以能耗制动泄放能量的回路，对负载拖动电动机转动时的转速进行闭环调节，而以 UC3844 PWM 型开关电源专用控制集成电路作为主控制芯片，本开关电源采用自激方式工作，其电路原理如图 8.5-13 所示。正常运行时，主接触器 KM_1 吸合，该开关电源的输入电压为图 8.5-1 中电容 $C_3 \sim C_8$ 两端电压 U_d；而在利用能耗制动泄放能量的方法进行闭环调速时，主接触器 KM_1 断开，此时改由接触器 KM_3 闭合向开关电源提供输入能量。该开关电源应用在上电过程中，主电路电压 U_d 达到某一电压值时，使 UC3844 电源端引脚 7 达到工作电压而自激，以引脚 8 与引脚 4 之间所接 R_{12}、C_{16}、C_{15} 及引脚 4 对参考地所接等效电容 C_{17} 所决定的频率振荡工作，其引脚 6 输出 PWM 脉冲，驱动 2SK1317 MOSFET 工作，从而在开关变压器主绕组（W_{12}）中产生方波电压，方波电压一方面经 W_{34} 绕组反馈整流后，向 UC3844 供电自保；另一方面，由 W_{56}、$W_{17,18}$、$W_{15,16}$、$W_{13,14}$、$W_{11,12}$、$W_{8,9-10-7}$ 绕组输出，经整流滤波后向栅极驱动电路提供 4 路 HL403B 需要的 +25V 电源，及风扇控制电路切除主电路中大滤波电容充电，限流所串联电阻的接触器 KM_{MC} 的工作电源 +24V 与 +15V。同时应看到，电阻 R_7 对 2SK1317 MOSFET 源极电流进行取样监测其工作情况，当电流过大时起过电流保护作用，还应看到 UC3844 的引脚 1 通过对输出 +15V 电压光耦合器隔离后的取样构成电压闭环控制。闭环调节器由 LM358 与外围元件构成，C_{18}、C_{21}、R_{21} 为闭环调节器的反馈支路，电压给定值由稳压管 VS_1 及电阻 R_{14} 确定。应说明的是 4 路 +25V 电源中有一路用于图 8.5-1 中 VT_2、VT_4、VT_6、VT_7 4 个共发射极 IGBT 栅极驱动电路的工作电源，图中工作电源电压 +25V 来自开关电源的某一路输出，而驱动脉冲来自主控制板上 $PWM_1 \sim PWM_6$ 对应的 6 个输出。

2）驱动电路。75kW 无刷直流电动机调速用电力电子变流设备中应用了三相桥式 IGBT 逆变器，选用了由陕西高科电力电子有限责任公司生产的 IGBT 专用厚膜集成驱动电路——HL403B 实现 IGBT 的驱动，驱动电路每个单元的电路原理如图 8.5-14 所示，系统中共用了 7 个与此相同的驱动单元。

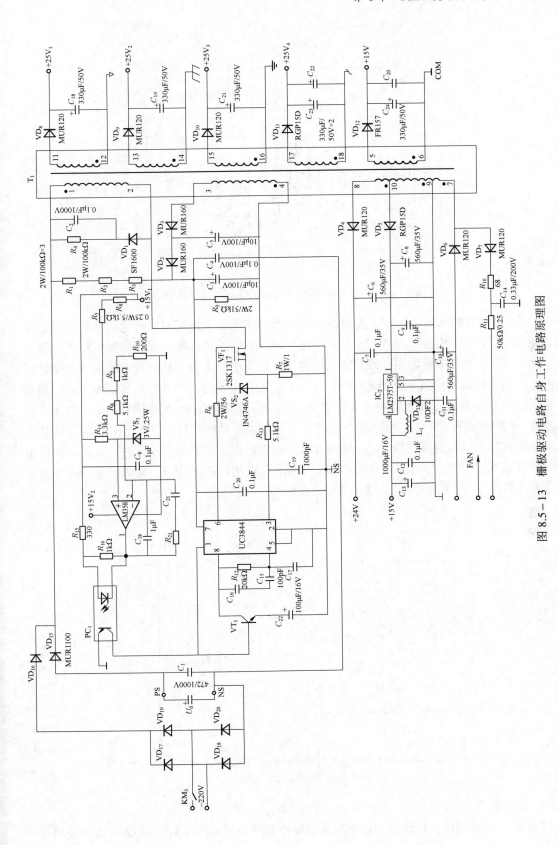

图 8.5－13　栅极驱动电路自身工作电路原理图

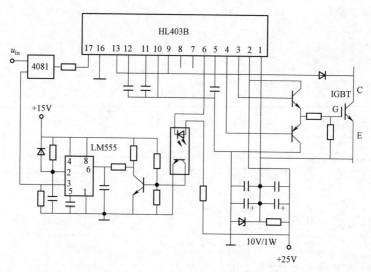

图 8.5-14   应用 HL403B 驱动 IGBT 的电路原理图

3）控制散热器风机运转及直流回路启动过程中切除给大电解电容充电的串联限流电阻的电路。其电路原理图如图 8.5-15 所示。图中 +25V 电源来自栅极驱动控制板开关电源中的输出，+15V 为开关电源中一路稳压后的输出，u_{MC} 信号来自主控制板上的切除启动过程限流电阻的比较器的输出（见图 8.5-11）。当 u_{MC} 为高电平时，则复合晶体管 V_1 与 V_2 饱和导通，中间继电器 K_{MC} 线包得电，其触点 K_{MC} 闭合，接触器 KM_2 吸合线包得电，短接串联电阻 R_1 与 R_2（见图 8.5-1），当 u_{MC} 为低电平时，K_{MC} 不动作。另一方面，图中 u_{FAN} 信号来自装于散热器上的温度继电器 K_{OT3} 的常开触点一端，在散热器温度正常时，该信号为低电平，复合晶体管 V_4、V_5 截止；当散热器温度高于设定值，K_{OT3} 闭合，则该信号为高电平，复合晶体管 V_4、V_5 饱和导通，风扇 FAN 旋转散热。

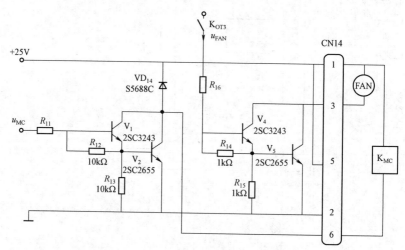

图 8.5-15   控制散热器风机运转及直流回路启动过程中切除给大电解电容充电的
串联限流电阻的电路原理图

6. 继电操作回路

75kW 无刷直流电动机调速系统所用继电操作回路原理如图 8.5-16 所示。图中共用了 9

个中间继电器 $KA_1 \sim KA_9$ 和一个主接触器 KM_1，触点 K_{qx}、K_{ln}、K_{SH}、K_{OI}、K_{OT1}、K_{OT2}、K_{on}、K_{ov} 分别对应主控制板上的缺相、转速反馈信号丢失、短路、过电流、电动机内部过热、电动机外部过热、超速、过电压等保护继电器的输出触点。$FU_1 \sim FU_3$ 是串于主电路中的三个快速熔断器的微动开关触点，该继电操作回路的工作原理可简述为：如果未发生主供电电源缺

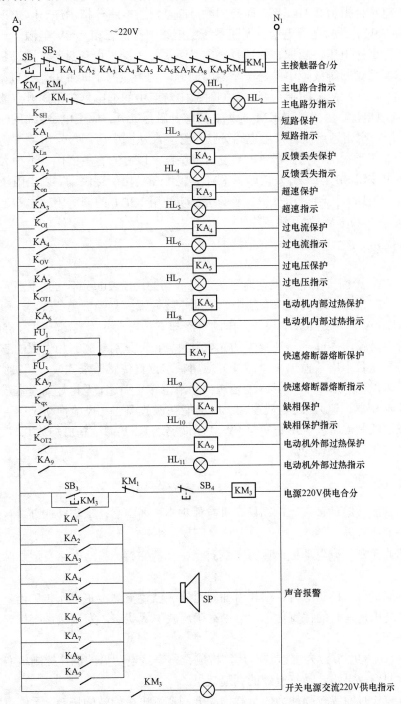

图 8.5 - 16　75kW 无刷直流电动机调速电力电子变流设备应用的继电操作回路原理图

335

相、转速反馈信号丢失、短路、过电流、电动机内部过热、电动机外部过热、超速、过电压等故障时，与这些故障有关的保护用中间继电器的线包均不得电，其常闭触点不断开，此时主接触器合按钮不按下时，主接触器 KM$_1$ 的常闭触点闭合，主电路分指示灯 HL$_2$ 亮；按下主接触器合按钮 SB$_1$，则主接触器线包 KM$_1$ 得电，其一个常开触点闭合并自保，另一个常开触点闭合，主电路合指示灯 HL$_1$ 亮，而常闭触点断开，主电路分指示灯 HL$_2$ 熄灭，主接触器 KM$_1$ 吸合，向 75kW 无刷直流电动机调速系统主电路中提供三相 380V 电源。一旦运行中发生缺相、过电流、过电压、超速、转速反馈信号丢失、电动机内部过热、电动机外部过热、短路、快速熔断器熔断等故障中的任一个故障问题，则相应的中间继电器线包得电而动作，其常开触点闭合，相应故障的指示灯亮。同时故障对应中间继电器的常闭触点断开，分断主接触器 KM$_1$ 线包电源，主接触器 KM$_1$ 分断，其常开触点断开，原主电路合指示灯 HL$_1$ 熄灭，主接触器 KM$_1$ 的常闭触点闭合，主电路分指示灯亮。从图中可明显看出，不论发生上述故障中的任一个非正常状况，扬声器 SP 均发出报警声，以提醒有关操作与维护人员注意。另外应看到，图中按钮 SB$_3$ 与 SB$_4$ 及接触器 KM$_3$，仅用在利用能耗制动、以电阻斩波方式泄放主电路中的能量调速时，给三相 IGBT 逆变桥及斩波用 IGBT 的栅极驱动电路工作的开关电源供电，因而 KM$_3$ 与 KM$_1$ 为互锁逻辑。

8.5.2 应用效果

介绍的 75kW 无刷直流电动机调速系统，已成功的用于 2006 年为某重点实验项目研制的 4 套 75kW 无刷直流电动机调速系统中。拖动负载为螺旋桨风机类负载，选用西门子公司生产的 400A/1200V 双单元 IGBT 模块，电动机冷却方式为水冷，最高转速为 8500r/min，光电编码盘选用每转输出 500 个转速反馈的光电脉冲，6 个分别对应三相位置的三相方波脉冲信号（每相每转正负半周各输出 1 个脉冲）应用霍尔位置传感器来完成。经实测，75kW 无刷直流电动机可以在 500～8500r/min 的范围内平滑恒转矩调速，无论是高速重载时的电动调速（通过三相逆变器调速），还是低速轻载时的能耗泄放调速（风能拖动无刷直流电动机发电运行，通过能耗制动斩波 IGBT VT$_7$ PWM 斩波调速），其调速精度均达 0.3‰，各种互锁保护功能灵敏可靠，效果理想。

8.5.3 结论与启迪

（1）无刷直流电动机是永磁电动机，具有体积小，效率高，运行转速高等优点，是电动机发展的一个主流方向。

（2）介绍的无刷直流电动机调速方案具有保护功能完善，驱动电路及控制脉冲形成电路简单等优点。

（3）在无刷直流电机制造时，在其内部固定安装位置检测霍尔电压传感器，并以此来提供无刷直流电动机调速时的位置信息，可以准确反映位置状态，为调速系统稳定可靠工作提供强有力的保证。

（4）应用 MC33035 做为主控制芯片，构成无刷直流电动机的调速控制核心，可以极大地简化控制脉冲形成电路，具有很好的调速效果。

（5）对有较长时间或较强能力的负载拖动无刷直流电机旋转的场合，无刷直流电机的转速已无法通过改变逆变桥的驱动脉冲宽度进行调节，这时可利用对主电路直流电压的斩波调节，采用使主电路直流电压能量泄放的方法来调节无刷直流电动机的转速，可以达到很好的斩波调速效果。

（6）应用 HL403 驱动大电流 IGBT，可以对被驱动 IGBT 进行就地式欠驱动、过电流及短路保护，表明 HL403 是一种性能优良的 IGBT 栅极驱动电路芯片。

（7）对高速无刷直流电机，构成转速与电流双闭环，转速反馈可以采用光电码盘来获得准确的位置信息，具有很好的调速效果。

（8）理论分析和实用效果均证明了介绍的调速系统设计之可行性与合理性和应用的可靠性，应用前景广阔。

8.6　8kA/10V IGBT 开关型直流电力电子变流设备

8.6.1　系统构成及工作原理

1. 主电路

图 8.6−1 给出了 8kA/10V 开关型直流电力电子变流设备的主电路原理图。其整流电路选用三相桥式全控整流电路，逆变电路选用单相桥式逆变。图中 $VT_1 \sim VT_6$ 构成三相全控整流桥，串于整流桥前面的电感 L_1 的作用有三个：一是限制进入电网的谐波电流；二是在发生主电路中整流桥中的晶闸管失效时，抑制主电路的电流；三是由于电感具有可以限制电流的变化特性，在三相全控整流桥中的晶闸管导通时，电感 L_1 使给电容 C_2 及 C_3 充电的电流脉动性得到抑制。接于三相输入线电压之间的三组电阻 R 与电容 C 的串联网络，起三相交流进线的尖峰过电压吸收作用，防止因 380V 电网中其他电力电子变流设备投入或切除，引起电流突变产生的尖峰过电压，危害三相全控整流桥中晶闸管的安全。与每个晶闸管并联的电阻 R_1 与 C_1 串联网络，起尖峰过电压吸收作用，吸收掉电力电子变流设备中其他电力电子元件通断引起的电流变化，导致尖峰过电压 Ldi/dt，危害晶闸管安全。电容 C_2 与 C_3 为容量较大的滤波电容，它们的作用是将三相全控整流在整流后的 6 脉动直流电压，滤为平直直流电压，以达到电压型逆变器对供电电压的平直性要求。与每个电容并联的电阻 R_2 及 R_3 是均压电阻，用来保证每个电解电容两端电压相同，以防止因电解电容 C_2 与 C_3 等效内阻不同，对整流后电压的分压值差别太大，使其中一个电容承受过电压而损坏。霍尔电流传感器 TA_1 与 TA_2 分别为主电路中对直流电流进行检测与取样的霍尔电流传感器，其中，TA_1 用来监视主电路中 380V 整流滤波后的运行电流，在逆变桥过电流或短路时为保护电路提供一快速的电流检测信号；TA_2 用来对输出侧电流进行实时检测，除向控制系统提供一输出电流的取样值外，同时向控制电路中的电流闭环调节器提供电流取样信号，对负载短路或过电流保护提供取样信号。TV_1 与 TV_2 两个霍尔电压传感器分别用来检测主电路中的直流电压，为显示监控及保护电路提供参考取样值。IGBT $VT_7 \sim VT_{10}$ 构成标准的单相桥式逆变电路；$VD_1 \sim VD_4$ 为逆变桥中四只 IGBT 的续流二极管；电容 C_4（C_5）与二极管 VD_5（VD_6）及电阻 R_5（R_6）构成标准的 $R-C-D$ 尖峰过电压吸收环节，对逆变桥中的电力电子器件 IGBT $VT_7 \sim VT_{10}$ 及二极管 $VD_1 \sim VD_4$ 进行尖峰过电压吸收保护，防止高速开关的 $VT_7 \sim VT_{10}$ 及 $VD_1 \sim VD_4$ 电路中某一个因其他 3 个 IGBT 或别的电力电子器件的快速通断，引起过高的电流变化率 di/dt，导致尖峰过电压 Ldi/dt 损坏 IGBT $VT_7 \sim VT_{10}$ 或续流二极管 $VD_1 \sim VD_4$。从图可见，12 个单相全波

高频整流电路，使用 $VD_7 \sim VD_{30}$ 共计 24 组高频整流管。与整流管 $VD_1 \sim VD_{30}$ 并联的电阻 R_7 与电容 C_{18} 串联网络，同样起尖峰过电压保护，防止尖峰过电压损坏整流管的作用。应注意的是，图中仅画出整流管 VD_{29} 的阻容吸收环节，电路中其他整流管（$VD_7 \sim VD_{28}$、VD_{30}）同样有此吸收网络，仅仅是画图时省略了。这种处理方案是受限于目前高频整流器件及高频变压器技术水平，采取的无奈办法，其原因一是在于高频开关变压器国内磁芯材料尺寸无法做到满足较大功率，二是高频整流管国内目前单只电流容量较小，所以主电路设计时专门设计了 12 个分高频开关变压器。采用将一次绕组串联，二次整流后并联的方案。这种处理方法使每个分开关变压器一次的电压降为三相 380V 整流后最高电压的 1/12，约 45V，从而使开关变压器绕制比较方便。开关变压器的二次全波整流单元共有 12 个，每个提供额定输出电流 8kA 的 1/12，约为 661A，从而减小了并联高频整流管的并联数量，使得散热、均流等技术难度得到降低。

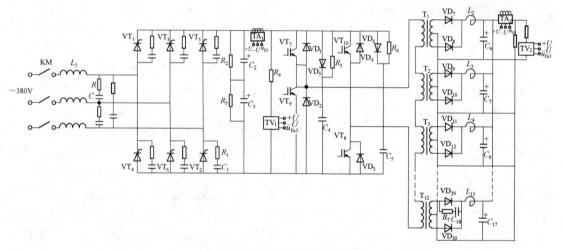

图 8.6-1　8kA/10V 开关型直流电力电子变流设备主电路原理图

还应看到，应用三相桥式全控整流，在启动过程中可以使晶闸管的触发控制角从最大 120° 向最小 0° 逐渐变化，而使电容 C_2 与 C_3 上的电压从零缓慢上升实现了软启动功能，避免了常规设计中，采用整流管不控整流需要在直流回路串联电阻进行软启动，充电结束再切除限流电阻的麻烦；另一方面，由于使用了三相桥式可控，故障时可通过直接控制三相全控桥中晶闸管的触发脉冲，使故障保护比使用三相整流管不控整流变得方便得多；最后还可以通过对输出电流的反馈，调节三相全控桥中晶闸管的导通角，保证输出电流稳定。图中每个全波整流支路串联的电抗器 $L_2 \sim L_{17}$ 与 $C_6 \sim C_{17}$ 起滤波作用，将控制电路高频整流后的脉冲电压滤为平直直流电压，从而向负载提供平直直流电流。根据 8kA/10V IGBT 开关型直流电力电子变流设备的主电路拓扑，决定了其控制电路应包括晶闸管的触发脉冲产生电路、逆变桥控制用 SPWM 脉冲形成电路、IGBT 的栅极驱动电路、晶闸管的门极触发电路、保护电路、继电操作电路。

（1）三相全控桥触发脉冲形成电路。本电力电子变流设备应用了陕西高科电力电子有限公司开发的以 CPLD 为核心单元数字式的晶闸管触发脉冲形成单元，它以 SGK198 为核心构成了晶闸管触发脉冲形成环节。图 8.6-2 给出了原理图。

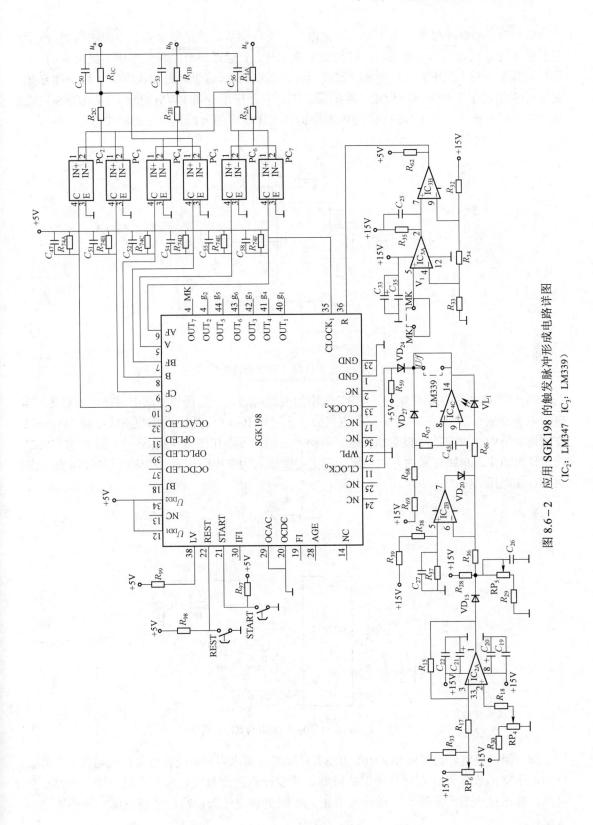

图 8.6－2　应用 SGK198 的触发脉冲形成电路详图
(IC₂: LM347　IC₃: LM339)

（2）PWM 脉冲形成。为了对直流输出电压进行调节，满足稳定输出电流的需要，电力电子变流设备在对输出电流进行取样构成电流闭环，有通过调节三相全控桥中晶闸管的导通角与调节逆变桥中 IGBT 导通的脉冲宽度两种方案供选择，这里经过比较选择了后一种方案。图 8.6-3 给出了 PWM 脉冲形成电路的原理图，它是应用专用 PWM 脉宽形成电路 SG3524 来产生 PWM 脉冲。有关 SG3524 的内部结构和工作原理的分析见参考文献 [17]。

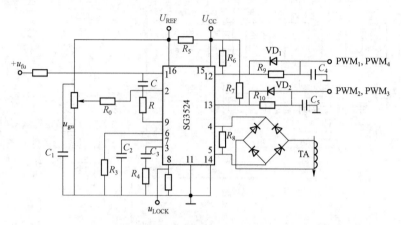

图 8.6-3　PWM 脉冲形成电路原理图

（3）IGBT 的栅极驱动电路。IGBT 应用的关键问题之一是栅极驱动电路性能的优劣，本电力电子变流设备中，应用日本三菱电机公司生产的 IGBT 专用驱动厚膜集成电路 M57962L 作为逆变桥中 IGBT 的栅极驱动电路。驱动电路的原理图如图 8.6-4 所示。图中 M57962L 的工作电源来自单端自激的开关电源，开关电源输入为主电路中对 380V 三相整流滤波后的直流母线电压。

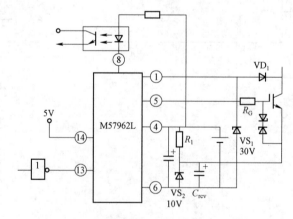

图 8.6-4　应用 M57962L 来驱动 IGBT 原理图

（4）保护电路。为保证 8kA/10V IGBT 开关型直流电力电子变流设备稳定可靠的工作，电力电子变流设备设计有完善的保护措施，共设计有直流母线过电压、过电流、短路、欠电压、输出过电流、短路、交流输入缺相、控制电源电压低，冷却系统故障，冷却水温高等保护。

8.6.2　应用效果

介绍的 8kA/10V IGBT 开关型直流电力电子变流设备，已成功用于人造宝石生产线中。主电路中三相全控桥应用晶闸管参数为：三只单相晶闸管模块 200A/1400V；逆变桥应用 IGBT 为英飞凌公司生产的 600A/1200V IGBT；PWM 开关频率为 16kHz，选用霍尔传感器分别为 200A 和 10kA，其中逆变器中 IGBT 工作的开关频率为 16kHz，高频开关变压器应用磁环上缠绕线圈，为了减少集肤效应引起的发热影响，高频变压器二次的引线采用双绞细铜线并绕方式，高频开关变压器为自然冷却。IGBT 与晶闸管输出平波电抗器均采用水冷却，稳定电流的闭环调节器选用常用的 PI 调节器。使用效果证明，输出电流的稳定度高于 0.5%，且各种保护电路动作灵敏可靠，满足了人造宝石炉体对电源工作性能的要求。

8.6.3　结论与启迪

（1）因 IGBT 为电压驱动电流的双机理器件，具有晶体管和 MOSFET 两者共同的优点，而摒弃了他们的缺点，应用其作为主功率器件，来构成高频开关型直流稳流电力电子变流设备，可以减小体积，可获得很好的变流效果。

（2）限于国内现在的磁芯体积和材料，大功率开关变压器一直是实现大功率开关电源的技术难点和瓶颈。介绍的应用多个小功率开关变压器一次侧串联，二次侧整流后并联的方案，不但降低了每个分开关变压器一次侧的电压，相应减少了对一次侧匝数和铁心截面的需求，同时扩大了二次侧输出电流，对低压大电流系统是一个很好的解决方案，可以推广到更大功率的电力电子变流系统中。

（3）限于国内高频整流管额定电流容量较小的实际情况，应用多个分开关变压器将二次侧整流后并联的方案，减小了全波整流高频整流管的并联个数，提高了均流效果，是一个很好的解决方案和措施，在更大功率输出电流的开关型电力电子变流设备中具有通用性。

（4）应用晶闸管三相全控整流电路解决了不控整流自身无法解决的软启动与故障情况下保护较难的问题。正常运行时，可以将晶闸管的控制角调节为近似零度的运行状态，不但未影响系统运行的功率因数，而且带来了软启动和故障保护容易等优点，在以全控型电力电子器件构成的交–直–交–直变流系统中具有普遍适用性。

（5）介绍的 PWM 脉冲形成电路及 IGBT 栅极驱动电路，应用了标准成熟的常用集成电路，不但降低了设计与制造的难度，而且提高了运行的可靠性和稳定性，可以推广到类似的更大输出功率或电流的电力电子变流设备中。

8.7　用于真空自耗炉的 IGBT 开关型 30kA/50V 直流电力电子变流设备

8.7.1　系统构成及工作原理

1. 电路方案设计与分析

30kA/50V 开关型电弧炉用直流电力电子变流设备，输出总运行功率达 1500kW，限于目前国内全控型电力电子器件与高频整流管和开关变压器的工艺及技术水平，无法应用一台开关变压器降压、整流、高频逆变，再整流滤波后获得这么大的电流输出，因此主电路拓扑要应用多个分电力电子变流设备并联构成，其电路原理框图如图 8.7-1 所示。图中降压变压器及负载 Z 为 2 个分电力电子变流设备共用的，其余为每个分电力电子变流设备的组成部分。

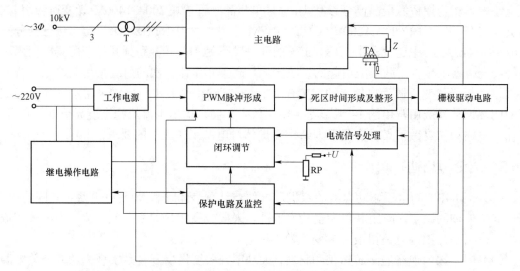

图 8.7-1　50V/30kA 开关型 IGBT 直流电力电子变流设备主电路原理框图

2. 主电路

依据上述分析，设计了图 8.7-2 所示的主电路，每个主电路在控制电路控制下输出 1500A，整个 30kA//50V 开关型电弧炉用直流电力电子变流设备共使用了如图 8.7-2 所示的主电路 20 套。其工作原理可分析为：整流电路选用三相桥式不控整流电路，而其逆变电路选用单相桥式逆变。图中 $VD_1 \sim VD_6$ 构成三相桥式整流电路，串于整流桥前面的电感 L_1 的作用有三个：一是限制进入电网的谐波电流；二是在发生主电路整流桥中的整流管失效时，抑制主电路的冲击电流；三是由于电感具有可以限制电流的变化特性，在三相整流桥中的二极管导通时，电感 L_1 使给电容 C_2 及 C_3 充电的电流脉动性得到抑制。图中接于三相输入线电压之间的三组电阻 R 与电容 C 的串联网络，起到三相交流进线的尖峰过电压吸收作用，防止因 380V 电网中其他电力电子变流设备投入或切除，引起的电流突变产生的尖峰过电压，危害三相整流桥中整流管的安全。电容 C_2 与 C_3 为容量较大的滤波电容，它们的作用是将三相整流后的直流电压滤为平直直流电压，以达到电压型逆变器对直流电压的平直性要求。与每个电容并联的电阻 R_2 及 R_3 是均压电阻，它们用来保证每个电解电容两端电压相同，以防止因电解电容 C_2 与 C_3 等效内阻不同，对整流后电压的分压值差别太大，使其中一个电容承受过电压而损坏。IGBT $VT_2 \sim VT_5$ 构成标准的单相桥式逆变电路；$VD_7 \sim VD_{10}$ 为逆变桥中四只 IGBT 的续流二极管；电容 C_4（C_5）与二极管 VD_{11}（VD_{12}）及电阻 R_4（R_5）构成标准的 $R-C-D$ 尖峰过电压吸收环节，对逆变桥中的电力电子器件 IGBT $VT_2 \sim VT_5$ 及二极管 $VD_7 \sim VD_{10}$ 进行尖峰过电压吸收保护，防止高速开关的 $VT_2 \sim VT_5$ 及 $VD_7 \sim VD_{10}$ 因电路中其他 3 个 IGBT 中的某一个或别的电力电子器件的快速通断，引起过高的电流变化率 di/dt，导致尖峰过电压 Ldi/dt 损坏 IGBT $VT_2 \sim VT_5$ 或续流二极管 $VD_7 \sim VD_{10}$。图中应用了 2 个单相全波高频整流电路，共使用 $VD_{13} \sim VD_{16}$ 共计 4 组高频整流管。与 $VD_{13} \sim VD_{16}$ 并联的电阻 $R_6 \sim R_9$ 与电容 $C_8 \sim$

C_{11} 串联网络，同样起尖峰过电压保护，防止尖峰过电压损坏高频整流管。另外，图中 R_1 与 VT_1 所构成的电路为充电软启动电路，将在本节控制电路中对其有详细介绍。

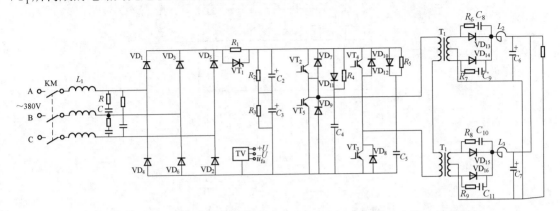

图 8.7-2　1500A/50V 开关型 IGBT 直流电力电子变流设备主电路原理图

3. 控制电路

（1）充电软启动电路。由于电容两端电压不能突变，为防止在合闸过程中接触器 KM 闭合时，因电容 C_2 与 C_3 两端电压为零，给整流管 $VD_1 \sim VD_6$ 造成的电涌电流冲击，在图 8.7-2 中设计了充电软启动电路。充电软启动电路为原理如图 8.7-3 所示的 R_1 与 VT_1 并联环节。其工作过程为：接触器 KM 闭合时，尽管电容 C_2 与 C_3 上的初始电压为零，但因晶闸管 VT 未触发导通，电网 380V 电压经整流管 $VD_1 \sim VD_6$ 组成的三相整流桥 REC 整流后，形成的 510V 电压通过电阻 R_1 限流给电容 C_2 与 C_3 充

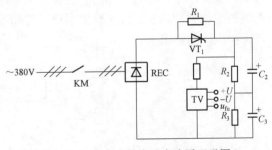

图 8.7-3　充电软启动电路原理示图

电，保证电容 C_2 与 C_3 两端的电压从零缓慢上升。当 C_2 与 C_3 上的电压上升到一定值时（通常该值可在 300～510V 之间设定），控制电路输出触发脉冲使 VT_1 导通，短接电阻 R_1。这种设计实现了软启动电路的无触点化。避免了接触器触点多次合分容易损坏、寿命缩短的问题。同时可以使电阻 R_1 的切除时间，方便地根据电压传感器 TV 的检测值 U_{fu}，在电容 C_2 与 C_3 两端电压缓慢上升到 300～500V 范围内设定，便于控制的自动化。

（2）PWM 脉冲形成电路。图 8.7-4 给出了 PWM 脉冲形成电路原理图。选用专用 PWM 集成电路芯片 SG3525 来产生 PWM 脉冲，图中电阻 R_7 与电容 C_{18} 的值决定了输出 PWM 脉冲的频率，该 PWM 脉冲形成电路输出 PWM 脉冲调频范围可以最高达上万赫兹，系统中设计为 16kHz。

（3）死区时间形成及整形电路。PWM 脉冲形成电路输出的控制脉冲受控于闭环调节器的输出。为防止逆变器中同一个变流臂上下两个桥臂的 IGBT 同时驱动导通，引起直流侧直通短路，需要对同一变流臂上下两个 IGBT 的驱动脉冲进行整形，并设置一定的互锁（又称死区）时间，图 8.7-5 给出了死区时间形成及整形电路原理图。图中 u_{PWM+} 与 u_{PWM-} 为两路来自 PWM 脉冲形成电路输出的 PWM 脉冲，与非门电路 IC_{1A}、IC_{1B}、IC_{1C}、IC_{1D} 用作整形，

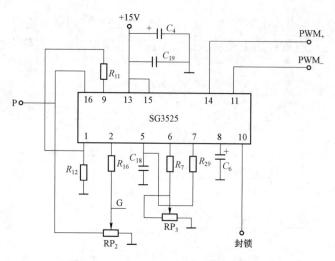

图 8.7-4　PWM 脉冲形成电路原理图

它们为一片集成电路 CD4011 的四个通道。图中电阻 R_1（R_2）与电容 C_1（C_2）及快恢复二极管 VD_1（VD_2）形成死区时间，该电路是脉冲上升沿延时，应注意图中 VD_1 与 VD_2 应使用超快恢复二极管。图中 $u_{PWM2} \sim u_{PWM5}$ 为接于主电路中 H 桥逆变器中 $VT_2 \sim VT_5$ 栅源极驱动电路输入级的驱动脉冲。图 8.7-6 给出了死区时间形成与整形电路的工作波形，图中 LOCK 信号来自保护电路的输出。

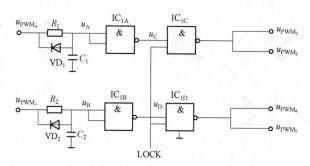

图 8.7-5　死区时间形成及整形电路原理图

（4）闭环调节器。为保证每个分电力电子变流设备输出为 1500A，设计时对每个并联的开关型直流模块构成独立电流闭环，每个模块根据输出电流检测值形成反馈，进行电流闭环控制，保证输出电流稳定在给定值上。图 8.7-7 给出了闭环调节器的电路原理图，明显看到该闭环调节器为 PID 调节。因加有微分调节，所以超调较少。图中 u_{fi} 为该支路霍尔电流传感器检测的本支路电流反馈值，所以整个电力电子变流设备中共有这样的闭环调节器 20 个。图中稳压管 VS 用来削去调节器中的负值，起内限幅作用。

（5）保护及监控电路。

1）过电压与过电流及短路保护。由于电力电子变流设备输出总电流达 30kA，由 20 个相同的分开关型直流电力电子变流设备模块组成，每个模块额定输出为 1500A/50V，所以其保护电路不但要考虑并联后总的输出过电流、短路，还要防止每个分模块输出与输入过电流、短路等问题。保护系统比较庞大且复杂，所以对每个分模块设计有过电压、过电流、短路、

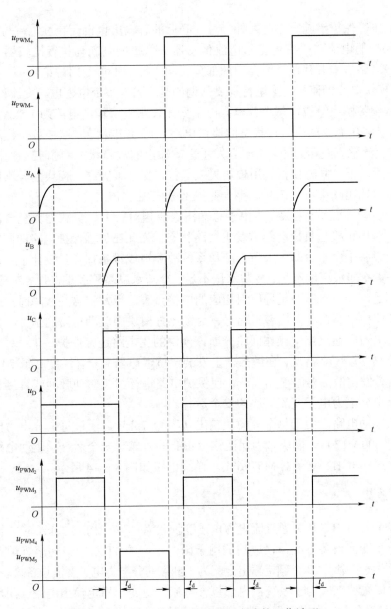

图 8.7-6　死区时间形成与整形电路的工作波形

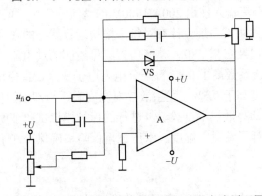

图 8.7-7　带有微分反馈的闭环调节器电路原理图

驱动电源欠电压等保护措施。除此之外，对并联后的总输出也设计有过电流与短路保护。过电流与短路保护的电流取样应用霍尔电流传感器。保护的判断与执行比较器应用高速比较器，有关这些电路与本书其他章节介绍的部分大同小异，不再专门讨论。

2）各自模块单元的监控。这里特别要强调的是，因为整个电力电子变流设备由 20 个分电力电子变流设备模块组成，每个分电力电子变流设备模块输出电流为 1.5kA，因此保护部分专门设计了对 20 个分模块运行状态的监控电路，监控电路随时监控每个模块输出电流和电压。输出与交流输入是否过电流，一旦发生影响输出的故障状态，随时封锁该模块的输出，给出报警和显示功能，同时使得备用模块投入运行，保证不因这一模块的异常影响总输出电流和电压，使总输出功率不受影响。整个监控部分应用了 PLC。

3）冷却系统故障及过热保护。由于总输出电流相对较大，负载为真空自耗熔炼炉，负载性质决定了输出正极与负极会经常发生短路状态，为此在加强保护电路的同时，设计整个电力电子变流设备采用水冷却。为防止冷却系统故障造成设备损坏，设计了对每个分模块散热器温度过高、冷却水流量不足、冷却水压不足、冷却水温高等多重保护。对冷却水温度高、冷却水流量不足、冷却水压不足均应用相应的电接点表。当发生这些故障时，所用仪表的触点及时闭合，监控电路自动发出警报信号，封锁该分模块中驱动电路的脉冲，使其退出运行或在封锁信号失效时通过继电操作回路分断该模块的主电路进行保护。针对每个分电力电子变流模块的散热器温度高情况，在散热器上安装温度继电器，一旦温度高于 70℃，电接点表及时动作闭合，发出散热器温度高信号，使保护电路进行封锁驱动脉冲或直接分断主电路的操作，保证整个分电力电子变流模块的安全运行。

（6）栅极驱动电路。由于每个分模块输出功率为 75kW，所以每个分电力电子变流设备中 IGBT 使用 600A/1700V 模块。为保证该 IGBT 的可靠与安全运行，驱动电路应用日本三菱电机公司生产的 IGBT 驱动器 M57962L，详细电路如图 8.6 – 4 所示。

8.7.2　应用效果

介绍的多个分 IGBT 开关型直流电力电子变流设备并联，构成 30kA/50V 输出的电弧炉用直流电力电子变流设备方案，已成功的用于国内生产的 3T 真空自耗熔炼炉系统中。整个电力电子变流设备使用了 20 个额定输出电流为 1.5kA 的分电力电子变流设备模块，每个分电力电子变流设备模块独立成为子系统，内部包含整流、逆变、稳定输出电流、闭环调节、显示和驱动及保护环节单元。为提高可靠性，组成系统时，共安装 24 个模块，其中 20 个同时运行，4 个模块作为备用，三相整流输入使用 200A/1400V 的整流管模块，IGBT 逆变桥中的 IGBT 选用 600A/1700V 的 IGBT 模块。系统设计有对每个模块运行状态的在线检测和保护电路，每个模块有交流输入、直流输出及三相 380V 整流后直流母线侧的过电流、短路保护单元。经实用检测，并联模块之间的均流系数高于 0.8，每个分电力电子变流设备模块各自的过电流、短路保护灵敏，输出电流的稳定度高于 0.5%。发生散热器温度高、冷却水温度高、冷却水流量不足、冷却水压不足等，导致冷却与散热不良故障，进行的保护模拟试验证明保护灵敏。同时将因散热不良引起的故障保护设计了流量、温度、水压三重保险，确保冷却不良故障保护的可靠性。

8.7.3　结论与启迪

（1）理论分析和实用效果都证明了应用开关型变流方案，只要电路设计合理，可以实现稳定的电流输出，是可以用于真空自耗炉这样频繁短路的负载供电系统的。

（2）鉴于国内现有高频快恢复整流管与高频开关变压器还无法做到单个具有较大的电流容量，所以将大功率与大电流的电力电子变流设备分为多个并联的分设备，降低了设计和制造难度，规避了技术瓶颈，是一个很好的解决现有难题的方案。

（3）介绍的软启动电路、PWM 脉冲形成、脉冲互锁时间形成与整形电路、栅极驱动电路、以及保护和监控电路的设计思路，在以全控型电力电子器件为主功率器件的电力电子变流设备中具有通用性。

（4）限于目前 IGBT 耐压水平的限制，以 IGBT 为主功率器件，采用交–直–交–直变流的电力电子系统，限于 IGBT 的最高耐压水平还必须经过先用降压变压器将高压降为 380V，再对 380V 整流、滤波、变频、再整流的步骤。这种方案因需使用工频降压变压器和高频降压变压器，所以总体效率要比高压一次降压晶闸管可控整流的方案低，决定了这种电力电子变流设备方案，在目前 IGBT 器件制造技术水平条件下，介绍的变流方案要大面积推广还存在效率低的技术瓶颈，同时因变流技术复杂，可靠性是一个很大的问题。

8.7.4　开关型直流电力电子变流与可控整流方案用于电弧炉熔炼系统的优缺点比较

1. 可控整流型电力电子变流方案

（1）方案优点：

1）可控整流型变流方案是整流变压器经过一次降压，变压器二次晶闸管相控整流获得直流。由于晶闸管压降较小，所以一般效率不会低于 96%，并且通过技术上改进，与有载开关调压粗调晶闸管细调或采用独立起弧线路配合，加之不断改进，这类电源空载电压已从最初的 82V 降至 50V 以内，可以做到较高功率因数，与配套的高压功率因数补偿电路配合，功率因数更能做到高于 0.95。此方案所用的全部器件均已国产化，主功率器件晶闸管在国内使用已非常普及，维护和使用方便，同时因晶闸管容量大，单台电源输出，额定电流已做到 65kA，不存在开关型直流电源，最大每台输出电流不足 2kA，当大于 2kA 时，需要多台并联引起的不均流问题。

2）陕西高科电力电子有限责任公司研制的、采用可控整流型电力电子变流方案的、国内首套 20kA/60V 直流电弧炉电源已连续稳定运行 24 年，没有发生过晶闸管损坏和快速熔断器熔断情况，也没有因控制问题导致停机，可靠性极高。此方案可以制作为 12 相、18 相、24 相整流系统注入电网的谐波很小。

3）可控整流型电力电子变流方案的触发控制可采用热备用技术，运行系统发生故障时，备用系统可在毫秒内无扰动切换，可靠性可以达到家电水平。控制系统可以为 DSP 控制，全部数字化调节器，稳流精度达到 0.5% 以上，可以连续运行不停机带载调试，具有操作方便、可靠性高特点等。

（2）方案不足。可控整流型电力电子变流方案，由于电源内部不存在多台并联，直接大电流直流流动，使用大截面积铜母线，所以造价要高于开关型变换方案。

2. 开关型直流电力电子变流方案

（1）方案优点：

1）开关型直流电力电子变流方案的总输出电流由多个分电力电子变流设备（额定电流

不超过 2kA）并联而成，每个分电力电子变流设备内部不使用大截面积铜母线，所以本身造价较低。

2）开关型直流电力电子变流方案主要是通过整流管整流、IGBT 高频逆变，所以 380V 侧功率因数比可控整流型电力电子变流方案的高压侧功率因数要高，但因该方案有将高压降为 380V 的降压变压器，所以总的功率因数仅略高于可控整流型电力电子变流方案。

（2）方案不足：

1）使用中需要两级变压器，一级将高压降为 380V，一级将高频逆变后的电压降为低压，高频整流，因两级变压器，高频开关损耗很大，IGBT 压降较大，所以效率低于 85%（国内对开关电源总效率的评价为运行效率 80%～85%）。

2）可靠性不高。由于工作机理决定了 IGBT 器件硬开关工作，电应力大，极易损坏，所以直到今天，国产真空自耗熔炼炉，包括从国际自耗炉权威公司德国 ALD 进口国内的自耗炉供电系统，几乎都配套使用晶闸管整流方案，投入运行的几台开关型直流电力电子变流设备，首台投入运行的 16kA IGBT 型直流电源，采用 8 个 2kA 的模块并联，投运不到两个月，就烧 IGBT；另几台 30～24kA 输出电流的并联模块数多达 20～25 个，使用中故障率很高仅仅断断续续使用，所以可靠性与稳定性确实需加强工艺努力提高。

3）因前级使用一台降压变压器，且多个小电流模块并联，无法保证每个小电流模块同步输出相同的电流工作，且无法应用多相整流技术，无法作为 12 相、18 相、24 相整流，注入电网谐波既有 5 次、7 次、11 次、13 次……也有高频逆变产生的谐波，谐波较大，电网污染较严重。

4）受 IGBT 额定工作电压的限制，必须采用两级变压器，第一级降压变压器将高压降为 380V 且内部工作为电压型逆变器，主电路有很大的电解电容，所以交流侧电流，为断续的畸变电流，谐波大，功率因数不加补偿会低于 0.85。

5）因多台分电力电子变流设备并联，导致控制环节很多，无法实现驱动控制采用热备用技术，可靠性不高。

6）由于多台分电力电子变流设备并联，无法对每个并联的分电力电子变流设备取总电流反馈及使用一个闭环调节器，导致无法保证多台并联的分电力电子变流设备，每个输出相同的直流电流，只能每个分电力电子变流设备独立检测自身电流而构成闭环。闭环调节运行时，不但要克服自耗炉内主电流因负载波动变化及电网电压波动的影响，还因 n 台并联，$n-1$ 台为第 n 台的负载，调试时还要针对 $n-1$ 台波动的影响，所以总电流稳定性很难做得很高；不能用 1 台计算机通信一次进行所有闭环调节器参数调节，无法连续运行不停机带载调试，稳流精度不高，调试只能在停机情况下进行。

7）更为重要的是因 IGBT 容量小，无法用 1 台电力电子变流设备电源输出很大电流，所以大电流必须多台并联，保证每台均流是一个较为困难的问题。

8）关键器件 IGBT 及高频吸收电容还没有国产化，IGBT 器件长时间不通电其性能指标会下降，维护、使用和备件都不便。

9）由于使用 IGBT 的开关型电力电子变流设备工作时，首先需要将 380V 整流成直流，经大容量电容滤波变为恒压源，提供 IGBT 桥逆变，如图 8.7-2 所示，只要两个桥臂上的四个 IGBT 中任一个桥臂发生上下两个 IGBT 同时导通，必将正负电源短路，电流值理论上为无限大，烧 IGBT 的概率为 100%，这是这种电力电子变流设备最大的风险。

附　录

为了给阅读本书的读者选用电力电子变流设备、控制板和关键配套件提供方便，避免上网及通过其他渠道查找，不但费力费神、浪费时间，而且担心性能是否可靠、供货商家可能保质保量供货的问题，本书附录给出了在行业内有良好信誉、性能和质量都很受好评的陕西高科电力电子有限责任公司生产的电力电子变流设备、控制板型号和参数及主要性能；湖北台基半导体股份有限公司生产的电力电子器件型号和参数；河南铜牛变压器有限公司生产的特种变压器；湖北讯迪科技有限公司生产的霍尔电流传感器型号和参数；西安三鑫熔断器有限公司生产的快速熔断器型号和参数。本书中介绍的众多电力电子变流设备应用实例，正是基于这些厂家性能优良的产品部件才得以多年稳定可靠运行！

附录 A　电力电子变流设备

1. 科研实验用特种电源

积累 20 多年来为国内近 30 家研究院所、高等院校、科研部门提供核工业热工实验、核聚变科学研究、风洞实验、火箭飞行发热模拟、飞行器模型试验等复杂电源之经验，可按使用单位需求定制以整流管、晶闸管、IGBT、MOSFET 分别为主功率器件的各种研究用直流、交流实验电源，可以满足最高参数：输入电压：35kV/10kV/380V；输出参数：直流电压范围：50V～200kV；直流电流范围：100A～125kA；交流电源频率范围：0.01Hz～20kHz。

2. 晶闸管直流电弧炉电源

吸收德国 ALD、MK 等世界著名公司的直流电弧炉电源技术优点；具有效率高、调节精度高、响应速度快、均流效果好、稳定性高、总成本较二极管整流带饱和电抗器调压方案低、工况 PLC 监控、状态全中文显示、且过载能力强，可保证整流臂上 2/3 的主功率器件损坏仍可满功率运行不停机至本炉锭子熔化完等优点，完全满足电弧炉熔化、起弧及补缩等工艺要求。直流电弧炉电源系列产品规格见附表 A-1。附图 A-1 所示为电弧炉电源，附图 A-2 所示为 H 真空自耗电弧炉系统。

附表 A-1　　　　　　　　　　直流电弧炉电源系列产品规格

型号	整流变压器交流输入电压		整流柜额定直流输出电压		整流柜主电路连接方式	外形尺寸/mm		
	相数	电压/kV	电压/V	电流/kA		宽	深	高
KHST-35000/75	3	6 10，35	75	35	双反星形同相逆并联	3000	1000	2200
KHST-20000/45	3	0.38，6 10，35	45	20	双反星形同相逆并联	3000	1000	2200
KHST-15000/75	3	0.38，6 10，35	75	15	双反星形非同相逆并联	1600	1000	2200

型号	整流变压器交流输入电压		整流柜额定直流输出电压		整流柜主电路连接方式	外形尺寸/mm		
	相数	电压/kV	电压/V	电流/kA		宽	深	高
KHST-12000/75	3	0.38,6 10,35	75	12	双反星形非同相逆并联	1600	1000	2200
KHST-10000/75	3	0.38,6 10,35	75	10	双反星形非同相逆并联	1600	1000	2200
KHST-8000/75	3	0.38,6 10,35	75	8	双反星形	1600	1000	2200
KHST-6000/75	3	0.38,6 10,35	75	6	双反星形	1000	1000	2200
kHST-40000/60	3	10,35	60	40	12脉波双反星型同相逆并联	3000	1000	2200
kHST-45000/60	3	10,35	60	45	12脉波双反星型同相逆并联	3000	1000	2200
kHST-50000/60	3	10,35	60	50	12脉波双反星型同相逆并联	3000	1000	2400
kHST-55000/60	3	10,35	60	55	12脉波双反星型同相逆并联	3000	1000	2600
kHST-60000/60	3	10,35	60	60	24脉波双反星型同相逆并联	3000	1000	2800
kHST-65000/60	3	10,35	60	65	24脉波双反星型同相逆并联	5200	1000	2200
kHST-70000/60	3	10,35	60	70	24脉波双反星型同相逆并联	5200	1000	2400
kHST-75000/60	3	10,35	60	75	24脉波双反星型同相逆并联	5200	1000	2600
kHST-80000/60	3	10,35	60	80	24脉波双反星型同相逆并联	5200	1000	2600
kHST-85000/60	3	10,35	60	85	24脉波双反星型同相逆并联	5200	1000	2600
kHST-90000/60	3	10,35	60	90	24脉波双反星型同相逆并联	5200	1000	2600
kHST-95000/60	3	10,35	60	95	24脉波双反星型同相逆并联	5200	1000	2600

附图A-1　电弧炉电源

附图A-2　1t真空自耗电弧炉系统

3. 矿热炉用大功率直流电源

集10多项专利技术之大成，创新性的改原50Hz向负载供电为直流供电，并不需要底电极，可用于硅铁、镍铁、铬铁、锰铁、铬锰、硅锰、电石熔炼的矿热炉供电，随炉体容量及生产产品的不同，可增产8%～15%，节电8%～15%，节省电极10%～15%，提高功率因数0.2～0.35，解决原工频直接降压供电，电网三相不平衡，运行谐波大等多年难以解决的问题。

实际使用效果证明，对一台容量 12 500kVA 的交流矿热炉进行技术改造，当年可以收回购买电源的投资，大于 25 000kVA 经济效益更加显著。矿热炉用直流电源系列产品规格见附表 A-2。附图 A-3 所示为直流矿热炉电源实物图，附图 A-4 所示为矿热炉出产品示意图。

附表 A-2　　　　　　　　　　　　矿热炉用直流电源系列产品规格

型　号	适配矿热炉容量/kVA	交流输入电压	直流电压可调范围/V	输出直流电流/A	使用电极数量	整流脉波数
KGKRDSS-6300	6300	10kV/50Hz	0～200	31 500	4	12 或 24
				21 000	6	18 或 36
KGKRDSS-12500	12 500			56 800	4	12 或 24
				38 000	6	18 或 36
KGKRDSS-16500	16 500			70 000	4	12 或 24
				48 000	6	18 或 36
KGKRDSS-25000	25 000	35kV/110kV50Hz	0～220	105 000	4	12 或 24
				70 000	6	18 或 36
KGKRDSS-30000	30 000			125 000	4	12 或 24
				92 000	6	18 或 36
KGKRDSS-33000	33 000			135 000	4	12 或 24
				95 000	6	18 或 36
KGKRDSS-35000	35 000			145 000	4	12 或 24
				100 000	6	18 或 36
KGKRDSS-40000	40 000	35kV/110kV50Hz	0～240	110 000	6	18 或 36
				85 000	8	48 或 96
KGKRDSS-45000	45 000			125 000	6	18 或 36
				95 000	8	48 或 96
KGKRDSS-50000	50 000			140 000	6	18 或 36
				105 000	8	48 或 96
KGKRDSS-55000	55 000			150 000	6	18 或 36
				115 000	8	48 或 96
KGKRDSS-60000	60 000kVA	35kV/110kV50Hz	0～260	145 000	6	18 或 36
				108 000	8	48 或 96
KGKRDSS-65000	65 000kVA			155 000	6	18 或 36
				118 000	8	48 或 96
KGKRDSS-70000	70 000kVA			166 000	6	18 或 36
				125 000	8	48 或 96
KGKRDSS-75000	75 000kVA			180 000	6	18 或 36
				135 000	8	48 或 96
KGKRDSS-80000	80 000kVA			190 000	6	18 或 36
				143 000	8	48 或 96

附图 A-3 直流矿热炉电源实物图

附图 A-4 矿热炉出产品示意图

4. 电渣炉用大功率低频电源

创新性的改原 50Hz 为 0.1～5Hz 向负载供电，用于电渣炉炼钢，随炉体容量及生产工艺的不同，可增产（5%～10%），节电（5%～10%），提高功率因数 0.2～0.35，从根本上解决原工频直接降压供电，电网三相不平衡，运行谐波大等缺陷，在国内成功使用的 120t 电渣炉上的实用效果表明，可以解决交流冶炼长期存在的大直径电渣钢偏析问题。系列产品规格见附表 A-3。附图 A-5 为低频电渣炉实物照片，附图 A-6 为炼钢结束时剩余锭子头。

附表 A-3　　　　　　　　　　　电渣炉用低频电源系列产品规格

型　　号	交流输入电压/kV	输出线电压可调范围/V	交流输出相电流/A	输出频率可调范围/Hz	输出相数	用途
KGDPSD-25000/160	10，35，110		25 000			
KGDPSD-35000/160	10，35，110		35 000			
KGDPSD-45000/160	10，35，110		45 000			
KGDPSD-55000/160	10，35，110	30～160	55 000	0.1～5	1	电渣矿供电电源
KGDPSD-65000/160	10，35，110		65 000			
KGDPSD-75000/160	10，35，110		75 000			
KGDPSD-95000/160	10，35，110		95 000			

附图 A-5 低频电渣炉实物照片

附图 A-6 炼钢结束时剩余锭子头

5. 大功率电解、碳化硅、电镀电源

电解、碳化硅、电镀电源装置分油浸型、油浸水冷型和柜式水冷型三种，采用引进生产线生产的整流管或晶闸管，其管芯应用丹麦进口的硅单晶制作，分整流管硅整流型和晶闸管可控整流型。整流管硅整流型外配多级有载调压整流变压器粗调，而以饱和电抗器细调或直接以增加有载调压开关级数细调来调节整流输出直流电压，晶闸管可控整流型输出电压的调节通过改变晶闸管的导通角来直接完成，对用户要求调压范围宽的场合，亦可与整流变压器中的有载调压开关配合调压。晶闸管可控整流装置应用获得国家专利的触发控制板和模块型末级触发单元，可保证各并联晶闸管触发的同时性；实现良好的动态均流效果，各系列产品均具有过电流保护、冷却系统故障、过电压、元件失效、水温过高、母线温度过高、熔断器熔断等保护及报警功能，保护及报警应用 PLC 监控，全中文界面，人机对话功能极强。系列产品规格见附表 A-4。附图 A-7 所示为电解、碳化硅、电镀电源。

附表 A-4　　　　　　　大功率电解、碳化硅、电镀电源系列产品规格

型号	配套整流变压器交流输入电压		直流输出		主电路连接方式	外形尺寸/mm			备注
	相数	电压/kV	电压/V	电流/kA		宽	深	高	
Z（K）HS～70000/×××	3	6、10、35	850～150	70	三相桥式同相逆并联	3200	1200	2800	
			150～50		双反星形同相逆并联				
Z（K）HS～65000/×××	3	6、10、35	850～150	65	三相桥式同相逆并联	3200	1200	2800	
			150～50		双反星形同相逆并联				
Z（K）HS～60000/×××	3	6、10、35	850～150	60	三相桥式同相逆并联	3200	1200	2800	
			150～50		双反星形同相逆并联				
Z（K）HS～55000/×××	3	6、10、35	850～150	55	三相桥式同相逆并联	3200	1200	2800	
			150～50		双反星形同相逆并联				
Z（K）HS～50000/×××	3	6、10、35	850～150	50	三相桥式同相逆并联	3200	1200	2600	用于电解、碳化硅系统、整流变压器外置
			150～50		双反星形同相逆并联				
Z（K）HS～45000/×××	3	6、10、35	850～150	45	三相桥式同相逆并联	3200	1200	2600	
			150～50		双反星形同相逆并联				
Z（K）HS～40000/×××	3	6、10、35	350～150	40	三相桥式同相逆并联	3000	1200	2600	
			150～50		双反星形同相逆并联				
Z（K）HS～35000/×××	3	6、10、35	350～150	35	三相桥式同相逆并联	3000	1200	2600	
			150～50		双反星形同相逆并联				
Z（K）HS～30000/×××	3	6、10、35	350～150	30	三相桥式同相逆并联	3000	1200	2600	
			150～50		双反星形同相逆并联				

型号	配套整流变压器交流输入电压		直流输出		主电路连接方式	外形尺寸/mm			备注
	相数	电压/kV	电压/V	电流/kA		宽	深	高	
Z（K）HS～25000/×××	3	6、10、35	350～150	25	三相桥式同相逆并联	3000	1200	2200	
			150～50		双反星形同相逆并联				
Z（K）HS～20000/×××	3	6、10、35	350～150	20	三相桥式同相逆并联	3000	1200	2200	
			150～50		双反星形非同相逆并联				
Z（K）HS～15000/×××	3	6、10、35	350～150	15	三相桥式同相逆并联	3000	1200	2200	
			150～50		双反星形非同相逆并联				
Z（K）HS～12500/×××	3	6、10、35	350～150	12.5	三相桥式	1600	1200	2200	
			150～50		双反星形				
Z（K）HS～10000/×××	3	6、10、35	350～150	10	三相桥式	1600	1200	2200	
			150～50		双反星形				
Z（K）HS～8000/×××	3	6、10、35	350～150	8	三相桥式	1600	1000	2200	
			150～50		双反星形				
Z（K）HS～6000/×××	3	0.38、6、10、35	350～150	6	三相桥式	1000	800	2200	
			150～50		双反星形				
Z（K）HS～4000/×××	3	0.38、6、10	350～150	5	三相桥式	1000	800	2200	
			150～50		双反星形				
Z（K）HS～8000/×××	3	0.38、6、10	3～30	5	双反星形	1000	800	2200	
Z（K）HS～6000/×××	3	0.38、6、10	3～30	4	双反星形	1000	800	2200	用于电镀变压器外置
Z（K）HS～5000/×××	3	0.38、6、10	3～30	3	双反星形	800	800	2200	
Z（K）HS～4000/×××	3	0.38	3～30	1.5	双反星形	800	800	2200	用于电镀变压器柜内
Z（K）HS～3000/×××	3	0.38	3～30	1	双反星形	800	800	2200	

附图 A-7　电解、碳化硅、电镀电源

6. IGBT 或 MOSFET 开关型直流稳压电源

主电路采用电力电子器件 IGBT 或 MOSFET，具有工作频率高、滤波器尺寸小、质量轻及效率高等优点，是取代线性晶体管稳压电源的新一代产品。额定输出电压范围在 24～1800V 内数可选，纹波含量低于 0.01%。附图 A-8 所示为组合开关电源。

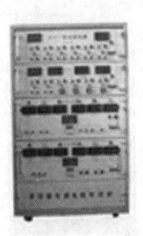

附图 A-8　组合开关电源

7. 功率因数补偿及滤波装置

是与电弧炉电源及电解、电镀、碳化硅电源配套的设备，用来对整流装置产生的高次谐波进行补偿和滤波，以改善电网质量，提高电网功率因数，实现电网的绿色化。产品分全自动补偿和手动补偿两种系统，应用专门设计的控制器及滤波器多路切换装置，可保证电网功率因数在 0.92～1.0 之间，从而实现最大节能。补偿容量范围为 100～50 000kvar。附图 A-9 所示为功率因数补偿及滤波实物图。

附图 A-9　功率因数补偿及滤波实物图

附录 B　电力电子变流设备控制和驱动板

1. 晶闸管的触发控制板

附表 B-1 列出了在国内拥有一定的市场占有率、由陕西高科电力电子有限责任公司生产的几种晶闸管触发控制板和晶闸管类电力电子成套装置控制板的主要型号、性能参数。

附表 B-1　常用晶闸管触发控制板简表

分类	型号	性能特点简介	主要参数
三相触发控制板	KCZ6-1T	主芯片为 TC787，使用中不需要外配同步变压器及电源变压器，具有自对相及相位自适应功能，板内含脉冲形成、整形、功率放大、脉冲隔离、可直接触发晶闸管。板内还含有给定积分、过电压和过电流、电流截止、负载短路等保护功能，应用 IP 闭环调节器，使比例和积分部分单独解耦调节，其性能比常规使用的 PI 调节器优越很多，而且在工程实际应用中调节更为方便。可在三相全控桥、三相半控桥、三相半波、双反星形整流系统，直流电动机调速系统及三相交流调压系统中用作晶闸管的触发	工作电源电压：单相交流 220V 同步输入电压：三相交流 10～380V 内的任意值 输出脉冲移相范围：0°～177° 移相控制电压：0～12V
	KCZ6-2T	该板需外配脉冲末级板（一单元6个或三单元2个），可满足不同容量晶闸管及不同晶闸管变流装置触发的要求。使用同一种控制板，通过改变脉冲变压器类型，使其可适合单个晶闸管或多个晶闸管并联的三相或多相交-直流电力电子变流设备中使用	工作电源电压：单相交流 380V 同步输入电压：三相交流 10～380V 内的任意值 输出脉冲移相范围：0°～177°
	KCZ6-3T	主芯片是 3 只 TCA785 和 1 只 KJ041，具有同步电压频率自动跟踪与自适应功能，输出六路相位互差60°的触发脉冲，输出脉冲为双窄脉冲，脉冲宽度可以通过改变板内的电容进行调节，输出六路触发脉冲的不平衡度或不对称度小，板内含有电源变压器，脉冲功放单元，适应同步电压幅值范围宽，留有故障时封锁输出脉冲的接口等优良性能。可用于三相全控或三相半控系统中作为晶闸管的触发控制单元	工作电源电压：单相 380V，50Hz 输出脉冲幅值：6 路双窄脉冲，幅值 24V 输出脉冲电流峰值：每路最大 200mA 可自跟踪与自适应同步电压频率变化范围：30～160Hz 保护后输出继电器触点容量：直流 24V/5A 或交流 220V/2A 移相控制电压范围 U_K：0～10V 外形尺寸为（长×宽×高）：310mm×190mm×55mm
	KCZ6F-1	准数字式带有保护功能的闭环晶闸管触发控制板，在常规晶闸管触发控制板基础上，增加许多按直流电弧炉工艺的特殊要求而开发的功能，既可用于直流电弧炉电源控制系统中，也可用于三相可控整流及三相交流调压系统中	工作电源电压：单相 380V，50Hz 输出脉冲幅值：6 路双窄脉冲，幅值 24V 输出脉冲电流峰值：每路最大 200mA 保护后输出继电器触点容量：直流 24V/5A 或交流 220V/2A 移相控制电压范围 U_K：0～10V 外形尺寸（长×宽×高）：270mm×210mm×55mm
	KCZ6.5	具有相位自适应功能的数字化三相全控（半控）触发控制板，使用中不需要确定三相电压的相位，无需外配同步变压器和电源变压器，内含脉冲变压器，具有故障封锁、缺相检测判断和保护功能，输出为脉冲列。可直接触发 2500A 以下的六个晶闸管	输入电源电压范围：AC　单相 220V 三相 24～380V 任一值 移相范围：0°～178° 控制电压 U_K：0～5V 外形尺寸（长×宽×高）：192mm×154mm×45mm

分类	型号	性能特点简介	主要参数
晶闸管类电力电子变流设备装置控制板	KCZ6F-6	是应用 SGK198 作为主芯片的晶闸管电力电子变流设备触发控制板，内含三相晶闸管整流桥触发控制电路及保护电路。闭环调节器及相应保护、脉冲功率放大单元，可以开环或闭环运行，具有相序自适应功能，单块大板结构	工作电源电压：单相交流 380V 或 220V 给定电压：DC 0～10V 取样信号：AC 0～8V 移相范围：0°～178° 保护性能：交流、直流过电压、欠电压、过电流
	KCZ6F-8	是应用 TC787 作为主芯片的晶闸管电力电子变流设备触发控制板，内含三相晶闸管整流桥触发控制电路及保护电路。闭环调节器及相应保护、脉冲功率放大单元，可以开环或闭环运行，具有相序自适应功能，单块大板结构	工作电源电压：单相交流 380V 或 220V 给定电压：DC 0～10V 取样信号：AC 0～8V 移相范围：0°～178° 保护性能：交流、直流过电压、欠电压、过电流
	KCZ6F-10	是应用 DSP 与 CPLD 作为主芯片的晶闸管电力电子变流设备 6 脉波触发控制板，内含三相晶闸管整流触发控制电路及保护电路、闭环调节器及相应保护、脉冲功率放大单元，可以开环或闭环运行，具有相序自适应功能，全数字化控制，有在线热备用及无扰动切换功能，单块大板结构	工作电源电压：单相交流 380V 或 220V 给定电压：DC 0～10V 取样信号：AC 0～8V 移相范围：0°～150° 保护性能：交流、直流过电压、欠电压、过电流
	KCZ6F-12	是应用 DSP 与 CPLD 作为主芯片的晶闸管电力电子变流设备 12 脉波触发控制板，获得国家专利（专利号：ZL2019210693086），内含 12 脉波三相晶闸管整流触发控制电路及保护电路。闭环调节器及相应保护、脉冲功率放大单元，可以开环或闭环运行，具有相序自适应功能，全数字化控制，有在线热备用及无扰动切换功能，单块大板结构	工作电源电压：单相交流 380V 或 220V 输出 12 脉波触发脉冲 给定电压：DC 0～10V 取样信号：AC 0～8V 移相范围：0°～150° 保护性能：交流、直流过电压、欠电压、过电流
晶闸管类电力电子变流设备控制板	KCZ6F-24	是应用 DSP 与 CPLD 作为主芯片的晶闸管电力电子变流设备 24 脉波触发控制板，获得国家专利，内含 24 脉波多相晶闸管整流触发控制电路及保护电路。闭环调节器及相应保护、脉冲功率放大单元，可以开环或闭环运行，具有相序自适应功能，全数字化控制，有在线热备用及无扰动切换功能，单块大板结构	工作电源电压：单相交流 380V 或 220V 输出 24 路晶闸管的触发控制脉冲 给定电压：DC 0～10V 取样信号：AC 0～8V 移相范围：0°～150° 保护性能：交流/直流过电压、欠电压、过电流
	TDLF	专为同步电机励磁而开发的专用控制板，板内含有 PI 调节器，可进行恒流或恒压控制。内含脉冲形成、脉冲功率放大、脉冲整形、脉冲变压器及失步保护、失步自整定、过电压、过电流、负载短路等保护与报警显示功能	工作电源电压：单相 220V 同步电压：三相 3～380V 内任一值 移相控制电压范围：0～10V 反馈电压（或电流）：0～10V
	KC-13A	专为晶闸管镍镉直流屏开发的专用控制板，板内含有脉冲形成、脉冲功率放大及整形部分，并含给定积分、单闭环 PI 调节器。它能自动对直流屏系统的电池电压进行采样，当电池电压小于 210V 时进行恒流充电；当电池电压充到 270V 以上时自动切换到恒压充电，恒压充电 7h 后自动转为浮充状态	供电电压：三相 17V（相电压） 输出最大脉冲电流：400mA 电流取样输入值：直流 75mV 电池电压取样值：直流 0～260V
开关量检测监控板	FK01	是应用 CPLD 为核心开发的多路开关量扫描检测控制板，共有 8 路输入口，12 路输出口，按照行列扫描方式工作，可检测 96 路开关量，并显示检测结果，同时可将检测结果以通信的方式传送给 PLC 或上位计算机进行监测控制。系统采用 RS485 总线作为开关量信号输入信道，一方面 RS485 总线的差分通信方式可以抑制外界干扰信号，提高传输质量；另一方面，由于开关量信号采用低频信号传输，可以在相同条件下大大提高其传输距离。通过在输入设备端增加光电隔离设备及软件上采取相应的防抖动等措施，完全可以保证通信正确率。获国家专利，专利号：201921068687.7	供电电压：直流 24V 可与 485 接口 提供 96 路开关量的检测

2. 晶闸管类电力电子设备配套件

附表B–2给出了陕西高科电力电子有限责任公司定型生产的、并在国内有一定市场占有率的晶闸管类电力电子设备配套件的型号。

附表B–2　　　　　　　　　　　　　晶闸管类电力电子设备的配套件简表

分类	型号	性能及特点	主要参数
脉冲变压器	MB1	外壳为塑料压模件，可直接焊接在印制板上使用，可按用户的要求制成变比为：1:1、2:1或3:1。适用于调制脉冲列工作，用于晶闸管整流类电力电子变流系统中。	工作调制脉冲频率：5～10kHz 一次侧、二次侧耐压及其对外壳耐压：2500V$_{RMS}$、1min 外形尺寸（长×宽×高）：25mm×25mm×25mm 安装：孔距：50mm，4孔：4×ϕ3.5mm
	MB2	应用E型铁心绕制，线圈采用软线引出，使用中需用螺钉固定，有二次侧单绕组和双绕组两种类型，宽脉冲及调制脉冲均可工作，适用于晶闸管中频电力电子变流系统中	一次侧、二次侧耐压及其对外壳耐压：2500V$_{RMS}$、1min 外形尺寸（长×宽×高）：38mm×30mm×32mm 安装：孔距：50mm×50mm，4孔：4×ϕ3.5mm
同步变压器	MB	有三相、单相两种类型，适用于在单相及三相晶闸类电力电子变流设备中作同步电源，单相变比分380V/30V及220V/30V两种。三相一次侧、二次侧为开口接口，用户可按主电路的主变压器接法将同步变压器接为D/Y或Y/Y形式，并可随绕组头尾相连次序的不同而满足不同接法点数的需要	铁心形式：单相C型铁心 容量：单相15VA，三相为25VA 外形尺寸：三相类型的长×宽×高＝74mm×40mm×60mm 安装：孔距：50mm×50mm，4孔：4×ϕ3.5mm
脉冲末级板	MJ1	是为单个晶闸管配套的一单元脉冲及脉冲整形板，可用来触发电流容量在2500A以下的一个晶闸管	变比：1:1、2:1或3:2 外形尺寸（长×宽×高）：100mm×75mm×34mm 安装尺寸：93mm×68mm
	MJ2	是单独两个晶闸管脉冲隔离与整形环节的集成，可用来触发两个容量在3000A以内的晶闸管，调制脉冲工作，带有脉冲正常指示。可用在单相桥式半控或单相桥式全控电路中与不带脉冲变压器的晶闸管控制板配合使用	变比：2:1 一次侧、二次侧隔离电压：2500V 外形尺寸（长×宽×高）：90mm×68mm×28mm 平面安装孔距：80mm×56mm 4孔安装：4×ϕ3.5mm
	MJ3	是单独三个晶闸管脉冲隔离与脉冲整形环节的集成，可用来触发容量在3000A以内的晶闸管3只，调制脉冲工作，带有脉冲正常指示。可用在三相桥式全控及三相桥式半控整流或三相交流调压晶闸管类电力电子设备中，与不带脉冲变压器的触发控制板配套使用	变比：2:1 输出最大脉冲电流：600mA 一次侧、二次侧隔离电压：2500V$_{RMS}$ 外形尺寸（长×宽×高）：98mm×90mm×28mm 平面安装孔距：88mm×80mm，4孔：4×ϕ3.5mm
	MJ4	可看作是两块MJ2的合成，广泛用于单相桥式全控或单相全控交流调压系统中，与不带脉冲变压器的晶闸管触发控制板配套使用	外形尺寸（长×宽×高）：128mm×90mm×28mm 平面安装孔距：118mm×80mm，4孔：4×ϕ4.5mm 其余参数同MJ2
	MJ6	可看作是两块MJ3的集成，广泛应用于三相桥式全控或三相全控交流调压系统中，与不带脉冲变压器的晶闸管触发控制板配套使用	外形尺寸（长×宽×高）：191mm×96mm×28mm 平面安装孔距（长×宽）：181mm×82mm，4孔：4×ϕ4.5mm　其余参数同MJ3
	MJ1.1～MJ6.1	是专为触发电流容量在3000A以上的晶闸管设计的，采用光电隔离技术，省去了常规的脉冲变压器。工作时每路需独立的供电电源，从而构成电子式触发电路，且触发脉冲带有强触发功能，脉冲前沿小于0.4μs，MJ1.1～MJ6.1分别对应触发1～6个并联晶闸管的范围。特别适用于晶闸管电力电子变流设备中多个并联晶闸管的触发应用，从而保证各并联晶闸管触发脉冲相位彼此误差极小	工作供电电源电压：多路交流9V 强触发脉冲幅度：≥6A 输出脉冲上升沿最大延时：0.4μs 可触发晶闸管的最大电流容量：6000A 最多可同时触发6个6000A的晶闸管 一次侧、二次侧隔离电压：U_{iso}≥2500V$_{RMS}$

分类	型号	性能及特点	主要参数
脉冲末级板	KMF-1 KMF-2	一单元模块型封装脉冲末级板，性能指标类似 MJ1 板	工作电源电压：24V/0.5A 最大触发脉冲电流：3A 外形尺寸（长×宽×高） KMF1：85mm×60mm×45mm KMF2：80mm×60mm×45mm
	KMF-4	是为并联应用而设计的脉冲触发末级单元，外壳为 ABS 塑料，环氧树脂封装，带有脉冲指示端，对外接线端子连接，使用极为方便，性能类似于 MJ1.1	强触发脉冲电流：3A 脉冲前沿上升时间：<1μs 外形尺寸（长×宽×高）：80mm×60mm×45mm
取样及保护板	KYB-1	是专为电力电子设备中电压取样而设计的，由高阻输入网络和差模运算放大器组成，所需工作电源可由系统中应用的触发板提供。用于将主电路的直流高压变换成控制板所需要的电压反馈信号	工作电源：±15V/20mA 输入额定电压：直流440V、220V 或 110V 最大输出电压：8V 外形尺寸（长×宽×高）：140mm×120mm×30mm
	KLB-1	无功电流检测板，用于将同步电动机的无功电流信号转换成电压信号	输入额定电压：直流440V、220V 或 110V 输入额定电流：交流5A 输出电压信号：直流5V 外形尺寸（长×宽×高）：140mm×130mm×30mm
	KLMC-1	主要用于同步电动机直流励磁回路的自动灭磁保护系统	额定励磁电压：<200V 最大外形尺寸（长×宽×高）：150mm×140mm×40mm
直流屏配套控制板	KC-13B	专为 KC-13A 型镉镍直流屏控制板配套的输出直流电压稳压切换板，用来控制串在主回路中硅链的个数，以实现输出直流电压的稳定	工作电源电压：±15V 输入电压：直流+220~+260V 输出接点容量：+24V/5A、220V/0.5A 分为5路

3. IGBT 栅极驱动板

IGBT 因驱动功率小、工作频率高，是当今大量应用的电力电子器件。IGBT 应用的关键问题之一是栅极驱动问题。附表 B-3 给出了陕西高科电力电子有限责任公司应用国家攻关成果 HL402 或 HL403，开发并经众多用户使用肯定了的系列 IGBT 栅极驱动板的型号、主要设计特点、电参数及可应用领域。

附表 B-3　　　　IGBT 系列驱动板的性能简表

型号	设计特点和性能	主要参数	应用领域
IGC-2.1	一单元 IGBT 驱动板，它可以直接与用户控制脉冲形成电路接口，两独立电源工作。具有降栅压、软关断双重保护功能，在降栅压和软关断的同时能输出报警信号，可用来封锁用户脉冲形成部分的输出，又可给出一触点信号，使用户用来分断自己系统的主电路。同时降栅压延迟时间、降栅压时间及软关断斜率均可通过外接电容器进行整定，可适用于不同饱和压降 IGBT 的驱动和保护	供电电源电压：一路独立的交流 18V/0.1A 及一路独立的直流 15V/0.1A 可驱动 IGBT 的最大容量：200A/1200V 或 400A/600V 保护后输出接点容量：交流 220V/1A 外形尺寸（长×宽×高）：94mm×70mm×26mm	用于 IGBT 斩波器中实现主斩波管 IGBT 的驱动和保护
IGC-2.2	是在 IGC2.1 的基础上改进的，保护输出为一路，其结果是两个对应驱动器独立的输出信号线"与"。从输出级来看可驱动两个独立的一单元 IGBT 模块，亦可驱动单相半桥臂中的两个 IGBT 或两个共发射极、两个共集电极 IGBT 模块	供电电源电压：2 路独立的交流 18V/0.1A 及 1 路独立的直流 15V/0.1A 外形尺寸（长×宽×高）：126mm×93mm×26mm 其余参数同 IGC-2.1 板	用于单相桥式 IGBT 逆变器或三相桥式 IGBT 逆变器中

型号	设计特点和性能	主要参数	应用领域
IGC3.2	是在 IGC2.2 的基础上改进的，以自保护型 IGBT 栅极驱动厚膜集成电路 HL403B 为核心单元，在 HL403B 脉冲输出端外加一对由 PNP 和 NPN 晶体管构成的推挽电路，以扩大其输出脉冲电流，使输出驱动电流峰值可达到±6A，再配以高性能电子元器件而开发生产的，可用于额定容量为 600A/1200V 以内的双单元 IGBT 模块的直接栅极驱动	供电电源电压:2 路独立的交流 20V/0.1A 及一个直流 15V/0.1A 电源 保护后输出接点容量：交流 380V/0.5A 或 220V/1A 其余参数同 IGC-2.2 板	用于单相桥式 IGBT 逆变器或三相桥式 IGBT 逆变器中
IGC-2.4	是在 IGC2.2 的基础上改进的，输入与用户控制脉冲形成电路兼容，输出可直接驱动 IGBT 模块。从输出级来看，相当于两个 IGC2.2 的功能，可驱动 4 个独立的一单元 IGBT 模块，亦可驱动单相全桥逆变器中的 4 个 IGBT	工作电源：1 路直流 +15V、4 路交流 18V/0.1A，共 5 路电位彼此隔离的电源 外形尺寸（长×宽×高）：168mm×148mm×25mm 其余参数同 IGC-2.1 板	用于单相桥式 IGBT 逆变器中
IGC3.4T	是在 IGC2.4 的基础上改进的，以自保护型 IGBT 栅极驱动厚膜集成电路 HL403B 为核心单元，在 HL403B 脉冲输出端外加一对由 PNP 和 NPN 晶体管构成的推挽电路，以扩大其输出脉冲电流，使输出驱动电流峰值可达到±6A，再外配以高性能电子元器件而开发生产的，可用于额定容量为 600A/1200V 以内的两个双单元或四个独立的 IGBT 模块的直接栅极驱动	工作电源：1 路直流 +15V、4 路交流 20V/0.1A，共 5 路电位彼此隔离的电源 保护后输出接点容量：交流 380V/0.5A 或 220V/1A 外形尺寸（长×宽×高）：220mm×150mm×30mm	用于单相桥式 IGBT 逆变器中
IGC-2.6	是为三相全桥 IGBT 逆变器中的六个 IGBT 驱动而设计的专用控制板，可对被驱动 IGBT 进行降栅压和软关断双重保护，降栅压延迟时间、降栅压时间及软关断斜率均可通过外接电容器进行整定，从而实现对不同饱和压降 IGBT 的栅极最优驱动和保护。可完成从用户脉冲形成部分到被驱动 IGBT 之间的最优驱动匹配	工作电源：1 路直流 +15V、6 路交流 18V/0.1A，共 7 路电位彼此独立的电源 其余参数同 IGC-2.1 板 外形尺寸(长×宽×高):238mm×148mm×30mm	用于三相全桥 IGBT 逆变器中
IGC3.6	是在 IGC2.6 的基础上改进的，以自保护型 IGBT 栅极驱动厚膜集成电路 HL403B 为核心单元，在 HL403B 脉冲输出端外加一对由 PNP 和 NPN 晶体管构成的推挽电路，以扩大其输出脉冲电流，使输出驱动电流峰值可达到±6A，再外配以高性能电子元器件而开发生产的，可用于额定容量为 600A/1200V 以内的三个双单元或六个独立的 IGBT 模块的直接栅极驱动	工作电源：1 路直流 +15V、6 路交流 20V/0.1A，共 7 路电位彼此独立的电源 保护后输出接点容量：交流 380V/0.5A 或 220V/1A	用于三相全桥 IGBT 逆变器中
IGC-2.7	是专为大功率斩波器中的 IGBT 驱动而设计的，应用 HL403B 作为主驱动芯片，与 IGC2.1~IGC2.6 系列驱动板相比，板内增加了 PWM 脉冲形成、可内控或外控 PWM 脉冲的频率，具有过电流或过电压及短路集中式保护等功能，可实现对被驱动 IGBT 单管的软关断、降栅压及欠饱和等保护，并可对保护进行记忆和自保。可驱动 IGBT 模块的最大容量为 600A/1200V	工作电源电压：3 路交流双 18V/0.2A 及一路 20V/0.1A 输出最大负载能力：±15V/20mA 占空比调节范围：10%～100% 外形尺寸(长×宽×高)：190mm×107mm×25mm 安装尺寸（长×宽）：177mm×94mm，4 孔φ4.5mm	用于大功率 IGBT 斩波器或交流调速或直流调速的能耗制动回路中驱动 IGBT 开关

注：陕西高科电力电子有限责任公司　网址：www.sgk.com.cn

地址：西安经济技术开发区草滩园区尚苑路 4815 号　邮编：710018

Email：sgk@dldz.163.com　电话：029-62383930　传真：029-85213405

附录 C　特种功率变压器

　　由于发电厂发出电送到用户端都是高压，因而电力电子变流设备必须有变压器的电压变换，与电力电子器件变流过程匹配，才可以满足最佳节能，最大化的满足用户需要，我国特种变压器的制造历史已近 60 年，现在我们不但满足国内使用，还向世界多国出口，国产特种变压器的设计与制造水平已与国际上发达国家差距甚小，附表 C-1 至附表 C-4 给出了河南铜牛变压器有限公司生产的几个系列特种变压器的参数指标，河南铜牛变压器有限公司是河南省特种变压器制造骨干企业，他们生产的特种变压器有干式自冷、油浸自冷、油浸风冷等多种。

　　1. 干式整流变压器

　　附图 C-1 所示为干式自冷整流变压器，附图 C-2 所示为干式自冷电力变压器。

附图 C-1　干式自冷整流变压器

附图 C-2　干式自冷电力变压器

　　附表 C-1 给出了河南铜牛变压器公司生产的干式自冷整流变压器参数表。

附表 C-1　　　　　　　　　三相干式自冷整流变压器规格表

额定输入线电压 U_N/V	额定容量/kVA																	
	15	25	30	35	50	60	70	75	100	115	125	135	150	185	200	225	250	300
380																		
690	各挡均有产品，输出交流相电流小于 500A，结构原理可以三相桥式非同相逆并联也可以双反星形非同相逆并联 标准型号：ZHSG-×××kVA/YYYV																	
1000																		

2. 油浸式整流变压器

附图 C-3 所示为整流变压器实物图。

附图 C-3   整流变压器实物图

附表 C-2 给出了河南铜牛变压器公司生产的油浸式自冷整流变压器参数表。

附表 C-2   油浸式自冷整流变压器参数表

额定输入线电压 U_N/V	额定容量/kVA																	
	500	630	750	800	1000	1250	1500	2000	2500	3000	3500	3750	4000	4250	4500	4750	5000	5250
380	各挡均有产品，输出交流相电流小于2000A，结构原理可以三相桥式非同相逆并联也可以双反星形非同相逆并联，还可以多脉波整流，且可一次有载调压																	
6300	各挡均有产品，输出交流相电流小于500A，结构原理随着额定容量的不同，可以三相桥式非同相逆并联也可以双反星形非同相逆并联、还可以三相桥式同相逆并联或双反星形同相逆并联，更进一步可以多脉波（12脉波、18脉波、24脉波、）整流，且可以一次有载开关调压 标准型号：ZHSZ-×××kVA/YYYV																	
10 000																		
35 000																		

附表 C-3 给出了河南铜牛变压器公司生产的油浸式强油水冷整流变压器参数表。

附表 C-3   油浸式强油水冷整流变压器规格表

额定输入线电压 U_N/V	额定容量/kVA																	
	5000	6300	7500	80 000	10 000	12 500	15 000	20 000	25 000	30 000	35 000	37 500	40 000	42 500	45 000	47 500	50 000	52 500
6300	各挡均有产品，输出最大交流相电流小于5000A，结构原理随着额定容量的不同，可以三相桥式同相逆并联也可以双反星形同相逆并联，还可以三相桥式非同相逆并联或双反星形非同相逆并联多脉波（12脉波、18脉波、24脉波、36脉波、48脉波）整流，且可以一次有载开关调压 标准型号：ZHSSPT-×××kVA/YYYV																	
10 000																		
35 000																		
110 000																		

3. 电炉变压器

附图 C-4 所示为油浸式水冷三相电炉变压器，附图 C-5 所示为油浸式水冷单相电炉变压器。

附图 C-4　油浸式水冷三相电炉变压器　　　　附图 C-5　油浸式水冷单相电炉变压器

附表 C-4 给出了河南铜牛变压器公司生产的油浸式强油水冷电炉变压器参数表。

附表 C-4　　　　　　　　　　油浸式强油水冷电炉变压器规格表

额定输入线电压 U_N /V	额定容量/kVA																	
	5000	6300	7500	80 000	10 000	12 500	15 000	20 000	25 000	30 000	35 000	37 500	40 000	42 500	45 000	47 500	50 000	52 500
6300	各挡均有产品，输出最大交流相电流小于 50 000A，结构原理随着额定容量的不同，可以三相桥式同相逆并联也可以双反星形同相逆并联、还可以三相桥式非同相逆并联或双反星形非同相逆并联多脉波（12 脉波、18 脉波、24 脉波、36 脉波、48 脉波）整流，且可以一次有载开关调压																	
10 000																		
35 000	标准型号：ZHSSPT-×××kVA/YYYV																	
110 000																		

注：河南铜牛变压器有限公司　　　网址：http://www.hntongniu.com

　　地址：洛阳市西工区工业园区纬三路

　　Email：hntongniu@126.com　　电话：0379-62186888　　传真：0379-62186889

附录 D　大电流霍尔电流传感器及光纤电流传感器

随着电力电子变流设备输出功率的日益加大，对大电流检测的精度和快速性要求越来越高，国内外目前正在广泛使用的大电流检测传感器分为两种，基于霍尔效应原理的霍尔电流传感器及基于光电原理的光纤电流传感器，我国霍尔电流传感器的生产制造历史已近 40 年，而光纤电流传感器的生产制造历史还不足 10 年，但现在国产电流传感器的制造技术水平几乎可以与国际水平比美，附表 D-1～附表 D-3 给出了国内著名的大电流传感器制造商——湖北迅迪科技有限公司可批量生产的大电流传感器系列参数，该公司生产大电流传感器的历史已近 40 年，是国内目前生产量最大、品种最为齐全的大电流霍尔电流传感器生产厂家，也是国内第一台光纤电流传感器发明和制造企业，其批量生产光纤电流传感器的历史也已近 10 年。

1. 大电流霍尔电流传感器

大电流霍尔电流传感器有磁平衡式（国内又称零磁通式）与直接检测式，现在随着技术的进步，直接检测式因对安装位置要求没有磁平衡式那么严，且结构简单，使用方便，更受到行业内的钟爱，附表 D-1 与附表 D-2 分别给出了该单位生产的直接检测式与磁平衡式霍尔电流传感器的系列参数表。附图 D-1 所示为霍尔电流传感器。

附图 D-1　霍尔电流传感器

2. 大电流光纤传感器

讯迪公司生产的大电流光纤传感器，填补国内空白，获得科技部科技成果奖，具有测量延迟时间小于霍尔电流传感器，测量精度与线性度优于霍尔电流传感器，抗干扰能力强等优点，可测量最大电流远远大于霍尔电流传感器，完全取代进口产品，结构简单，使用方便，可靠性高。附表 D-3 给出了该单位生产的光纤大电流传感器的系列参数表。附图 D-2 所示为光纤电流传感器及使用现场。

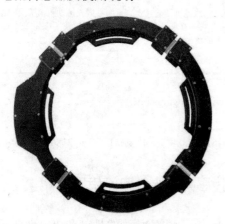

附图 D-2　光纤电流传感器及使用现场

注：湖北迅迪科技有限公司　　网址：http://xundi.com.cn
　　地址：湖北省广水市经济技术开发区 107 国道 1 号
　　电话：0722-6429040　　传真：0722-6429424

附表 D-1　直接检测式大电流霍尔电流传感器系列规格

工作电源	额定测量电流/kA																																							
	2	4	6	8	10	15	20	25	30	35	40	45	50	55	60	65	70	75	80	85	90	95	100	120	135	150	175	200	250	300	350	400	450	500	550	600	650	700	750	800
直流 24V	各挡均有产品																																							
交流 220V																																								
输出信号形式	两路直流：0~5V 或 4~20mA 或一路 0~5V 与一路 4~20mA																																							
测量精度	±0.2%																																							
测量线性度	±0.2%																																							
标准型号	SDA-XX kA/5V 或 SDA-XX kA/4~20mA																																							

附表 D-2　磁平衡检测式大电流霍尔电流传感器系列规格

工作电源	额定测量电流/kA																																							
	2	4	6	8	10	15	20	25	30	35	40	45	50	55	60	65	70	75	80	85	90	95	100	120	135	150	175	200	250	300	350	400	450	500	550	600	650	700	750	800
直流 24V	各挡均有产品																																							
交流 220V																																								
输出信号形式	两路直流：0~5V 或 4~20mA 或一路 0~5V 与一路 4~20mA																																							
测量精度	±0.2%																																							
测量线性度	±0.2%																																							
标准型号	SDA-XX kA/5V 或 SDA-XX kA/4~20mA																																							

附表 D-3

光纤大电流传感器系列规格

工作电源	额定测量电流/kA: 10, 15, 20, 25, 30, 35, 40, 45, 50, 55, 60, 65, 70, 75, 80, 85, 90, 95, 100, 120, 135, 150, 175, 200, 250, 300, 350, 400, 450, 500, 550, 600, 650, 700, 750, 800, 1000, 1250, 1500, 2000
直流 24V	各挡均有产品
交流 220V	各挡均有产品
输出信号形式	两路直流：0~5V 或 4~20mA 或一路 0~5V 与一路 4~20mA
测量精度	±0.2%
测量线性度	±0.2%
标准型号	SDA-XX kA/5V 或 SDA-XX kA/4~20mA

附录 E　不可控及半控型电力电子器件

　　我国电力电子器件批量制造历史近 50 年，现在晶闸管与整流管制造水平已处于世界一流水平，附表 E-1～附表 E-6 给出了国内著名的电力电子器件制造商、创业板上市公司湖北台基半导体股份有限公司可批量生产的电力电子器件规格，该公司生产电力电子器件的历史已近 45 年，其不可控型及半控型电力电子器件在国内是性价比最高的。

　　1. 不可控型电力电子器件——整流管

　　台基公司生产的整流管分平板型与模块型两种，其最高参数为：① 平板型：8500V/18 000A；② 模块型：单/双整流管 1200A/3600V；三个整流管 300A/1800V；四/六个整流管：300A/2000V。附图 E-1 所示为平板型凸台整流管，附图 E-2 所示为整流管模块。

附图 E-1　平板型凸台整流管

附图 E-2　整流管模块

　　附表 E-1 和附表 E-2 给出了该公司生产的平板型与模块型整流管的系列参数表。

附表 E-1　　　　　　　　　　　**平板型整流管（ZP）系列规格**

正向平均电流 $I_{F(AV)}$/A	额定反向峰值电压 U_{RRM}/100/V																												
	2	4	6	8	10	12	14	16	18	20	22	24	26	28	30	32	34	36	38	40	42	44	46	50	52	55	65	72	85
200	各挡均有产品																												
300	各挡均有产品																												
400	各挡均有产品																												
500	各挡均有产品																																各挡均有产品			
600	各挡均有产品																												
800	各挡均有产品																												
900													各挡均有产品																
1000	各挡均有产品																												
1200	各挡均有产品																												
1500	各挡均有产品																												
1600	各挡均有产品																												

续表

$I_{F(AV)}$/A	额定反向峰值电压 U_{RRM}/100/V																												
	2	4	6	8	10	12	14	16	18	20	22	24	26	28	30	32	34	36	38	40	42	44	46	50	52	55	65	72	85
2000								各挡均有产品																					
2500								各挡均有产品																					
3000										各挡均有产品																			
3500									各挡均有产品																				
4000										各挡均有产品																			
5000								各挡均有产品																					
5600																								各挡均有产品					
6400		各挡均有产品																						各挡均有产品					
7000					各挡均有产品																								
8000					各挡均有产品																								
12 000	各挡均有产品																												
16 000	各挡均有产品																												

附表 E-2　　　　　　　　　　模块型整流管系列规格

$I_{F(AV)}$/A	额定反向峰值电压 U_{RRM}/100/V																
	6	8	10	12	14	16	18	20	22	24	25	26	28	30	32	34	36
26				各挡均有产品													
40				各挡均有产品													
55				各挡均有产品													
70				各挡均有产品													
90				各挡均有产品													
100				各挡均有产品													
110						各挡均有产品											
135						各挡均有产品											
160						各挡均有产品											
182				各挡均有产品													
200						各挡均有产品											
250						各挡均有产品											
285				各挡均有产品													
300						各挡均有产品											
350						各挡均有产品											

续表

正向平均电流 $I_{F(AV)}$/A	额定反向峰值电压 U_{RRM}/100/V																
	6	8	10	12	14	16	18	20	22	24	25	26	28	30	32	34	36
380				各挡均有产品													
400							各挡均有产品										
500							各挡均有产品										
570				各挡均有产品													
600							各挡均有产品										
800				各挡均有产品													
1000				各挡均有产品													
1200				各挡均有产品													

2. 半控型电力电子器件——晶闸管

台基公司生产的晶闸管分为普通晶闸管、双向晶闸管和快速晶闸管三大类别。普通晶闸管分平板型与模块型两种，最高参数为：平板型 8000A/8500V；模块型（单/双晶闸管）1200A/3600V。双晶闸管主要为平板型，最高参数为 500A/6500V。快速晶闸管主要为平板型，最高参数为 4000A/5500V。附图 E-3 所示为平板型晶闸管，附图 E-4 所示为模块型晶闸管。

附图 E-3　平板型晶闸管

附图 E-4　模块型晶闸管

附表 E-3～附表 E-4 给出了该公司生产的平板型与模块型普通晶闸管的系列参数表，附表 E-5 给出了该公司生产的平板型双向晶闸管的系列参数表，附表 E-6 给出了该公司生产的平板型快速晶闸管的系列参数表。

附表 E-3　　　　　　　　　　平板型普通晶闸管系列规格

通态平均电流 $I_{T(AV)}$/A	额定反向重复峰值电压 U_{RRM}/100/V 与额定断态峰值电压 U_{DRM}/100/V																												
	2	4	6	8	10	12	14	16	18	20	22	24	26	28	30	32	34	36	38	40	42	44	46	50	52	55	65	72	85
200			各挡均有产品																										
300			各挡均有产品																							各挡均有产品			
400			各挡均有产品											各挡均有产品												各挡均有产品			
500				各挡均有产品																						各挡均有产品			
600					各挡均有产品																								
800					各挡均有产品																								

通态平均电流 $I_{T(AV)}$/A	额定反向重复峰值电压 U_{RRM}/100/V 与额定断态峰值电压 U_{DRM}/100/V																												
	2	4	6	8	10	12	14	16	18	20	22	24	26	28	30	32	34	36	38	40	42	44	46	50	52	55	65	72	85
1000													各挡均有产品																
1200													各挡均有产品																
1500													各挡均有产品																
1600													各挡均有产品																
1800													各挡均有产品																
2000													各挡均有产品																
2500													各挡均有产品																
3000													各挡均有产品																
3200																										各挡均有产品			
3400																								各挡均有产品					
4000																	各挡均有产品												
5000		各挡均有产品													各挡均有产品														
6400		各挡均有产品																											

附表 E-4　　模块型普通晶闸管系列规格

通态平均电流 $I_{T(AV)}$/A	额定反向重复峰值电压 U_{RRM}/100/V 与额定断态峰值电压 U_{DRM}/100/V																
	6	8	10	12	14	16	18	20	22	24	25	26	28	30	32	34	36
26				各挡均有产品													
40				各挡均有产品													
55				各挡均有产品													
70				各挡均有产品													
90				各挡均有产品													
100				各挡均有产品													
110						各挡均有产品											
135						各挡均有产品											
160						各挡均有产品											
182			各挡均有产品														
200					各挡均有产品												
250						各挡均有产品											
285			各挡均有产品														
300					各挡均有产品												
350					各挡均有产品												

续表

通态平均电流 $I_{T(AV)}$/A	额定反向重复峰值电压 U_{RRM}/100/V 与额定断态峰值电压 U_{DRM}/100/V																
	6	8	10	12	14	16	18	20	22	24	25	26	28	30	32	34	36
380	各挡均有产品																
400	各挡均有产品																
500	各挡均有产品																
570	各挡均有产品																
600	各挡均有产品																
800	各挡均有产品																
1000	各挡均有产品																
1200	各挡均有产品																

附表 E–5　　平板型双向晶闸管系列规格

正向平均电流 $I_{F(AV)}$/A	额定反向重复峰值电压 U_{RRM}/100/V 与额定断态峰值电压 U_{DRM}/100/V									
	5	6	8	10	12	14	16	18	55	65
300	各挡均有产品									
500	各挡均有产品									
600	各挡均有产品									
800	各挡均有产品									

附表 E–6　　平板型快速闸管系列规格

通态平均电流 $I_{T(AV)}$/A	额定反向重复峰值电压 U_{RRM}/100/V 与额定断态峰值电压 U_{DRM}/100/V																						
	12	14	16	18	20	22	24	26	28	30	32	34	35	36	38	40	42	44	45	46	50	52	55
200	各挡均有产品																						
300	各挡均有产品																						
400	各挡均有产品																						
500	各挡均有产品																						
600	各挡均有产品																						
800	各挡均有产品																						
1000	各挡均有产品																						
1200	各挡均有产品																						
1600	各挡均有产品																						
2000	各挡均有产品																						
2500	各挡均有产品																						
3000	各挡均有产品																						
3500	各挡均有产品																						
4000	各挡均有产品																						

注：湖北台基半导体股份有限公司　　网址：www.tech-sem.com
　　地址：湖北省襄阳市胜利街 162 号
Email：Sale@tech-sem.com　　电话：0710-3506111　3506333　传真：0710-3506299

附录 F　快速熔断器选型

伴随着电力电子器件技术的进步，我国多年一直应用快速熔断器作为电力电子器件过电流或短路故障后的保护器件，所以快速熔断器在我国有近 40 年的生产历史，现在国内快速熔断器生产的骨干企业都在我国电气设备器件制造中心城市——西安，随着额定电流和工作电压的不同，快速熔断器常按封装外形分为 L 型、Z 型、单熔体 P 型、双熔体 P 型，其中单熔体 P 型中又细分出 P1、P3、P4、PH 等多种型号。附图 F-1 所示为 P 型快速熔断器，附图 F-2 所示为 L 型快速熔断器。附图 F-3 所示为水冷快速熔断器。

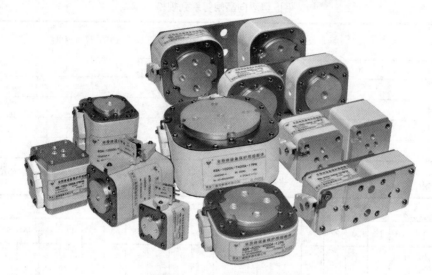

附图 F-1　P 型快速熔断器

附图 F-2　L 型快速熔断器

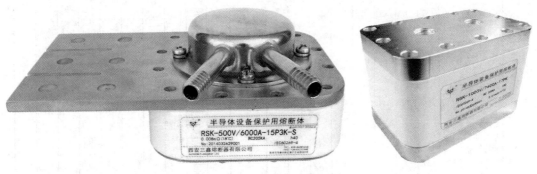

附图 F-3　水冷快速熔断器

1. L 型封装的快速熔断器

L 型快速熔断器，适用于交流 50Hz，额定电压最高至 2000V，额定电流最高至 1500A 的电路中，作为半导体器件及其使用该类熔断器的电力电子变流设备中进行短路保护。额定电压为 380V、660V、800V、1000V 时，完全可替代老式 NGT 产品，该产品具有分断能力高、保护特性显著、损耗低、体积小、安装方便等特点，其连接方式可为母线安装式，还可外接指示熔断器或开关指示装置。附表 F-1 给出了西安三鑫熔断器公司生产的 L 型封装快速熔断器系列参数。

2. 单熔体 P 型封装的快速熔断器

P 型快速熔断器，直接压装在电力电子变流设备中的母线上，因常采用多个安装螺栓压接，接触面积大，安装更可靠，本体可以直接组合指示熔断器是否熔断的开关，最大工作电流也远远高于 L 型封装的快速熔断器，单体 P 型封装的快速熔断器分为常压与耐压型两种，附表 F-2 给出了西安三鑫熔断器公司生产的常压型单体 P 型快速熔断器的参数表。

耐压型单体 P 型封装的快速熔断器，是为了解决快速熔断器与电力电子器件采用直接接触耐压安装，减少安装时占用面积，省略电力电子器件与熔断器之间的连接铜母线而开发的，附表 F-3 给出了西安三鑫熔断器有限公司开发的耐压型单体 P 型快速熔断器的参数规格表。

3. 双熔体 P 型封装的快速熔断器

双熔体 P 型封装的快速熔断器，也是直接压装在电力电子变流设备中的母线上，他是为解决单体 P 型封装电流无法做得更大。而开发将两个单熔体 P 型快速熔断器通过铜排组合在一体的，所以有采用多个安装螺栓压接，接触面积大，安装更可靠，本体可以直接组合指示熔断器是否熔断的开关，最大工作电流也远远高于单体 P 型封装的快速熔断器，附表 F-4 给出了西安三鑫熔断器公司生产的双熔体 P 型快速熔断器参数规格表。

注：西安三鑫熔断器有限公司　　网址：www.sxrdq.com

地址：西安市莲湖区沣衍路 5 号

Email：sxrdq@163.com

电话：029 - 84265035　　传真：029 - 84231548

附表 F-1

L 型封装快速熔断器系列参数规格表

额定工作电压 U_{RN}/V	额定工作电流 I_{RN}/A
	25, 30, 35, 50, 75, 100, 130, 150, 200, 250, 300, 350, 400, 450, 500, 550, 600, 650, 700, 750, 800, 850, 900, 1000, 1250, 1300, 1500
250	各挡均有产品
380	各挡均有产品
660	各挡均有产品
750	各挡均有产品
800	各挡均有产品
1000	各挡均有产品
1500	各挡均有产品
2000	各挡均有产品
备注	1. 系列型号: RSK－XXXV/YYYA－ZZLK; 2. 分断能力 100kA

附表 F-2

常压型单体 P 型封装的快速熔断器参数规格表

额定工作电压 U_{RN}/V	额定工作电流 I_{RN}/A
	350, 450, 500, 550, 600, 750, 800, 850, 1000, 1250, 1500, 1750, 2000, 2500, 3000, 3200, 3600, 3800, 4000, 4300, 4800, 5000, 5500, 5800, 6000, 6500, 7000, 7500, 8000, 8800
250	各挡均有产品
380	各挡均有产品
660	各挡均有产品
800	各挡均有产品
1000	各挡均有产品
1500	各挡均有产品
2000	各挡均有产品
备注	1. 系列型号: RSK－XXXXV/YYYA－ZZP14K; 2.最大分断能力 230kA

附表 F－3

耐压型单体 P 型封装的快速熔断器参数规格表

额定工作电压 U_{RN}/V	额定工作电流 I_{RN}/A
	350　450　500　550　600　750　800　850　1000　1250　1500　1750　2000　2500　3000　3200　3600　3800　4000　4300　4800　5000　5500　5800　6000　6500　7000　7500　8000　8800
250	各挡均有产品
380	各挡均有产品
660	各挡均有产品
800	各挡均有产品
1000	各挡均有产品
1500	各挡均有产品
2000	各挡均有产品
备注	1. 系列型号: RSK-XXXXV/YYYYA-ZZPHK*　　2. 最大分断能力 230kA

附表 F－4

双熔体 P 型封装的快速熔断器参数规格表

额定工作电压 U_{RN}/V	额定工作电流 I_{RN}/A
	1400　1800　2000　2300　2800　3000　3300　3800　4000　4300　4800　5000　5300　5800　6000　6300　6800　7000　7300　7800　8000　8300　8800　9000　9300　9800　10 000　11 000　11 500　12 000
250	各挡均有产品
380	各挡均有产品
660	各挡均有产品
800	各挡均有产品
1000	各挡均有产品
1500	各挡均有产品
2000	各挡均有产品
备注	1. 系列型号: RSK-XXXXV/YYYYA-ZZP22K*　　2. 最大分断能力 230kA

参 考 文 献

[1] 王兆安，刘进军. 电力电子技术 [M]. 5 版. 北京：机械工业出版社，2013.

[2] 王兆安，黄俊. 电力电子技术 [M]. 4 版. 北京：机械工业出版社，2012.

[3] 黄俊，等. 电力电子变流技术 [M]. 3 版. 北京：机械工业出版社，1999.

[4] 莫正康. 半导体变流技术 [M]. 2 版. 北京：机械工业出版社，2005.

[5] 李宏. MOSFET、IGBT 驱动基集成电路及应用 [M]. 北京：科学出版社，2013.

[6] 李宏. 常用晶闸管触发器集成电路及应用 [M]. 北京：科学出版社，2011.

[7] 李宏. 高性能集成移相触发器—TCA785 及应用 [J]. 集成电路应用. 1992，4.

[8] 李宏. TC787、TC788 晶闸管触发器 [J]. 电气自动化，1995，5.

[9] 李宏. 基于 CPLD 的相序自适应晶闸管数字触发器设计 [J]. 电气应用，2008，1.

[10] 李宏. 浅谈大功率 IGBT 的驱动问题 [J]. 电气传动，1992，4.

[11] 李宏. 具有自保护功能的 IGBT 厚膜集成电路 HL402A（B）[J]. 国外电子元器件，2001，11.

[12] 李宏. 电力电子设备用器件与集成电路应用指南　第三分册：传感、保护用和功率集成电路 [M]. 北京：机械工业出版社，2001.

[13] 张明勋. 电力电子设备设计和应用手册 [M]. 北京：机械工业出版社，1990.

[14] 王兆安，张明勋. 电力电子设备设计和应用手册 [M]. 2 版. 北京：机械工业出版社，2002.

[15] 王兆安，张明勋. 电力电子变流设备设计手册 [M]. 3 版. 北京：机械工业出版社，2003.

[16] 李宏. 常用电力电子变流设备调试与维修基础 [M]. 北京：科学出版社，2011.

[17] 李宏. 电力电子设备用器件与集成电路应用指南　第二分册：控制用集成电路 [M]. 北京：机械工业出版社，2001.

[18] 姜化善. 电力半导体变流装置的调试与维修 [M]. 北京：机械工业出版社，1990.

[19] 李宏、于苏华. 浅谈大电流晶闸管直流电力电子成套装置的均流问题 [J]. 电气传动自动化（增刊），2001.

[20] 李宏，易晓坤. 再谈大电流晶闸管直流电力电子变流设备的均流问题 [J]. 电气应用，2019，8.

[21] 李宏，邹伟. 浅谈高电压电力电子变流器件中串联电力半导体器件的均压问题 [J]. 电气应用，2005，12.

[22] 李宏，等. 16.5MW 高压直流电源的研制与应用 [J]. 大功率变流技术. 2016，6.

[23] 李宏，曾广华. 3510V/45kA 大功率直流电源的设计与实践 [J]. 电气应用，2006，9.

[24] 李宏. 电力电子设备用器件与集成电路应用指南　第一分册：电力半导体器件及其驱动集成电路 [M]. 北京：机械工业出版社，2001.

[25] 于苏华，李宏. 高性能晶闸管电力回收装置 [J]. 电气传动自动化，1995，8.

[26] 李宏著. 常用电力电子变流设备调试与维修实例 [M]. 北京：科学出版社，2011.

[27] 李宏. 电力电子变流设备控制板及应用 [M]. 北京：科学出版社，2014.

[28] 李宏，宣伟民，等. 可自动跟踪供电电源频率宽范围变化的 1000V/45kA 晶闸管直流电源 [J]. 电气应用，2005，8.

[29] 李宏，宣为民，等. 巧用 TCA785 构成宽频率范围跟踪晶闸管触发器 [J]. 电源技术应用，2005，12.

［30］ 李宏．带有电流微分闭环控制的 20kA 电弧炉直流电源［J］．电工技术杂志，2001，3．

［31］ 李宏，杨军辉．10t 真空电弧炉用 40kA 直流电源的研制与应用［J］．电力电子技术，2012，6．

［32］ 杨军辉，李宏．800kg 真空凝壳炉用 24 脉波直流电源的研制与应用［J］．电气应用，2013，3．

［33］ 王玉民，金永．真空自耗电极电弧凝壳炉［J］．真空，1980，5．

［34］ 李宏，周大磊，陈少东．浅析真空自耗电弧炉锭子断面形状与电气控制的关系［J］．真空，2013，2．

［35］ 盛祖权，李宏，等．一种新型的串联变频方案［J］．冶金自动化，1990，3．

［36］ 李宏．一种高精度低纹波晶闸管直流稳流电源［J］．电工技术杂志，2001，7．

［37］ 李宏，徐玄惠．一种节能型电机试验装置的研制与应用［J］．电气传动自动化，2001，1．

［38］ 李宏，刘永鸽．霍尔电压传感器 LV－100 在中国环流 2 号（HL－2A）工程系统中的应用［J］．真空，2017，2．

［39］ 李宏，杨易明，吕鹏．120T 低频电渣炉电源系统的研制与应用［J］．冶金自动化，2017，2．

［40］ 孙亚，李宏．低频电源控制策略仿真研究［J］．工业控制计算机，2017，10．

［41］ 李宏．谈我国大功率低频电源的发展［J］．电源技术应用，2017，7．

［42］ 李宏，李战鹏．低频供电是矿热炉熔炼行业节能增效的必然趋势［J］．电源技术应用，2017，7．

［43］ 孙亚，李宏．低频电源中晶闸管深控影响仿真研究［J］．电源技术应用，2017，8．

［44］ 谢广超，李宏．模糊控制在低频矿热炉控制系统中的应［J］．电源技术应用 2017，8．

［45］ 王辉，李宏．应用 DSP 实现低频电源的触发电路方案［J］．电源技术应用 2017，8．

［46］ 郑澍，李宏，一种主开关器件为功率 MOSFET 的新型开关电源［J］．机械工业自动化，1992，3．

［47］ 杨脱颖，李宏．一种 DSP 控制的高频死区时间补偿方法［J］．工业控制计算机，2017，3．

［48］ 李宏．一种超低纹波组合开关电源的研制［J］．电气应用，2000，12．

［49］ 李宏，李武周，等．一种具有可变频与调相位试验电源的研制［J］．变频技术应用，2007，6．

［50］ 李岩，李宏，等．多相位电源信号发生器的设计［J］．电力电子技术，2007，3．

［51］ 石雄，杨加功，等．DDS 芯片 AD9850 的工作原理及其与单片机的接口［J］．国外电子元器件，2001，5．

［52］ 李宏，赵栋，等．60kW 无刷直流电动机调速装置的研制［J］．变频技术应用，2007，5．

［53］ MC33035，NCV33035 Brushless DC Motor Controller，PUBLICATION ORDERING INFORMATION ON Semiconductor Website：http://onsemi.com．

［54］ 赵西洋，李宏．基于模糊控制和 PID 控制的电弧炉直流电源的研究［J］．真空，2013，5．

［55］ 江林，李宏．基于 PLC 的电解电源监控系统设计［J］．电子设计工程，2009，2．

［56］ 何希才．新型开关电源设计与维修［M］．北京：国防工业出版社，2001．

［57］ 王晓明，王玲．自动机的 DSP 控制——TI 公司 DSP 应用［M］．北京：航空航天大学出版社，2004．

［58］ 谢厚燕．变流装置调试方法及原理［M］．变流行业技术工人培训教材编委会，1988．10．

［59］ 李宏．蓬勃发展的电子电源技术［J］．电源技术应用，1999，5．

［60］ 李宏．电子电源用功率半导体器件的新进展［J］．国外电子器件，1999，11．

［61］ 李宏．高性能全数字化晶闸管触发器 KC168 的研制及应用［J］．电气传动，2000，1．

［62］ 李宏．智能型单片全数字化集成晶闸管触发器 KC188 的研制及应用［J］．江苏机械工业自动化，2000，2．

［63］ 李宏．全控型电力电子器件驱动技术的新进展［J］．电工技术杂志，2000，10．